Oldenbourg

Grundlagen der Hochfrequenztechnik

von
Jürgen Detlefsen,
Uwe Siart

Oldenbourg Verlag München Wien

Bibliografische Information Der Deutschen Bibliothek

Die Deutsche Bibliothek verzeichnet diese Publikation in der Deutschen Nationalbibliografie; detaillierte bibliografische Daten sind im Internet über <http://dnb.ddb.de> abrufbar.

Rosenheimer Straße 145, D-81671 München
Telefon: (089) 45051-0
www.oldenbourg-verlag.de

Lektorat: Sabine Krüger
Herstellung: Rainer Hartl
Umschlagkonzeption: Kraxenberger Kommunikationshaus, München
Gedruckt auf säure- und chlorfreiem Papier
Druck: R. Oldenbourg Graphische Betriebe Druckerei GmbH

ISBN 3-486-27223-3

Vorwort

Das vorliegende Buch entstand aus Skripten und Notizen zu den Vorlesungen ‚Grundlagen der Hochfrequenztechnik (LB)‘ und ‚Hochfrequenztechnik (LB)‘, die an der Technischen Universität München im Rahmen des Studienplanes ‚Lehramt an Beruflichen Schulen‘ für Studenten mit dem Erstfach Elektrotechnik gehalten werden. Die Entscheidung, ein vorlesungsbegleitendes Buch zu verfassen, wurde durch entsprechende Anfragen von Seiten der Hörer ausgelöst. Es stellte sich heraus, dass wir mit Empfehlungen nur auf Literatur zurückgreifen konnten, die von Umfang und Detailgehalt ein vertieftes Studium der Hochfrequenztechnik in einer Weise verlangt, wie sie im Diplomstudiengang mit entsprechender Schwerpunktsetzung geschieht. Nachdem die Vorlesungen in Hochfrequenztechnik bereits den Bedürfnissen der Lehramtstudierenden Rechnung tragen, lag es nahe, diesem Mangel an verfügbaren Textbüchern durch Aufbereitung des Vorlesungsstoffes zu begegnen.

Das Buch möchte die wesentlichen Inhalte der Hochfrequenztechnik in einem Umfang darstellen, der praxisorientierten und berufsnahen Fragestellungen angepasst ist. Ein wichtiges Ziel war es, beim Leser einen schlankeren mathematischen Hintergrund vorauszusetzen und dennoch die wissenschaftliche Exaktheit zu bewahren. Aus diesem Grund werden zwar häufig vereinfachende Annahmen gemacht, doch wird auch – wo immer dieses geschieht – deutlich darauf hingewiesen. Obwohl viele Aspekte aus den Disziplinen Nachrichtentechnik, Elektrodynamik, Feldtheorie und Schaltungstechnik behandelt werden, kann und möchte dieses Buch schon aus Gründen des Umfangs Lehrbücher aus diesen Gebieten nicht ersetzen. Es werden keine eingehenden Analysen der behandelten Fragestellungen durchgeführt. Das Ziel ist vielmehr, ein grundsätzliches Verständnis wichtiger Zusammenhänge auf Basis der wesentlichen Effekte und Erscheinungen auf anschauliche und übersichtliche Weise zu vermitteln.

Unser Dank gilt ganz herzlich dem Oldenbourg-Verlag, der durch Unterstützung in jeder Phase des Projekts entscheidend dazu beigetragen hat, dass das Werk zügig fertiggestellt werden konnte.

München Jürgen Detlefsen, Uwe Siart

Am Schluss dieses Vorwortes möchte ich besonderen Dank meiner Frau Tanja und meinem Sohn Nicolas Johannes aussprechen. Während der Zeit, in der dieses Buch entstand, haben sie beide an zahlreichen Abenden und Wochenenden auf ihren Ehemann und Vater verzichtet. Ohne ihre ausdauernde Geduld und ihr Verständnis für dieses Projekt wäre die Erstellung des Manuskriptes nicht möglich gewesen.

München Uwe Siart

Verzeichnis der verwendeten Formelzeichen

Symbol	Einheit	Bedeutung
A	m^2	Fläche
A_{W}	m^2	Wirkfläche
B	S	Blindleitwert (Suszeptanz)
C	As/V	Kapazität
C'	F/m	Kapazitätsbelag
C_∞	As/V	große Kapazität, als HF-Kurzschluss zu behandeln
D	1	Richtfaktor (engl. directivity)
D	m	Außendurchmesser
F	1	normierter Frequenzparameter
F	1, dB	Rauschzahl
F_{E}	1	Einzelcharakteristik
F_{G}	1	Gruppencharakteristik
F_{R}	1	Gesamtcharakteristik
F_{Z}	1, dB	zusätzliche Rauschzahl
G	1, dB	Gewinn
G	S	ohmscher Leitwert (Konduktanz)
G'	S/m	Ableitungsbelag
I	A	komplexe Stromamplitude
I_0	A	Strom im Arbeitspunkt, Ruhestrom
$I_{\max}$	A	größter Betrag der Stromamplitude
$I_{\min}$	A	kleinster Betrag der Stromamplitude
I_{h}	A	komplexe Amplitude der hinlaufenden Stromwelle
I_{r}	A	komplexe Amplitude der rücklaufenden Stromwelle
L	H	Induktivität
L'	H/m	Induktivitätsbelag
M	H	Gegeninduktivität
N	W	Rauschleistung
P	W	Leistung
P_{B}	W	Blindleistung
P_{E}	W	Empfangsleistung
P_{S}	W	Sendeleistung
P_{W}	W	Wirkleistung
P_*	W/m^2	Strahlungsleistungsdichte

Symbol	Einheit	Bedeutung
Q	As	Gesamtladung
Q_0	1	Eigengüte
Q_C	1	Güte einer realen Kapazität
Q_L	1	Güte einer realen Induktivität
R	Ω	ohmscher Widerstand (Resistanz)
R'	Ω/m	Widerstandsbelag
R_0	Ω	Gleichstromwiderstand
R_S	Ω	Strahlungswiderstand, Serienwiderstand
$R_\sim$	Ω	Wechselstromwiderstand
R_m	1/Ωs	magnetischer Widerstand
S	S	Steilheit
S	W	Signalleistung, Nutzleistung, komplexe Scheinleistung
T	K	Temperatur
U	V	komplexe Spannungsamplitude
U_0	V	Spannung im Arbeitspunkt, Gleichanteil, Leerlaufspannung
U_max	V	größter Betrag der Spannungsamplitude
U_min	V	kleinster Betrag der Spannungsamplitude
U_h	V	komplexe Amplitude der hinlaufenden Spannungswelle
U_r	V	komplexe Amplitude der rücklaufenden Spannungswelle
U_GS	V	Spannung zwischen Gate und Source
V	m^3	Volumen
$\vec{e}_\nu$		Einheitsvektor in Richtung der Koordinate ν
$\vec{n}$		Normaleneinheitsvektor
∂A		Randkurve einer Fläche, geschlossene Kurve, Umlauf
∂V		Oberfläche eines Volumens, geschlossene Hülle
X	Ω	Blindwiderstand (Reaktanz)
Y	S	komplexe Admittanz
Z	Ω	komplexe Impedanz
Z_L	Ω	Leitungswellenwiderstand
Z_*	Ω	spezifischer Oberflächenwiderstand
Z_F0	Ω	Feldwellenwiderstand des freien Raumes
$\Delta\langle Symbol\rangle$		Änderung, Abweichung
Φ	Vs	komplexer Zeiger des magnetischen Flusses
α	1/m	Dämpfungskonstante
n_U	dBµV	Spannungspegel
n_P	dBm	Leistungspegel
α	rad	Einfallswinkel
β	1/m	Phasenkonstante, komplexes Phasenmaß
δ	m	Eindringtiefe, äquivalente Leitschichtdicke
δ_ε	rad	dielektrischer Verlustwinkel
ℓ	m	Leitungslänge, allgemeine Länge
ℓ_L	m	Feldlinienlänge in Luft

Symbol	Einheit	Bedeutung
ℓ_{eff}	m	effektive Länge
ℓ_{m}	m	Feldlinienlänge in magnetischem Material
γ	$^1/_\mathrm{m}$	Ausbreitungskonstante
κ	$^\mathrm{S}/_\mathrm{m}$	Leitfähigkeit
λ	m	Wellenlänge
λ_0	m	Freiraum-Wellenlänge
λ_z	m	Wellenlänge in z-Richtung, Hohlleiterwellenlänge
μ	$^\mathrm{Vs}/_\mathrm{Am}$	Permeabilitätszahl
μ_0	$^\mathrm{Vs}/_\mathrm{Am}$	absolute Permeabilitätszahl
μ_r	1	relative Permeabilitätszahl
ω	$^\mathrm{rad}/_\mathrm{s}$	Kreisfrequenz
ω_R	$^\mathrm{rad}/_\mathrm{s}$	Resonanz-Kreisfrequenz
π	1	ludolfsche Zahl
τ	s	Relaxationszeit, Zeitkonstante
ε	$^\mathrm{As}/_\mathrm{Vm}$	Permittivität
ε_0	$^\mathrm{As}/_\mathrm{Vm}$	absolute Permittivität
ε_r	1	relative Permittivität
φ	rad	Phasenwinkel, Azimutalwinkel
ϑ	rad	Polwinkel
$\vec{B}$	$^\mathrm{Vs}/_{\mathrm{m}^2}$	komplexer Zeiger der magnetischen Flussdichte
$\vec{D}$	$^\mathrm{As}/_{\mathrm{m}^2}$	komplexer Zeiger der elektrischen Verschiebungsdichte
$\vec{E}$	$^\mathrm{V}/_\mathrm{m}$	komplexer Zeiger der elektrischen Feldstärke
$\vec{H}$	$^\mathrm{A}/_\mathrm{m}$	komplexer Zeiger der magnetischen Feldstärke
$\vec{J}$	$^\mathrm{A}/_{\mathrm{m}^2}$	komplexer Zeiger der Stromdichte
$\vec{v}_\mathrm{D}$	$^\mathrm{m}/_\mathrm{s}$	Driftgeschwindigkeit
a	1, dB	Dämpfung
a	m	Kantenlänge
b	m	Kantenlänge
c_0	$^\mathrm{m}/_\mathrm{s}$	Vakuum-Lichtgeschwindigkeit
d	m	Innendurchmesser, Strahlerabstand
f	Hz	Frequenz
f_LO	Hz	Frequenz des Lokaloszillators
f_T	Hz	Trägerfrequenz
f_ZF	Hz	Zwischenfrequenz
h	m	Antennenhöhe
i	A	Zeitfunktion des Stromes
k	1	Koppelfaktor
k	$^\mathrm{Ws}/_\mathrm{K}$	Boltzmann-Konstante
m	1	Anpassungsfaktor
n	1	Windungszahl
r	m	Abstand

Symbol	Einheit	Bedeutung
$r(z)$	1	Reflexionsfaktor als Funktion der Längenkoordinate z
r, φ, z	m, rad, m	Zylinderkoordinaten
r, ϑ, φ	m, rad, rad	Kugelkoordinaten
s	1	Stehwellenverhältnis
s	m	Gangunterschied
t	s	Zeit
u	V	Zeitfunktion der Spannung
v_p	m/s	Phasengeschwindigkeit
x, y, z	m	kartesische Koordinaten
y	1	normierte Admittanz
z	1	normierte Impedanz

Physikalische Konstanten

$$c_0 = 299\,792\,458\ \mathrm{m/s}$$

$$\mu_0 = 4\pi \cdot 10^{-7}\ \mathrm{Vs/Am}$$

$$\varepsilon_0 = \frac{1}{\mu_0 {c_0}^2} \approx 8{,}854 \cdot 10^{-12}\ \mathrm{As/Vm}$$

$$k = 1{,}38 \cdot 10^{-23}\ \mathrm{Ws/K}$$

$$Z_{F0} = \sqrt{\frac{\mu_0}{\varepsilon_0}} \approx 377\,\Omega$$

$$e = 1{,}602 \cdot 10^{-19}\ \mathrm{As}$$

Inhaltsverzeichnis

1 Einführung

Hochfrequenztechnik befasst sich, wie der Begriff schon sagt, mit Bauelementen, die bei höheren Frequenzen arbeiten. Historisch gesehen war damit eine Abgrenzung von der klassischen Starkstrom- und Niederfrequenztechnik (Frequenzen typisch bei 50 Hz bis etwa 20 kHz) beabsichtigt, bei der die Beschreibung von physikalischen Abläufen in einfacher Weise durch Spannungen und Ströme möglich ist. Im Bereich der Hochfrequenztechnik müssen dagegen elektrische und magnetische Felder in ihrer Wechselwirkung betrachtet werden, Spannung und Ströme lassen sich daraus nur in verallgemeinerter Form als integrale Größen ableiten.

Die Ausbreitungsvorgänge werden im Hochfrequenzbereich durch die magnetischen Wirkungen sich zeitlich ändernder elektrischer Felder (Begriff des Verschiebungsstroms) wesentlich mitbestimmt. Damit werden in Zusammenwirken mit der Erzeugung elektrischer Felder durch zeitveränderliche Magnetfelder Wellenausbreitungsvorgänge möglich, die der drahtlosen Informationsübertragung dienen und ebenfalls Gegenstand der hochfrequenztechnischen Beschreibung sind. Wichtigstes Kennzeichen der in der Hochfrequenztechnik verwendeten Bauelemente ist, dass ihre geometrischen Abmessungen in der Größenordnung der Wellenlänge der elektromagnetischen Schwingungen liegen.

Insgesamt umfasst die Hochfrequenztechnik die Gesamtheit der Vorgehensweisen und Verfahren zur Erzeugung, Fortleitung, Erfassung und Verarbeitung elektromagnetischer Felder. Damit werden Bauelemente, Geräte und Systeme realisiert, für deren Entwurf spezifische Methoden notwendig sind, die kennzeichnend für die Hochfrequenztechnik sind. Moderne Anwendungen der Hochfrequenztechnik liegen vorwiegend im Bereich der (drahtlosen) Funktechnik, befassen sich aber auch mit der Wechselwirkung elektromagnetischer Wellen mit der Materie (Mikrowellenerwärmung, Mikrowellenspektroskopie) sowie mit Methoden zur Verhinderung nicht gewollter Abstrahlung zur Vermeidung der wechselseitigen Störung von Systemen der Nieder- und Hochfrequenztechnik (EMV: elektromagnetische Verträglichkeit). Mit Hilfe der Hochfrequenztechnik können allgemeine Nachrichtenübertragungssysteme realisiert werden, wie sie durch das Modell in Abb. 1.1 beschrieben werden.

Die Frage der frequenzmäßigen Einordnung hochfrequenztechnischer Systeme hängt von den Dimensionen der Bauelemente ab. Mit entsprechend großen Antennen kann Abstrahlung bereits bei Frequenzen um 10 kHz erreicht werden. Die Wellenlänge derartiger Systeme, die bis vor kurzem für die Funknavigation mit weltweiter Bedeckung (OMEGA) eingesetzt wurden, liegt bei 30 km. Eine obere Grenze für die dämpfungsarme Wellenausbreitung und damit für die technische Anwendung von Funksystemen liegt wegen der zunehmenden Wechselwirkung der elektromagnetischen Wellen mit den Molekülen der Atmosphäre liegt unterhalb von 300 GHz, also bei Wellenlängen im Mil-

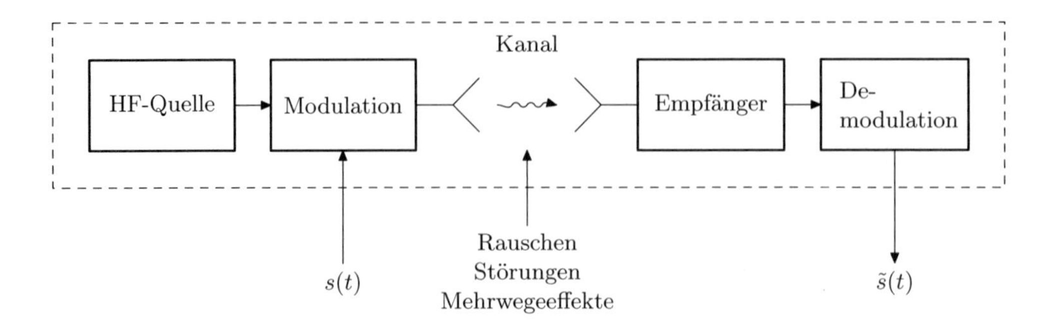

Abb. 1.1: Allgemeines Nachrichtenübertragungssystem

limeterwellenbereich.

$$f = 10\,\text{kHz} \ldots 300\,\text{GHz} \quad \text{entspricht} \quad \lambda = 30\,\text{km} \ldots 1\,\text{mm}$$

Die Benennung der Frequenzbereiche geschieht anhand der Wellenlänge λ. Die Umrechnung zwischen Frequenz f und Wellenlänge λ_0 im Freiraum ist durch

$$\lambda_0 = \frac{c_0}{f} \quad \text{mit} \quad c_0 \approx 3 \cdot 10^8\,\text{m/s} \tag{1.1}$$

gegeben.

Beispiele für hochfrequenztechnische Bauelemente, die erkennbar nicht mit den Methoden der Niederfrequenztechnik behandelt werden können, sind der Rechteckhohlleiter mit einem metallisch geschlossenen Querschnitt, der als Wellenleiter für den Transport hoher Leistungen geeignet ist, der Dipol als einfache Antenne sowie die Hornparabolantenne, die mit den Verfahren der Mikrowellenoptik behandelt werden kann.

Die Tabelle 1.3 gibt einen Überblick über typische Anwendungen der Hochfrequenztechnik unter Bezug auf wichtige physikalische Eigenschaften, die für die Auswahl höherer Frequenzen für die jeweilige Aufgabenstellung maßgebend sind. So ist z. B. die Antennenbündelung, d. h. die Breite einer Antennenkeule nur vom Verhältnis der geometrischen Abmessung D der Antennenöffnung zur Wellenlänge λ abhängig. Es gilt:

Für ein PKW-Radar, das für die Abstandsmessung zum vorausfahrenden Fahrzeug eingesetzt werden soll, ist eine Strahlbreite von etwa 3° – 4° erforderlich. Bei vernünftigen Abmessungen D der Antennenöffnung, die eine Integration in die Fahrzeugvorderseite erlauben, ist diese Bündelung nur bei Frequenzen im Millimeterwellenbereich (77 GHz) erreichbar.

Tabelle 1.1: Moderne Anwendungen der Hochfrequenztechnik im Mikrowellenbereich

Anwendung	Frequenzen (GHz)
Terrestrischer Mobilfunk	
PCN (GSM, DCS, DECT, ...)	0,9/1,8
WLAN, drahtlose Rechnernetzwerke	2,5/5,3/61
Mobile Breitbandkommunikation	62 – 66
Terrestrischer Richtfunk	
öffenlicher/privater Richtfunk	8 – 40
Vernetzung von Mobilfunk-Feststationen	18/23/38
Mobile Satellitenkommunikation	
via GEO-Satellit (INMARSAT): Flottenmangement etc.	1,6
via LEO-Satellit (IRIDIUM, Global Star, etc.)	1,6
Satelliten-Richtfunk, Satelliten-Rundfunk	
DBS	12
VSAT	12/14; 20/30
ISL	60
Identifikationssysteme	
Fahrzeuge (Flottenmanagement)	2,5/5,8/61
Personenidentifikation	2,5/5,8/61
Logistik (Produktion, Warenverteilung, etc.)	2,5/5,8/61
Verkehrsleittechnik/IHVS	
Automatische Gebührenerfassung, Zugangskontrolle	5,8/61
Verkehrsleittechnik (Straße, Schiene, Wasser, Luft)	5,8/24/61
Automobil-/Fahrzeugsensoren	
Abstands- und Hinderniswarnung	24/77
Doppler-Geschwindigkeitssensor	24/61
Sensorik für autonome Fahrzeuge, Spurführung	24/61/94
Navigation, Ortsbestimmung	
GPS, DGPS, GLONASS	1,5
MLS, Funkbaken, Peiler	5/8 u. a.
Erd- und Umweltbeobachtung	
Radiometer	35/95 u. a.
Spektrometer	35/95 u. a.
SAR (Module)	5/10/35 u. a.
Sicherungssysteme	
Doppler-Sensoren (Haus, Auto, etc.)	9/24/61
Radar-Zaun, Überwachungsradar	24/35
Industrie-Sensoren	
Füllstandsmessung	9/24
Material- und Werkzeugprüfung	1/24/61

Tabelle 1.2: Historischer Überblick

1861 – 64	Maxwell	Experimenteller Nachweis der Wellennatur, Reflexion elektromagnetischer Wellen an metallischen und dielektrischen Körpern
1896	H. Hertz	Funkübertragung
1903	Hülsmeyer	Hindernisdetektor für Schiffe
1907	Bellini, Tosi	Funkpeiler
1922	Marconi	Grundidee des Schiffsradars
1935	USA	Pulsradar 60 MHz
1939 – 45		Funknavigationsverfahren (DECCA, LORAN)
1957		Doppler-Navigator für Flugzeuge
1965		Radar mit synthetischer Apertur (SAR), Impulsreflektometer
1967		Erster vektorieller Netzwerkanalysator (NWA)
1975		Phased Array Antennen (elektronische Strahlschwenkung)
1977	Engen	Vektorieller Netzwerkanalysator nach dem Sixport-Prinzip
1980		Erkundung der Erde mit Radar
ca. 1982		Monolithic Microwave IC (MMIC)
1985		Satellitennavigation (GPS, GLONASS)
1988		Digitaler Mobilfunk (GSM, DECT, IS 95, PCS), mobile Satellitenkommunikation (IRIDIUM, INMARSAT)
1990		Satellitenfernsehen
1997		Digitales Fernsehen
1998		ICC, Radio in the Local Loop
2000		Abstands-Radar (Autonomous Intelligent Cruise Control) für PKW

Tabelle 1.3: Anwendungsbezug hochfrequenzspezifischer Effekte

Anwendung	Nutzeffekt bei Mikro- und Millimeterwellen					
	Antennen-bündelung	Modulations-bandbreite	Ausbreitungs-eigenschaften	Durch-dringung der Ionosphäre	Rausch-minimum	Materialeigen-schaften
Richtfunk	×	×	×			
Satellitenfunk	×	×		×	×	
Mobilfunk	×	×		×	×	
Radar, Funkortung	×	×	×			
Telemetrie				×		
Radioastronomie	×			×	×	
Erwärmung						×
Material-untersuchung						×
Radiometrie						
Remote Sensing			×			×

Tabelle 1.4: Benennung der Frequenz- und Wellenlängenbereiche nach der Vollzugsordnung für den Funkdienst (VO Funk) und nach DIN 40015. Vergabe durch die Regulierungsbehörde für Post und Telekommunikation

Bereichsziffer	Frequenzbereich	Wellenlänge	Benennung	Kurzbezeichnung
4	3...30 kHz	100...10 km	Myriameterwellen (Längstwellen)	VLF
5	30...300 kHz	10...1 km	Kilometerwellen (Langwellen)	LF
6	300...3000 kHz	1...0,1 km	Hektometerwellen (Mittelwellen)	MF
7	3...30 MHz	100...10 m	Dekameterwellen (Kurzwellen)	HF
8	30...300 MHz	10...1 m	Meterwellen (Ultrakurzwellen)	VHF
9	300...3000 MHz	1...0,1 m	Dezimeterwellen (Ultrakurzwellen)	UHF, Mikrowellen
10	3...30 GHz	10...1 cm	Zentimeterwellen	SHF, Mikrowellen
11	30...300 GHz	1...0,1 cm	Millimeterwellen	EHF, Mikrowellen
12	300...3000 GHz	1...0,1 mm	Mikrometerwellen	Submillimeterwellen Terahertzbereich

2 Elektromagnetische Wellen

2.1 Maxwellsche Gleichungen für zeitharmonische Vorgänge

2.1.1 Verschiedene Formen der maxwellschen Gleichungen

In der Literatur sind verschiedene Schreibweisen der maxwellschen Gleichungen gebräuchlich, die den jeweiligen Problemstellungen und Betrachtungsweisen angepasst sind. Wir werden für das Induktions- und das Durchflutungsgesetz allgemein die Darstellung mit den Feldern $\vec{e}$ und $\vec{h}$ verwenden. Dabei werden die zeitabhängigen Feldgrößen als Momentanwerte durchwegs mit kleinen Buchstaben gekennzeichnet. Betrachtet man, wie dies in der Praxis häufig geschieht, sinusförmige Vorgänge auf einer Frequenz, so können die Berechnungen mit Hilfe der komplexen Rechnung wesentlich vereinfacht werden. Die zugehörigen komplexen Amplituden werden mit großen Buchstaben bezeichnet.

Integralform

Elektromagnetische Felder sind stets so beschaffen, dass für beliebige Raumbereiche die folgenden integralen Beziehungen gelten:

$$\oint\limits_{\partial A} \vec{h} \cdot \mathrm{d}\vec{s} = \iint\limits_{A} \vec{j} \cdot \mathrm{d}\vec{A} + \varepsilon_0 \iint\limits_{A} \frac{\partial \vec{e}}{\partial t} \cdot \mathrm{d}\vec{A} \tag{2.1a}$$

$$-\oint\limits_{\partial A} \vec{e} \cdot \mathrm{d}\vec{s} = \iint\limits_{A} \frac{\partial \vec{b}}{\partial t} \cdot \mathrm{d}\vec{A} \tag{2.1b}$$

$$\iint\limits_{\partial V} \vec{b} \cdot \mathrm{d}\vec{A} = 0 \tag{2.1c}$$

$$\iint\limits_{\partial V} \vec{e} \cdot \mathrm{d}\vec{A} = \frac{1}{\varepsilon_0} \iiint\limits_{V} \rho \, \mathrm{d}V \tag{2.1d}$$

Dabei bezeichnen A und V beliebige Flächen und Volumina und ∂A bzw. ∂V die Berandungskurven bzw. -flächen. Mit ∂A ist also eine geschlossene Kurve (eben der Rand einer Fläche) und mit ∂V eine geschlossene Hülle (die Brandung eines Volumens) gemeint. Im Sinne der Vektoranalysis müssen diese Kurven und Flächen noch weitere Eigenschaften aufweisen, die wir im Rahmen dieses Buches allerdings nicht weiter vertiefen wollen und stets als gegeben voraussetzen. Zur Durchführung der Flächenintegrationen müssen die Flächen beispielsweise orientierbar sein. Eine beliebige Fläche weist diese Eigenschaft nicht notwendigerweise auf.

Obwohl in den folgenden Abschnitten noch näher auf die Bedeutung dieser Beziehungen eingegangen wird, seien an dieser Stelle einige kurze Erläuterungen zur Interpretation vorweggenommen. Die erste Gleichung (2.1a) bezeichnet man auch als das *Durchflutungsgesetz*. Es stellt einen Zusammenhang zwischen der magnetischen Feldstärke $\vec{h}$ entlang der Berandung einer Fläche und allen durch diese Fläche hindurch fließenden Ströme her. Offenbar besitzt auch der Term $\varepsilon_0 \partial \vec{e}/\partial t$ die Bedeutung einer Stromdichte und hat magnetische Wirkungen[1]. Auf diese wichtige Feststellung gehen wir später noch gesondert ein.

Die zweite Gleichung (2.1b) verbindet die elektrische Feldstärke $\vec{e}$ auf einer Flächenberandung mit der zeitlichen Änderung des magnetischen Flusses, der die Fläche durchsetzt. Diese Beziehung hat innerhalb der elektromagnetischen Theorie ebenfalls eine besondere Bedeutung und trägt den Namen *Induktionsgesetz*. Gleichung (2.1c) besagt, dass der magnetische Fluss durch eine geschlossene Hülle stets Null ist. Diese Aussage ist eine unmittelbare Folge der Tatsache, dass es keine magnetischen Monopole gibt. Man sagt, das magnetische Feld sei *quellenfrei*. Schließlich deklariert Gleichung (2.1d) die räumliche Verteilung der elektrischen Ladungen als Quellen des elektrischen Feldes. Demnach ist auch das Integral des elektrischen Feldes über eine geschlossene Hülle proportional zur gesamten in dieser Hülle eingeschlossenen Ladung.

Wir betonen noch, dass die Gleichungen (2.1a–d) überall und vor allem zu jedem Zeitpunkt gelten, obwohl die in Beziehung gesetzten Größen (auf dem Rand und im Inneren eines Gebietes) räumlich getrennt sind.

Differenzialform

Die Gleichungen (2.1a–d) können durch Anwendung geeigneter Integralsätze auch in ihre äquivalente differenzielle Form umgeschrieben werden. Es ergibt sich die Darstellung

$$\operatorname{rot} \vec{h} = \vec{j} + \varepsilon_0 \frac{\partial \vec{e}}{\partial t} \tag{2.2a}$$

$$-\operatorname{rot} \vec{e} = \frac{\partial \vec{b}}{\partial t} \tag{2.2b}$$

$$\operatorname{div} \vec{b} = 0 \tag{2.2c}$$

$$\operatorname{div} \vec{e} = \frac{\rho}{\varepsilon_0}, \tag{2.2d}$$

deren Bedeutung und Inhalt völlig identisch mit der integralen Schreibweise ist. Durch die differenzielle Schreibweise werden die Feldgrößen lokal, also in einem Aufpunkt

[1] Der Begriff *Wirkung* soll hier nur im vektoranalytischen Sinn verstanden werden, weil die Größen $\partial \vec{e}/\partial t$ und $\partial \vec{b}/\partial t$ nicht zu den physikalischen Ursachen des elektromagnetischen Feldes zählen. Das magnetische Feld wird nur von Strömen erzeugt, während elektrische Felder von Ladungen und von zeitveränderlichen Strömen ausgehen [10].

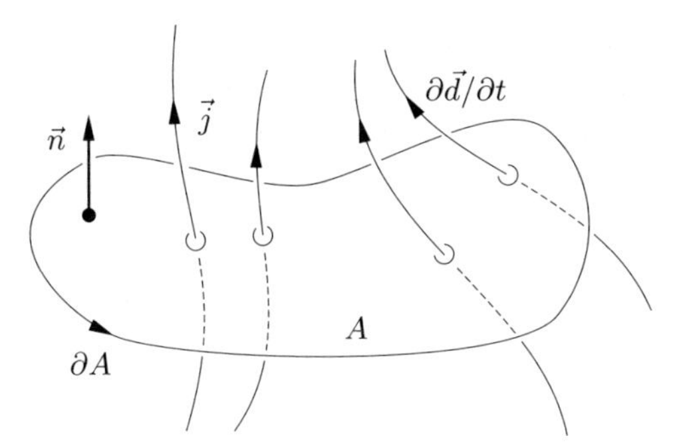

Abb. 2.1: Zum Durchflutungsgesetz

zueinander in Beziehung gesetzt, während die integrale Schreibweise räumlich ausgedehnte Zusammenhänge formuliert. Durch die Anwendung der Integralsätze von Gauß und Stokes können beide Darstellungsformen leicht ineinander übergeführt werden.

Zeigerform

Unter der Voraussetzung, dass jede Zeitabhängigkeit sinusförmig, also rein harmonisch (und damit monofrequent) ist, gelangen wir zur Darstellung von (2.2a–d) mit Hilfe von komplexen Zeigern.

$$\operatorname{rot}\vec{H} = \vec{J} + j\omega\varepsilon\vec{E} \tag{2.3a}$$

$$-\operatorname{rot}\vec{E} = j\omega\mu\vec{H} \tag{2.3b}$$

$$\operatorname{div}\vec{B} = 0 \tag{2.3c}$$

$$\operatorname{div}\vec{E} = \frac{\rho}{\varepsilon_0} \tag{2.3d}$$

Alle auftretenden Feldgrößen werden hier durch ihre komplexen Zeiger dargestellt und die partielle Differenziation nach der Zeit geht über in eine einfache Multiplikation mit $j\omega$.

2.1.2 Durchflutungsgesetz

Wir wollen die Bedeutung und die Interpretation der maxwellschen Gleichungen weiter vertiefen. Dies geschieht zweckmäßig anhand ihrer integralen Darstellung (2.1a–d), da hier die physikalische Anschaulichkeit am ehesten gegeben ist.

Das Durchflutungsgesetz (2.1a) liefert uns eine Aussage über den Zusammenhang zwischen der Durchflutung einer Fläche A und der Zirkulation des magnetischen Feldes $\vec{H}$ entlang der Berandung ∂A dieser Fläche. Dabei sind der Umlaufsinn von ∂A und die Orientierung von A (die Wahl der Richtung des Normaleneinheitsvektors $\vec{n}$) so zu wählen, dass sie im Sinne einer Rechtsschraube orientiert sind (Abb. 2.1). Der Begriff *Durchflutung* bezeichnet die gesamte rechte Seite von (2.1a) und ist im Folgenden noch genauer zu erläutern.

Eine Komponente der Durchflutung ist das Flächenintegral der Stromdichte $\vec{j}$ über der Fläche A, also die gesamte Ladung, die je Zeiteinheit durch A hindurch transportiert wird. Zu dieser Gesamtheit der Durchströmung von ∂A tragen außer der Stromdichte $\vec{j}$ auch alle Linienströme i_μ bei. Linienströme sind eigentlich ein Rechenmodell und sie besitzen auch keine physikalische Realität, da ihre Strombahnen keine Querschnittsfläche besitzen. Unter Verwendung der Dirac-Delta-Funktion können Linienströme jedoch zwanglos in den Integralformalismus von (2.1a) eingebaut werden. Wir bezeichnen also mit

$$I = \iint_A \vec{j} \cdot \mathrm{d}\vec{A} \tag{2.4}$$

den gesamten *freien Strom*, der durch A hindurchfließt und meinen damit den Strom, der auf der realen Bewegung von Ladungsträgern beruht.

Die zweite Komponente der Durchflutung ist der sogenannte *Verschiebungsstrom*

$$I_\mathrm{v} = \varepsilon_0 \iint_A \frac{\partial \vec{e}}{\partial t} \cdot \mathrm{d}\vec{A}, \tag{2.5}$$

der genau dann von Null verschieden ist, wenn sich das elektrische Feld zeitlich ändert. Wenngleich es schwerfallen mag, mit der Größe $\varepsilon_0 \partial\vec{e}/\partial t$ die Vorstellung eines Stromes zu verbinden, so geht sie dennoch ebenso in die Durchflutungsbilanz ein wie die freien Ströme. Die Bezeichnung *Strom* für die Größe $\varepsilon_0 \partial\vec{e}/\partial t$ kann zunächst sicherlich als eine rein formale Namensgebung aufgefasst werden, die einfach daher rührt, dass $\varepsilon_0 \partial\vec{e}/\partial t$ die Dimension einer Stromdichte besitzt und im Durchflutungsgesetz auch völlig gleichbedeutend mit Ladungsströmen auftritt. Tatsächlich findet man aber, dass Verschiebungsströme die stetige Fortsetzung von Ladungsströmen bilden, wenn diese irgendwo enden, beispielsweise auf Kondensatorplatten. Die damit verbundene Änderung der Raumladungsdichte erzeugt ein veränderliches elektrisches Feld, welches als Fortsetzung des Ladungsstromes aufgefasst werden kann.

2.1.3 Induktionsgesetz

Im Induktionsgesetz (2.1b) wird ein Zusammenhang zwischen dem elektrischen Feld $\vec{e}$ und der zeitlichen Änderung $\partial\vec{b}/\partial t$ der magnetischen Flussdichte festgestellt. Es besagt, dass die Zirkulation (das Umlaufintegral) des elektrischen Feldes entlang einer orientierten geschlossenen Kurve gleich dem negativen Wert der zeitlichen Änderung des gesamten magnetischen Flusses durch jede von der orientierten Kurve berandete Fläche ist. Hierbei ist wieder zu beachten, dass die Orientierung der Randkurve und die Orientierung der Fläche eine Rechtsschraube bilden.

Das Induktionsgesetz wird oft in Verbindung mit Leiterschleifen verwendet und die Vorstellung der Induktion ist nicht selten auch mit der Vorstellung von induzierten Strömen verbunden. Aus diesem Grund betonen wir, dass (2.1b) für beliebige Kurven im Raum (also auch ohne die Präsenz von leitender Materie) immer und überall gilt.

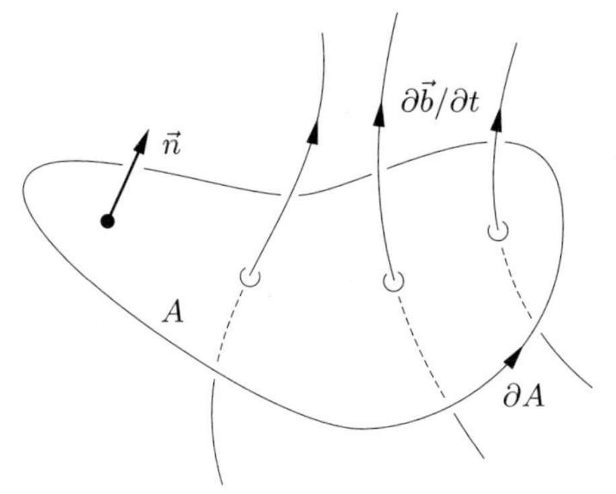

Abb. 2.2: Zum Induktionsgesetz

2.1.4 Quellenfreiheit des magnetischen Feldes

Die Gleichungen (2.1c) und (2.2c) besagen, dass der magnetische Fluss durch eine *geschlossene* Hülle unter allen Umständen und zu jedem Zeitpunkt gleich Null ist. Dieses ist gleichbedeutend mit der Aussage, das magnetische Feld sei lokal und auch global *quellenfrei*. In dieser Feststellung manifestiert sich die allgemeine und bis heute gültige Beobachtung, dass es keine magnetischen Ladungen bzw. keine magnetischen Monopole gibt, die ihrerseits die Quellen des magnetischen Feldes darstellen würden.

Aus der Quellenfreiheit des magnetischen Feldes können wir auch folgern, dass durch zwei Flächen A_1 und A_2 der gleiche magnetische Fluss tritt, wenn A_1 und A_2 eine *gemeinsame* Randkurve $\partial A_1 = \partial A_2$ besitzen und beide Flächen zusammen mit ∂A im Sinne einer Rechtsschraube orientiert sind (Abb. 2.3).

Um durch die Verwendung der Begriffe nicht zu verwirren, wollen wir hier deutlich unterscheiden zwischen den *Quellen*, die durch Divergenzbildung erhalten werden und den *physikalischen Ursachen* eines Feldes. Das magnetische Feld hat wohl physikalische Ursachen (nämlich Ladungsströmungen), es besitzt aber keine Quellen im Sinne der Vektoranalysis, welche einen von Null verschiedenen resultierenden Fluss durch geschlossene Hüllen bedingen würden.

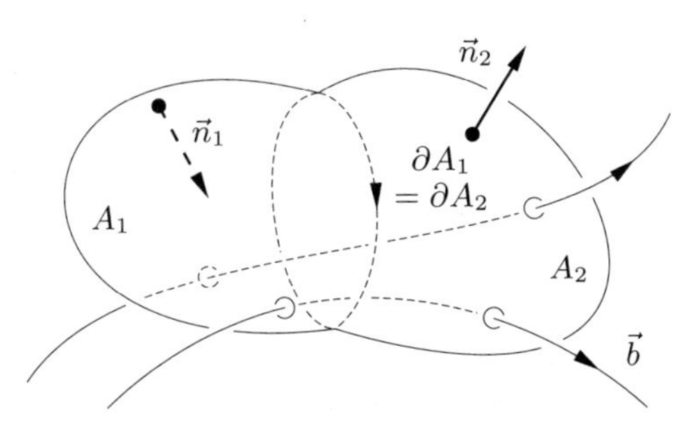

Abb. 2.3: Magnetischer Fluss durch geschlossene Hüllen

2.1.5 Quellen des elektrischen Feldes

Anders dagegen sind die Verhältnisse beim elektrischen Feld. Hier können die Raumladungen als die Quellen des elektrischen Feldes identifiziert werden. Dem entsprechend erhalten wir die einprägsame Aussage, dass der elektrische Fluss $\varepsilon \iint \vec{e} \cdot \mathrm{d}\vec{A}$ durch eine geschlossene Hülle ∂V gerade gleich der gesamten eingeschlossenen Ladung ist, welche sich als Volumenintegral über die Raumladungsdichte ρ errechnet.

Diese Aussage gilt unabhängig von der Form der Ladungsverteilung, die auch punktförmig, linien- oder flächenhaft sein darf.

2.2 Materialgleichungen und Randbedingungen

Die bisher vorgestellten maxwellschen Gleichungen werden von jedem elektromagnetischen Feld erfüllt, gleichgültig, mit welchem Material der Feldraum gefüllt ist. Dabei haben wir zunächst die Parameter ε und μ zur Beschreibung der Materialeigenschaften eingeführt, ohne deren Bedeutung näher zu erläutern. Ebenso sind wir noch nicht darauf eingegangen, auf welche Weise ein elektromagnetisches Feld in einem endlichen begrenzten Raumvolumen durch Randbedingungen eindeutig festgelegt ist. Zur eindeutigen Lösung der maxwellschen Gleichungen in einem begrenzten Volumen werden Bedingungen für die Lösung auf den Randflächen des betrachteten Volumens benötigt. Diese werden von der Art der jeweiligen Grenzfläche festgelegt. In diesem Kapitel erläutern wir den feldtheoretischen Hintergrund der Materialparameter und die vektoranalytische Formulierung von Randbedingungen, wobei eine tiefer gehende Beschreibung der zugrunde liegenden Elektrodynamik in diesem Rahmen nicht möglich ist. Der interessierte Leser sei daher auf [10] verwiesen, woran sich auch die folgende Darstellung anlehnt.

2.2.1 Elektrisch polarisierbare Stoffe

Durch Einprägen eines elektrischen Feldes werden im atomaren oder molekularen Bereich bestimmter Substanzen Ladungen verschoben, sodass ein Volumenelement $\mathrm{d}V$ das Dipolmoment $\mathrm{d}\vec{p}$ aufweist. Die zugehörigen physikalischen Mechanismen werden in Abschn. 6.2.2 erläutert. Zur feldtheoretischen Beschreibung definiert man den Vektor $\vec{P}$ der elektrischen Polarisation[2] durch

$$\vec{P} = \frac{\mathrm{d}\vec{p}}{\mathrm{d}V}. \tag{2.6}$$

Führt man zur Beschreibung der lokalen Ladungsverschiebung den Verschiebungsvektor $\vec{\ell}$ ein, so ergibt sich die elektrische Polarisation auch durch

$$\vec{P} = \varrho_0 \vec{\ell}, \tag{2.7}$$

[2]Die hier besprochene Polarisation von Substanzen durch äußere Felder ist nicht zu verwechseln mit der in Abschn. 2.4.3 behandelten Polarisation ebener elektromagnetischer Wellen.

wobei ϱ_0 die Ladungsdichte der Elektronen im unpolarisierten Zustand angibt. Durch die lokalen Ladungsverschiebungen treten unkompensierte Ladungen auf und bilden im Inneren des polarisierten Nichtleiters die so genannte Polarisationsladungsdichte ϱ_{pol}. Die Polarisationsladungen bilden ihrerseits die Quellendichte des elektrischen Polarisationsfeldes $\vec{P}$ und hängen mit diesem über die Beziehung

$$\text{div}\vec{P} = -\varrho_{\text{pol}} \tag{2.8}$$

zusammen. An der Oberfläche des Nichtleiters stellt sich eine unkompensierte Flächenladungsdichte σ_{pol} ein, die bis auf das Vorzeichen den gleichen Wert hat, wie der Sprung der Normalkomponente von $\vec{P}$ an der Oberfläche:

$$\vec{n} \cdot (\vec{P}^+ - \vec{P}^-) = -\sigma_{\text{pol}} \, . \tag{2.9}$$

Wenn die Polarisation nicht statisch sondern zeitveränderlich ist, fließt durch die ständige Ladungsbewegung ein räumlich verteilter Polarisationsstrom der Dichte

$$\vec{J}_{\text{pol}} = \varrho_0 \frac{\mathrm{d}\vec{\ell}}{\mathrm{d}t} = \frac{\mathrm{d}\vec{P}}{\mathrm{d}t} \, . \tag{2.10}$$

Der zeitlichen Ableitung $\mathrm{d}\vec{\ell}/\mathrm{d}t$ entspricht dabei die Geschwindigkeit der lokalen Ladungsverschiebung. Der Polarisationsstrom ist dabei ebenso wie die Stromdichte der freien Ladungen eine Komponente der Gesamtstromdichte und ist genauso wie ein freier Ladungstrom im Durchflutungsgesetz zu berücksichtigen.

Die gesamte elektrische Verschiebungsdichte ergibt sich durch Überlagerung der elektrischen Polarisation mit der elektrischen Verschiebungsdichte im Vakuum, also

$$\vec{D} = \varepsilon_0 \vec{E} + \vec{P} \, . \tag{2.11}$$

Bei den meisten technischen Dielektrika ist die auftretende elektrische Polarisation proportional zur eingeprägten elektrischen Feldstärke $\vec{E}$. Es gilt also der einfache Zusammenhang

$$\vec{P} = \varepsilon_0 \chi_{\text{el}} \vec{E} \, . \tag{2.12}$$

Der Proportionalitätsfaktor χ_{el} heißt elektrische Suszeptibilität. Setzt man (2.12) in (2.11) ein, so erhält man

$$\vec{D} = \varepsilon_0 (1 + \chi_{\text{el}}) \vec{E} = \varepsilon_0 \varepsilon_{\text{r}} \vec{E} \tag{2.13}$$

mit der relativen Permittivitätszahl $\varepsilon_{\text{r}} = 1 + \chi_{\text{el}}$.

2.2.2 Magnetisch polarisierbare Stoffe

Die Beschreibung der magnetischen Polarisation gelingt auf ähnliche Weise. Auch hier ist die Einführung des Vektors der magnetischen Polarisation

$$\vec{M} = \frac{\mathrm{d}\vec{m}}{\mathrm{d}V} \tag{2.14}$$

als die Volumendichte des magnetischen Dipolmoments $\vec{m}$ sinnvoll. Das Dipolmoment $\vec{m}$ eines Volumenelementes $\mathrm{d}V$ entsteht durch Ausrichtung atomarer magnetischer Elementardipole, die als infinitesimal kleine Kreisströme beschreibbar sind. Als Ursache der Magnetisierung kann daher auch die Magnetisierungsstromdichte $\vec{J}_{\mathrm{mag}}$ eingeführt werden, die gemäß

$$\vec{J}_{\mathrm{mag}} = \mathrm{rot}\,\vec{M} \tag{2.15}$$

ihre Wirbel dort besitzt, wo eine Magnetisierung vorliegt. An der Oberfläche eines magnetisierten Körpers verbleibt eine flächenhafte Magnetisierungsstromdichte $\vec{K}_{\mathrm{mag}}$, die durch

$$\vec{K}_{\mathrm{mag}} = \vec{n} \times (\vec{M}^{+} - \vec{M}^{-}) \tag{2.16}$$

gegeben ist. Die Magnetisierungsströme sind – ebenso wie Polarisationsströme – in der Gesamtstromdichte des Durchflutungsgesetzes (2.1a) oder (2.2a) einzusetzen. Bei paramagnetischen und diamagnetischen Substanzen ist $\vec{M}$ proportional zur äußeren Feldstärke $\vec{H}$ und es gilt

$$\vec{M} = \chi_{\mathrm{mag}}\vec{H}\,. \tag{2.17}$$

Dieser proportionale Zusammenhang gilt jedoch *nicht* für ferromagnetische Stoffe, deren nichtlineare Eigenschaften im Abschn. 4.3.7 behandelt werden. Die Magnetisierung liefert einen Beitrag zur gesamten magnetischen Flussdichte $\vec{B}$, der sich gemäß

$$\vec{B} = \mu_0\vec{H} + \vec{M} \tag{2.18}$$

dem Anteil $\mu_0\vec{H}$ überlagert. Damit ergibt sich völlig analog zu (2.13) die Materialgleichung

$$\vec{B} = \mu_0(1 + \chi_{\mathrm{mag}})\vec{H} = \mu_0\mu_{\mathrm{r}}\vec{H} \tag{2.19}$$

mit der magnetischen Suzeptibilität χ_{mag} und der relativen Permeabilitätszahl $\mu_{\mathrm{r}} = 1 + \chi_{\mathrm{mag}}$.

2.2.3 Grenzflächen

An Grenzflächen zwischen verschiedenen Medien, deren elektromagnetische Eigenschaften durch ε und μ beschrieben sind, gelten feste Randbedingungen, die vom elektromagnetischen Feld erfüllt werden (müssen). Diese Randbedingungen gelten lokal, also in infinitesimal kleinen Bereichen an beliebig gekrümmten Grenzflächen. Zur Vereinfachung werden unten nur ebene und unendlich ausgedehnte Grenzflächen betrachtet. Die allgemeinen Randbedingungen sind jedoch Voraussetzung zur Bestimmung der auftretenden Felder und werden hier kurz angegeben.

Durch die Zählrichtung für die Normalenrichtung wird eine Fläche *orientiert*. Es wird eine Richtung für positive Zählung eingeführt und daher werde die Seite der Grenzfläche, welche der Normalenzählung abgewandt ist, mit $-$ bezeichnet, der zugehörige

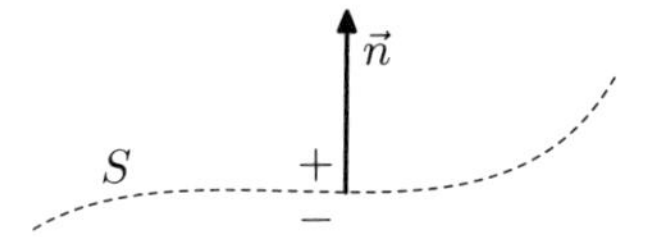

Abb. 2.4: Orientierte Grenzfläche S und Normalenvektor $\vec{n}$

Grenzwert eines Feldes F sei der linksseitige Grenzwert F^-. Der rechtsseitige Grenzwert ist entsprechend mit F^+ bezeichnet (Abb. 2.4).

Von einem Vektorfeld $\vec{F}$ erhält man durch die Operation $\vec{n}\cdot\vec{F}$ die Normalkomponente und durch $\vec{n}\times\vec{F}$ die Tangentialkomponente. Deshalb ergibt $\vec{n}\cdot(\vec{F}^+-\vec{F}^-)$ den Sprung der Normalkomponente von $\vec{F}$ und $\vec{n}\times(\vec{F}^+-\vec{F}^-)$ den Sprung der Tangentialkomponente von $\vec{F}$.

Die elektromagnetischen Randbedingungen an einer beliebigen Grenzfläche für die Felder $\vec{E}$ und $\vec{B}$ lauten

$$\vec{n}\cdot(\vec{E}^+-\vec{E}^-)=\frac{\sigma}{\varepsilon_0} \tag{2.20a}$$

$$\vec{n}\times(\vec{E}^+-\vec{E}^-)=\vec{0} \tag{2.20b}$$

$$\vec{n}\cdot(\vec{B}^+-\vec{B}^-)=0 \tag{2.20c}$$

$$\vec{n}\times(\vec{B}^+-\vec{B}^-)=\mu_0\vec{K}\,, \tag{2.20d}$$

wobei σ die *Flächenladungsdichte* ($[\sigma]=\mathrm{As/m^2}$) und $\vec{K}$ die *Flächenstromdichte* ($[\vec{K}]=\mathrm{A/m}$) bezeichnen. In Worten bedeuten diese Randbedingungen [10]:

- Die Normalkomponente der elektrischen Feldstärke ist an geladenen Flächen unstetig und springt dort um σ/ε_0.
- Die Tangentialkomponente des elektrischen Feldes ist stetig.
- Die Normalkomponente der magnetischen Flussdichte ist stetig.
- Die zum Flächenstrom $\vec{K}$ senkrechte Tangentialkomponente der magnetischen Flussdichte ist unstetig und springt dort um $\mu_0|\vec{K}|$. Die $\vec{K}$-parallele Tangentialkomponente ist stetig.

2.3 Skineffekt

2.3.1 Leitfähigkeit und Wirbelströme

Ein Material weist dann eine elektrische Leitfähigkeit auf, wenn ein Teil seiner Elektronen (oder allgemein: seiner Ladungsträger) nicht fest gebunden, sondern beweglich ist. Ein elektrisches Feld $\vec{e}$ übt eine Kraft auf diese Ladungsträger aus und versetzt diese in Bewegung, sodass eine Ladungsströmung vorliegt. Allerdings nimmt auch bei konstanter Kraft $\vec{F}$ auf die Ladungsträger deren Driftgeschwindigkeit $\vec{v}_\mathrm{D}$ nicht beständig

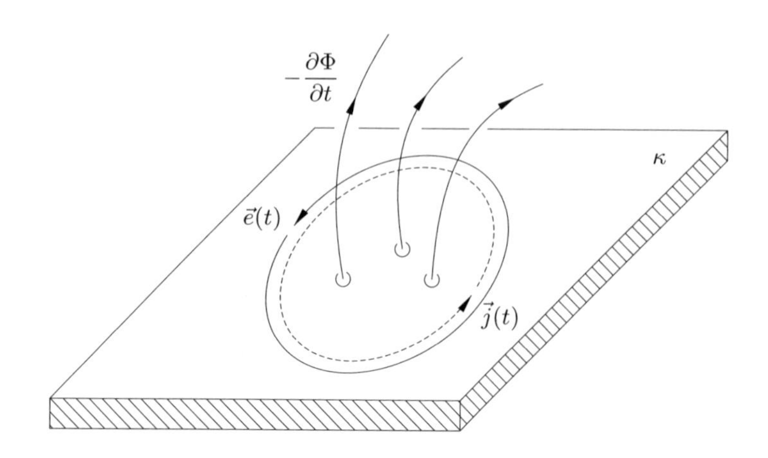

Abb. 2.5: Ausbildung von Wirbelströmen in leitfähigen Materialien

zu. Dies ist nicht weiter überraschend wenn man bedenkt, dass sich die Ladungsträger im Atomverband der Materie nicht ungehindert bewegen können sondern durch Stöße immer wieder kinetische Energie verlieren und eine Ablenkung erfahren. Für den Fall, dass kein äußeres magnetisches Feld vorliegt, erhalten wir einen proportionalen Zusammenhang zwischen der Stromdichte $\vec{j}$ und der elektrischen Feldstärke $\vec{e}$:

$$\vec{j} = \kappa \cdot \vec{e} \tag{2.21}$$

Diese Beziehung ist das verallgemeinerte ohmsche Gesetz für ruhende Leiter. Sie entspricht dem bekannten makroskopischen Zusammenhang $I = G \cdot U$ mit dem Leitwert G des betreffenden Bauelements.

Liegt in einem leitfähigen Material ein zeitveränderliches magnetisches Feld $\vec{b}(t)$ vor, so ist dieses Magnetfeld gemäß (2.2b) von einem elektrischen Wirbelfeld begleitet, welches wiederum eine Stromdichte $\vec{j}$ in dem Leiter verursacht. In diesem Fall spricht man von *Wirbelströmen.* Die tatsächliche Berechnung solcher Wirbelstromverteilungen ist jedoch nicht elementar, weil außer dem elektrischen Feld $\vec{e}$ auch das magnetische Feld $\vec{b}$ eine Kraft auf die bewegten Ladungsträger ausübt. Dem elektrischen Feld $\vec{e}$ ist also auch noch der Anteil $\vec{v}_\mathrm{D} \times \vec{b}$ überlagert. Die Beziehung (2.21) ist in der Form

$$\vec{j} = \kappa \left(\vec{e} + \vec{v}_\mathrm{D} \times \vec{b}\right) \tag{2.22}$$

zu modifizieren. Eine ähnliche Abwandlung der Problemstellung ergibt sich, wenn der Leiter selbst bewegt ist. Aus diesem Grund gilt (2.21) in dieser Form nur für *ruhende* Leiter.

2.3.2 Stromdichte in kreiszylindrischen Leitern

Um eine (stark vereinfachte) Vorstellung vom Zustandekommen einer Stromverdrängung zu erhalten, nehmen wir zunächst an, dass in einem kreiszylindrischen Draht mit

Tabelle 2.1: Leitfähigkeit verschiedener Metalle

Metall	Leitfähigkeit κ (10^6 S/m)	Metall	Leitfähigkeit κ (10^6 S/m)	Metall	Leitfähigkeit κ (10^6 S/m)
Quecksilber	1,04	Blei	4,8	Kalium	14,3
Aluminium	30	Eisen	10,2	Platin	10
Kupfer	58	Silber	62,5	Gold	60

der Querschnittsfläche A eine homogene und axiale Stromverteilung $\vec{j}(t)$ vorliegt. Der Leiter wird dann vom Gesamtstrom $i = |\vec{j}| \cdot A$ durchflossen und gemäß dem ohmschen Gesetz (2.21) liegt dann ein ebenso homogenes elektrisches Feld $\vec{e}(t)$ vor, auf dessen Ursachen wir hier nicht weiter eingehen wollen.

Die Stromverteilung $\vec{j}(t)$ erzeugt ein konzentrisches Magnetfeld $\vec{h}(t)$, welches wiederum von einem elektrischen Feld derart begleitet wird, dass überall das Induktionsgesetz erfüllt wird. Die angenommene homogene Feldverteilung kann dieses offenbar nicht leisten. Zur Verdeutlichung genügt es, einen rechteckigen Integrationsweg wie in Abb. 2.6 gezeigt, zu wählen. Das Gesamtfeld muss also so beschaffen sein, dass es zur Leiteroberfläche hin in seiner Feldstärke anwächst.

Nachdem uns diese einfache Überlegung verdeutlicht, dass (zumindest bei zeitveränderlichen Strömen) keine homogene Verteilung vorliegen kann, wollen wir mit Hilfe der einschlägigen Gesetze die tatsächliche Stromverteilung ableiten. Hierzu betrachten wir einen Ausschnitt aus der Leiteroberfläche, der so klein sei, dass die Oberfläche als plan angenommen werden kann.

Innerhalb des Leiters wählen wir am Ort $x = x_0$ zwei infinitesimale quadratische Umläufe 1 und 2 deren Kanten parallel zu den Koordinatenrichtungen verlaufen (Abb. 2.7). Zur Vereinfachung der Rechnung gehen wir zur Zeigerdarstellung der Feldgrößen über. Die Orientierung der Umläufe ist rechtshändig zu den Zählrichtungen der Feldgrößen zu wählen.

Als ersten Schritt stellen wir das Durchflutungsgesetz für den Umlauf 1 auf. Dabei setzen wir voraus, dass $\vec{H}$ nur eine x-abhängige z-Komponente besitze, also von der Form $\vec{H} = H_z(x) \cdot \vec{e}_z$ sei. Wir schreiben dann einfach $H(x) := H_z(x)$.

$$\oint_1 \vec{H} \cdot \mathrm{d}\vec{s} = H(x) \cdot \mathrm{d}z - H(x + \mathrm{d}x) \cdot \mathrm{d}z = J(x_0) \cdot \mathrm{d}x \cdot \mathrm{d}z \tag{2.23}$$

Durch den Grenzübergang $\mathrm{d}x \to 0$ erhalten wir den differenziellen Zusammenhang

$$J(x) = -\frac{\mathrm{d}H(x)}{\mathrm{d}x} \,. \tag{2.24}$$

Ebenso muss für den Umlauf 2 das Induktionsgesetz gelten. Wir nehmen wieder an, dass $\vec{J}$ und damit $\vec{E}$ nur eine y-Komponente besitzen und erhalten

$$\oint_2 \vec{E} \cdot \mathrm{d}\vec{s} = E(x + \mathrm{d}x) \cdot \mathrm{d}y - E(x) \cdot \mathrm{d}y = -j\omega\mu \cdot H(x_0) \cdot \mathrm{d}x \cdot \mathrm{d}y \,, \tag{2.25}$$

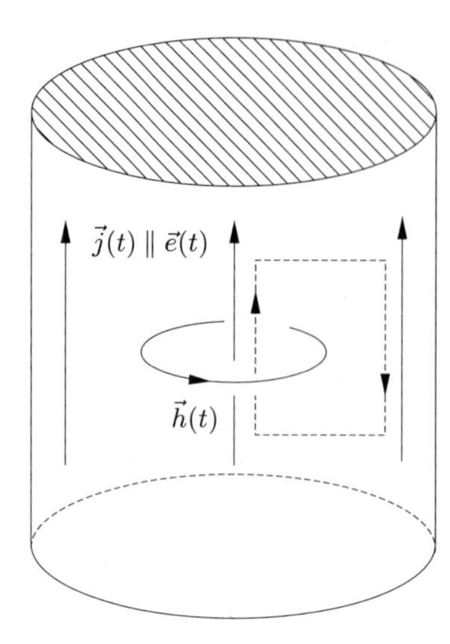

Abb. 2.6: Zur Erläuterung der Stromverdrängung an die Leiteroberfläche

was durch den oben beschriebenen Grenzübergang zur weiteren Bestimmungsgleichung

$$j\omega\mu \cdot H(x) = -\frac{\mathrm{d}E(x)}{\mathrm{d}x} \tag{2.26}$$

führt. Schließlich stellt noch das ohmsche Gesetz

$$\vec{J} = \kappa \cdot \vec{E} \tag{2.27}$$

einen Zusammenhang zwischen $\vec{J}$ und $\vec{E}$ her. Die Gleichungen (2.24), (2.26) und (2.27) stellen die Bestimmungsgleichungen für die drei unbekannten Größen $\vec{H}$, $\vec{J}$ und $\vec{E}$ dar. Einsetzen von (2.27) in (2.26) ergibt

$$j\omega\mu H(x) = -\frac{1}{\kappa} \cdot \frac{\mathrm{d}J(x)}{\mathrm{d}x} \; . \tag{2.28}$$

Durch einmaliges Differenzieren dieser Gleichung nach x und mit (2.24) erhalten wir die homogene Differenzialgleichung

$$\frac{\mathrm{d}^2 J(x)}{\mathrm{d}x^2} - j\omega\mu\kappa \cdot J(x) = 0 \tag{2.29}$$

für die Stromdichte $J(x)$. Ein Differenzialgleichung von Typ (2.29) besitzt als Lösungen Funktionen der Gestalt $J(x) = k \cdot e^{\gamma x}$, wobei die Abkürzung $\gamma^2 = j\omega\mu\kappa$ eingeführt wurde. Mit den beiden komplexen Wurzeln

$$\gamma = \pm\sqrt{\frac{\omega\kappa\mu}{2}}\,(1 + j) \tag{2.30}$$

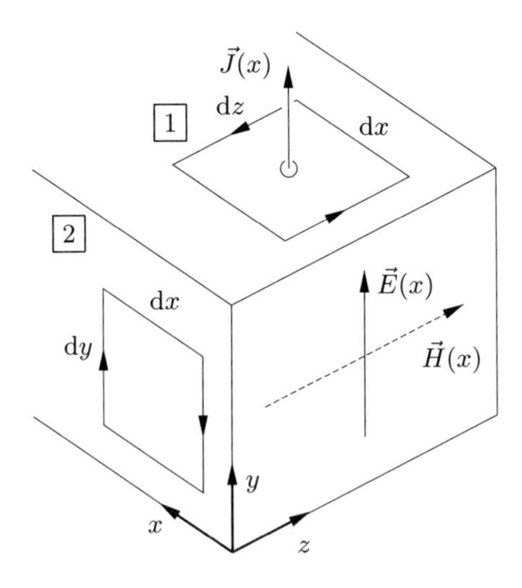

Abb. 2.7: Zur Herleitung der Stromverteilung

und der zusätzlichen Forderung $J(x \to \infty) = 0$ finden wir den Verlauf

$$J(x) = J(0) \cdot e^{-\sqrt{\frac{\omega\kappa\mu}{2}}\cdot x} \cdot e^{-j\sqrt{\frac{\omega\kappa\mu}{2}}\cdot x} \tag{2.31}$$

der Stromdichte $J(x)$. Die Konstante k besitzt offensichtlich die Bedeutung der Stromdichte an der Stelle $x = 0$.

2.3.3 Definition der Eindringtiefe

Die Funktion (2.31) gibt Aufschluss über den Verlauf der Stromdichte von der Oberfläche eines Leiters zu dessen Innerem hin. Der Betrag $|J(x)|$ fällt von seinem Maximum an der Oberfläche aus exponentiell ab, während die Phase linear mit wachsendem x kleiner wird. Die Tiefe $x = \delta$, an der der Betrag der Stromdichte auf das $1/e$-fache abgefallen ist, bezeichnet man als die *Eindringtiefe* oder häufig auch als *äquivalente Leitschichtdicke.* Sie berechnet sich zu

$$\delta = \sqrt{\frac{2}{\omega\kappa\mu}} \tag{2.32}$$

und beschreibt die Verhältnisse bei gegebenen Materialeigenschaften κ und μ und bei gegebener Frequenz f. Mit Hilfe der Eindringtiefe δ kann (2.31) auf die einfachere Form

$$J(x) = J(0) \cdot e^{-\frac{x}{\delta}} \cdot e^{-j\frac{x}{\delta}} \tag{2.33}$$

gebracht werden.

Oberflächenstromdichte

Mit Hilfe des bekannten Verlaufs (2.33) kann nun bestimmt werden, welcher Gesamtstrom ΔI in einem Leiterstreifen der Breite Δz fließt. Er ergibt sich durch die Integra-

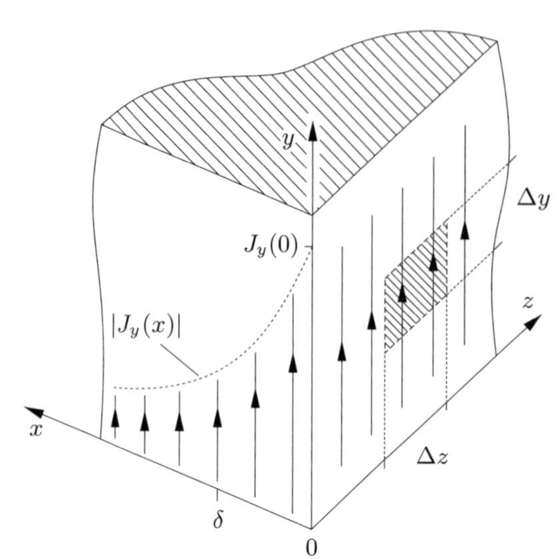

Abb. 2.8: Zur Berechnung der Oberflächenstromdichte und des spezifischen Oberflächenwiderstandes

tion

$$\Delta I = \int_{z_0}^{z_0+\Delta z} \int_0^{\infty} J(x)\,\mathrm{d}x\,\mathrm{d}z \tag{2.34}$$

der Stromdichte über die Querschnittsfläche eines Leiterstreifens der Breite Δz. Damit ergibt sich für die *Oberflächenstromdichte* $I_\mathrm{F} = \Delta I/\Delta z$ der Ausdruck

$$I_\mathrm{F} = J(0)\,\frac{\delta}{1+j}\,. \tag{2.35}$$

Zwischen der vektoriellen Oberflächenstromdichte $\vec{I}_\mathrm{F}$ und der tangentialen magnetischen Feldstärke $\vec{H}(0)$ besteht der Zusammenhang

$$\vec{I}_\mathrm{F} = \vec{n} \times \vec{H}(0)\,. \tag{2.36}$$

Spezifischer Oberflächenwiderstand

Der flächenbezogene Widerstand eines kleinen quadratischen Oberflächenausschnitts mit den Abmessungen $\Delta z \times \Delta y$ wird als spezifischer Oberflächenwiderstand bezeichnet. Er ist bestimmt durch den Quotienten aus der Spannung

$$U = E(0) \cdot \Delta y \tag{2.37}$$

entlang der Strecke Δy und dem Gesamtstrom

$$I = |I_\mathrm{F}| \cdot \Delta z \tag{2.38}$$

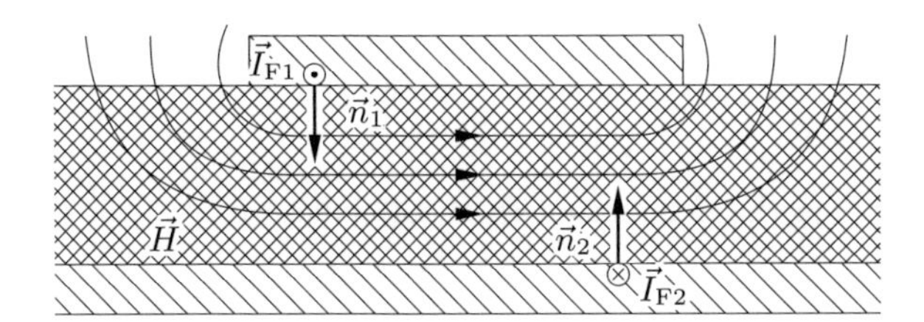

Abb. 2.9: Vektorieller Zusammenhang zwischen Oberflächenstromdichte und tangentialem magnetischen Feld am Beispiel einer Mikrostreifenleitung

in einem Streifen der Breite Δz. Für eine kleine quadratische Einheitsfläche $\Delta z = \Delta y$ ergibt sich also der flächenbezogene Widerstand

$$Z_* = R_* + jX_* = \frac{U}{I} = \frac{E(0)}{|I_{\mathrm{F}}|} = \frac{1}{\kappa\,\delta} + j\,\frac{1}{\kappa\,\delta}\,. \tag{2.39}$$

Es ist also $R_* = X_*$.

2.3.4 Anwendungsbeispiele

Die Tatsache, dass elektromagnetische Felder und die Stromdichte zum Inneren eines Leiters sehr schnell abklingen, hat neben der unerwünschten Widerstandszunahme auch Nutzeffekte. So können metallische Gehäuse dazu verwendet werden, elektronische Schaltung gegen äußere Störfelder abzuschirmen. Ebenso kann metallische Schirmung die Abstrahlung von Energie, die an anderer Stelle Störungen verursachen kann, verhindern. Dabei ist bereits bei Frequenzen im MHz-Bereich die Eindringtiefe so klein, dass jede aufbautechnisch sinnvolle Blechdicke ausreicht, um hohe Schirmdämpfungen zu erreichen.

Eine weitere Folge des Skineffektes ist, dass im Mikrowellenbereich nicht das ganze Volumen eines metallischen Bauelementes aus gutem Leiter hergestellt sein muss. Es genügen nur wenige Mikrometer gut leitenden Materials an der Oberfläche, welches z. B. galvanisch aufgebracht werden kann. Die heutige Metallisierungstechnik ermöglicht dadurch sogar die Fertigung von mechanisch aufwändigen Mikrowellenstrukturen mit kostengünstiger Kunststoffspritzgusstechnik in großen Stückzahlen.

Beispiel 2.1 Ein Abschirmblech aus Aluminium für die Vorstufe eines Fernsehempfängers des Bereichs I (47 MHz … 68 MHz) soll eine Schirmdämpfung von 120 dB garantieren. Die äquivalente Leitschichtdicke an der unteren Bandgrenze ist

$$\delta = \sqrt{\frac{2}{\omega\kappa_{\mathrm{Al}}\mu_0}} = \sqrt{\frac{2}{2\pi\cdot 47\cdot 10^6\,{}^1/_s\cdot 30\cdot 10^6\,{}^{\mathrm{S}}/_{\mathrm{m}}\cdot 4\pi\cdot 10^{-7}\,{}^{\mathrm{Vs}}/_{\mathrm{Am}}}} = 13{,}4\,\mu\mathrm{m}\,.$$

Für eine Schirmdämpfung von 120 dB ergibt sich aus

$$J(x) = J(0)\cdot e^{-\frac{x}{\delta}}\cdot e^{-j\frac{x}{\delta}}$$

die Bedingung

$$e^{-\frac{x_{\min}}{\delta}} = 10^{-\frac{120\,\mathrm{dB}}{20\,\mathrm{dB}}}$$

und damit schließlich eine minimal erforderliche Blechdicke von

$$x_{\min} = 185\,\mu\mathrm{m}\,.$$

Beispiel 2.2 Zum Schutz vor Korrosion und zur Verringerung der Leiterverluste werden Mikrowellenbauelemente häufig galvanisch vergoldet. Nimmt man beispielsweise an, dass ein aus Messing gefertigtes Bauelement für den Betrieb im Ka-Band (Mittenfrequenz $f_\mathrm{m} = 33{,}25\,\mathrm{GHz}$, s. Tabelle 6.3 auf S. 160) vergoldet werden soll und fordert man ferner, dass die Stromdichte an der Grenzfläche Gold-Messing auf 5 % ihres Oberflächenwertes abgefallen sein soll, so folgt aus der Bedingung

$$\frac{|J(x)|}{|J(0)|} = e^{-\frac{x}{\delta}} = 0{,}05$$

eine Goldschichtdicke von

$$\begin{aligned} x = -\delta \cdot \ln(0{,}05) &= -\sqrt{\frac{2}{\omega\kappa_\mathrm{Au}\mu_0}} \cdot \ln(0{,}05) \\ &= \sqrt{\frac{2}{2\pi \cdot 33{,}25 \cdot 10^9\,{}^1\!/\!_\mathrm{s} \cdot 41 \cdot 10^6\,{}^\mathrm{S}\!/\!_\mathrm{m} \cdot 4\pi \cdot 10^{-7}\,{}^\mathrm{Vs}\!/\!_\mathrm{Am}}} \cdot \ln(0{,}05) = 1{,}45\,\mu\mathrm{m}\,. \end{aligned}$$

2.4 Ebene Wellen

2.4.1 Die Wellengleichung

Wir betrachten den Sonderfall, dass der gesamte Raum mit einem homogenen und verlustfreien Isolator erfüllt ist. Es soll also keine Ladungsströmungen $\vec{J}$ und auch keine Raumladungen ρ geben und die Materialparameter ε_r und μ_r sollen nicht ortsabhängig sein. Unter diesen Voraussetzungen nimmt das System der maxwellschen Gleichungen (2.2) die einfachere Gestalt

$$\mathrm{rot}\,\vec{H} = j\omega\varepsilon\vec{E} \tag{2.40a}$$

$$\mathrm{rot}\,\vec{E} = -j\omega\mu\vec{H} \tag{2.40b}$$

$$\mathrm{div}\,\vec{H} = 0 \tag{2.40c}$$

$$\mathrm{div}\,\vec{E} = 0 \tag{2.40d}$$

an. Die Gesamtheit der Lösungen dieses Differenzialgleichungssystems beinhaltet auch Wellenvorgänge, wie im Folgenden gezeigt wird.

Zunächst wird auf beide Seiten von (2.40b) die Rotationsbildung angewendet und es ergibt sich

$$\mathrm{rot}\,\mathrm{rot}\,\vec{E} = \mathrm{grad}\,\mathrm{div}\,\vec{E} - \Delta\vec{E} = -j\omega\mu\mathrm{rot}\,\vec{H} \tag{2.41}$$

mit dem Laplace-Operator

$$\Delta = \frac{\partial^2}{\partial x^2} + \frac{\partial^2}{\partial y^2} + \frac{\partial^2}{\partial z^2} \; .$$

Setzt man nun noch $\operatorname{rot} \vec{H}$ aus (2.40a) ein und berücksichtigt (2.40d), dann erhält man die homogene Differenzialgleichung

$$\Delta \vec{E} + \omega^2 \mu \varepsilon \vec{E} = \vec{0} \tag{2.42}$$

für das elektrische Feld, die auch wie folgt in ihre Komponenten zerlegt angeschrieben werden kann:

$$\frac{\partial^2 E_x}{\partial x^2} + \frac{\partial^2 E_x}{\partial y^2} + \frac{\partial^2 E_x}{\partial z^2} + \omega^2 \mu \varepsilon E_x = 0 \tag{2.43a}$$

$$\frac{\partial^2 E_y}{\partial x^2} + \frac{\partial^2 E_y}{\partial y^2} + \frac{\partial^2 E_y}{\partial z^2} + \omega^2 \mu \varepsilon E_y = 0 \tag{2.43b}$$

$$\frac{\partial^2 E_z}{\partial x^2} + \frac{\partial^2 E_z}{\partial y^2} + \frac{\partial^2 E_z}{\partial z^2} + \omega^2 \mu \varepsilon E_z = 0 \tag{2.43c}$$

Die Lösungen von (2.42) sind wellenartige Funktionen von vielerlei Gestalt. Aus diesem Grund wird die Differenzialgleichung (2.42) auch als *Wellengleichung* bezeichnet. In analoger Weise findet man die Wellengleichung für das magnetische Feld $\vec{H}$. Sie hat den gleichen Aufbau, wie (2.42) und braucht daher nicht gesondert angegeben werden. Der Lösungsraum der Wellengleichung ist, wie oben angedeutet, äußerst umfangreich und kann daher hier nicht behandelt werden. Es gelingt aber durchaus, eine relativ einfache Lösung der Wellengleichung zu finden, die obendrein auch eine besondere Bedeutung hat.

2.4.2 Eine einfache Lösung der Wellengleichung

An den Anfang der Suche nach einer Lösung von (2.42) stellen wir Vorgaben an die Gestalt der Lösung. Anschließend wollen wir versuchen, mit diesen Vorgaben alle Bestimmungsgleichungen zu erfüllen. Falls dieses gelingt, ist eine mögliche Lösung gefunden.

Zunächst fragen wir, ob es eine Lösung der maxwellschen Gleichungen (2.40) gibt, deren $\vec{E}$-Feld nur eine einzige Komponente besitzt. Nachdem die Wahl des kartesischen Koordinatensystems keinerlei Einschränkungen unterliegt, können wir hier willkürlich die y-Komponente wählen, ohne die Allgemeingültigkeit der Ergebnisse zu beschränken.

Weiterhin soll diese einzige Feldkomponente ihrerseits nur eine Funktion von z sein. Wir verlangen also, dass das $\vec{E}$-Feld die Form

$$\vec{E} = E_y(z) \cdot \vec{e}_y \tag{2.44}$$

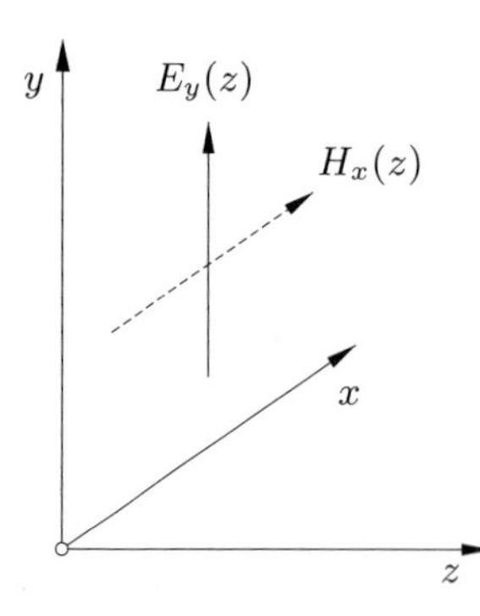

Abb. 2.10: Einfachste Feldstruktur, mit der eine Lösung der maxwellschen Gleichungen gefunden werden kann

besitzt und dass es keine weitere Abhängigkeiten in x- oder y-Richtung gibt. Formal ausgedrückt bedeutet dies

$$\frac{\partial E_y}{\partial x} = 0 \tag{2.45a}$$

$$\frac{\partial E_y}{\partial y} = 0\,. \tag{2.45b}$$

Bereits mit diesen Vorgaben könnte man aus (2.43) eine Differenzialgleichung für E_y ableiten. Allerdings hat man dann noch keine Gewissheit, ob auch (2.40) erfüllt ist.

Für das $\vec{H}$-Feld machen wir zunächst keine Einschränkungen, wir gehen also von der Existenz von $H_x(x, y, z)$, $H_y(x, y, z)$ und $H_z(x, y, z)$ aus. Es wird sich zeigen, dass die Vorgaben für $\vec{E}$ auch gewisse Eigenschaften von $\vec{H}$ bedingen.

Um zu sehen, unter welchen Voraussetzungen das Induktionsgesetz (2.40b) erfüllt wird, schreiben wir dieses zur besseren Übersicht in der Form

$$-\begin{pmatrix} \frac{\partial E_z}{\partial y} - \frac{\partial E_y}{\partial z} \\ \frac{\partial E_x}{\partial z} - \frac{\partial E_z}{\partial x} \\ \frac{\partial E_y}{\partial x} - \frac{\partial E_x}{\partial y} \end{pmatrix} = j\omega\mu \begin{pmatrix} H_x \\ H_y \\ H_z \end{pmatrix} \tag{2.46}$$

an. Durch komponentenweisen Vergleich ergibt sich, dass $H_y = 0$ sein muss, weil $E_x = E_z = 0$ vorausgesetzt wurde. Ferner muss $H_z = 0$ sein, wenn alle partiellen Ableitungen nach x identisch verschwinden und auch $E_x = 0$ ist. Die gesuchte Lösung kann, falls sie überhaupt existiert, nur eine H_x-Komponente besitzen.

Die weiteren maxwellschen Gleichungen geben Aufschluss über die möglichen Abhängigkeiten von H_x, wenn die bisher festgelegten und notwendigen Einschränkungen berücksichtigt werden. Dem Durchflutungsgesetz

$$\begin{pmatrix} \frac{\partial H_z}{\partial y} - \frac{\partial H_y}{\partial z} \\ \frac{\partial H_x}{\partial z} - \frac{\partial H_z}{\partial x} \\ \frac{\partial H_y}{\partial x} - \frac{\partial H_x}{\partial y} \end{pmatrix} = j\omega\mu \begin{pmatrix} E_x \\ E_y \\ E_z \end{pmatrix} \tag{2.47}$$

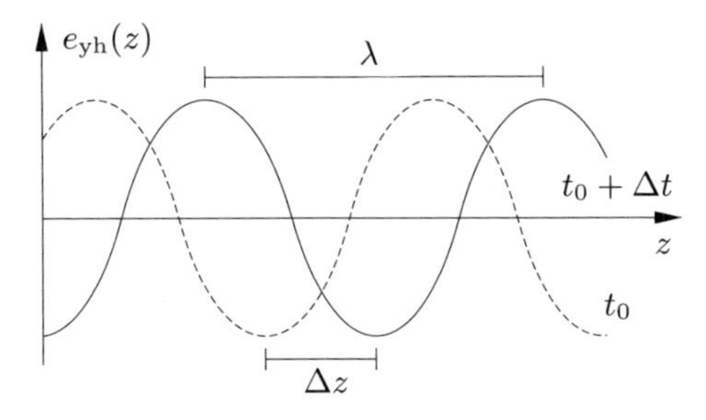

Abb. 2.11: Elektrische Feldstärke einer ebenen Welle als Funktion der Ausbreitungskoordinate z. Gezeigt sind zwei verschiedene Zeitpunkte t_0 und $t_0 + \Delta t$

entnehmen wir, dass H_x keine Funktion von y sein kann, weil $H_y = 0$ und $E_z = 0$.

Schließlich ergibt sich aus der Bedingung (2.40c), dass H_x auch keine Funktion x sein kann. Die gesuchte Lösung muss also aus den Komponenten $E_y(z)$ und $H_x(z)$ bestehen. Damit nehmen Induktions- und Durchflutungsgesetz die einfache Form

$$\frac{\mathrm{d}E_y}{\mathrm{d}z} = j\omega\mu H_x \tag{2.48a}$$

$$\frac{\mathrm{d}H_x}{\mathrm{d}z} = j\omega\mu E_y \tag{2.48b}$$

an. Es entsteht ein System gekoppelter Differenzialgleichungen 1. Ordnung, welches sich auf eine Differenzialgleichung 2. Ordnung zurückführen lässt. Die einfache Ableitung von (2.48a) nach z und einsetzen von $\mathrm{d}H_x/\mathrm{d}z$ aus (2.48b) ergibt

$$\frac{\mathrm{d}^2 E_y(z)}{\mathrm{d}z^2} + \omega^2 \mu\varepsilon E_y(z) = 0\,. \tag{2.49}$$

Diese Differenzialgleichung ist eine Sonderform der Wellendifferenzialgleichung (2.42) unter den gemachten Voraussetzungen. Ihre Lösungsfunktionen sind von der Form

$$E_y(z) = E_h\, e^{-j\beta z} + E_r\, e^{j\beta z} \tag{2.50}$$

wobei die Abkürzung $\beta = \omega\sqrt{\mu\varepsilon}$ eingeführt wurde. Es handelt sich dabei um eine Überlagerung zweier Wellen, die in $+z$- bzw. $-z$-Richtung wandern. Wir bezeichnen die Welle in positiver z-Richtung als *hinlaufend* und die Welle in entgegengesetzter Richtung als *rücklaufend*.

Für den zeitlichen Momentanwert $e_{\mathrm{yh}}(z,t) = \mathrm{Re}\{E_{\mathrm{h}}\, e^{-j\beta z} e^{j\omega t}\}$ ergibt sich

$$e_{\mathrm{yh}}(z,t) = |E_{\mathrm{h}}| \cdot \cos(\omega t - \beta z + \varphi_{\mathrm{h}}), \tag{2.51}$$

wenn E_{h} durch $E_{\mathrm{h}} = |E_{\mathrm{h}}| \cdot e^{j\varphi_{\mathrm{h}}}$ nach Betrag und Phase beschrieben wird. Gleichung (2.51) beschreibt einen harmonischen Wellenzug, der sich in der Zeit Δt um Δz in $+z$-Richtung verschiebt. Der Wellenzug $e_{\mathrm{yr}}(z,t)$ läuft entsprechend nach links.

Phasengeschwindigkeit

Zur Berechnung der Geschwindigkeit, mit der sich die Wellenzüge fortbewegen, betrachten wir den Cosinusterm in (2.51). Hierzu bestimmen wir die Strecke Δz, um die

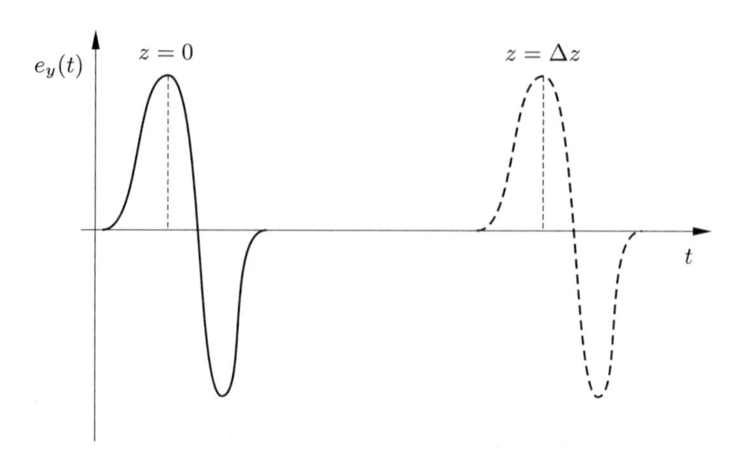

Abb. 2.12: Im freien Raum breitet sich jede beliebige Wellenform verzerrungsfrei aus. Nach der Laufzeit Δt erscheint der Wellenzug an der Stelle Δz

sich ein beliebiger Punkt der Funktion $e_{yh}(z, t)$ (beispielsweise ein lokales Maximum) nach der Zeit Δt weiterbewegt hat. Wir setzen also

$$\cos(\omega t - \beta z + \varphi_h) = \cos\big(\omega(t + \Delta t) - \beta(z + \Delta z) + \varphi_h\big)$$

und erhalten hieraus

$$\omega \Delta t - \beta \Delta z = 0\,.$$

Für die sogenannte *Phasengeschwindigkeit* v_P ergibt sich also

$$v_P = \frac{\Delta z}{\Delta t} = \frac{\omega}{\beta} = \frac{1}{\sqrt{\mu\varepsilon}} = \frac{c_0}{\sqrt{\mu_r \varepsilon_r}} \tag{2.52}$$

mit der Vakuum-Lichtgeschwindigkeit $c_0 = 1/\sqrt{\mu_0\varepsilon_0}$. Im freien Raum breitet sich die ebene Welle also mit Lichtgeschwindigkeit aus. Bemerkenswert ist, dass v_P ausschließlich durch die Eigenschaften des Mediums bestimmt ist und *nicht* von der Frequenz abhängt. Jede ebene Welle, gleich welcher Frequenz, benötigt also zum Durchlaufen der Strecke Δz die gleiche Zeit $\Delta t = \Delta z\sqrt{\mu\varepsilon}$.

Weil jede beliebige Zeitfunktion $e_y(t)$ als Überlagerung von (allgemein unendlich vielen) harmonischen Schwingungen dargestellt werden kann, folgt hieraus auch, dass sich *jede* Zeitfunktion verzerrungsfrei ausbreitet. Man nennt diese Eigenschaft des freien Raumes *Dispersionsfreiheit.*

Wir werden später noch deutlich unterscheiden müssen zwischen der Phasengeschwindigkeit einer Welle und der Geschwindigkeit, mit der sich die Energie ausbreitet. Während letztere niemals größer sein kann als c_0 kann die Phasengeschwindigkeit bei gewissen Wellentypen durchaus höher sein als die Lichtgeschwindigkeit.

Wellenlänge

Die Strecke, die von der Welle während ihrer Periodendauer $T = 1/f$ durchlaufen wird, heißt Wellenlänge λ. Sie ist auch gleich dem räumlichen Abstand, der zwischen zwei identischen Phasenzuständen liegt. Sie berechnet sich zu

$$\lambda = v_\mathrm{P} \cdot T = \frac{\lambda_0}{\sqrt{\mu_\mathrm{r}\varepsilon_\mathrm{r}}} \tag{2.53}$$

mit der Freiraumwellenlänge

$$\lambda_0 = \frac{c_0}{f} \,. \tag{2.54}$$

Für zahlreiche überschlägige Rechnungen kann sich die eingängige Zahlenwertgleichung

$$\frac{\lambda_0}{\mathrm{m}} = \frac{300}{f/\mathrm{MHz}}$$

als recht nützlich erweisen.

Feldwellenwiderstand

Nachdem die Lösung für das elektrische Feld vorliegt, kann (2.48a) benutzt werden, um das zugehörige magnetische Feld zu berechnen. Es ergibt sich

$$H_x = -\frac{\beta}{\omega\mu}\left\{E_\mathrm{h}\, e^{-j\beta z} - E_\mathrm{r}\, e^{j\beta z}\right\} \,.$$

Für diese und für alle folgenden Betrachtungen vereinbaren wir die $-x$-Richtung als Zählrichtung für das magnetische Feld H der hinlaufenden Welle. Mit dieser Konvention verzichten wir auch auf die besondere Kennzeichnung durch den Index x und schreiben

$$H = \frac{\beta}{\omega\mu}\left\{E_\mathrm{h}\, e^{-j\beta z} - E_\mathrm{r}\, e^{j\beta z}\right\} \,. \tag{2.55}$$

Der Faktor $\beta/\omega\mu$ heißt *Feldwellenwiderstand* Z_F. Er ist ebenfalls eine ausschließliche Eigenschaft des Ausbreitungsmediums. Durch Einsetzen von $\beta = \omega\sqrt{\mu\varepsilon}$ ergibt sich

$$Z_\mathrm{F} = \sqrt{\frac{\mu}{\varepsilon}} = Z_\mathrm{F0} \cdot \sqrt{\frac{\mu_\mathrm{r}}{\varepsilon_\mathrm{r}}} \tag{2.56}$$

mit dem Feldwellenwiderstand des freien Raumes

$$Z_\mathrm{F0} = \sqrt{\frac{\mu_0}{\varepsilon_0}} \approx 377\,\Omega \,.$$

Bei jeder ebenen Welle bilden $\vec{E}$, $\vec{H}$ und die Ausbreitungsrichtung in dieser Reihenfolge ein Rechtssystem. Für die rücklaufende Welle vereinbaren wir daher die $+x$-Richtung

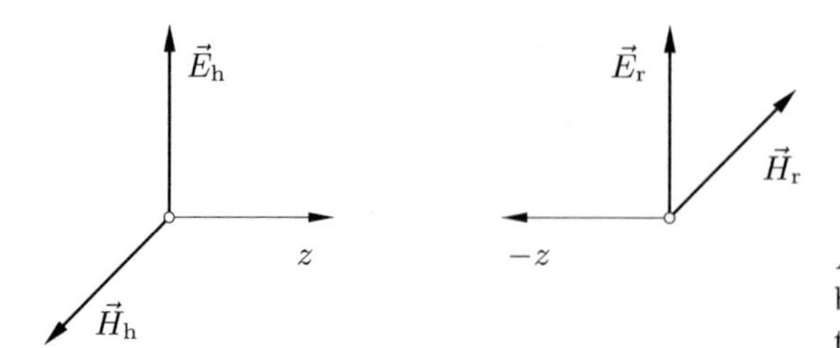

Abb. 2.13: Die Felder $\vec{E}$, $\vec{H}$ und die Ausbreitungsrichtung bilden ein Rechtssystem

als Zählrichtung für das magnetische Feld. Das gesamte elektromagnetische Feld aus zwei sich entgegengesetzt ausbreitenden ebenen Wellen besitzt dann die Form

$$E_y(z) = E_\mathrm{h} \cdot e^{-j\beta z} + E_\mathrm{r} \cdot e^{j\beta z} \tag{2.57a}$$

$$H(z) = H_\mathrm{h} \cdot e^{-j\beta z} - H_\mathrm{r} \cdot e^{j\beta z} \tag{2.57b}$$

und zwischen den Feldkomponenten besteht der Zusammenhang

$$\frac{E_\mathrm{h}}{H_\mathrm{h}} = \frac{E_\mathrm{r}}{H_\mathrm{r}} = Z_\mathrm{F} \, . \tag{2.58}$$

Strahlungsleistungsdichte

Die hinreichend bekannten Anwendungen elektromagnetischer Wellen lassen sicher vermuten, dass jede der gegeneinander laufenden Teilwellen in (2.57) Leistung transportiert. Um zu erkennen, auf welche Weise dieser Leistungstransport mit den auftretenden elektrischen und magnetischen Feldstärken verknüpft ist, stellen wir eine elektromagnetische Energiebilanz auf. Hierzu gehen wir aus von der elektrischen und magnetischen Leistungsdichte, welche durch

$$p_\mathrm{e} = \frac{1}{2} \mathrm{Re}\{\vec{E} \cdot j\omega \vec{D}^*\} \tag{2.59a}$$

$$p_\mathrm{m} = \frac{1}{2} \mathrm{Re}\{\vec{H}^* \cdot j\omega \vec{B}\} \tag{2.59b}$$

gegeben sind. Den Ausdruck für die elektrische Leistungsdichte werden wir uns später in Abschn. 4.2.1 anhand des Feldes eines Plattenkondensators plausibel machen. Für entsprechende Überlegungen zur magnetischen Leistungsdichte sei auf weiterführende Literatur [10] verwiesen. Beide Leistungsdichten geben an, welche Leistung einem lokalen Volumenelement dV zugeführt wird, wenn sich die Feldgrössen ändern. Dabei liegt die Vorstellung zugrunde, dass sowohl im elektrischen wie auch im magnetischen Feld die Arbeit gespeichert ist, die zu dessen Aufbau notwendig war. Setzen wir weiter voraus, dass im betrachteten Ausbreitungsmedium keine freien Ströme fließen, dann ist die gesamte lokale elektromagnetische Leistungsdichte

$$p_\mathrm{em} = \frac{1}{2} \mathrm{Re}\{\vec{E} \cdot j\omega \vec{D}^* + \vec{H}^* \cdot j\omega \vec{B}\} \, . \tag{2.60}$$

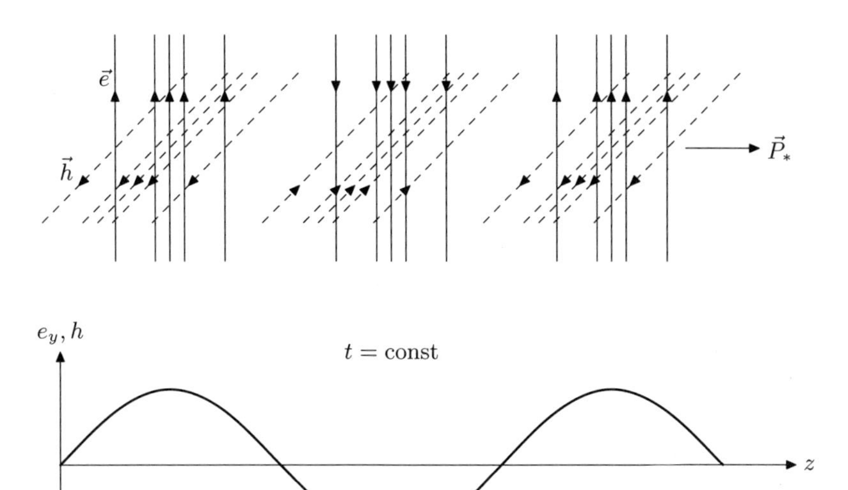

Abb. 2.14: Momentanbild einer hinlaufenden ebenen Welle

Der Ausdruck (2.60) bezeichnet also die zeitliche Änderung der in einem lokalen Volumenelement gespeicherten elektromagnetischen Energie. Wenn sich diese Energie zeitlich ändert, dann muss sie durch den Raum zu- oder abgeführt werden. Zur Beschreibung stellt man sich zweckmäßig ein Feld $\vec{P}_*$ der räumlichen Energieströmung vor. Betrachten wir nun ein abgeschlossenes verlustfreies Volumen V, so muss die gesamte zu- oder abgeführte Leistung vom Feld $\vec{P}_*$ durch dessen Hülle ∂V transportiert werden, also

$$\iint\limits_{\partial V} \vec{P}_* \cdot \mathrm{d}A = -\iiint\limits_{V} p_{\mathrm{em}}\, \mathrm{d}V\,, \tag{2.61}$$

wenn die Normalenrichtung der Hülle ∂V – wie allgemein üblich – von innen nach außen gezählt wird. Hieraus folgt mit dem gaussschen Integralsatz

$$\mathrm{div}\vec{P}_* = -p_{\mathrm{em}}\,. \tag{2.62}$$

Setzt man man in (2.60) die maxwellschen Gleichungen (2.40a) und (2.40b) ein und berücksichtigt ferner die Materialgleichungen (2.13) und (2.19), so ergibt sich

$$\mathrm{div}\vec{P}_* = \frac{1}{2}\mathrm{Re}\{-\vec{E} \cdot \mathrm{rot}\vec{H}^* + \vec{H}^* \cdot \mathrm{rot}\vec{E}\} \tag{2.63}$$

und hieraus mit der Identität

$$\mathrm{div}(\vec{A} \times \vec{B}) = \vec{B} \cdot \mathrm{rot}\vec{A} - \vec{A} \cdot \mathrm{rot}\vec{B}$$

schließlich

$$\mathrm{div}\vec{P}_* = \mathrm{div}\left(\frac{1}{2}\mathrm{Re}\{\vec{E} \times \vec{H}^*\}\right) . \tag{2.64}$$

Es liegt nun nahe, hieraus zu folgern, dass

$$\vec{P}_* = \frac{1}{2}\mathrm{Re}\{\vec{E} \times \vec{H}^*\} \tag{2.65}$$

sei. Es ist allgemein üblich, das Feld $\mathrm{Re}\{\vec{E} \times \vec{H}\}/2$ als die Strahlungsleistungsdichte $\vec{P}_*$ zu bezeichnen, obwohl man mit der gleichen Berechtigung auch jedes andere Feld, das sich von $\mathrm{Re}\{\vec{E} \times \vec{H}\}/2$ nur um ein additives quellfreies Feld unterscheidet, ebenso bezeichnen könnte.

Damit bekommt nun die spezielle Orientierung von $\vec{E}$ und $\vec{H}$ bei der ebenen Welle eine besondere Bedeutung. Beide Felder bilden zusammen das Feld $\vec{P}_*$ der Strahlungsleistungsdichte. Dieses hat nur eine Komponente in Ausbreitungsrichtung der ebenen Welle, nachdem sowohl $\vec{E}$ als auch $\vec{H}$ senkrecht zur Ausbreitungsrichtung orientiert sind. Nachdem auch die Felder $\vec{E}$ und $\vec{H}$ zueinander senkrecht stehen, ist die Auswertung des Kreuzproduktes besonders einfach und es ergibt sich für eine sich in $+z$-Richtung ausbreitende ebene Welle

$$\vec{P}_* = P_*\vec{e}_z = \frac{1}{2}\mathrm{Re}\{E_y\vec{e}_y \times H_x{}^*\vec{e}_x\} = \frac{1}{2}\mathrm{Re}\{E_y \cdot H^*\} \cdot \vec{e}_z \, . \tag{2.66}$$

Verwendet man noch (2.57) und die Beziehung (2.58) so ergibt sich

$$P_* = \frac{1}{2}\frac{|E_y|^2}{Z_\mathrm{F}} = \frac{1}{2}|H|^2 Z_\mathrm{F} \tag{2.67}$$

für die Strahlungsleistungsdichte einer ebenen Welle. In Tabelle 2.2 sind die wichtigsten Kenngrößen einer homogenen ebenen Welle noch einmal zur Übersicht zusammengefasst.

Die Beziehung (2.65) führt auf eine wichtige elektrodynamische Grundtatsache. Elektrische Leistung wird *immer* vom elektromagnetischen Feld transportiert und *nicht* von den feldverursachenden Ladungsströmen. Daraus folgt auch, dass elektrische Leistung stets in einem Dielektrikum, also in einem Nichtleiter transportiert wird. Der Transport von elektromagnetischer Leistung durch das Volumen eines Leiters ist umso schlechter möglich, je besser seine Leitfähigkeit ist. Im Inneren eines idealen Leiters kann grundsätzlich keine elektrische Leistung transportiert werden, da dort das elektrische Feld sicher verschwindet. In diesem Sinne ist elektrische Leistung immer Strahlungsleistung, selbst dann, wenn die Strahlung entlang einer Leitung geführt wird. Entsprechende Strukturen werden wir noch in Abschn. 2.5 besprechen.

2.4.3 Polarisation

Eine homogene ebene Welle ist u. a. dadurch gekennzeichnet, dass ihr elektrisches Feld nur eine einzige Feldkomponente besitzt, die transversal zur Ausbreitungsrichtung orientiert ist. Das Koordinatensystem kann dabei immer so gewählt werden, dass die

Tabelle 2.2: Kenngrößen einer ebenen Welle

Kenngröße	Berechnung		
Phasengeschwindigkeit	$v_\mathrm{P} = \dfrac{c_0}{\sqrt{\mu_\mathrm{r}\,\varepsilon_\mathrm{r}}}$	mit	$c_0 = \dfrac{1}{\sqrt{\mu_0\,\varepsilon_0}} \approx 3 \cdot 10^8\,\mathrm{m/s}$
Wellenlänge	$\lambda = \dfrac{v_\mathrm{P}}{f} = \dfrac{\lambda_0}{\sqrt{\mu_\mathrm{r}\,\varepsilon_\mathrm{r}}}$	mit	$\lambda_0 = \dfrac{c_0}{f}$
Phasenkonstante	$\beta = \dfrac{2\pi}{\lambda} = \dfrac{\omega}{v_\mathrm{P}}$	mit	$v_\mathrm{P} = \dfrac{1}{\sqrt{\mu\,\varepsilon}} = \dfrac{c_0}{\sqrt{\mu_\mathrm{r}\,\varepsilon_\mathrm{r}}}$
Feldwellenwiderstand	$Z_\mathrm{F} = \sqrt{\dfrac{\mu}{\varepsilon}} = Z_\mathrm{F0}\sqrt{\dfrac{\mu_\mathrm{r}}{\varepsilon_\mathrm{r}}}$	mit	$Z_\mathrm{F0} = \sqrt{\dfrac{\mu_0}{\varepsilon_0}} \approx 120\pi\,\Omega \approx 377\,\Omega$
Poynting-Vektor	$\vec{P}_* = \dfrac{1}{2}\,\mathrm{Re}\left\{\vec{E} \times \vec{H}^*\right\}$		
Strahlungsleistungsdichte	$P_* = \lvert\vec{P}_*\rvert = \dfrac{1}{2}\,\dfrac{\lvert\vec{E}\rvert^2}{Z_\mathrm{F}} = \dfrac{1}{2}\,\lvert\vec{H}\rvert^2 \cdot Z_\mathrm{F}$		

Richtung des $\vec{E}$-Feldes mit einer Koordinatenrichtung zusammenfällt. Notwendig ist dieses aber nicht. Das Koordinatensystem kann auch gegen diese kanonische Lage verdreht sein, sodass das $\vec{E}$-Feld eine x- und eine y-Komponente hat, die an jedem Ort in Phase sind und deren Überlagerung das Gesamtfeld der Welle ergibt. Am physikalischen Zustand der ebenen Welle ändert eine solche Wahl des Koordinatensystems selbstverständlich nichts. Das elektrische Feld weist stets nur in eine Richtung, wenn man vom zeitlichen Vorzeichenwechsel einmal absieht. Diese Richtung nennt man die *Polarisationsrichtung* der Welle. Nach dem vorher gesagten ist es nun ersichtlich, dass man – bei fest gewähltem Koordinantensystem – eine Welle mit beliebiger Polarisationsrichtung durch Überlagerung zweier ebener Wellen erzeugen kann, die in x- und in y-Richtung polarisiert sind. Voraussetzung ist, dass beide Wellen in Phase oder gegenphasig sind. Die Polarisationsrichtung ihrer Überlagerung ist dann durch ihre Amplituden gegeben.

Es können jedoch weitere Polarisationszustände erzeugt werden, wenn man zwischen den sich überlagernden Wellen mit x- und y-Polarisation jede beliebige Phasenverschiebung zulässt. Um zu sehen, was sich dabei ergibt, führen wir die elektrischen Felder

$$e_x(t) = |E_x| \cos(\omega t - \beta z + \varphi_x) \tag{2.68a}$$
$$e_y(t) = |E_y| \cos(\omega t - \beta z + \varphi_y) \tag{2.68b}$$

zweier ebener Wellen ein, die sich gleichfrequent aber mit verschiedenen Amplituden und Nullphasen in $+z$-Richtung ausbreiten. Das elektrische Gesamtfeld ist dann

$$\vec{e}(t) = \begin{pmatrix} e_x(t) \\ e_y(t) \\ 0 \end{pmatrix} . \tag{2.69}$$

Weil Ort und Zeit für den Phasenbezug willkürlich gewählt werden dürfen, ist für die folgenden Betrachtungen auch nur die Phasendifferenz $\delta = \varphi_y - \varphi_x$ entscheidend. Wir untersuchen nun den zeitlichen Verlauf des elektrischen Gesamtfeldes in einer Transversalebene. Der Einfachheit halber wählen wir $z = 0$, in jeder anderen Transversalebene würde sich bis auf die Phasenverschiebung $-\beta z$ das gleiche Ergebnis einstellen. Zur weiteren Vereinfachung wählen wir noch φ_x als Bezugsphase, also $\varphi_x = 0$. Der Leser kann sich zur Übung selbst davon überzeugen, dass die unten gemachten Betrachtungen zu den gleichen Ergebnissen führen, wenn der Wert von φ_x beliebig angenommen wird.

Das Gesamtfeld in der ebene $z = 0$ denken wir uns nun also zusammengesetzt aus den Komponenten

$$e_x(t) = |E_x| \cos(\omega t) \tag{2.70a}$$

$$e_y(t) = |E_y| \cos(\omega t + \delta)\,. \tag{2.70b}$$

Diese Beziehungen können unter Anwendung des Additionstheorems

$$\cos(\alpha + \beta) = \cos\alpha \cos\beta + \sin\alpha \sin\beta$$

auf (2.70b) umgestellt werden nach

$$\frac{e_x(t)}{|E_x|} = \cos(\omega t) \tag{2.71a}$$

$$\frac{e_y(t)}{|E_y|} = \cos(\omega t)\cos\delta + \sin(\omega t)\sin\delta\,. \tag{2.71b}$$

Aus (2.71a) folgt noch $\sin(\omega t) = \sqrt{1 - (e_x(t)/|E_x|)^2}$. Dieses eingesetzt in (2.71b) erlaubt die Eliminierung der Zeitabhängigkeit und führt auf

$$\left(\frac{e_x(t)}{|E_x|}\right)^2 + \left(\frac{e_y(t)}{|E_y|}\right)^2 - 2\frac{e_x(t)e_y(t)}{|E_x||E_y|}\cos\delta = \sin^2\delta\,. \tag{2.72}$$

als beschreibende Relation für den geometrischen Ort, auf dem sich die Spitze des Gesamtvektors bewegt. Es ist dies die Gleichung einer Ellipse, deren Hauptachsen für $\delta = \pm 90^\circ$ mit den Koordinatenachsen zusammenfallen. Gilt zusätzlich $|E_x| = |E_y|$, dann ergibt sich ein Kreis. Ob die Kurve im oder gegen den Uhrzeigersinn durchlaufen wird, hängt von der Phasenverschiebung δ ab.

Durch Überlagerung zweier orthogonaler, gleichfrequenter ebener Wellen durchläuft der Vektor der elektrischen Feldstärke also im allgemeinen Fall eine Ellipse. Man spricht daher von *elliptischer Polarisation.* Sie stellt den allgemeinen Polarisationszustand einer ebenen Welle dar (Abb. 2.15). Je nach Umlaufrichtung spricht man von rechtshändiger oder linkshändiger Polarisation. Als Blickrichtung wird dabei die Ausbreitungsrichtung der Welle gewählt[3]. Entartet die Ellipse zu einem Kreis, so spricht man speziell

[3]Dies ist die Definition des IEEE (Institute of Electrical and Electronics Engineers), die in der Hochfrequenztechnik allgemein verwendet wird. Die Definiton in der klassischen Optik ist gerade umgekehrt.

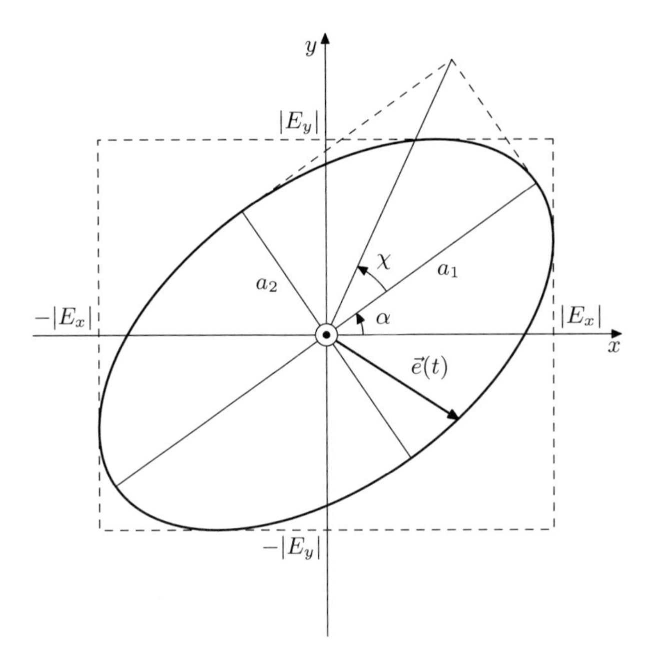

Abb. 2.15: Polarisationsellipse. Elliptische Polarisation stellt den allgemeinen Polarisationszustand dar. Sie umfasst die zirkulare und die lineare Polarisation als Spezialfälle

von *zirkularer Polarisation* und unterscheiden wieder *rechtszirkulare* und *linkszirkulare* Polarisation.

Führt man durch

$$E_x = |E_x| e^{j\varphi_x} \tag{2.73a}$$

$$E_y = |E_y| e^{j\varphi_y} \tag{2.73b}$$

wieder komplexe Zeiger für die Feldstärken in x- und in y-Richtung ein, so ergeben sich im Zeigerbereich die Bedingungen

$$E_x = \; jE_y \qquad \text{rechtszirkular} \tag{2.74a}$$

$$E_x = -jE_y \qquad \text{linkszirkular} \tag{2.74b}$$

für rechts- und linkszirkulare Polarisation. In Abb. 2.16 ist eine Auswahl möglicher Polarisationszustände dargestellt. Anhand Abb. 2.16e wird beispielsweise deutlich, dass im Falle eines Umlaufes im Uhrzeigersinn (die Ausbreitungsrichtung weist aus der Zeichenebene heraus) E_y gegenüber E_x um 90° nacheilt.

In Abb. 2.15 ist die Polarisationsellipse (2.72) in allgemeiner Lage zusammen mit ihren beschreibenden Parametern dargestellt. Der Orientierungswinkel α und der El-

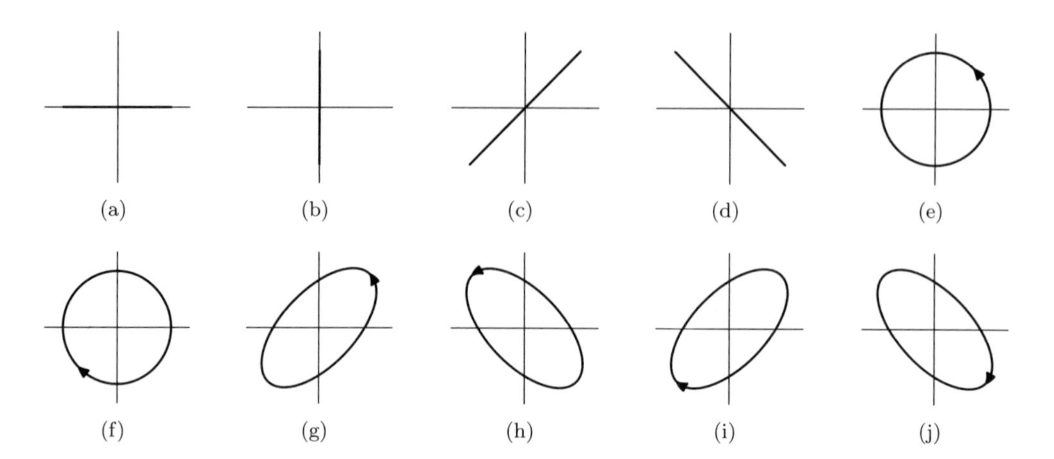

Abb. 2.16: Beispiele für verschiedene Polarisationszustände

liptizitätswinkel χ ergeben sich aus den Feldgrößen in (2.73) durch

$$\tan 2\alpha = \frac{2|E_x||E_y|}{\sqrt{|E_x|^2 - |E_y|^2}} \cos\delta \tag{2.75a}$$

$$\sin 2\chi = \frac{2|E_x||E_y|}{\sqrt{|E_x|^2 + |E_y|^2}} \sin\delta\,. \tag{2.75b}$$

Diese beiden Winkel beschreiben den Polarisationszustand einer ebenen Welle vollständig, unabhängig von ihrer Strahlungsleistungsdichte. Ebenso kann eine Beschreibung des Polarisationszustandes vollständig durch das komplexe Polarisationsverhältnis

$$\varrho = \frac{|E_y|}{|E_x|} e^{j\delta} = \frac{\cos 2\chi \sin 2\alpha + j \sin 2\chi}{1 + \cos 2\chi \cos 2\alpha} \tag{2.76}$$

erfolgen. Aus ihm berechnen sich Orientierung und Elliptizität der Polarisationsellipse durch

$$\alpha = \frac{1}{2} \arctan\left(\frac{2\mathrm{Re}\{\varrho\}}{1 - |\varrho|^2}\right) + 180^\circ \qquad \mathrm{mod}\, 180^\circ \qquad \text{und} \tag{2.77a}$$

$$\chi = \frac{1}{2} \arcsin\left(\frac{2\mathrm{Im}\{\varrho\}}{1 - |\varrho|^2}\right)\,. \tag{2.77b}$$

Stokes-Parameter

Zur vollständigen Beschreibung der elliptisch polarisierten Welle (2.73) benötigt man drei unabhängige Parameter, beispielsweise die Amplituden $|E_x|$ und $|E_y|$ der Komponenten in x- und y-Richtung, sowie die Phasendifferenz δ. Stokes führte 1852 eine

Beschreibung durch die vier Parameter

$$I = |E_x|^2 + |E_y|^2 \tag{2.78a}$$
$$Q = |E_x|^2 - |E_y|^2 \tag{2.78b}$$
$$U = 2\mathrm{Re}\{E_x E_y{}^*\} = 2|E_x||E_y|\cos\delta \tag{2.78c}$$
$$V = 2\mathrm{Im}\{E_x E_y{}^*\} = 2|E_x||E_y|\sin\delta \tag{2.78d}$$

ein, die nach ihm als *Stokes-Parameter* bezeichnet werden. Die Stokes-Parameter besitzen alle die gleiche Dimension $(^{\mathrm{V}}/_{\mathrm{m}})^2$ und hängen über die Beziehung

$$I^2 = Q^2 + U^2 + V^2 \tag{2.79}$$

voneinander ab. Insgesamt bestehen die Stokes-Parameter also aus drei unabhängigen Größen. Sie hängen mit der Orientierung α und der Elliptizität χ über

$$Q = I\cos 2\chi \cos 2\alpha \tag{2.80a}$$
$$U = I\cos 2\chi \sin 2\alpha \tag{2.80b}$$
$$V = I\sin 2\chi \tag{2.80c}$$

zusammen, wobei

$$\tan\chi = +a_2/a_1 \quad \text{bei linkshändiger und} \tag{2.81a}$$
$$\tan\chi = -a_2/a_1 \quad \text{bei rechtshändiger} \tag{2.81b}$$

Polarisation bezeichnet. Die drei Stokes-Parameter (2.80) entsprechen den kartesischen Koordinaten eines Punktes auf einer Kugel mit Radius $r = I$, dem Polwinkel $\vartheta = \pi/2 - 2\chi$ und dem Azimut $\varphi = 2\alpha$. Jedem Polarisationszustand kann auf diese Weise eineindeutig ein Punkt auf einer Kugeloberfläche zugeordnet werden, die man als *Poincaré-Kugel* bezeichnet. Man überlegt sich leicht, dass bei dieser Zuordnung die linearen Polarisationen auf dem Äquator zu liegen kommen und dass auf der Nordhalbkugel $0° \leq \vartheta < 90°$ alle linksdrehenden, auf der Südhalbkugel $90° < \vartheta \leq 180°$ alle rechtsdrehenden Polarisationen liegen. Die beiden zirkularen Zustände werden dabei durch die Pole $\vartheta = 0°$ und $\vartheta = 180°$ repräsentiert.

2.5 Leitungsgeführte Wellen

2.5.1 Transversal elektromagnetische Wellen

Unter vereinfachenden Annahmen haben wir zunächst eine zwar ihrerseits einfache, aber dennoch bedeutsame Lösung der maxwellschen Gleichungen gefunden: das Feld der homogenen ebenen Welle. Wenn man bestimmte Eigenschaften der maxwellschen Gleichungen ausnutzt, kann man von bereits gefundenen Lösungen weitere Lösungen ableiten. Wir haben das bereits getan, ohne explizit darauf hinzuweisen. Die Wahl der y-Richtung als Polarisationsrichtung der ebenen Welle (2.57) war willkürlich und an keinerlei Voraussetzung gebunden. Das gleiche Wellenfeld mit x-Polarisation ist also ebenso eine Lösung. Durch die Linearität der maxwellschen Gleichungen ist nun sichergestellt, dass jede Linearkombination von Lösungen wieder Lösungen sind. Auf diese Weise haben wir die elliptisch polarisierte Welle als allgemeinen Fall einer homogenen ebenen Welle durch Überlagerung zweier linear polarisierter Wellen eingeführt.

Eine für dieses Vorgehen ebenfalls sehr nützliche Eigenschaft ist die Eindeutigkeit der Lösung der maxwellschen Gleichungen bei vorgegebenen Randbedingungen. Es kann gezeigt werden, dass die Lösung in einem abgeschlossenen Gebiet eindeutig ist, wenn das Feld auf dem Rand des Gebietes vorgegeben ist und die Feldverteilung im Inneren ansonsten den maxwellschen Gleichungen genügt. Dabei ist es unerheblich, *warum* das Randfeld bekannt ist. Es kann sein, dass die Feldverteilung auf dem Gebietsrand durch eine Randbedingung erzwungen wird, dass sie aus vorangegangenen Lösungen bekannt ist oder dass sie sich durch Überlagerung von bekannten Feldverteilungen einstellt.

Für das Auffinden weiterer Feldverteilungen bei vorgegebenen Randbedingungen ergeben sich daraus wichtige Folgen. So wird eine Feldverteilung, die bestimmte Randbedingungen a priori erfüllt, auch dann existieren können, wenn diese Randbedingungen am Ort ihres „natürlichen“ Auftretens erzwungen werden. Eine häufige Randbedingung ist das Vorliegen von leitenden Grenzflächen. Wenn eine Grenzfläche ideal leitend ist, dann erzwingt sie durch diese Eigenschaft, dass

$$\vec{E}_{\text{tan}} = \vec{0} \tag{2.82a}$$

$$\vec{H}_{\text{norm}} = \vec{0} \tag{2.82b}$$

überall auf ihrer Oberfläche gilt. Diese Randbedingungen ergeben sich aus (2.20b) und (2.20c), wenn man dort einsetzt, dass sowohl $\vec{E}$ als auch $\vec{H}$ im inneren des idealen Leiters verschwinden. Falls eine gültige Feldverteilung Flächen aufweist, an denen diese Bedingungen auch ohne den Zwang einer leitenden Fläche erfüllt sind, dann wird die Feldverteilung sicher auch dann gültig sein, wenn an diesen Flächen *tatsächlich* ideal leitende Begrenzungen vorliegen. Wenn eine Feldverteilung schon von sich aus die erzwungene Randbedingung erfüllt, dann „spürt“ sie den physikalischen Zwang dazu nicht.

Betrachten wir das ebene Wellenfeld (2.57) genauer, so finden wir, dass (2.82) in allen Ebenen, die parallel zur xz-Ebene liegen, erfüllt ist (Abb. 2.17b). Durch alle diese Ebenen tritt das elektrische Feld (es hat ja *nur* eine y-Komponente) senkrecht hindurch. Ebenso tritt an allen diesen Ebenen ausschließlich ein tangentiales magnetisches Feld auf, da dieses *keine* y-Komponente besitzt. Wenn also zwei beliebige Ebenen, die parallel zur xz-Ebene liegen, ideal leitend sind, dann kann zwischen ihnen unverändert das ebene Wellenfeld in der Form (2.57) existieren, auch wenn das Gesamtfeld außerhalb des von den leitenden Ebenen begrenzten Bereichs vollständig verschwindet. Auf diese Weise kann die in alle Raumrichtungen unendlich ausgedehnte Lösung (2.57) wenigstens in einer Raumdimension begrenzt und damit einer physikalischen Realisierung näher gebracht werden (Abb. 2.17c).

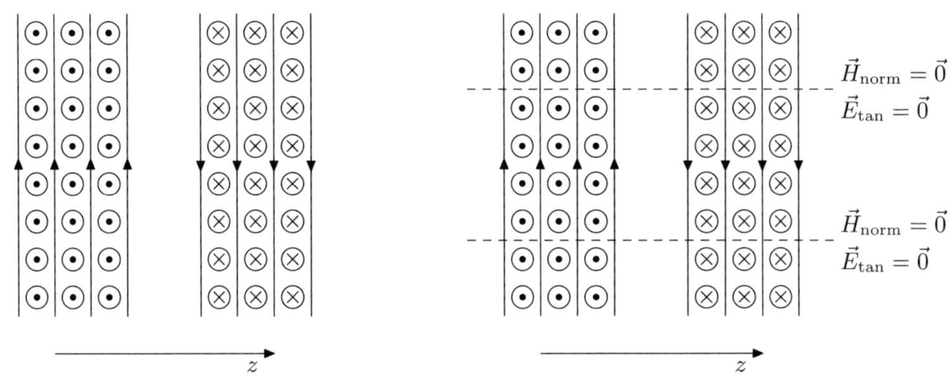

(a) Ebene Welle im freien Raum

(b) In den Ebenen $y = \text{const}$ werden die Randbedingungen für leitende Grenzflächen erfüllt

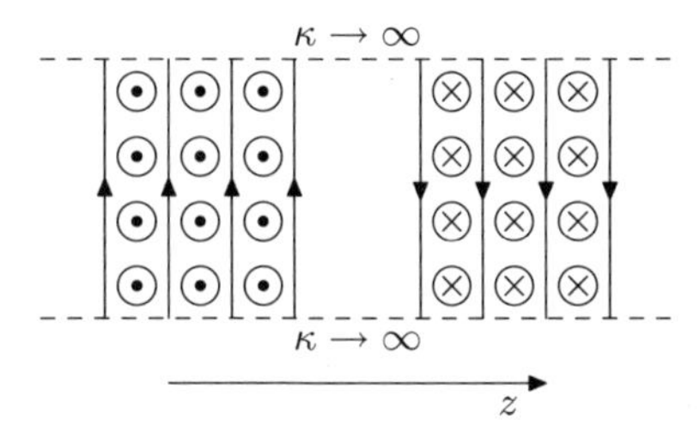

(c) Das Feld jenseits dieser Grenzflächen darf auch verschwinden

Abb. 2.17: Übergang von der ebenen Welle zur leitungsgeführten Welle (Längsschnitt)

Wir haben damit plausibel erklärt, dass ein homogenes ebenes Wellenfeld auch zwischen zwei (zunächst immer noch unendlich ausgedehnten) leitenden Ebenen existieren kann. In diesem Sinne kann man jedoch bereits von einer *geführten* Welle sprechen. Die führende Struktur wird von den leitenden Platten gebildet. Begrenzt man das geführte Feld zusätzlich in der x-Ausdehnung, so gelangt man idealisiert zu der in Abb. 2.18 dargestellten Feldverteilung zwischen zwei nunmehr unendlich langen metallischen Bändern. Damit ist die Struktur einer physikalischen Realisierung schon recht nahe. Allgemein bezeichnet man Strukturen, die in der Lage sind, elektromagnetische Wellen entlang einer vorgegebenen Bahn zu führen, als *Leitungen*. Die Struktur in Abb. 2.18 bezeichnet man nach der Form ihrer Leiter als *Bandleitung*.

Das Feld in Abb. 2.18 besitzt in dieser stark idealisierten Form sicher keine physikalische Realität, weil die abrupt endenden magnetischen Feldlinien der Quellenfreiheit des magnetischen Feldes widersprechen. Bei einer Bandleitung schließen sich die magnetischen Feldlinien im Außenraum und die elektrischen Feldlinien greifen ebenfalls in den Raum außerhalb des in Abb. 2.18 gezeichneten felderfüllten Bereichs. Man bezeichnet diesen von der Idealvorstellung abweichenden Feldanteil als *Streufeld.* Dennoch wird das

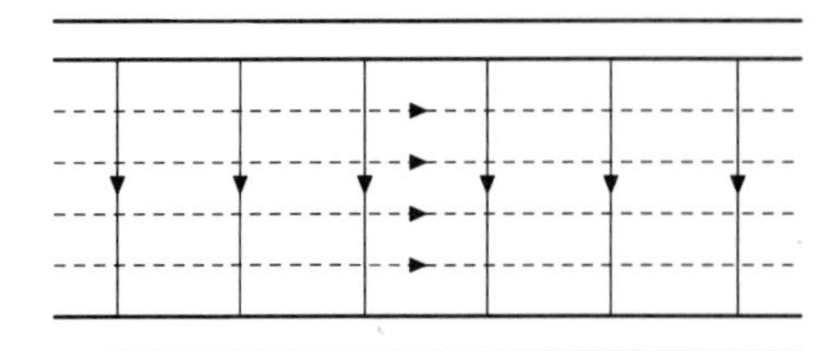

Abb. 2.18: Idealisiertes Feld einer Bandleitung (Querschnitt)

Feld zwischen den Bandleitern in guter Näherung mit dem ebenen Wellenfeld identisch sein, wenn der Abstand b der Bandleiter nicht zu groß ist gegen die Bandleiterbreite a.

Vom elektromagnetischen Feld der Bandleitung können die Felder anderer Leitergeometrien durch konforme Abbildung abgeleitet werden. Wir wollen das Vorgehen hier nicht näher besprechen. Es beruht auf der Tatsache, dass durch eine konforme (winkeltreue) Abbildung des felderfüllten Gebietes und der leitenden Grenzflächen die maxwellschen Gleichungen für den statischen Fall ($\omega = 0$) auch von der Bildverteilung gelöst werden. Die hier besprochenen Feldlinienbilder sind unter den gemachten Voraussetzung identisch mit statischen Feldlinienbildern.

Durch konforme Abbildung lassen sich von der Bandleitung zwei weitere, technisch bedeutsame Leitungsformen ableiten. Durch Umformung der Bandleiter in Kreiszylinder entsteht die symmetrische Doppelleitung oder Zweidrahtleitung, deren Feldlinienbild in Abb. 2.19 dargestellt ist. Die Linien des $\vec{E}$- und des $\vec{H}$-Feldes stehen wieder in jedem Raumpunkt paarweise senkrecht zueinander, die elektrischen Feldlinien enden senkrecht auf der Oberfläche der Leiter. In Abb. 2.19 wird ein entscheidender Nachteil der Zweidrahtleitung deutlich. Ihr Feld ist räumlich nicht begrenzt und kann daher mit Störfeldern verkoppeln. Die Zweidrahtleitung strahlt also potentiell einen Teil ihrer Feldenergie ab und kann umgekehrt die Energie von unerwünschten Störfeldern in ihr eigenes Feld einkoppeln. Zudem wird das Leitungsfeld beispielsweise durch Befestigungselemente zur Verlegung der Leitung gestört. Diese nachteiligen Eigenschaften haben die technische Bedeutung der Zweidrahtleitung schwinden lassen.

Wesentlich bedeutsamer ist daher die Struktur in Abb. 2.20, bei der ein Leiter den anderen vollständig umschließt. Es handelt sich um eine kreiszylindrische, koaxiale Struktur, bei der die elektrischen Feldlinien in radialer Richtung zwischen Innen- und Außenleiter verlaufen. Die zugehörigen magnetischen Feldlinien sind konzentrische Kreise um die Längsachse der Leiterstruktur. Wegen ihres rotationssymmetrischen Aufbaus bezeichnet man diesen Leitungstyp als Koaxialleitung. Der felderfüllte Bereich ist hier auf den Bereich zwischen Innen- und Außenleiter beschränkt, wo auch die elektrische Leistung transportiert wird. Insbesondere greift das Feld nirgendwo in den Außenraum. Man spricht daher von einer geschlossenen Leitungsstruktur, die wegen der auf diese Weise unterbundenen Abstrahlung und Störeinkopplung deutlich vorteilhafter ist. Die Koaxialleitung hat daher erhebliche technische Bedeutung und wird daher im Folgenden noch öfter angesprochen werden.

Anmerkung: Alle bisher besprochenen Wellenfelder haben gemeinsam, dass sie keine Feldkomponenten in Richtung ihrer Ausbreitung besitzen. Sowohl elektrische als

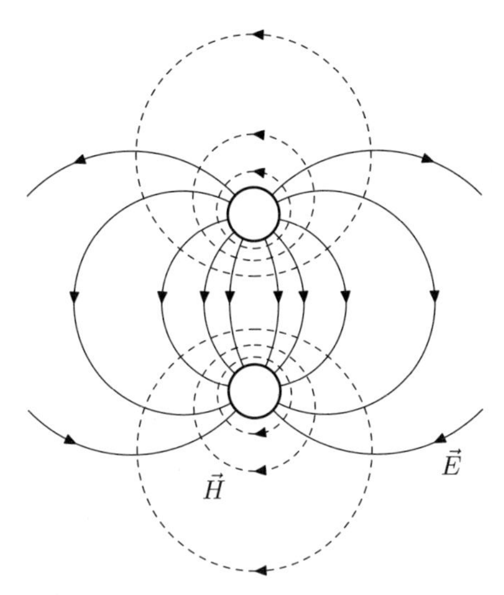

Abb. 2.19: Elektromagnetisches Feld einer symmetrischen Doppelleitung

auch magnetische Feldkomponenten liegen vollständig in Ebenen, zu denen die Ausbreitungsrichtung senkrecht steht. Diese Ebenen heißen Transversalebenen und dem entsprechend bezeichnet man solche Feldstrukturen als *transversal elektromagnetisch* (TEM). Sie sind im Grunde eine physikalische Näherung, weil ihre Existenz die unendliche Leitfähigkeit der führenden Struktur voraussetzt. Sie sind aber ein ausreichendes Hilfsmittel um die vorrangigen Effekte auf TEM-Leitungen zu studieren. Gerade im Bereich sehr hoher Frequenzen kann es aber notwendig werden, sich dieser Näherung bewusst zu sein und genauere Betrachtungen folgen zu lassen. In der Literatur wird daher häufig von Quasi-TEM-Wellen die Rede sein.

2.5.2 Feldgrößen und Leitungsgrößen

Die bisherigen Betrachtungen hatten das vorrangige Ziel, ein Verständnis für die Gestalt von elektromagnetischen Feldern sowohl in freien Raum wie auch auf Leitungen

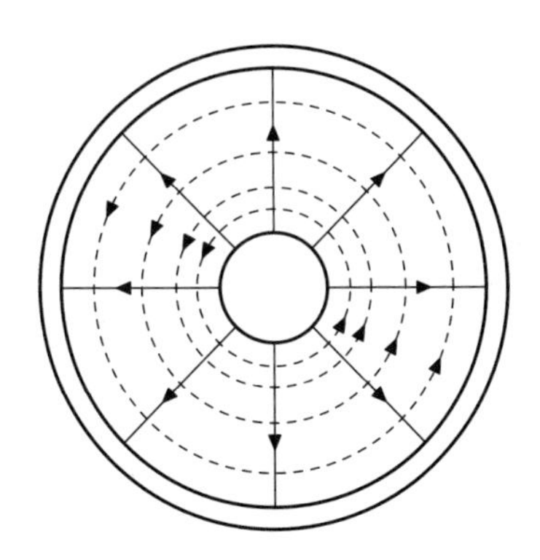

Abb. 2.20: Elektromagnetisches Feld einer Koaxialleitung

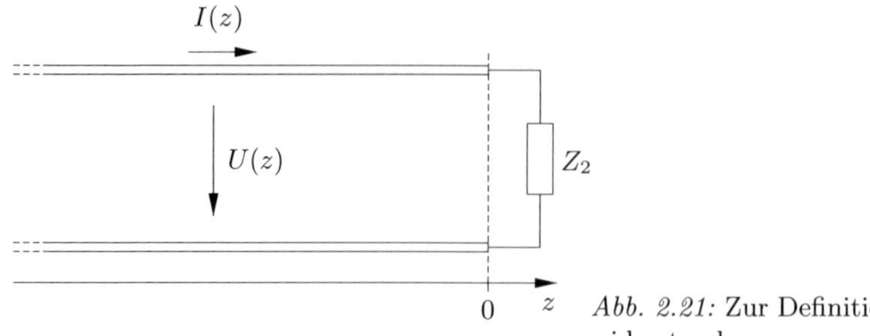

Abb. 2.21: Zur Definition des Leitungswellenwiderstandes

zu erhalten. Weil das elektromagnetische Feld das Transportmedium der elektrischen Leistung ist, wird die Bestimmung des elektromagnetischen Feldes stets Voraussetzung für die Untersuchung hochfrequenztechnischer Bauelemente sein, insbesondere dann, wenn diese nicht klein gegen die Signalwellenlänge sind. Folglich haben wir die Verhältnisse auch beschrieben durch die Amplituden E und H der auftretenden Felder und durch den Feldwellenwiderstand Z_F. Unter bestimmten Umständen gibt es einen sinnvollen Weg, auch im Bereich hoher Frequenzen mit den Netzwerkgrößen U und I auf Leitungen zu arbeiten. Die Schwierigkeit, die dabei zunächst auftaucht, ist die allgemein fehlende Möglichkeit, eine linienintegrale Spannung U zwischen zwei Punkten zu definieren, wenn das elektrische Feld zeitveränderlich und damit nicht mehr wirbelfrei ist. Der Wert des Integrals $U = \int \vec{E} \cdot \mathrm{d}\vec{s}$ zwischen zwei Punkten hängt dann ab von der Wahl des Integrationsweges und das elektrische Feld ist dann auch nicht mehr von einem Potentialfeld durch Gradientenbildung ableitbar.

Im Falle eines TEM-Feldes ist $\int \vec{E} \cdot \mathrm{d}\vec{s}$ aber wenigstens dann wegunabhängig, wenn der Weg vollständig in einer Transversalebene $z = \mathrm{const}$ verläuft. Man sagt, das elektrische Feld ist transversal wirbelfrei. Nach (2.3b) bildet das magnetische gerade die Wirbel des elektrischen Feldes. Bei der TEM-Feldstruktur besitzt das magnetische Feld jedoch keine z-Komponente, daher hat auch das elektrische Feld keine Wirbelkomponente senkrecht zu den Transversalebenen. Umlaufintegrale der elektrischen Feldstärke verschwinden also, falls der Umlauf vollständig in einer Ebene $z = \mathrm{const}$ liegt. Es ist daher möglich, auf TEM-Leitungen eine Leitungsspannung $U(z)$ zu definieren, die sich als Linienintegral der elektrischen Feldstärke zwischen den beiden Leiteroberflächen ergibt.

Ebenso kann ein Leitungsstrom $I(z)$ bestimmt werden, der den gesamten durch eine Transversalebene tretenden Strom in einem der beiden Leiter umfasst. Weil das elektrische Feld ebenfalls keine Längskomponente aufweist und daher auch kein Verschiebungsstrom durch die Transversalebenen fließt, müssen die Ströme in beiden Leitern für $z = \mathrm{const}$ entgegengesetzt gleich sein. Anderenfalls hätte eine beide Leiter umschließende Kurve eine nicht verschwindende Umlaufspannung, was der oben festgestellten transversalen Wirbelfreiheit des elektrischen Feldes widerspricht. Der Zusammenhang zwischen der auftretenden magnetischen Feldstärke $\vec{H}$ und der Oberflächenstromdichte $\vec{I}_\mathrm{F}$ ist durch (2.36) gegeben.

Wir wollen nun den Zusammenhang zwischen den Leitungsgrößen $U(z)$ und $I(z)$ einerseits und den Feldgrößen E und H andererseits am einfachen Beispiel einer Bandleitung bestimmen. Dazu nehmen wir wieder idealisierend an, dass zwischen den Bandleitern ein homogenes ebenes Wellenfeld existiert und vernachlässigen den Einfluss des Streufeldes. Wir wählen die Zählrichtung von $\vec{I}_\mathrm{F}$ so, wie sie sich aufgrund von $\vec{n} \times \vec{H}$ ergibt. Aufgrund der Geometrie hat $\vec{I}_\mathrm{F}$ nur eine z-Komponente, die nicht von x abhängt. Ebenso hat $\vec{E}$ nur eine y-Komponente, die nicht von y abhängt. Mit den Abmessungen a und b des Bandleitungsquerschnittes erhalten wir dann

$$U(z) = \int_0^b E_y \,\mathrm{d}y = E_y \cdot b = E_\mathrm{h} \cdot b \cdot e^{-j\beta z} \tag{2.83a}$$

$$I(z) = \int_0^a I_\mathrm{F} \,\mathrm{d}x = I_\mathrm{F} \cdot a = \frac{E_\mathrm{h}}{Z_\mathrm{F}} \cdot a \cdot e^{-j\beta z}\,. \tag{2.83b}$$

Das Verhältnis $Z_\mathrm{L} = U(z)/I(z)$ ist offenbar verschieden von $Z_\mathrm{F} = E_y(z)/H(z)$. Es ist daher zu unterscheiden zwischen dem Leitungswellenwiderstand Z_L und dem Feldwellenwiderstand Z_F. Im Fall der Bandleitung ergibt sich

$$Z_\mathrm{L} = Z_\mathrm{F} \frac{b}{a} = \frac{Z_\mathrm{F0}}{\sqrt{\varepsilon_\mathrm{r}}} \frac{b}{a}\,, \tag{2.84}$$

wobei der Faktor b/a durch die Geometrie der Leitung bestimmt ist. Ganz allgemein bestimmt die Querschnittsgeometrie einer TEM-Leitung den Zusammenhang zwischen Leitungswellenwiderstand und Feldwellenwiderstand, der nicht notwendig so einfach geartet ist, wie im Fall der Bandleitung.

Elektrische Feldstärke in einer Koaxialleitung

Zur Bestimmung des Leitungswellenwiderstandes einer Koaxialleitung untersuchen wir zunächst den Zusammenhang zwischen elektrischer Feldstärke und Leitungsspannung. Die elektrische Feldstärke hat nur eine Radialkomponente, die aus Symmetriegründen nicht vom Winkel φ abhängen kann. Wir wählen also den Ansatz

$$\vec{E}(r) = E_r(r) \cdot \vec{e}_r \tag{2.85}$$

für die elektrische Feldstärke. Die gesamte Ladung $\mathrm{d}Q$ auf einem Stück $\mathrm{d}z$ des Innenleiters ist

$$\mathrm{d}Q = Q^*(z)\,\mathrm{d}z \tag{2.86}$$

mit der längenbezogenen Ladungsdichte $Q^*(z)$. Das Integral der elektrischen Verschiebungsdichte über eine geschlossene Hülle ∂V ist wegen (2.3d) gleich der gesamten eingeschlossenen Ladung, also

$$Q_\mathrm{ges} = \varepsilon_0 \iint_{\partial V} \vec{E} \cdot \mathrm{d}\vec{A}\,. \tag{2.87}$$

Wählt man als geschlossene Hülle eine Kreisscheibe der Dicke $\mathrm{d}z$, dann liefert wegen des Ansatzes (2.85) nur die Mantelfläche einen Beitrag zum Hüllenfluss. An Boden und Deckel ist $\vec{E} \cdot \mathrm{d}\vec{A} = 0$. Auf der Mantelfläche gilt $\mathrm{d}\vec{A} = \mathrm{d}A \cdot \vec{n} = r\,\mathrm{d}\varphi\,\mathrm{d}z \cdot \vec{e}_r$.

$$Q^*(z)\,\mathrm{d}z = \varepsilon_0 \int_0^{2\pi} \int_z^{z+\mathrm{d}z} E_r(r) \cdot \underbrace{\vec{e}_r \cdot \vec{e}_r}_{=1} \cdot r\,\mathrm{d}\varphi\,\mathrm{d}z = \varepsilon_0 \cdot 2\pi \cdot \mathrm{d}z \cdot E_r(r) \cdot r\,. \tag{2.88}$$

Der Zusammenhang zwischen $Q^*(z)$ und $E_r(r)|_z$ ist also

$$Q^*(z) = 2\pi\varepsilon_0 r \cdot E_r(r)\Big|_z\,. \tag{2.89}$$

Damit ergibt sich auch der Zusammenhang

$$U(z) = \int_{d/2}^{D/2} E_r(r)\,\mathrm{d}r = \frac{Q^*(z)}{2\pi\varepsilon_0} \int_{d/2}^{D/2} \frac{\mathrm{d}r}{r} = \frac{Q^*(z)}{2\pi\varepsilon_0} \ln\left(\frac{D}{d}\right)\,. \tag{2.90}$$

zwischen $Q^*(z)$ und der Leitungsspannung $U(z)$. Die Umstellung nach $Q^*(z)$ ergibt

$$Q^*(z) = \frac{2\pi\varepsilon_0 \cdot U(z)}{\ln\left(\frac{D}{d}\right)} \tag{2.91}$$

und durch Gleichsetzen von (2.89) und (2.91) erhält man

$$E_r\Big|_z = \frac{U(z)}{\ln\left(\frac{D}{d}\right) \cdot r}\,. \tag{2.92}$$

Der Zusammenhang zwischen Leitungsstrom $I(z)$ und magnetischer Feldstärke ist durch das Durchflutungsgesetz gegeben. Nachdem keine Verschiebungsströme in z-Richtung fließen, wird eine Feldlinie des magnetischen Feldes nur vom Strom $I(z)$ des Innenleiters durchflutet, also

$$H_\varphi\Big|_z = \frac{I(z)}{2\pi r}\,. \tag{2.93}$$

Daraus folgt der Ausdruck

$$\frac{E_r}{H_\varphi} = \frac{U \cdot 2\pi r}{I \cdot \ln(D/d) \cdot r} \tag{2.94}$$

für den Feldwellenwiderstand. Setzt man hier noch $Z_\mathrm{L} = U/I$ ein, so ergibt sich der Zusammenhang

$$Z_\mathrm{L} = Z_\mathrm{F} \cdot \frac{\ln(D/d)}{2\pi} = \frac{Z_\mathrm{F0}}{2\pi\sqrt{\varepsilon_\mathrm{r}}} \cdot \ln\frac{D}{d} \tag{2.95}$$

zwischen Z_F und Z_L bei der Koaxialleitung. Auf eine Herleitung des Wellenwiderstandes einer Zweidrahtleitung wollen wir in diesem Rahmen verzichten. Die folgende Übersicht zeigt noch einmal die Leitungswellenwiderstände der bisher behandelten TEM-Leitungsformen:

$$Z_\mathrm{L} = \frac{Z_\mathrm{F0}}{\sqrt{\varepsilon_\mathrm{r}}} \cdot \frac{b}{a} \qquad \text{Bandleitung} \tag{2.96a}$$

$$Z_\mathrm{L} = \frac{Z_\mathrm{F0}}{\sqrt{\varepsilon_\mathrm{r}}} \cdot \operatorname{arccosh} \frac{D}{d} \qquad \text{Doppelleitung} \tag{2.96b}$$

$$Z_\mathrm{L} = \frac{Z_\mathrm{F0}}{2\pi\sqrt{\varepsilon_\mathrm{r}}} \cdot \ln \frac{D}{d} \qquad \text{Koaxialleitung} \tag{2.96c}$$

3 Theorie der Leitungen

3.1 Leitungsgleichungen

3.1.1 Spannungs- und Stromverteilung

In Abschn. 2.5.2 haben wir bereits die Leitungsgrößen $U(z)$ und $I(z)$ eingeführt und ihre enge Beziehung zu den Feldgrößen erkannt. Wir wollen in diesem Kapitel den Verlauf von Spannung und Strom entlang einer Hochfrequenzleitung von einem physikalisch begründeten Ersatzschaltbild ableiten. Insbesondere werden wir die Verhältnisse auf einer Leitung betrachten, wenn diese mit verschiedenen Impedanzen Z_2 abgeschlossen ist (Abb. 3.1). Die Impedanz Z_2 sehen wir allgemein als Verbraucher an. Ohne Beschränkung der Allgemeingültigkeit wählen wir das Leitungsende, also den Ort von Z_2 als Nullpunkt der Längenkoordinate z entlang der Leitung.

Am Leitungsanfang wird elektrische Leistung von einem Generator mit Innenwiderstand R_i in die Leitung eingespeist. Aufgabe der Leitung ist es, diese Leistung dem Verbraucher zuzuführen. Die folgenden Betrachtungen sollen auch zeigen, unter welchen Voraussetzungen diese Aufgabe optimal erfüllt wird.

Zur Berechnung der Strom- und Spannungsverteilung verwenden wir das Ersatzschaltbild in Abb. 3.2 zur Beschreibung eines Abschnitts der Länge Δz einer homogenen Doppelleitung. Die Leitungseigenschaften werden dabei durch längenbezogene Größen, so genannte *Beläge*, beschrieben. Eine verlustfreie Leitung besitzt einen Kapazitätsbelag C' (in $^\mathrm{F}/_\mathrm{m}$) und einen Induktivitätsbelag L' (in $^\mathrm{H}/_\mathrm{m}$). Bei realen Leitungen entstehen Wirkverluste durch den Widerstand der Leiter und durch Verluste des Dielektrikums. Letztere sind verursacht durch Leckströme und durch Polarisationsverluste. Die Leiterverluste werden durch den Widerstandsbelag R' (in $^\Omega/_\mathrm{m}$) beschrieben. Die dielektrischen und Isolationsverluste finden ihre Berücksichtigung im Ableitungsbelag G' (in $^\mathrm{S}/_\mathrm{m}$).

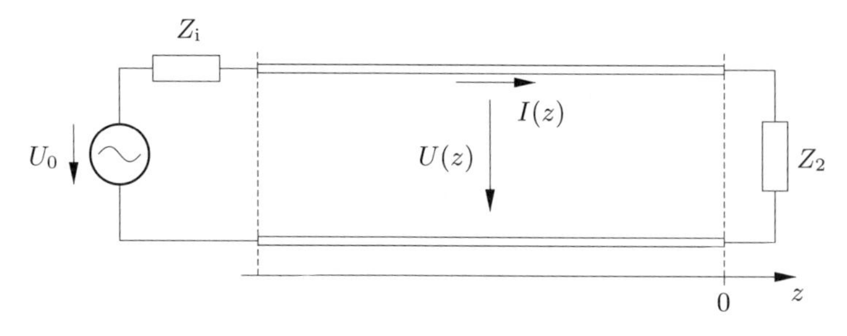

Abb. 3.1: Spannung und Strom auf einer Leitung

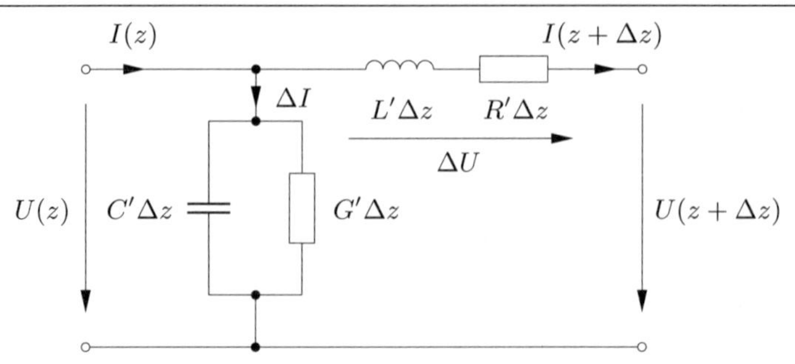

Abb. 3.2: Ersatzschaltbild eines Leitungsabschnitts der Länge Δz zur Herleitung der Leitungsgleichungen

Wir betrachten nun einen kurzen Leitungsabschnitt der Länge Δz. Die Elemente des Ersatzschaltbildes (Abb. 3.2) ergeben sich durch Multiplikation der Leitungsbeläge mit der Länge Δz des Abschnitts. An seinem Anfang (Längenkoordinate z) liege die Spannung $U(z)$ und der Strom $I(z)$ vor. An seinem Ende (Längenkoordinate $z + \Delta z$) haben sich diese beiden Größen um ΔU bzw. ΔI geändert. Wir können also

$$U(z + \Delta z) = U(z) - \Delta U \tag{3.1a}$$

$$I(z + \Delta z) = I(z) - \Delta I \tag{3.1b}$$

schreiben. ΔU ist der Spannungsabfall an den Längselementen und ΔI ist der in den Querelementen fließende Ableitungsstrom. Wir können daher schreiben:

$$\Delta U = (R'\Delta z + j\omega L'\Delta z) \cdot I(z + \Delta z) \tag{3.2a}$$

$$\Delta I = (G'\Delta z + j\omega C'\Delta z) \cdot U(z)\,. \tag{3.2b}$$

Durch den Grenzübergang $\Delta z \to 0$ erhalten wir hieraus die gekoppelten Differenzialgleichungen

$$\frac{\mathrm{d}U(z)}{\mathrm{d}z} = (R' + j\omega L') \cdot I(z) \tag{3.3a}$$

$$\frac{\mathrm{d}I(z)}{\mathrm{d}z} = (G' + j\omega C') \cdot U(z)\,, \tag{3.3b}$$

denen die Strom- und Spannungsverteilung der Leitung gehorcht. Wenn wir (3.3a) ein weiteres Mal nach z ableiten und den entstehenden Ausdruck $\mathrm{d}I/\mathrm{d}z$ durch (3.3b) ersetzen, erhalten wir die homogene Differenzialgleichung

$$\frac{\mathrm{d}^2U(z)}{\mathrm{d}z^2} - (R' + j\omega L')(G' + j\omega C')\,U(z) = 0 \tag{3.4}$$

für die Leitungsspannung $U(z)$. Differenzialgleichungen von dieser Gestalt sind uns schon öfter begegnet und wir wissen bereits, dass ihre Lösungen Exponentialfunktionen sind. Durch Einsetzen bestätigt man leicht, dass die Funktion

$$U(z) = U_\mathrm{h}\, e^{-\gamma z} + U_\mathrm{r}\, e^{+\gamma z} \tag{3.5}$$

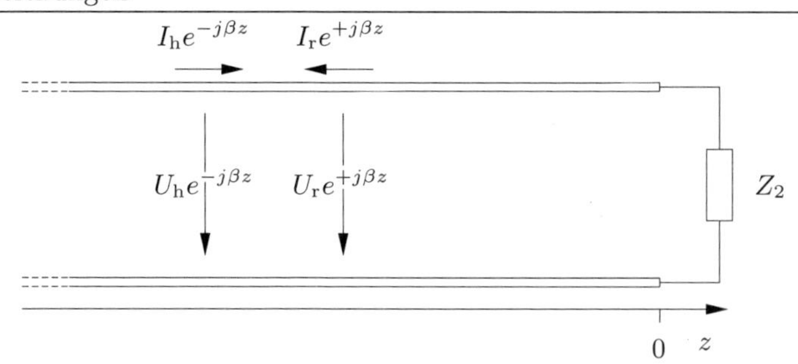

Abb. 3.3: Überlagerung von hin- und rücklaufender Welle zur Gesamtspannung und zum Gesamtstrom

mit der Abkürzung

$$\gamma = \sqrt{(R' + j\omega L')(G' + j\omega C')} = j\omega\sqrt{L'C'}\sqrt{(1 - j\frac{R'}{\omega L'})(1 - j\frac{G'}{\omega C'})} \tag{3.6}$$

eine allgemeine Lösung von (3.4) darstellt. Wir identifizieren (3.5) als Überlagerung zweier gegenläufiger Spannungswellen mit den komplexen Amplituden U_h und U_r und dem Ausbreitungsmaß γ. Im allgemeinen Fall ist $\gamma = \alpha + j\beta$ komplex und man bezeichnet α als *Dämpfungskonstante* und β als *Phasenkonstante*. Die Dämpfungskonstante α wird erwartungsgemäß Null, wenn $R' = 0$ und $G' = 0$, also wenn die Leitung verlustfrei ist. Die Amplituden der Spannungswellen bleiben in diesem Fall entlang der Leitung konstant und ihre Phase dreht mit $\pm\beta z$. Bei verlustbehafteten Leitungen werden die Spannungswellen entsprechend $e^{-\alpha z}$ exponentiell bedämpft. Bei verlustfreien Leitungen ist $\gamma = j\beta$ und es ergeben sich die Lösungen

$$U(z) = U_\text{h} \cdot e^{-j\beta z} + U_\text{r} \cdot e^{+j\beta z} \tag{3.7a}$$

$$I(z) = I_\text{h} \cdot e^{-j\beta z} - I_\text{r} \cdot e^{+j\beta z} \tag{3.7b}$$

für die Differenzialgleichungen (3.3). Die Gleichungen (3.7a,b) beschreiben die Überlagerung zweier gegenläufiger Leitungswellen, die sich unbedämpft ausbreiten. Ihre Spannungsamplituden überlagern sich gleichgerichtet, die Stromamplituden entgegengesetzt gerichtet. Wir halten dieses zunächst als Ergebnis der Suche nach Lösungen für die Leitungsgleichungen fest. In Abschnitt 3.1.3 werden wir genauer auf die Ursachen für das Auftreten von reflektierten Wellen und deren Charakterisierung eingehen.

Zur besseren Vorstellung wollen wir die Bedeutung von (3.7) durch den Übergang in den Zeitbereich verdeutlichen. Der Einfachheit halber nehmen wir an, dass keine rücklaufende Welle vorliegt. Dies kann entweder durch geeignete Maßnahmen sichergestellt sein (reflexionsfreier Abschluss) oder wir begnügen uns zu diesem Zweck mit der Vorstellung einer vom Generator aus unendlich ausgedehnten Leitung. Die Leitungs-

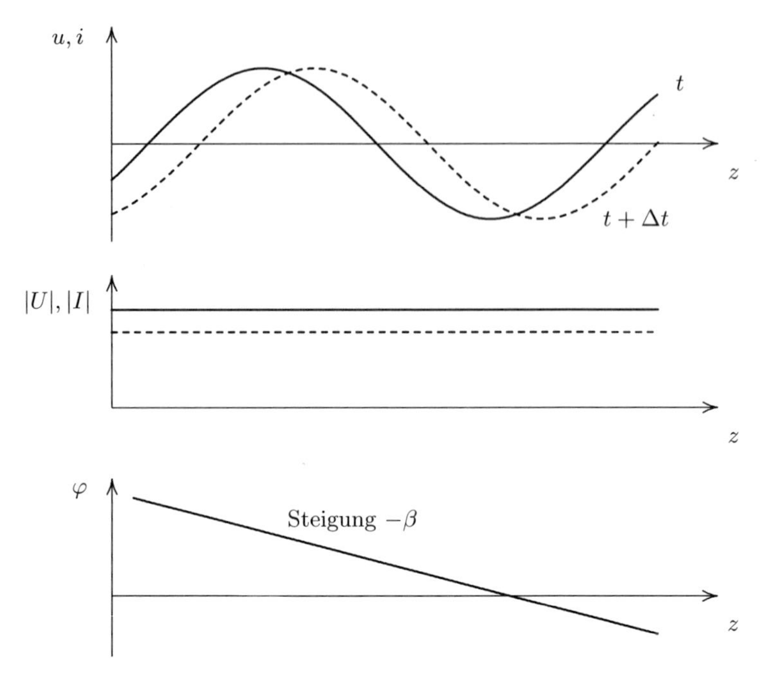

Abb. 3.4: Verlauf von Leitungsspannung, Spannungs- und Stromamplitude und deren Phase über der Längenkoordinate z

gleichungen (3.7) nehmen dann die einfachere Form

$$U(z) = U_\mathrm{h} \cdot e^{-j\beta z} \tag{3.8a}$$

$$I(z) = I_\mathrm{h} \cdot e^{-j\beta z} \tag{3.8b}$$

an. Die Bildung der entprechenden harmonischen Zeitfunktionen geschieht durch Multiplikation mit $e^{j\omega t}$ und Realteilbildung:

$$u(t,z) = \mathrm{Re}\left\{U_\mathrm{h} \cdot e^{-j\beta z} \cdot e^{j\omega t}\right\} = |U_\mathrm{h}| \cos(\omega t - \beta z + \varphi_\mathrm{h}) \tag{3.9a}$$

$$i(t,z) = \mathrm{Re}\left\{I_\mathrm{h} \cdot e^{-j\beta z} \cdot e^{j\omega t}\right\} = |I_\mathrm{h}| \cos(\omega t - \beta z + \varphi_\mathrm{h})\,. \tag{3.9b}$$

Wie bei der ebenen Welle im freien Raum handelt es sich also um Funktionen mit kosinusförmiger Abhängigkeit sowohl über der Zeit t wie auch über dem Ort z. Betrachten wir den Verlauf von $u(t,z)$ zu festen Zeitpunkten und für alle z, so finden wir einen kosinusförmigen Spannungsverlauf, der sich mit wachsender Zeit als Ganzes in Richtung wachsender z verschiebt.

3.1.2 Wellenwiderstand

Im vorherigen Abschnitt haben wir gefunden, wie sich die Spannung $U(z)$ und der Strom $I(z)$ entlang einer Leitung, deren infinitesimale Abschnitte durch das Ersatz-

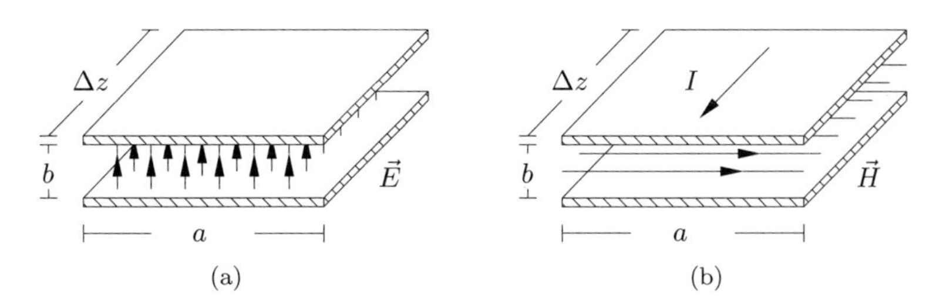

Abb. 3.5: Berechnung des Wellenwiderstandes am Beispiel einer Bandleitung (a) Kapazitätsbelag (b) Induktivitätsbelag

schaltbild in Abb. 3.2 beschrieben werden, bei monofrequentem Betrieb ändern. Sowohl Spannung als auch Strom ergeben sich als Überlagerung zweier entgegengesetzt laufender Wellen. Bei weiterer Betrachtung findet man, dass Spannung und Strom nicht unabhängig voneinander sind, sondern in einem festen Zusammenhang stehen, der durch die Gleichungen (3.3) gegeben ist. Die Umformung von (3.3a) ergibt

$$I(z) = -\frac{1}{R' + j\omega L'} \frac{\mathrm{d}U}{\mathrm{d}z} \,. \tag{3.10}$$

Die örtliche Änderung der Spannung

$$\frac{\mathrm{d}U}{\mathrm{d}z} = -\gamma U_{\mathrm{h}} e^{-\gamma z} + \gamma U_{\mathrm{r}} e^{\gamma z} \tag{3.11}$$

gewinnt man aus der Lösung (3.5). Setzt man (3.11) in (3.10) ein, so ergibt sich

$$I(z) = \frac{\gamma}{R' + j\omega L'} U_{\mathrm{h}} e^{-\gamma z} - \frac{\gamma}{R' + j\omega L'} U_{\mathrm{r}} e^{\gamma z} \,. \tag{3.12}$$

Zwischen $U(z)$ und $I(z)$ liegt also offenbar nur ein fester Faktor $(R' + j\omega L')/\gamma$, der deshalb die Dimension eines Widerstandes besitzt. Er heißt Leitungswellenwiderstand Z_{L} und kennzeichnet wesentlich die Eigenschaften von Hochfrequenzleitungen. Mit (3.6) ergibt sich

$$Z_{\mathrm{L}} = \frac{R' + j\omega L'}{\gamma} = \sqrt{\frac{R' + j\omega L'}{G' + j\omega C'}} \,. \tag{3.13}$$

Der Leitungswellenwiderstand Z_{L} ist also wie das Ausbreitungsmaß γ ausschließlich durch die Leitungsbeläge und damit vom geometrischen Aufbau des Wellenleiters bestimmt. Allgemein setzt die Beschreibung der Verhältnisse durch den Leitungswellenwiderstand voraus, dass die Größen $U(z)$ und $I(z)$ – wie in Abschn. 2.5.2 dargelegt – sinnvoll definiert werden können.

Das auf einer Leitung vorliegende elektrische und magnetische Feld bestimmt aus diese Weise auch die örtlichen Werte von Spannung und Strom. Daher ist der Leitungswellenwiderstand letzendlich durch die Form des elektromagnetischen Leitungsfeldes und daher von der Leitungsgeometrie bestimmt. Allgemein führt der Weg zur Bestimmung des Wellenwiderstandes also über eine Analyse der Feldstruktur. Die einfache Struktur des idealisierten Bandleitungsfeldes erlaubt jedoch ein verständliches Beispiel für den Zusammenhang zwischen Z_{L} und den Abmessungen der Leitung. Wir betrachten dazu den verlustfreien Fall, in dem sich der Leitungswellenwiderstand aus

$$Z_{\mathrm{L}} = \sqrt{\frac{L'}{C'}} \tag{3.14}$$

ergibt. Zur Berechnung der Beläge L' und C' betrachten wir kleine Leitungsabschnitte der Länge Δz (Abb. 3.5). Ein Leitungsstück der Länge Δz besitzt bei einem Leiterabstand b und einer Leiterbreite a die Kapazität $C = \varepsilon a \Delta z / b$. Der Kapazitätsbelag $C' = C/\Delta z$ ist also

$$C' = \frac{\varepsilon a}{b} \, . \tag{3.15}$$

Zur Bestimmung des Induktivitätsbelages ist der vom Strom I hervorgerufene magnetische Fluss Φ je Längeneinheit zu ermitteln (s. Abschn. 4.3). Unter Vernachlässigung des Streufeldes außerhalb der Bandleitung liefert das Durchflutungsgesetz den Zusammenhang $H = I/a$ zwischen Leitungsstrom I und der homogenen magnetischen Feldstärke H zwischen den Bandleitern. Der magnetische Fluss durch einen Abschnitt der Länge Δz ist damit $\Phi = \mu H \cdot \Delta z \cdot b$ und der Induktivitätsbelag daher

$$L' = \frac{\Phi}{I \cdot \Delta z} = \mu \frac{b}{a} \, . \tag{3.16}$$

Der Leitungswellenwiderstand einer verlustfreien Bandleitung ist also näherungsweise

$$Z_{\mathrm{L}} = \sqrt{\frac{L'}{C'}} = \sqrt{\frac{b^2 \mu}{a^2 \varepsilon}} = \frac{b}{a} Z_{\mathrm{F}} \, . \tag{3.17}$$

Er hängt – wie bei allen TEM-Leitungen – nur von den Eigenschaften des Dielektrikums und vom geometrischen Ausbau der Leitung ab. Bei Leitungen mit mehreren Feldtypen (s. Abschn. 6.4.5) besitzt zudem jeder Feldtyp einen ihm eigenen Feldtypwiderstand. Die zugehörigen Leitungsgrößen Spannung und Strom sind wegen der bei höheren Feldtypen nicht mehr gegebenen transversalen Wirbelfreiheit entweder gar nicht mehr oder als flächenintegrale Größe definiert.

3.1.3 Reflexionsfaktor

In der Leitungstheorie erweist es sich als vorteilhaft, die Beziehung zwischen der hinlaufenden und der rücklaufenden Welle durch eine Kennzahl, den *Reflexionsfaktor* zu beschreiben. Die Behandlung und das Verständnis von Leitungsschaltungen vereinfacht sich dadurch erheblich. Die Leitungsspannung $U(z)$ ergibt sich an jeder Stelle z durch die Addition (3.5) der komplexen Spannungsamplituden von hin- und rücklaufender Welle. Als Reflexionsfaktor $r(z)$ definiert man an jeder Stelle der Leitung

$$\text{Reflexionsfaktor} = \frac{\text{komplexe Amplitude der rücklaufenden Welle}}{\text{komplexe Amplitude der hinlaufenden Welle}}$$

also in Formelschreibweise

$$r(z) = \frac{U_{\mathrm{r}} \cdot e^{+\gamma z}}{U_{\mathrm{h}} \cdot e^{-\gamma z}}. \tag{3.18}$$

Zur Herleitung der Beziehung zwischen Impedanz und Reflexionsfaktor begeben wir uns zur Vereinfachung, aber ohne Beschränkung der Allgemeingültigkeit an die Stelle $z = 0$. Dort beträgt der Reflexionsfaktor

$$r_2 = \frac{U_{\mathrm{r}}}{U_{\mathrm{h}}} \tag{3.19}$$

und die Impedanz ist

$$Z_2 = Z_{\mathrm{L}} \cdot \frac{U_{\mathrm{h}} + U_{\mathrm{r}}}{U_{\mathrm{h}} - U_{\mathrm{r}}}. \tag{3.20}$$

Nach Division dieser Gleichung mit U_{h} und Einsetzen von (3.19) erhalten wir die auf den Wellenwiderstand normierte Impedanz

$$z_2 = \frac{Z_2}{Z_{\mathrm{L}}} = \frac{1 + r_2}{1 - r_2}. \tag{3.21}$$

Durch einfache algebraische Umformung erhält man

$$r_2 = \frac{z_2 - 1}{z_2 + 1}. \tag{3.22}$$

Weil die Stelle $z = 0$ willkürlich gewählt werden darf (sie stellt lediglich den Phasenbezug für U_{h} und U_{r} dar), gilt dieser eineindeutige Zusammenhang zwischen normierter Impedanz und Reflexionsfaktor ganz allgemein. Wir werden davon in Abschnitt 3.3 noch intensiv Gebrauch machen.

3.1.4 Leistungstransport

Bevor wir die Betrachtungen zum Leistungstransport auf Leitungen anstellen, wollen wir kurz die Formeln zur Behandlung von Wirk-, Blind- und Scheinleistung wiederholen. Liegt an den Klemmen eines Zweipols die Spannung U und fließt der Strom I, so nimmt der Zweipol die komplexe Scheinleistung

$$S = \frac{1}{2} \cdot U \cdot I^* = P_{\mathrm{W}} + jP_{\mathrm{B}} \tag{3.23}$$

auf. Dabei wird ein Verbraucherzählpfeilsystem vorausgesetzt. Den Realteil der Scheinleistung bezeichnet man als Wirkleistung P_W und ihren Imaginärteil als Blindleistung P_B. Im Zeitbereich ist die Wirkleistung der zeitliche Mittelwert $\overline{p}(t)$ der Momentanleistung $p(t) = u(t) \cdot i(t)$, die sowohl positive als auch negative Werte annehmen kann. Das Vorzeichen kennzeichnet dabei lediglich die momentane Richtung (in den Zweipol hinein oder aus ihm heraus), in die Leistung transportiert wird. Ist $p(t)$ zu keiner Zeit negativ, so liegt ausschließlich Wirkleistung vor. Das andere Extremum tritt bei einer Phasendifferenz von $\pm 90°$ zwischen $u(t)$ und $i(t)$ auf. Dann ist $\overline{p}(t) = 0$, es liegt ausschließlich Blindleistung vor. Im zeitlichen Mittel setzt der Zweipol dann keine Leistung um.

Wir können diese Betrachtungen direkt auf Leitungen übertragen. Im Fall einer rein vorlaufenden Welle erhalten wir mit (3.8) für die Scheinleistung am Ort z

$$S(z) = \frac{1}{2} \cdot U(z) \cdot I^*(z) = \frac{1}{2} \cdot \frac{|U_\mathrm{h}|^2}{Z_\mathrm{L}}\,, \tag{3.24}$$

wobei noch $I_\mathrm{h} = U_\mathrm{h}/Z_\mathrm{L}$ verwendet wurde. Wir erkennen, dass $\mathrm{Im}\{S(z)\} = 0$. Weil einer rein vorlaufenden Welle $U(z)$ und $I(z)$ phasengleich sind, tritt keine Blindleistung auf und wir identifizieren

$$P_\mathrm{W,h} = \frac{1}{2} \cdot \frac{|U_\mathrm{h}|^2}{Z_\mathrm{L}} \tag{3.25a}$$

als die von der hinlaufenden Welle transportierte Wirkleistung. Mit völlig analogen Überlegungen erhält man

$$P_\mathrm{W,r} = \frac{1}{2} \cdot \frac{|U_\mathrm{r}|^2}{Z_\mathrm{L}} \tag{3.25b}$$

als die Wirkleistung der rücklaufenden Welle.

Berechnen wir allgemein (bei Überlagerung einer hin- und einer rücklaufenden Welle) die transportierte Wirkleistung an der Stelle z als Realteil der Scheinleistung mit

$$P_\mathrm{W} = \mathrm{Re}\left\{\frac{1}{2} \cdot U(z) \cdot I^*(z)\right\}\,, \tag{3.26}$$

so erhalten wir mit (3.7), mit (3.19) und mit $I_\mathrm{h,r} = U_\mathrm{h,r}/Z_\mathrm{L}$

$$P_\mathrm{W} = \frac{1}{2} \cdot \frac{|U_\mathrm{h}|^2}{Z_\mathrm{L}} \cdot (1 - |r_2|^2)\,. \tag{3.27}$$

Aus (3.19) folgt auch, dass $P_\mathrm{W,r} = |r|^2 \cdot P_\mathrm{W,h}$. Die transportierte Wirkleistung ist bei einer verlustfreien Leitung also an jeder Stelle z gleich, und sie ergibt sich als Differenz $P_\mathrm{W} = P_\mathrm{W,h} - P_\mathrm{W,r}$ zwischen der Wirkleistung $P_\mathrm{W,h}$ der hinlaufenden und der Wirkleistung $P_\mathrm{W,r}$ der rücklaufenden Welle.

Wir untersuchen noch den Fall einer rein vorlaufenden aber bedämpften Welle. Für Spannung und Strom auf der Leitung erhalten wir dann

$$U(z) = U_\mathrm{h} \cdot e^{-\gamma z} \tag{3.28a}$$

$$I(z) = I_\mathrm{h} \cdot e^{-\gamma z} \tag{3.28b}$$

mit $I_\mathrm{h} = U_\mathrm{h}/Z_\mathrm{L}$, dem komplexen Ausbreitungsmaß $\gamma = \alpha + j\beta$ und der Spannung $U_\mathrm{h} = U(0)$. Die Bildung der nun z-abhängigen Wirkleistung ergibt

$$P_\mathrm{W}(z) = P_0 \cdot e^{-2\alpha z}\,, \tag{3.29}$$

wobei

$$P_0 = \frac{1}{2} \cdot \frac{|U_\mathrm{h}|^2}{Z_\mathrm{L}} = \frac{1}{2} \cdot |I_\mathrm{h}|^2 Z_\mathrm{L} \tag{3.30}$$

die von der hinlaufenden Welle transportierte Wirkleistung am Ort $z = 0$ ist. Die transportierte Wirkleistung nimmt also mit wachsendem z exponentiell ab, wie aufgrund der nun berücksichtigten Wirkverluste auch zu erwarten ist. Zur Berechnung der pro Längeneinheit dissipierten Leistung haben wir die Wirkleistung $P_\mathrm{W}(z)$ lediglich nach z abzuleiten und erhalten

$$\frac{\partial P_\mathrm{W}}{\partial z} = -2\alpha P_\mathrm{W}(z) = -\alpha \frac{|U_\mathrm{h}|^2}{Z_\mathrm{L}} \cdot e^{-2\alpha z} = -\alpha |I_\mathrm{h}|^2 Z_\mathrm{L} \cdot e^{-2\alpha z}\,. \tag{3.31}$$

Damit können wir den Verlustleistungsbelag

$$P_\mathrm{V}{}' = -\frac{\partial P_\mathrm{W}}{\partial z} = \alpha Z_\mathrm{L} |I(z)|^2 = \frac{\alpha}{Z_\mathrm{L}} |U(z)|^2 \tag{3.32}$$

mit $|I(z)|^2 = |I_\mathrm{h}|^2 e^{-2\alpha z}$ und $|U(z)|^2 = |U_\mathrm{h}|^2 e^{-2\alpha z}$ definieren. Für die Dimension des Verlustleistungsbelages gilt $[P_\mathrm{V}{}'] = \mathrm{W/m}$. Schreibt man (3.32) durch Division der Einheiten V oder A in der Form

$$P_\mathrm{V}{}' = \alpha Z_\mathrm{L} \cdot \mathrm{A}^2 \cdot \frac{|I(z)|^2}{\mathrm{A}^2} = \frac{\alpha}{Z_\mathrm{L}} \cdot \mathrm{V}^2 \cdot \frac{|U(z)|^2}{\mathrm{V}^2}\,, \tag{3.32'}$$

dann kann man $\alpha Z_\mathrm{L} \cdot \mathrm{A}^2$ als den Wert des Verlustleistungsbelages betrachten, wenn ein Strom von $|I(z)| = 1\,\mathrm{A}$ fließt. Ebenso ist $(\alpha/Z_\mathrm{L}) \cdot \mathrm{V}^2$ der Wert von $P_\mathrm{V}{}'$, wenn die Leitungsspannung $|U(z)| = 1\,\mathrm{V}$ beträgt. Beide Werte können (bei bekanntem Wellenwiderstand Z_L) zur eindeutigen Beschreibung der Verlusteigenschaften einer Leitung herangezogen werden.

3.1.5 Dämpfungskonstante bei kleinen Verlusten

Im allgemeinen Fall ergibt sich die Dämpfungskonstante α als Realteil des Ausbreitungsmasses γ nach (3.6). Unter der Annahme, dass die Wirkverluste klein seien, also $R' \ll \omega L'$ und $G' \ll \omega C'$, kann (3.6) mit der Näherung $\sqrt{1-x} \approx 1 - x/2$ in der Form

$$\gamma = j\omega\sqrt{L'C'}\left(1 - j\frac{R'}{2\omega L'}\right)\left(1 - j\frac{G'}{2\omega C'}\right) \tag{3.33}$$

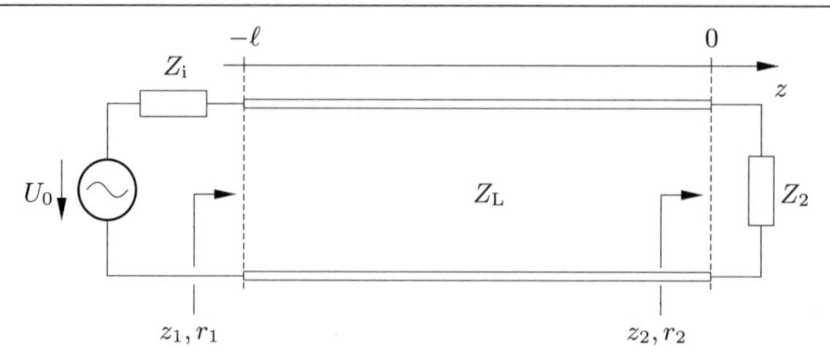

Abb. 3.6: Zur Transformation des Reflexionsfaktors

geschrieben werden. Für die Dämpfungskonstante α ergibt sich damit die einfachere Darstellung

$$\alpha = \frac{\sqrt{L'C'}}{2}\left(\frac{R'}{L'} + \frac{G'}{C'}\right) = \frac{1}{2}R'\sqrt{\frac{C'}{L'}} + \frac{1}{2}G'\sqrt{\frac{L'}{C'}}\,. \tag{3.34}$$

Falls es ferner zutrifft, dass die Leitungsverluste im Wesentlichen Längsverluste und weniger Querverluste sind, reduziert sich (3.34) weiter zu

$$\alpha = \frac{1}{2}R'\sqrt{\frac{C'}{L'}}\,. \tag{3.35}$$

Unter dieser Voraussetzung kann also die Leitungsdämpfung durch eine Vergrößerung des Induktivitätsbelages verkleinert werden. Eine entsprechende Maßnahme ist die so genannte *Pupinisierung* einer Leitung. Dabei wird der Induktivitätsbelag durch in regelmäßigen Abständen eingeschaltete konzentrierte Serieninduktivitäten (Pupinspulen) vergrößert.

3.2 Leitungen mit beliebigem Abschluss

3.2.1 Transformation des Reflexionsfaktors

In diesem Abschnitt wollen wir untersuchen, auf welche Weise der Reflexionsfaktor entlang einer Leitung transformiert wird. Insbesondere führen diese Betrachtungen zur Bestimmung der Eingangsimpedanz Z_1 einer Leitung der Länge ℓ, die mit der Impedanz Z_2 abgeschlossen ist (Abb. 3.6).

Der Reflexionsfaktor r ist an jeder Stelle $z = -\ell$ defineirt als das komplexe Verhältnis der Amplitude der rücklaufenden Welle zur Amplitude der hinlaufenden Welle. Mit dem Reflexionsfaktor $r_2 = U_r/U_h$ an der Stelle $z = 0$ ergibt sich

$$r_1 = \frac{U_r \cdot e^{+j\gamma(-\ell)}}{U_h \cdot e^{-j\gamma(-\ell)}} = r_2 \cdot e^{-j2\gamma\ell} = r_2 \cdot e^{-2\alpha\ell} \cdot e^{-j2\beta\ell}\,. \tag{3.36}$$

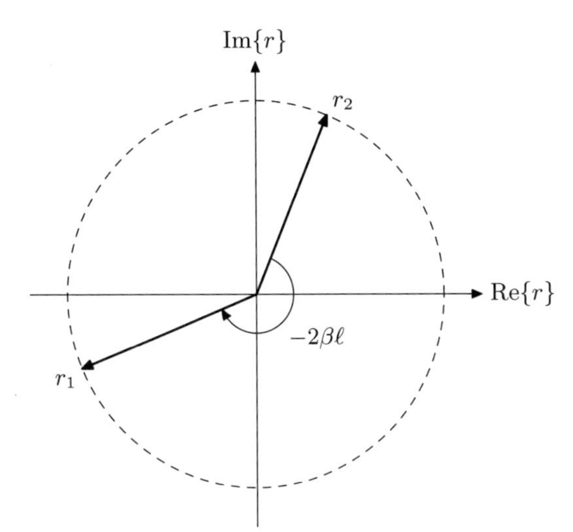

Abb. 3.7: Transformation des Reflexionsfaktors durch eine verlustfreie Leitung (Darstellung in der Reflexionsfaktorebene)

Im Fall einer verlustbehafteten Leitung nimmt der Betrag des Reflexionsfaktors mit wachsender Entfernung von der Reflexionsstelle $z = 0$ exponentiell ab. Für sehr lange verlustbehaftete Leitungen folgt hieraus, dass an ihrem Eingang immer $r_1 \approx 0$ ist, gleichgültig, mit welchem Wert Z_2 die Leitung abgeschlossen ist. Am Eingang einer sehr langen Leitung ‚sieht' man also stets den Wellenwiderstand der Leitung. Hieraus ist freilich nicht zu folgern, dass die eingespeiste Wirkleistung in optimaler Weise dem Verbraucher Z_2 zugeführt wird. Die Reflexionsfreiheit ist in diesem Fall auf die Umsetzung der gesamten Wirkleistung in den Verlustelementen der Leitung zurückzuführen.

Bei einer verlustfreien Leitung ($\alpha = 0$) ist die Amplitude des Reflexionsfaktors auf der gesamten Leitung konstant. Der Reflexionsfaktor erfährt bei Entfernung von der Last in Richtung Generator lediglich eine Phasendrehung entsprechend $e^{-j2\beta\ell}$. Um den Eingangsreflexionsfaktor r_1 zu bestimmen ist also der Zeiger r_2 in der Reflexionsfaktorebene um den Winkel $-2\beta\ell$ zu drehen (Abb. 3.7).

Die einfache Beziehung (3.36) können wir dazu verwenden, die Eingangsimpedanz Z_1 einer verlustbehafteten Leitung mit Wellenwiderstand Z_{L} und Abschlussimpedanz Z_2 zu berechnen. Hierzu schreiben wir (3.21) in entnormierter Form als

$$Z_1 = Z_{\mathrm{L}} \frac{1 + r_1}{1 - r_1}\,. \tag{3.37}$$

Nach einigen Umformungen unter Verwendung von (3.36) und (3.22) in der Form

$$r_1 = \frac{z_2 - 1}{z_2 + 1} \cdot e^{-2\gamma\ell}$$

und mit

$$\frac{e^{\gamma\ell} - e^{-\gamma\ell}}{e^{\gamma\ell} + e^{-\gamma\ell}} = \tanh \gamma\ell$$

folgt schließlich die Transformationsbeziehung

$$Z_1 = Z_\mathrm{L} \frac{Z_2 + Z_\mathrm{L} \tanh \gamma\ell}{Z_\mathrm{L} + Z_2 \tanh \gamma\ell}, \tag{3.38}$$

die im Fall einer verlustfreien Leitung ($\gamma = j\beta$) wegen $\tanh x = -j \tan jx$ übergeht in die einfachere Form

$$Z_1 = Z_\mathrm{L} \cdot \frac{Z_2 + jZ_\mathrm{L} \tan \beta\ell}{Z_\mathrm{L} + jZ_2 \tan \beta\ell}. \tag{3.39}$$

Die Umkehrung von (3.38) lautet

$$Z_2 = Z_\mathrm{L} \frac{Z_1 - Z_\mathrm{L} \tanh \gamma\ell}{Z_\mathrm{L} - Z_1 \tanh \gamma\ell}. \tag{3.40}$$

Sie kann benutzt werden, um bei bekannten elektrischen Eigenschaften $\gamma\ell$ einer Leitung von der Eingangsimpedanz Z_1 auf die Abschlussimpedanz Z_2 zurückzurechnen.

$\lambda/4$-Leitung

Als wichtigen Sonderfall betrachten wir ein verlustfreies Leitungsstück von der Länge einer viertel Wellenlänge. Mit $\ell = \lambda/4$ ist $\beta\ell = \pi/2$. Dieser Wert unter der Voraussetzung $\alpha = 0$ eingesetzt in (3.36) ergibt

$$r_1 = -r_2 \tag{3.41}$$

und hieraus folgt weiter

$$z_1 = \frac{1}{z_2}. \tag{3.42}$$

Durch Entnormierung dieser Beziehung mit Z_L folgt ebenso wie aus der Bestimmung des Grenzwertes $\lim_{\beta\ell \to \pi/2} Z_1$ aus (3.39) der Zusammenhang

$$Z_1 = \frac{{Z_\mathrm{L}}^2}{Z_2}. \tag{3.43}$$

Damit erkennen wir die Bedeutung einer $\lambda/4$-Leitung. Sie transformiert einen rellen Widerstand in einen anderen ebenfalls reellen Widerstand. Das Transformationsverhältnis kann durch Wahl des Wellenwiderstandes beliebig eingestellt werden. Zu beachten ist jedoch, dass diese Transformation gerade wegen der Bedingung $\ell = \lambda/4$ nicht besonders breitbandig erfolgt.

3.2.2 Stehwellenverhältnis und Anpassungsfaktor

Wir haben bereits festgestellt, dass sich auf einer Leitung im allgemeinen Fall zwei gegenläufige Spannungs- und Stromwellen überlagern. Ursache für das Auftreten einer rücklaufenden Welle ist eine vorgegebene Impedanz, wenn sie vom Wellenwiderstand der Leitung verschieden ist[1]. Die Beziehung zwischen vorlaufender und reflektierter Welle können wir mit dem Reflexionsfaktor r beschreiben, der in fester Beziehung zur normierten Impedanz z steht. Wir wollen nun untersuchen, wie sich im allgemeinen Fall die Amplituden $|U(z)|$ und $|I(z)|$ von Spannung und Strom entlang der Leitung verhalten und welcher Zusammenhang zur Abschlussimpedanz Z_2 besteht. Zu diesem Zweck schreiben wir (3.7) unter Verwendung des Reflexionsfaktors $r_2 = r(0)$ in der Form

$$U(z) = U_\mathrm{h}\left(e^{-j\beta z} + r_2 \cdot e^{+j\beta z}\right) \tag{3.44a}$$

$$I(z) = I_\mathrm{h}\left(e^{-j\beta z} - r_2 \cdot e^{+j\beta z}\right). \tag{3.44b}$$

Nachdem die Beträge $|U_\mathrm{h}| = |U(0)|$ und $|I_\mathrm{h}| = |U_\mathrm{h}|/Z_\mathrm{L}$ nicht ortsabhängig sind, gilt für die Beträge

$$|U(z)| \sim \left|e^{-j\beta z} + r_2 \cdot e^{+j\beta z}\right| \tag{3.45a}$$

$$|I(z)| \sim \left|e^{-j\beta z} - r_2 \cdot e^{+j\beta z}\right|. \tag{3.45b}$$

Bei den betragsbestimmenden Termen handelt es sich um gegenläufig rotierende Zeiger $e^{-j\beta z}$ und $r_2 e^{j\beta z}$ mit gleichem Phasenmaß aber verschiedenen Beträgen. Die Spannungsamplitude $|U(z)|$ ist dann maximal, wenn diese Zeiger gleich orientiert sind. An welchen Orten z dieses der Fall ist, hängt von $\arg\{r_2\}$ ab und ist hier von untergeordneter Bedeutung. Es kann aber gefolgert werden, dass im Abstand $\Delta z = \lambda/4$ von einem Maximum ein Minimum von $|U(z)|$ auftreten wird, weil die gleichorientierten Zeiger dann mit ihren entgegengesetzten Drehrichtungen um $\pi/2$ fortgeschritten sind und nunmehr entgegengesetzt orientiert sind.

Wenn die Zeiger $e^{-j\beta z}$ und $r_2 e^{j\beta z}$ gleich orientiert sind und in ihrer Summe daher maximalen Betrag aufweisen, dann wird ihre Differenz einen Zeiger minimaler Länge ergeben, und umgekehrt. Wir können also ferner folgern, dass ein Maximum von $|U(z)|$ mit einem Minimum von $|I(z)|$ zusammenfällt. Ebenso ist $|U(z)|$ gerade dann minimal, wenn $|I(z)|$ seinen größten Wert annimmt.

Entsprechend seiner Definiton als Quotient aus der komplexen Amplitude von hin- und rücklaufender Welle ist der Reflexionsfaktor $r(z)$ immer dann reell, wenn die Zeiger $e^{-j\beta z}$ und $r_2 e^{j\beta z}$ entweder gleich oder entgegengesetzt orientiert sind. Im ersten Fall ist $r(z) > 0$, im zweiten Fall ist $r(z) < 0$. Dieses ist also jeweils am Ort eines Spannungsmaximums bzw. -minimums der Fall.

Wir halten zusammenfassend fest:

- Der Abstand zwischen benachbarten Maxima und Minima der Spannung oder des Stromes beträgt $\lambda/4$.

[1] Allgemein treten reflektierte Wellen auch an allen Störungen der Wellenleitergeometrie auf. Diese Störungen können jedoch häufig durch ein Ersatzschaltbild aus konzentrierten Elementen beschrieben werden, sodass die hier gezeigte Behandlung reflektierter Wellen die Grundlage auch für weitergehende Problemstellungen bildet.

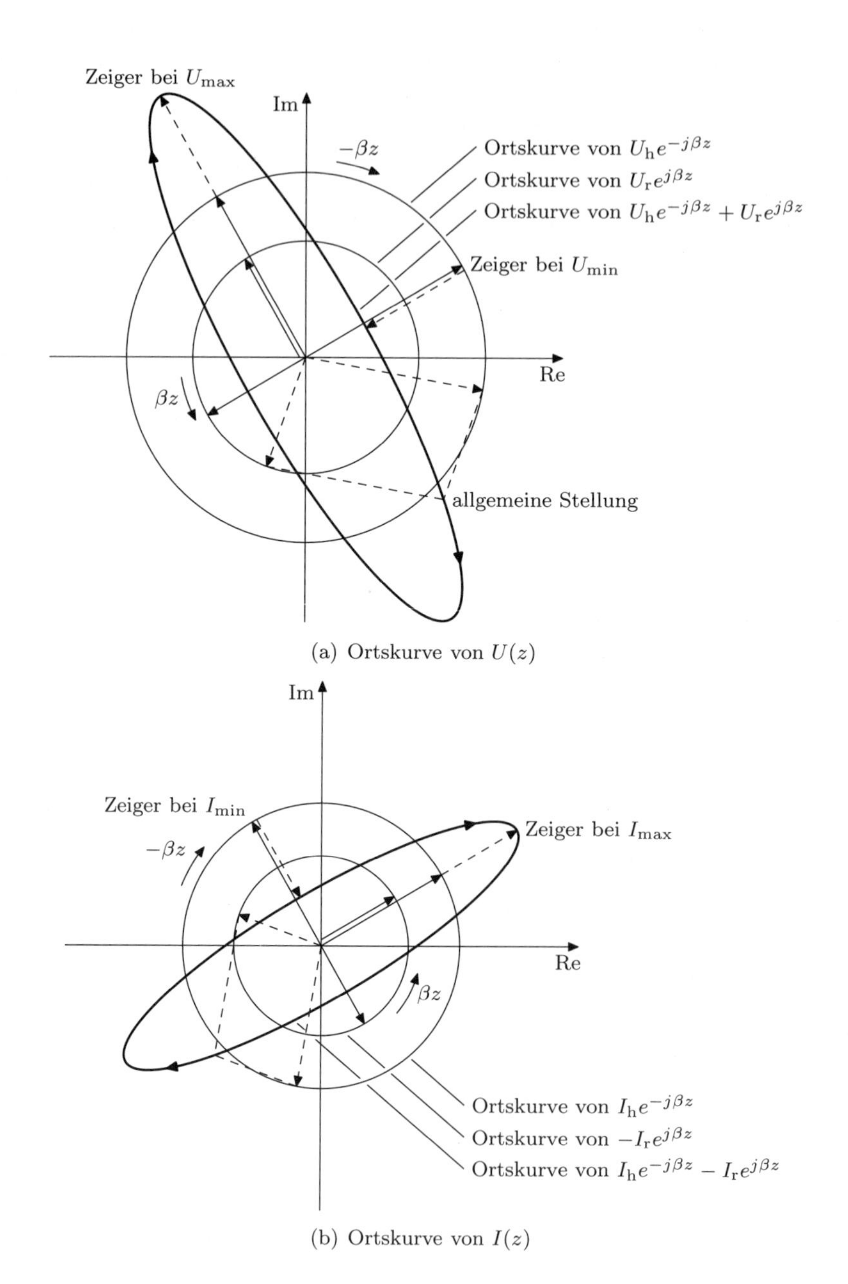

(a) Ortskurve von $U(z)$

(b) Ortskurve von $I(z)$

Abb. 3.8: Konstruktion der Ortskurven von $U(z)$ und $I(z)$ durch Überlagerung der komplexen Zeiger von Spannung und Strom der hinlaufenden und der rücklaufenden Welle

- $|U(z)|$ und $|I(z)|$ sind periodisch mit der Periode $\lambda/2$. Dabei fällt $U_{\max}$ mit $I_{\min}$ zusammen und umgekehrt.
- Bei einem Spannungsmaximum ist $\arg\{r\} = 0°$. Die Zeiger $U_{\mathrm{h}}e^{-j\beta z}$ und $U_{\mathrm{r}}e^{j\beta z}$ sind gleich orientiert.
- Bei einem Spannungsminimum ist $\arg\{r\} = 180°$. Die Zeiger $U_{\mathrm{h}}e^{-j\beta z}$ und $U_{\mathrm{r}}e^{j\beta z}$ sind entgegengesetzt orientiert.

Die Zeiger $U(z)$ und $I(z)$ entstehen durch Überlagerung der Zeiger $U_{\mathrm{h}}e^{-j\beta z}$ und $U_{\mathrm{r}}e^{j\beta z}$ bzw. $I_{\mathrm{h}}e^{-j\beta z}$ und $-I_{\mathrm{h}}e^{j\beta z}$. Dieses entspricht der Addition zweier komplexer Zeiger, deren Spitzen sich mit zunehmender Koordinate z auf Kreisen mit i. A. verschiedenen Radien bewegen. Die Winkelinkremente bezogen auf das Inkrement z sind gleich aber mit entgegengesetztem Vorzeichen. Die zu überlagenden Zeiger haben also entgegengesetzten Umlaufsinn. Hieraus folgt, dass die Ortskurven der Summenzeiger $U(z)$ und $I(z)$ ursprungszentrierte Ellipsen mit den Halbachsen $|U_{\mathrm{h}}| + |U_{\mathrm{r}}|$ und $|U_{\mathrm{h}}| - |U_{\mathrm{r}}|$ bzw. $|I_{\mathrm{h}}| + |I_{\mathrm{r}}|$ und $|I_{\mathrm{h}}| - |I_{\mathrm{r}}|$ sind (Abb. 3.8). Der Verdrehwinkel der Ellipsen hängt dabei von der Phase φ_r des Reflexionsfaktors r_2 ab. Aus den vorangegangenen Betrachtungen ist aber klar, dass die große Halbachse der Ortskurve $U(z)$ genau bei dem Winkel zu liegen kommt, bei dem die kleine Halbachse der Ortskurve $I(z)$ liegt und umgekehrt.

Ein Beispiel für den Verlauf von $|U(z)|$ und $|I(z)|$ zeigt Abb. 3.9. Es wurde dort willkürlich $r_2 = j0{,}7$ gesetzt.

Bei bekannter Amplitude $|U_{\mathrm{h}}|$ und bekannten Reflexionsfaktorbetrag $|r_2|$ können wir den Maximal- und den Minimalwert der Spannung berechnen. Aus (3.45a) und den vorangegangenen Überlegungen folgt

$$U_{\max} = \max\{|U(z)|\} = |U_{\mathrm{h}}| + |U_{\mathrm{r}}| = |U_{\mathrm{h}}| \cdot (1 + |r|) \tag{3.46a}$$
$$U_{\min} = \min\{|U(z)|\} = |U_{\mathrm{h}}| - |U_{\mathrm{r}}| = |U_{\mathrm{h}}| \cdot (1 - |r|) \tag{3.46b}$$

und ebenso

$$I_{\max} = \max\{|I(z)|\} = |I_{\mathrm{h}}| + |I_{\mathrm{r}}| = |I_{\mathrm{h}}| \cdot (1 + |r|) \tag{3.47a}$$
$$I_{\min} = \min\{|I(z)|\} = |I_{\mathrm{h}}| - |I_{\mathrm{r}}| = |I_{\mathrm{h}}| \cdot (1 - |r|)\ . \tag{3.47b}$$

Das Verhältnis

$$s = \frac{U_{\max}}{U_{\min}} = \frac{I_{\max}}{I_{\min}} = \frac{1 + |r|}{1 - |r|} \tag{3.48}$$

bezeichnet man als *Stehwellenverhältnis*. Es hängt, ebenso wie die zur Last transportierte Wirkleistung P_{W} nur vom Betrag des Reflexionsfaktors ab. Das Stehwellenverhältnis ist daher ein Maß für die Güte der Leistungsanpassung. Im Fall bestmöglicher Anpassung ($|r| = 0$) ist $s = 1$, bei vollständiger Reflexion ($|r| = 1$) nimmt s den Wert ∞ an. Ein inzwischen weniger gebräuchliches Maß ist der *Anpassungsfaktor*

$$m = \frac{1}{s} = \frac{1 - |r|}{1 + |r|}\ , \tag{3.49}$$

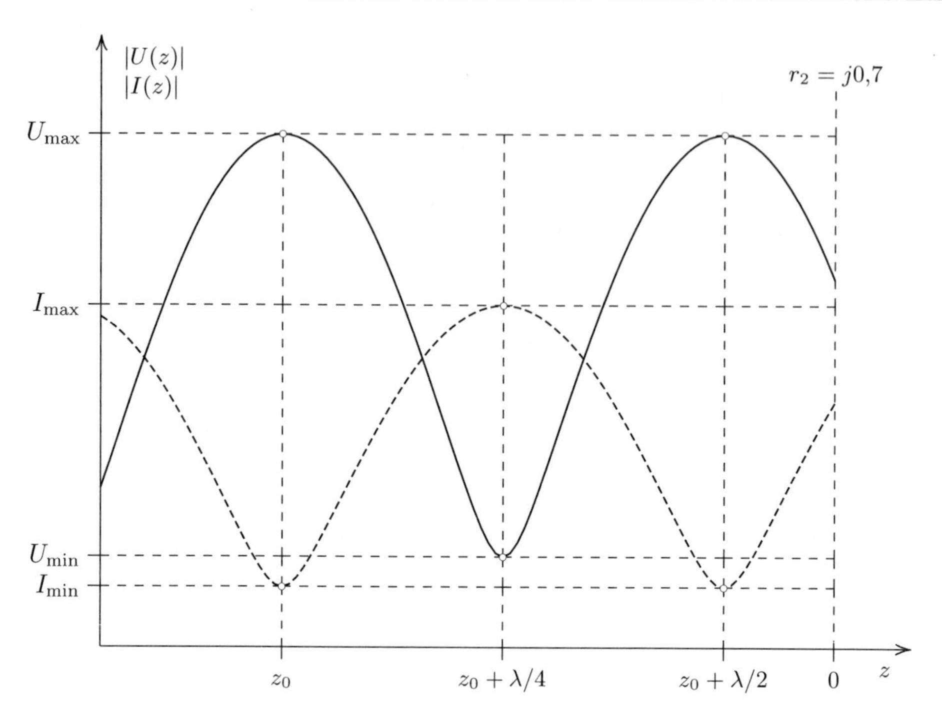

Abb. 3.9: Strom- und Spannungsamplitude auf einer Leitung. Im dargestellten Beispiel ist $r_2 = j0{,}7$

der sich für passive Lastimpedanzen zwischen den Extremwerten $m = 0$ (vollständige Reflexion) und $m = 1$ (Anpassung) bewegt.

3.2.3 Blindleitungen

Mit *Blindleitung* bezeichnet man Leitungen, die mit einem Blindwiderstand abgeschlossen sind. Zu den Blindwiderständen zählen Induktivitäten, Kapazitäten und allgemein auch der Leerlauf und der Kurzschluss. Blindabschlüsse sind gekennzeichnet durch eine rein imaginäre Impedanz $z = jx$ oder Admittanz $y = jb$. Durch Einsetzen in die Formel für den Reflexionsfaktor zeigt man leicht, dass für Blindwiderstände

$$|r| = 1 \tag{3.50}$$

gilt, weil $|jx - 1| = |jx + 1|$. Diese Eigenschaft ist äquivalent zu der Aussage, dass Blindwiderstände keine Wirkleistung aufnehmen. Die Leistung der hinlaufenden Welle wird vollständig reflektiert.

Weil die komplexen Amplituden von hin- und rücklaufender Welle gleich sind, weisen sowohl $|U(z)|$ als auch $|I(z)|$ Nullstellen auf. Der in Abb. 3.9 gezeigte Verlauf der Spannungs- und Stromamplitude geht über in den in Abb. 3.10 dargestellten Verlauf.

Die vorliegende Überlagerung zweier gegenläufiger Wellen gleicher Amplitude bezeichnet man als *stehende Welle* im engeren Sinne.

Wir betrachten als Beispiel eine an ihrem Ende kurzgeschlossene Leitung. Mit $z_2 = 0$ ergibt sich der Reflexionsfaktor $r_2 = -1$. Für Spannung und Strom am Eingang der Leitung erhalten wir dann

$$U_1 = U_\mathrm{h}\left(e^{j\beta\ell} - e^{-j\beta\ell}\right) = 2jU_\mathrm{h}\sin\beta\ell \tag{3.51a}$$

$$I_1 = \frac{U_\mathrm{h}}{Z_\mathrm{L}}\left(e^{j\beta\ell} + e^{-j\beta\ell}\right) = \frac{2U_\mathrm{h}}{Z_\mathrm{L}}\cos\beta\ell\,. \tag{3.51b}$$

Auch dieses Ergebnis bestätigt, dass an keiner Stelle $z = -\ell$ Wirkleistung auftritt. Die Phasendifferenz zwischen U_1 und I_1 beträgt $90°$, unabhängig von ℓ. Die Eingangsimpedanz einer kurzgeschlossenen Leitung ist

$$Z_1 = \frac{U_1}{I_1} = jZ_\mathrm{L}\tan\beta\ell = jX \tag{3.52}$$

und damit rein imaginär. Der periodische Verlauf der Tangensfunktion mit Werten $-\infty \leq \tan\beta\ell \leq \infty$ zeigt, dass Z_1 durch entsprechende Wahl der Leitungslänge ℓ jeden beliebigen induktiven oder kapazitiven Wert annehmen kann. Zum Beispiel ist $X > 0$ für $0 < \beta\ell < \pi/2$, der Eingangswiderstand einer kurzgeschlossenen Leitung ist also induktiv, solange die Leitung kürzer als $\lambda/4$ ist. Für $\ell = \lambda/4$ ist X unendlich groß, der Eingang der Leitung ist einem Leerlauf äquivalent. An dieser Stelle tritt auch eine Nullstelle des Stromes und ein Maximum der Spannung auf. Im Bereich $\pi/2 < \beta\ell < \pi$ ist $X < 0$. Der Eingangswiderstand bleibt kapazitiv, bis er bei $\beta\ell = \pi$ wieder Null wird.

Eine Leitung mit einem verschiebbaren Kurzschluss ist daher ein wichtiges hochfrequenztechnisches Bauelement, mit dem abstimmbar jedes Blindelement zumindest für eine Frequenz realisiert werden kann. Prinzipiell würde jedes verschiebbare Blindelement den gleichen Zweck erfüllen. Ein Kurzschluss kann aber technisch sehr definiert realisiert werden. Gerade die Realisierung eines Leerlaufes bereitet Schwierigkeiten, weil ein offenes Leitungsende immer eine Streukapazität aufweist. Bei hohen Frequenzen kommt noch die Abstrahlung am offenen Leitungsende hinzu, wodurch sogar ein merklicher Realteil des Abschlusswiderstandes entsteht.

Wegen $\beta\ell = \omega\ell/c_0$ zeigt X bei fester Leitungslänge den gleichen Verlauf über der Frequenz f, wie bei fester Frequenz über der Leitungslänge ℓ. Bei kleiner Leitungslänge $\ell/\lambda \ll 1$ kann die Funktion $X\tan\beta\ell$ durch eine Ursprungsgerade ωL angenähert werden. Mit $\tan\beta\ell \approx \beta\ell = 2\pi\ell/\lambda$ ergibt sich

$$Z_1 = jZ_\mathrm{L}\frac{2\pi\ell}{\lambda} := j\omega L'\ell \tag{3.53}$$

mit der äquivalenten Induktivität $L'\ell = Z_\mathrm{L}\ell/c_0$.

In der Nähe der Nullstellen und Polstellen von $X = \tan(\omega\ell/c_0)$ verhält sich eine Blindleitung bei fester Länge jeweils wie ein Serien- und ein Parallelresonanzkreis. Mit verlustarmen Leitungen können so Resonatoren mit hoher Güte aufgebaut werden. Auf Resonatoren und den Begriff der Güte werden wir in 5.2 näher eingehen.

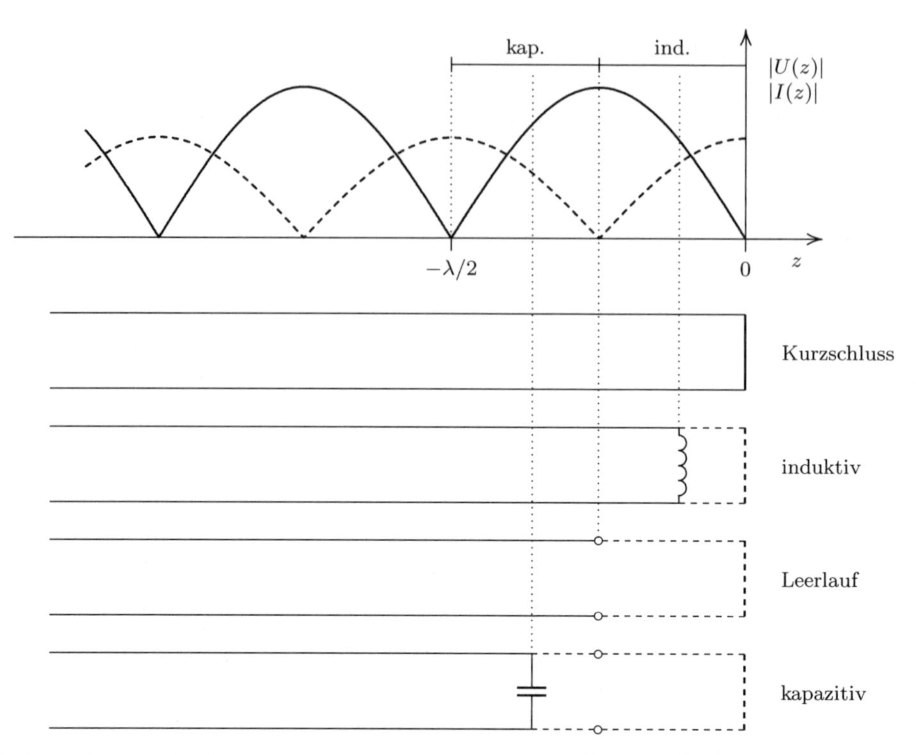

Abb. 3.10: Strom- und Spannungsamplitude auf einer Blindleitung. Der Eingangswiderstand z_1 einer Blindleitung kann, abhängig von deren Länge, jeden beliebigen Wert $-j\infty \leq z_1 \leq j\infty$ annehmen.

3.3 Smith-Diagramm

3.3.1 Grundlagen

Das Smith-Diagramm stellt das Innere des Einheitskreises der Reflexionsfaktorebene dar. Als wichtigstes grafisches Hilfsmittel sind die transformierten Koordinatenlinien aus der Impedanz- bzw. Admittanzebene eingetragen. Zusätzlich befinden sich am Rand eine Winkelskala und eine Skala der entsprechenden normierten Leitungslänge ℓ/λ.

Der Reflexionsfaktor r ergibt sich aus der normierten Impedanz $z = Z/Z_\mathrm{L}$ durch die Beziehung

$$r(z) = \frac{z-1}{z+1}, \tag{3.54}$$

wenn der Bezugswiderstand Z_L gleich dem Leitungswellenwiderstand ist. Die konforme Abbildung (3.54) transformiert jeden Punkt z aus der Impedanzebene eineindeutig in einen Punkt r der Reflexionsfaktorebene. Die Umkehrung der Transformation (3.54)

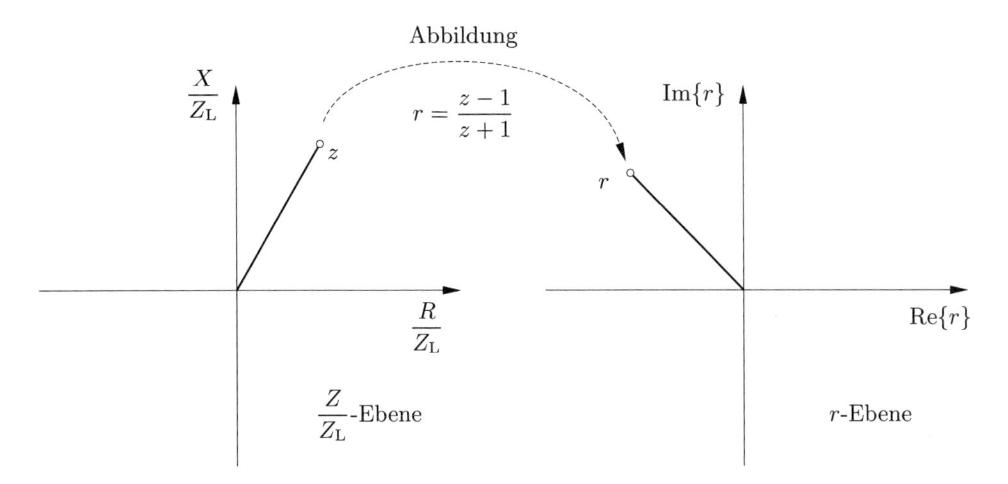

Abb. 3.11: Eineindeutige Abbildung der normierten Impedanz auf den Reflexionsfaktor

lautet

$$z(r) = \frac{1+r}{1-r}\ . \tag{3.55}$$

Die Bilder der geraden Koordinatenlinien $\mathrm{Re}\{z\} = \mathrm{const}$ und $\mathrm{Im}\{z\} = \mathrm{const}$ in der Reflexionsfaktorebene sind Kreise, die alle durch den Punkt $r = 1$ verlaufen. Im Smith-Diagramm sind einige Kreise $\mathrm{Re}\{z\} = \mathrm{const}$ und $\mathrm{Im}\{z\} = \mathrm{const}$ bereits eingetragen, sodass in der r-Ebene ein Koordinatengitter für die zu r gehörige Impedanz z zur Verfügung steht.

In Abb. 3.13 sind die Linien $\mathrm{Re}\{z\} = \mathrm{const}$ und $\mathrm{Im}\{z\} = \mathrm{const}$ getrennt dargestellt. Im Smith-Diagramm sind beide Liniengruppen zusammen mit ihrer Beschriftung eingetragen. Entsprechend der Tatsache, dass nur der Bereich $|r| \leq 1$ dargestellt ist, befinden sich im Smith-Diagramm nur die Kreise für $\mathrm{Re}\{z\} \geq 0$ und $-\infty < \mathrm{Im}\{z\} < +\infty$. Das Innere des Einheitskreises in der r-Ebene ist also das Bild der rechten z-Halbebene.

Durch Einsetzen in (3.54) findet man, dass

$$r(1/z) = r(y) = -r(z) \tag{3.56}$$

und

$$r(z) = r(1/y) = -\frac{y-1}{y+1}\ . \tag{3.57}$$

Ein Vergleich von (3.54) und (3.57) verdeutlicht, dass bei Berechnung von r aus der normierten Admittanz $y = Y \cdot Z_\mathrm{L}$ die gleiche Transformation (bis auf das Vorzeichen) stattfindet, wie bei Berechnung von r aus z. Zur Bestimmung von $r(y)$ kann daher das gleiche Koordinatengitter benutzt werden. Allerdings ist zu beachten, dass wegen (3.56) das Koordinatensystem für r um 180° zu drehen ist.

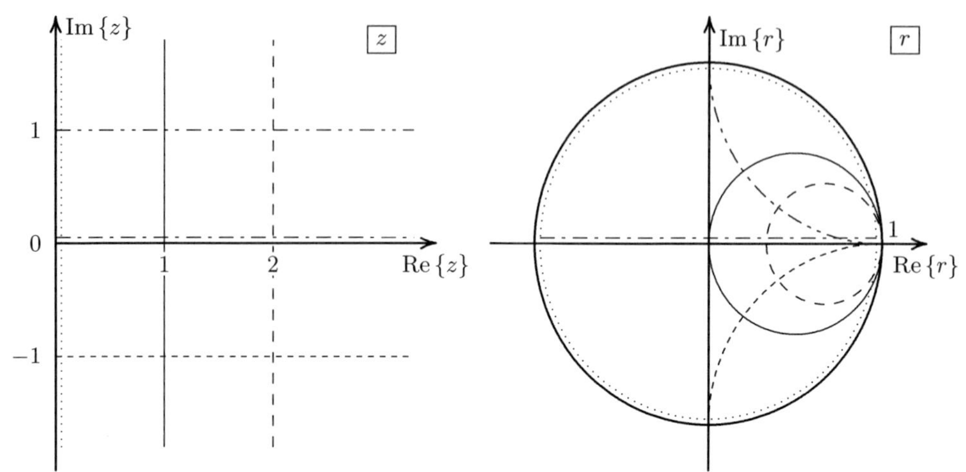

Abb. 3.12: Einige Beispiele für Bilder von z-Koordinatenlinien in der r-Ebene

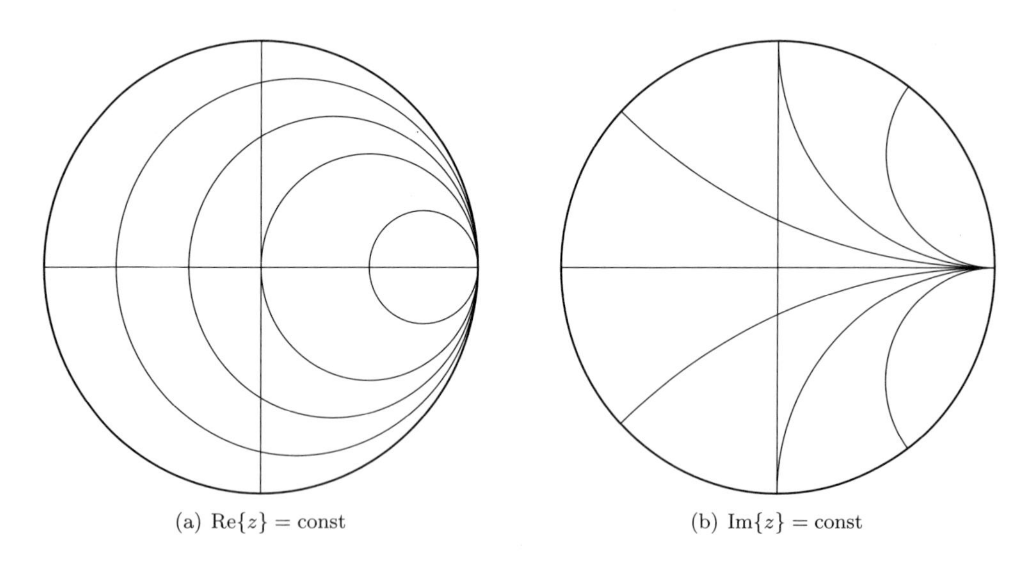

(a) $\text{Re}\{z\} = \text{const}$

(b) $\text{Im}\{z\} = \text{const}$

Abb. 3.13: Koordinatengitter der Impedanz im Smith-Diagramm

Andererseits bedeutet (3.56), dass die Punkte z und $y = 1/z$ durch Spiegelung am Ursprung $r = 0$ auseinander hervorgehen. Der Übergang zwischen Impedanz und Admittanz erfolgt im Smith-Diagramm durch Spiegelung am Ursprung.

Ablesen von r, s und m

Das Smith-Diagramm stellt, wie bereits gesagt, das Innere des Einheitskreises in der r-Ebene dar. Durch Eintragen der normierten Impedanz z in das krummlinige Koordinatennetz (Abb. 3.13) kann der zugehörige Reflexionsfaktor $r = |r| \cdot e^{j\varphi_r}$ direkt nach Betrag und Phase abgelesen werden (Abb. 3.15). Hierzu ist die Gerade durch den Punkt r und den Ursprung einzuzeichnen. Die Phase φ_r kann an der Winkelskala am Rand des Diagramms abgelesen werden.

Zur Bestimmung des Betrages $|r|$ ist der Abstand zum Ursprung abzumessen. Dieser muss dann auf den Radius des Diagramms bezogen werden, der dem Betrag $|r| = 1$ entspricht.

Ebenso können aus dem Smith-Diagramm das Stehwellenverhältnis s und der Anpassungsfaktor m abgelesen werden, die mit dem Betrag des Reflexionsfaktors durch

$$s = \frac{1}{m} = \frac{1 + |r|}{1 - |r|} \tag{3.58}$$

verknüpft sind. Für den Sonderfall $\text{Im}\{r\} = 0$ ist auch $\text{Im}\{z\} = 0$ und es ist $r = |r|$. Die rechte Seite von (3.58) ist dann identisch mit der rechten Seite von (3.55). In diesem Fall besitzt s offenbar den gleichen Wert wie die zu r gehörige normierte Impedanz z. Ebenso besitzt m den gleichen Wert wie die zu r gehörige Admittanz y. Folglich können die Werte s und m an den Schnittpunkten des Kreises $|r| = \text{const}$ mit der Realteilachse der r-Ebene in den z-Koordinaten abgelesen werden. Abbildung 3.15 verdeutlicht die Vorgehensweise.

3.3.2 Konzentrierte Bauelemente

Durch Hinzuschalten von konzentrierten Elementen R, L und C werden der Realteil bzw. der Imaginärteil der Impedanz (Admittanz) verändert. Es ergeben sich Verschiebungen entlang der z- bzw. y-Koordinatenlinien.

Handelt es sich dabei um eine Serienschaltung, dann rechnet man vorteilhaft mit der normierten Impedanz z. Bei der Behandlung von Parallelschaltungen wird man die Rechnung mit der normierten Admittanz y bevorzugen. Die Zusammenschaltung von Bauelementen ist dann jeweils durch einfache Addition der Impedanzen oder Admittanzen zu behandeln. Der Übergang zwischen beiden Darstellungsarten erfolgt durch Punktspiegelung am Ursprung.

In Tabelle 3.1 ist die Veränderung von z und y durch das Hinzuschalten von Bauelementen in einer Übersicht zusammengestellt. So vergrößert die Serienschaltung einer Induktivität beispielsweise den Imaginärteil der Impedanz, während er durch die Serienschaltung einer Kapazität verkleinert wird. Es sei noch betont, dass der Realteil

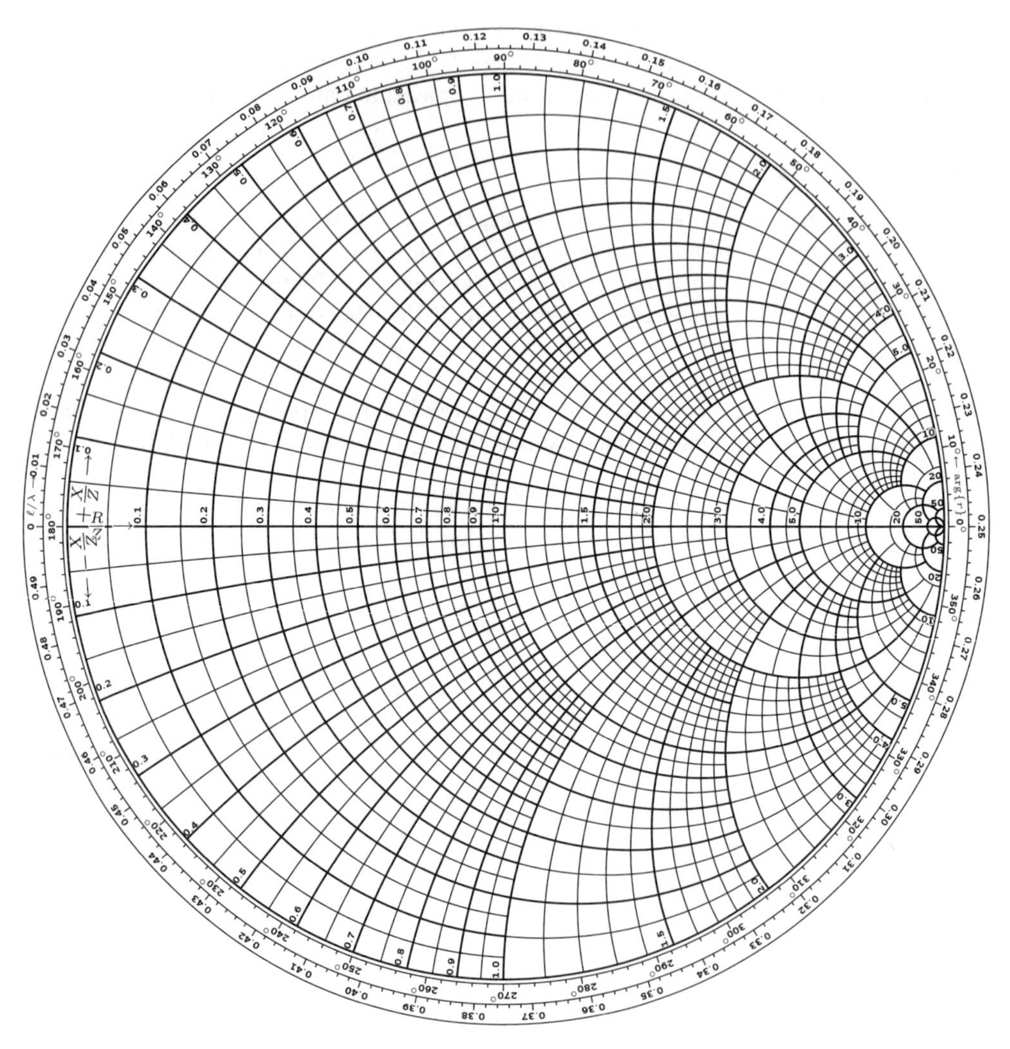

Abb. 3.14: Smith-Diagramm mit Skalen für die Reflexionsfaktorphase und die normierte Leitungslänge

Element	Serienschaltung		Parallelschaltung	
	Re{z}	Im{z}	Re{y}	Im{y}
R	↑	×	↑	×
L	×	↑	×	↓
C	×	↓	×	↑

Tabelle 3.1: Vergrößerung (↑) und Verkleinerung (↓) von Real- und Imaginärteil von z und y durch Hinzuschalten von konzentrierten Bauelementen. × bedeutet »keine Veränderung«

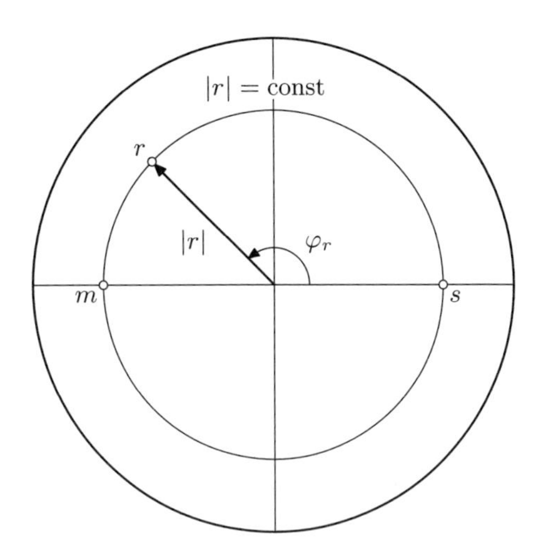

Abb. 3.15: Ablesen von r, s und m im Smith-Diagramm

der Impedanz und auch der Admittanz durch Hinzuschalten von passiven Elementen niemals verkleinert werden kann.

In Abb. 3.16 sind alle Verschiebungen eingezeichnet, die zu den in Tabelle 3.1 angegebenen Änderungen gehören. Die Länge der Verschiebungen ergibt sich aus den normierten Impedanzen bzw. Admittanzen der Bauelemente, die zur Übersicht in Tabelle 3.2 zusammengestellt sind. Anhand von Tabelle 3.2 wird auch deutlich, dass beispielsweise eine Induktivität L eine negativ imaginäre normierte Admittanz besitzt. Deshalb wird durch Parallelschaltung einer Induktivität der Imaginärteil der Admittanz verkleinert. Auf diese Weise können alle Verschiebungen, die in Abb. 3.16 eingetragen sind, leicht nachvollzogen werden.

Umgekehrt kann man durch Ablesen der Länge von erforderlichen Verschiebungen (etwa der Änderung des Imaginärteils) die Werte der hierzu benötigten Elemente bestimmen. Zur Entnormierung kann ebenfalls die Übersicht in Tabelle 3.2 hilfreich sein.

Beispiel 3.1 In einer Transformationsschaltung mit 50 Ω-Leitungen wird ein Bauelement benötigt, welches bei der Betriebsfrequenz $f = 234\,\text{MHz}$ den Imaginärteil der Admittanz um 2 verkleinert. Das Bauelement muss also die normierte Admittanz $y = -j2$ besitzen und parallel geschaltet werden. Gemäß Tabelle 3.2 muss es sich um eine Induktivität handeln. Die

Normierung	Element			
	R	L	C	
$z = Z/Z_\text{L} =$	R/Z_L	$j\omega L/Z_\text{L}$	$-j\dfrac{1}{\omega C Z_\text{L}}$	Serienschaltung
$y = Y Z_\text{L} =$	$\dfrac{Z_\text{L}}{R}$	$-j\dfrac{Z_\text{L}}{\omega L}$	$j\omega C Z_\text{L}$	Parallelschaltung

Tabelle 3.2: Normierung und Entnormierung der Impedanzen und Admittanzen von konzentrierten Elementen

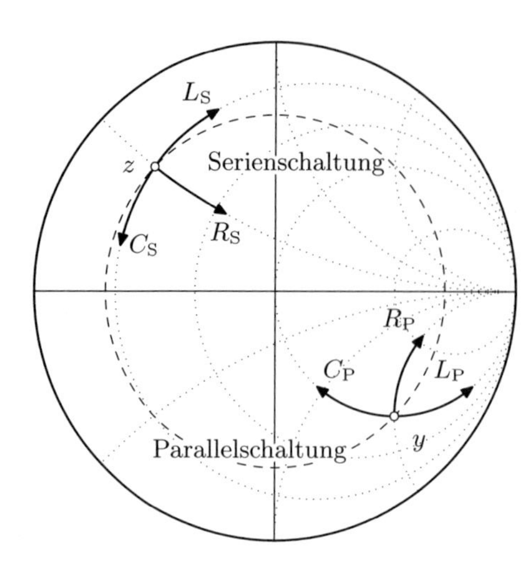

Abb. 3.16: Verschiebungsrichtungen im Smith-Diagramm durch Zuschalten von konzentrierten Bauelementen R, L und C

Bestimmungsgleichung für L lautet

$$-j\,\frac{Z_\mathrm{L}}{\omega L} = -j2$$

und durch Entnormierung ergibt sich der Wert für L:

$$L = \frac{Z_\mathrm{L}}{2\omega} = \frac{50\,\Omega}{2\cdot 2\pi\cdot 234\,\mathrm{MHz}} = 17\,\mathrm{nH}\,.$$

3.3.3 Leitungsabschnitte

Eine verlustfreie Leitung der Länge ℓ transformiert den Reflexionsfaktor r_2 an ihren Abschlussklemmen durch eine einfache Phasendrehung

$$r_1 = r_2 \cdot e^{-j2\beta\ell} \tag{3.59}$$

in den Reflexionsfaktor r_1 an den Eingangsklemmen. Im Smith-Diagramm erfolgt diese Transformation durch Drehung um den Winkel $-2\beta\ell$ um den Ursprung. In Abb. 3.17 ist dieser Transformationspfad dargestellt.

Mit $\beta = 2\pi/\lambda$ ergibt sich für den Drehwinkel

$$-2\beta\ell = 2\pi\cdot 2\,\frac{\ell}{\lambda}\,. \tag{3.60}$$

Der normierten Leitungslänge $\ell/\lambda = 0{,}5$ entspricht eine Volldrehung im Smith-Diagramm. Eine Leitung der Länge $\ell = \lambda/2$ transformiert wieder in den selben Reflexionsfaktor und damit auch in die selbe Impedanz.

Laut (3.60) ist der Drehwinkel proportional zur normierten Leitungslänge ℓ/λ. Am Rand des Smith-Diagramms ist daher eine weitere Skala für ℓ/λ angebracht (Abb. 3.14). Sie ist ein nützliches Hilfsmittel um die Transformation durch eine Leitung einzutragen

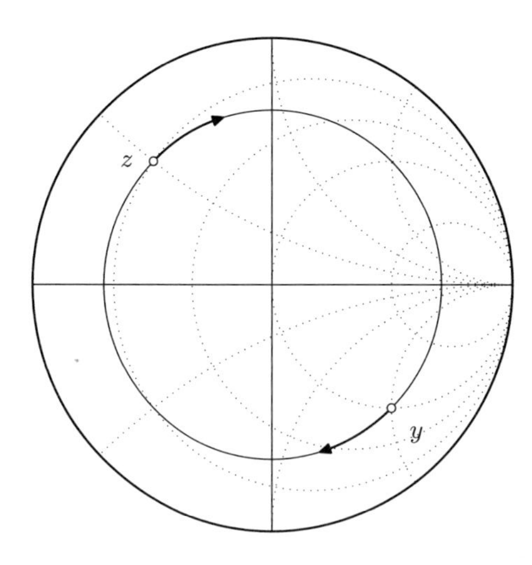

Abb. 3.17: Transformation durch verlustfreie Leitungen

oder um erforderliche Leitungslängen abzulesen. Zur Bestimmung der physikalischen Leitungslänge (in m) ist dann nur noch die Entnormierung mit der Wellenlänge λ erforderlich.

Gleichung (3.59) gilt für die Transformation von den Abschlussklemmen zu den Eingangsklemmen. Die Drehung im Smith-Diagramm erfolgt in diesem Fall im mathematisch negativen Sinn oder im Uhrzeigersinn. Entsprechend ist die Drehung bei einer Transformation in Richtung der Abschlussklemmen entgegen dem Uhrzeigersinn auszuführen. Diese Drehrichtungen sind im Impedanzdiagramm und im Admittanzdiagramm die gleichen.

Der Nullpunkt für die ℓ/λ-Skala ist willkürlich bei $\arg\{r\} = 180°$ gesetzt. Die ℓ/λ-Skala ist als Hilfsmittel zum Ablesen der Differenz gedacht. Insbesondere beim Durchlaufen des Skalennullpunkts ist darauf zu achten, dass die Differenz richtig abgelesen wird.

3.3.4 Stichleitungen

Ein leerlaufendes (LL) oder kurzgeschlossenes (KS) Leitungsende ist gekennzeichnet durch unendlich große oder verschwindende Impedanz oder Admittanz. Dem entsprechend befinden sich die Punkte für Leerlauf und Kurzschluss an den Punkten 0 und ∞ im Smith-Diagramm. Dabei ist wieder zu beachten, dass diese Punkte beim Wechsel zwischen Impedanz- und Admittanzdarstellung ihre Rollen vertauschen. In Abb. 3.18 sind diese Punkte zusammen mit dem Punkt $r = 0$ eingetragen.

Eine wichtige Rolle spielen diese Punkte bei der Dimensionierung von kurzgeschlossenen oder leerlaufenden Stichleitungen mit Hilfe des Smith-Diagramms. Offenbar kann man durch Transformation eines Kurzschlusses oder eines Leerlaufs über eine Leitung mit einstellbarer Länge jede beliebige Reaktanz erhalten. Zweckmäßigerweise wird man parallel geschaltete Stichleitungen im Admittanzdiagramm behandeln und in Serie ge-

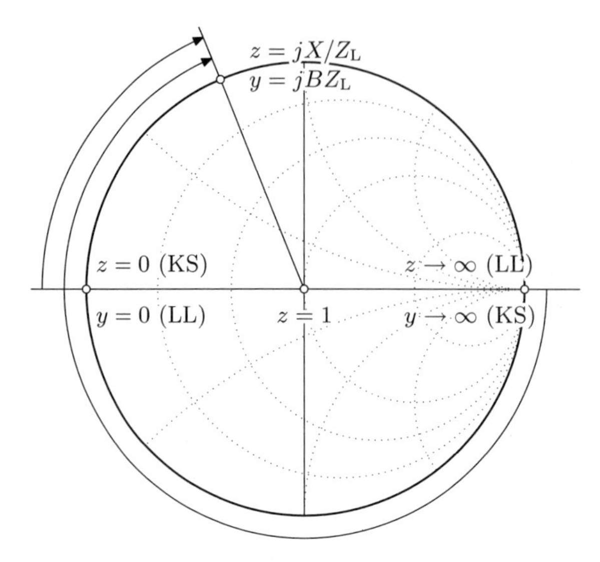

Abb. 3.18: Zur Behandlung von kurzgeschlossenen oder leerlaufenden Leitungen mit Hilfe des Smith-Diagramms

schaltete Stichleitungen im Impedanzdiagramm. Die erforderliche Leitungslänge ergibt sich durch Transformation vom Abschluss (KS oder LL) bis zur erforderlichen Impedanz oder Admittanz an den Eingangsklemmen (Abb. 3.18).

Beispiel 3.2 Bei der Betriebsfrequenz $f = 900\,\text{MHz}$ soll eine Kapazität von $C = 5{,}3\,\text{pF}$ durch die Eingangsadmittanz einer am Ende kurzgeschlossenen $50\,\Omega$-Leitung nachgebildet werden. Die normierte Admittanz dieser Kapazität ist

$$j\omega C \cdot Z_\text{L} = j \cdot 2\pi \cdot 900\,\text{MHz} \cdot 5{,}3\,\text{pF} \cdot 50\,\Omega = j1{,}5\ .$$

Wir dimensionieren die Leitung mit Hilfe des Admittanzdiagramms. Der Kurzschlusspunkt liegt daher bei $y \to \infty$ rechts im Smith-Diagramm. Als erforderliche Leitungslänge zur Transformation von $y \to \infty$ bis $y_\text{E} = j1{,}5$ lesen wir

$$\frac{\ell}{\lambda} = 0{,}25 + 0{,}1565 = 0{,}4065$$

ab. Handelt es sich dabei beispielsweise um eine mit Teflon ($\varepsilon_\text{r} = 2{,}1$) gefüllte Koaxialleitung, so muss die Leitung die Länge

$$\ell = 0{,}4065\lambda = 0{,}4065 \cdot \frac{c_0}{f\sqrt{\varepsilon_\text{r}}} = 0{,}4065 \cdot \frac{3 \cdot 10^8\ \text{m/s}}{900\,\text{MHz} \cdot \sqrt{2{,}1}} = 93{,}5\,\text{mm}$$

besitzen.

3.3.5 Impedanzmessung mit Hilfe einer Messleitung

Eine Messleitung ist eine Einrichtung zur Abtastung von $|U(z)|$ auf einer Hochfrequenzleitung. Die wesentlichen Bestandteile einer Messleitung sind eine verschiebbare Sonde, ein Detektor und eine genaue Längenskala. Die Sonde ist ein kapazitiver Stift,

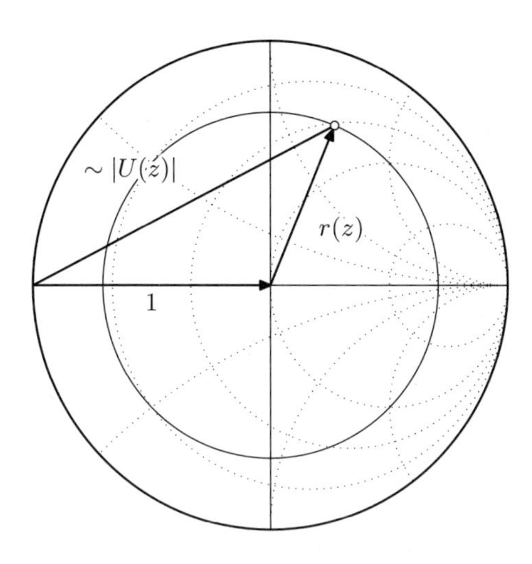

Abb. 3.19: Die Länge der Strecke zwischen dem Kurzschlusspunkt und der Spitze von $r(z)$ ist proportional zur Spannungsamplitude auf der Leitung

der in das elektrische Feld der Leitung eintaucht und so ein der Leitungsspannung $|U(z)|$ proportionales Signal liefert. Mit Kenntnis des Verlaufes $|U(z)|$ (genauer: der Lage der Minima von $|U(z)|$) und durch eine Referenzmessung kann die Abschlussimpedanz Z_A der Leitung bestimmt werden. Dieses Verfahren soll im Folgenden näher erläutert werden.

Um den Zusammenhang zwischen $|U(z)|$ und $r(z)$ zu verdeutlichen, schreiben wir unter Verwendung von $U_\mathrm{r} = r(0) \cdot U_\mathrm{h}$

$$U(z) = U_\mathrm{h} \cdot e^{-j\beta z} + U_\mathrm{r} \cdot e^{+j\beta z} = U_\mathrm{h} \cdot e^{-j\beta z} \cdot \left(1 + r(0) \cdot e^{j2\beta z}\right). \tag{3.61}$$

Offenbar ist

$$|U(z)| \sim |1 + r(0) \cdot e^{j2\beta z}|. \tag{3.62}$$

Im Smith-Diagramm identifizieren wir $|1 + r(0) \cdot e^{j2\beta z}| = |1 + r(z)|$ als die Länge der Strecke zwischen den Punkten $r = -1$ und $r(z)$ (Abb. 3.19). Der auf der Leitung beobachtete Verlauf $|U(z)|$ ist also gerade die ‚Pleuelbewegung', die diese Strecke bei Bewegung auf einem Kreis $|r| = \text{const}$ vollzieht. Mit dieser Erkenntnis lässt sich die Impedanzmessung mit Hilfe einer Messleitung sehr schnell verstehen. Die Vorgehensweise ist wie folgt.

Referenzmessung

Der erste Schritt ist eine Referenzmessung bei kurzgeschlossener Leitung. Das Messobjekt wird durch einen Kurzschluss ersetzt und mit Hilfe der Messleitung sucht man eine beliebige der sich ergebenden Spannungsnullstellen auf. Diese Nullstellen sind örtlich sehr scharf, sodass sie recht genau lokalisiert werden können. Der Ort einer solchen Nullstelle wird festgehalten. Sein Abstand zur Kurzschlussebene (und damit zum Ort des Messobjekts) ist $n \cdot \lambda/2$. Auf diese Weise hat man einen Ort (Referenzebene) auf der Leitung festgelegt, an dem sicher die gleiche Impedanz vorliegt, wie am Ort des Messobjektes. Falls die Leitungswellenlänge nicht bekannt ist, kann sie mit der Messleitung durch Bestimmung des Abstandes $\lambda/2$ zweier benachbarter Spannungsnullstellen ebenfalls messtechnisch erfasst werden. In Abb. 3.20a ist der Spannungsverlauf im Kurzschlussfall gestrichelt eingezeichnet.

Messung des Stehwellenverhältnisses

Der Kurzschluss wird nun durch das Messobjekt ersetzt. Es ergibt sich ein i. A. welliger Verlauf von $|U(z)|$ auf der Leitung. Mit Hilfe der Messleitung bestimmt man nun das Verhältnis $s = U_{\text{max}}/U_{\text{min}}$. Der Kreis $|r| = \text{const}$, auf dem sich z_{A} befinden muss, kann nun in das Smith-Diagramm eingezeichnet werden (Abb. 3.20).

Messung der Phase von $r(0)$

Nachdem $|r(0)|$ bereits festliegt, ist noch dessen Phase zu bestimmen. Hierzu sucht man ausgehend von der Referenzebene das nächste Spannungsminimum *in Richtung Messobjekt.* Dessen Abstand Δz von der Referenzebene liest man an der Skala der Messleitung ab. Aus den vorangegangenen Überlegungen wird deutlich, dass am Ort von U_{min} die Reflexionsfaktorphase gerade 180° ist. Man befindet sich auf dem Schnittpunkt des Kreises $|r| = \text{const}$ mit der negativen Realteilachse, also an einer Stelle, an der Z gerade reell ist und kleiner als Z_{L}. Zur Bestimmung von z_{A} muss man nun lediglich von diesem Ort aus um $\Delta z/\lambda$ in Richtung Generator transformieren. Man transformiert also zurück in die Referenzebene, in der $z = z_{\text{A}}$ ist. Diese Prozedur verläuft äquivalent, wenn man ausgehend von der Referenzebene das nächste Minimum *in Richtung Generator* aufsuchen würde. In diesem Fall ändert sich die Drehrichtung im Smith-Diagramm, weil die Rücktransformation zur Referenzebene nun in Richtung Last erfolgt.

Die gesamte Messung lässt sich grafisch einfach und anschaulich mit dem Smith-Diagramm durchführen. Die Formeln zur Berechnung von $r_{\text{A}} = r(0)$ lassen sich mit dem bisher Gesagten aber recht einfach anschreiben. Wir erhalten

$$|r_{\text{A}}| = \frac{s-1}{s+1} = \frac{U_{\text{max}} - U_{\text{min}}}{U_{\text{max}} + U_{\text{min}}} \tag{3.63a}$$

und

$$\arg\{r_{\text{A}}\} = \pi - 2\beta\Delta z = \pi - 4\pi\frac{\Delta z}{\lambda} \tag{3.63b}$$

bei Verwendung des nächsten Minimums von der Referenzebene in Richtung Last.

Mit der Veranschaulichung des Verlaufs von $|U(z)|$ in Abb. 3.19 kann man sich leicht zumindest den qualitativen Verlauf der Spannungsamplitude auf einer Hochfrequenzleitung vor verschiedenen Abschlüssen überlegen. Im einfachsten Fall $Z_{\text{A}} = Z_{\text{L}}$ (Anpassung) ist die Amplitude auf der gesamten Leitung konstant, weil es keine rücklaufende Welle gibt. Bei allen anderen Werten für Z_{A} ist der Verlauf $|U(z)|$ wellig mit der Periode

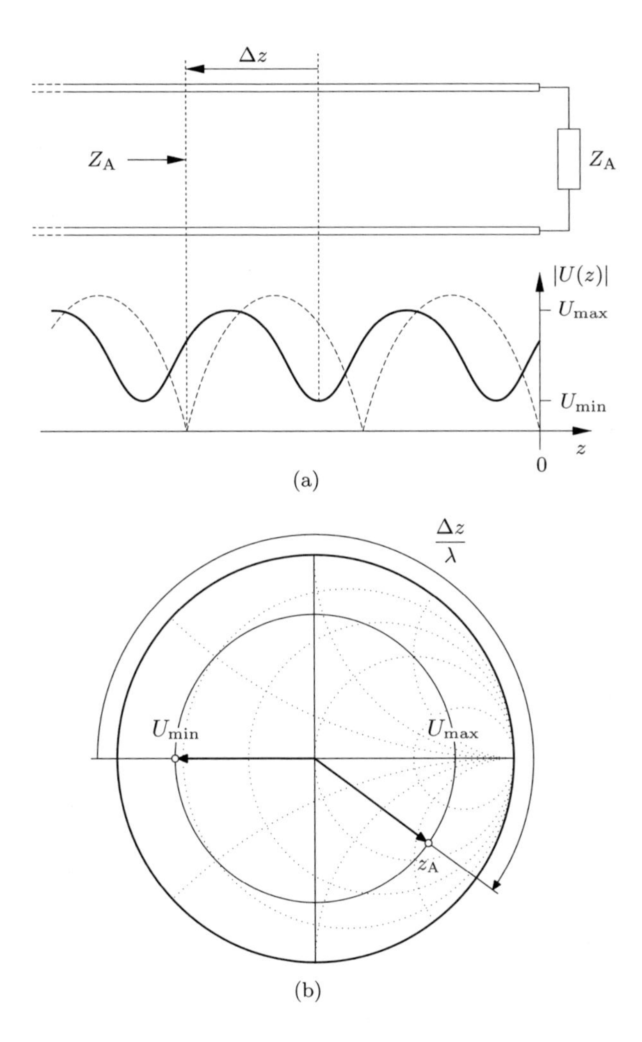

Abb. 3.20: Zur Bestimmung von Betrag und Phase des Abschlussreflexionsfaktors durch Bestimmung der Lage der Spannungsminima bzw. -maxima

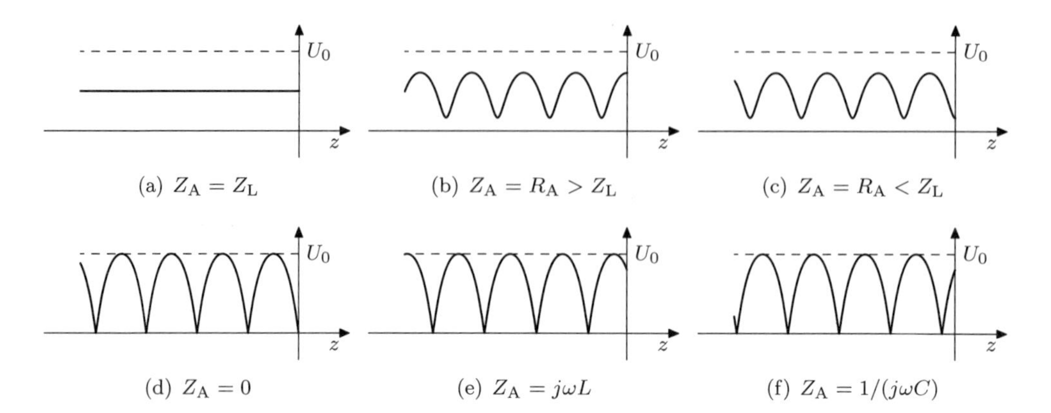

Abb. 3.21: Einige beispielhafte Verläufe der Leitungsspannung $|U(z)|$ bei verschiedenen Werten der Abschlussimpedanz Z_A. (a)–(c) rein reell, (d)–(f) rein reaktiv

$\lambda/2$. Falls der Abschluss $Z_A = R_A$ reell ist, so nimmt $|U(z)|$ am Ort des Abschlusses entweder ein Maximum oder ein Minimum an, je nachdem, ob $R_A > Z_L$ oder $R_A < Z_L$ ist. Solange R_A endlich und auch nicht Null ist, ist die Amplitude $|U_r|$ der rücklaufenden Welle stets kleiner, als die Amplitude $|U_h|$ der hinlaufenden Welle. Im Verlauf $|U(z)|$ gibt es dann zwar lokale Minima aber keine Nullstellen, weil sich die überlagerten Wellen bei keiner Phasenlage ganz auslöschen können. Bei rein imaginärem Abschluss $Z_A = jX_A$ ist $|r_A| = 1$, sodass es in diesem Fall echte Nullstellen im Spannungsverlauf gibt. Transformiert man von einem induktiven Abschluss $X_A > 0$ entsprechend Abb. 3.19 in Richtung Generator, so nimmt $|U(z)|$ zunächst weiter zu, um in einem Abstand von sicher weniger als $\lambda/4$ sein erstes Maximum vor dem Abschluss zu erreichen. Vor einem kapazitiven Abschluss nimmt $|U(z)|$ zunächst ab, sodass bei Entfernung vom Abschluss zuerst eine Nullstelle auftritt. In Abb. 3.21 sind die geschilderten Fälle skizziert.

3.3.6 Zusammenfassung

Nach der Behandlung einiger wichtiger Arbeitsschritte können wir diese zum Überblick über die Möglichkeiten des Smith-Diagramms kurz zusammenfassen:

- Bei der Arbeit mit dem Smith-Diagramm ist die Impedanz (Admittanz) auf den Wellenwiderstand derjenigen Leitung zu normieren, die gerade behandelt werden soll. Die Koordinatenlinien für Realteil und Imaginärteil der normierten Impedanz (Admittanz) sind im Smith-Diagramm eingetragen und beschriftet.

- Der Kreis $|r| = \text{const}$ um den Mittelpunkt des Diagramms durch den Punkt z schneidet die Achse $\text{Im}\{z\} = 0$ in den Punkten m und s und ermöglicht so das Ablesen des Stehwellenverhältnisses s und dessen Kehrwertes m. Die Werte s und m können als $\text{Re}\{z\}$ an diesen Schnittpunkten abgelesen werden.

- Der Übergang zwischen Impedanz z und Admittanz y erfolgt durch Punktspiegelung am Mittelpunkt des Diagramms. Diesen Schritt wendet man zweckmäßig bei jedem Wechsel zwischen Serien- und Parallelschaltung an. Das Zuschalten von konzentrierten Elementen kann so stets durch einfache Addition behandelt werden.
- Der Transformation durch eine verlustfreie Leitung entspricht eine Rotation um den Mittelpunkt des Diagramms. Der Drehwinkel ist proportional zur elektrischen Länge der Leitung. Dabei entspricht der Transformation über eine halbe Wellenlänge einer Volldrehung im Smith-Diagramm.
- Den Eingangswiderstand (Eingangsleitwert) von Blindleitungen bestimmt man auf die gleiche Weise. Wegen $\mathrm{Re}\{z\} = 0$ bzw. $\mathrm{Re}\{y\} = 0$ bewegt man sich mit zunehmender Leitungslänge auf dem Randkreis $|r| = 1$ des Diagramms.

4 Bauelemente der Hochfrequenztechnik

4.1 Leiter und Widerstände

4.1.1 Skineffekt in kreiszylindrischen Leitern

Um das grundsätzliche Verhalten von Widerständen bei hohen Frequenzen zu verstehen, betrachten wir die Verhältnisse in einem kreiszylindrischen Leiter mit homogener Leitfähigkeit κ. Der elektrische Widerstand eines beliebigen Leiters der Länge ℓ mit konstantem Querschnitt der Fläche A ist

$$R = \frac{\ell}{A \cdot \kappa} . \tag{4.1}$$

Bei der Frequenz $\omega = 0$ ist der Strom homogen über den Leiterquerschnitt verteilt. Der Gleichstromwiderstand R_0 eines kreiszylindrischen Leiters mit Durchmesser D ist daher

$$R_0 = \frac{4 \cdot \ell}{D^2 \cdot \pi \cdot \kappa} \tag{4.2}$$

mit der bei Gleichstrom wirksamen Querschnittsfläche $A_0 = D^2\pi/4$.

Bei sehr hohen Frequenzen fließt der Strom aufgrund des Skineffekts nur in einer dünnen Schicht der Dicke δ an der Oberfläche des Leiters. Für die Verhältnisse bei hohen Frequenzen wollen wir voraussetzen, dass δ gegenüber D so klein sei, dass die stromdurchflossene Querschnittsfläche näherungsweise durch $A_\sim = D \cdot \pi \cdot \delta$ gegeben ist. Der Hochfrequenzwiderstand $R_\sim$ ist dann mit hinreichender Genauigkeit gegeben durch

$$R_\sim = \frac{\ell}{A_\sim \cdot \kappa} = \frac{\ell}{D \cdot \pi \cdot \delta \cdot \kappa} . \tag{4.3}$$

Um eine von κ und D unabhängige Darstellung zu gewinnen, betrachten wir den auf den Gleichstromwiderstand R_0 bezogenen Hochfrequenzwiderstand

$$\frac{R_\sim}{R_0} = 0{,}25 \cdot \frac{D}{\delta} . \tag{4.4}$$

Wegen der Frequenzabhängigkeit $D/\delta \propto \sqrt{\omega}$ steigt $R_\sim/R_0$ auch proportional zu $\sqrt{\omega}$ an. Zu kleinen Frequenzen hin ist $R_\sim/R_0 = 1$. Der exakte Verlauf von R/R_0 ist in Bild 4.1 zweifach logarithmisch dargestellt. Zusätzlich sind die Asymptoten für kleine Frequenzen ($R_\sim = R_0$) und für hohe Frequenzen (4.4) eingezeichnet.

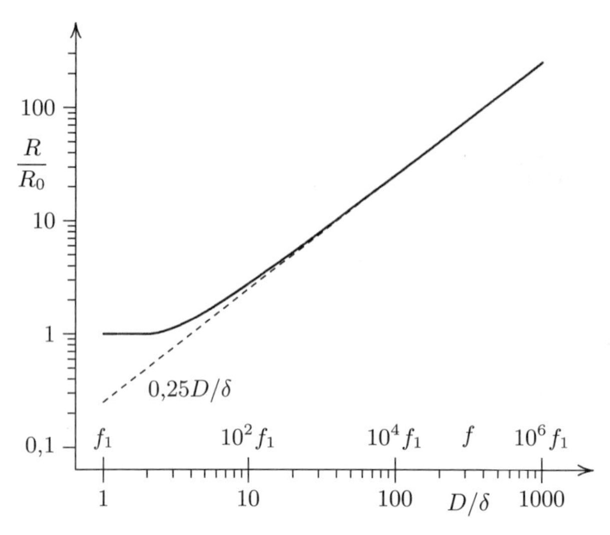

Abb. 4.1: Verlauf von R/R_0 eines kreiszylindrischen Leiters als Funktion von D/δ

Minderung der Einflüsse des Skineffekts

Dieser meist unerwünschten Frequenzabhängigkeit von Leitern kann durch den besonderen Aufbau der HF-Litze begegnet werden. Die Durchmesser der einzelnen Drähte der HF-Litze sind kleiner als 2δ, sodass ihr ganzer Querschnitt zur Fortleitung des Stromes zur Verfügung steht. Sie sind zudem gegeneinander durch eine Lackschicht isoliert und so geführt, dass jeder Draht gleichermaßen von der Außenseite der Litze zu deren Innerem und wieder zurück verläuft (Bild 4.2). Durch diesen Aufbau wird erreicht, dass der zur Oberfläche der Litze verdrängte Strom von den Einzelfasern wieder nach innen geführt wird und so der ganze verfügbare Leiterquerschnitt genutzt wird. Wegen der unvermeidlichen kapazitiven Kopplung der einzelnen Leiter ist die Wirksamkeit dieses Vorgehens jedoch begrenzt. Bei sehr hohen Frequenzen wird die Stromverteilung über die Streukapazitäten dennoch zur Oberfläche wandern. Der Einsatz von HF-Litze ist in etwa im Frequenzbereich 100 kHz... 5 MHz sinnvoll.

Im Mikrowellenbereich ($f \geq 1$ GHz) ist die Eindringtiefe bereits so klein, dass es in aller Regel nicht mehr möglich ist, den gesamten Leiterquerschnitt zur Stromleitung zu nutzen. So beträgt beispielsweise die Eindringtiefe in Kupfer bei der Frequenz $f = 1$ GHz nur noch $\delta_{Cu} = 2$ µm. Bei Mikrowellenbauteilen ist es daher ausreichend, die

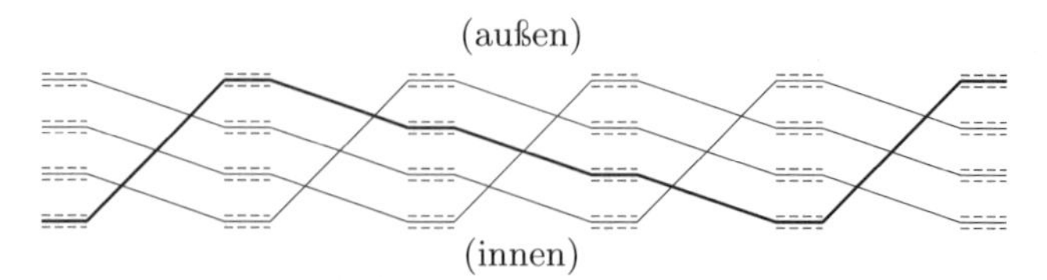

Abb. 4.2: Führung der Einzeldrähte in Hochfrequenzlitze (schematisch)

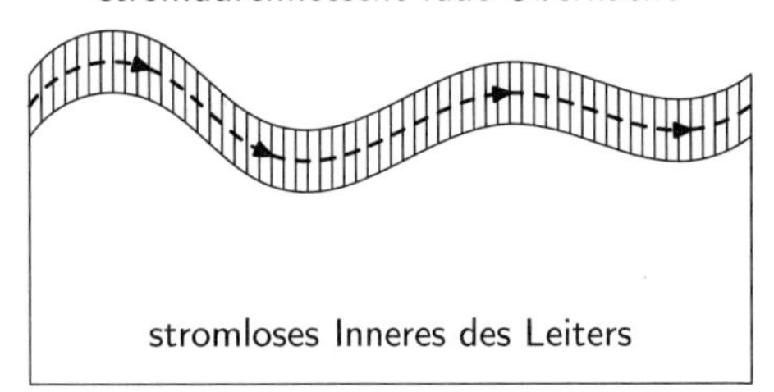

Abb. 4.3: Durch Oberflächenrauigkeit verlängert sich der Stromweg um ca. 20 %

Oberfläche mit einem guten Leiter (Cu, Ag, Au) galvanisch zu veredeln. Der Werkstoff, aus dem das übrige Volumen besteht ist zumindest hochfrequenztechnisch bedeutungslos.

4.1.2 Widerstandsbauformen

Kohleschichtwiderstand Auf ein Keramikrohr als Träger wird eine dünne Glanzkohleschicht aufgebracht und an den Stirnseiten durch Metallkappen kontaktiert (Abb. 4.4). Durch Einfräsen einer spiralförmigen Nut in die Glanzkohleschicht wird der Stromweg verlängert. Dadurch können auch größere Widerstandswerte realisiert werden. Mit dieser Bauweise werden Wertetoleranzen im Bereich $\pm 20\,\% \ldots \pm 5\,\%$ erzielt. Für kleinere Toleranzen wird die Kohleschicht durch eine Metallglasur ersetzt. Solche Metallschichtwiderstände sind mit Toleranzen von $\pm 2\,\%$ oder $\pm 1\,\%$ erhältlich.

In der Massenherstellung wird der Kohleschichtwiderstand mehr und mehr durch Metallschichtwiderstände und durch Widerstände in der kleineren SMD-Bauweise (s. u.) ersetzt. Wegen seiner großen parasitären Reaktanzen ist der Kohleschichtwiderstand nur bis zu mäßig hohen Frequenzen ($< 100\,\mathrm{MHz}$) einsetzbar. Bei höheren Frequenzen werden die Einflüsse der Kapazität zwischen den Kohlewendeln und den Anschlusskappen und der Induktivität der Anschlussdrähte so groß, dass das Bauelement unbrauchbar wird.

Drahtwiderstand Widerstände für hohe Leistungen sind aus Widerstandsdraht entweder in Luft oder auf einen hitzefesten Keramikträger gewickelt. Das Material des Widerstandsdrahtes ist meist Konstantan. Es besitzt einen kleinen Tempe-

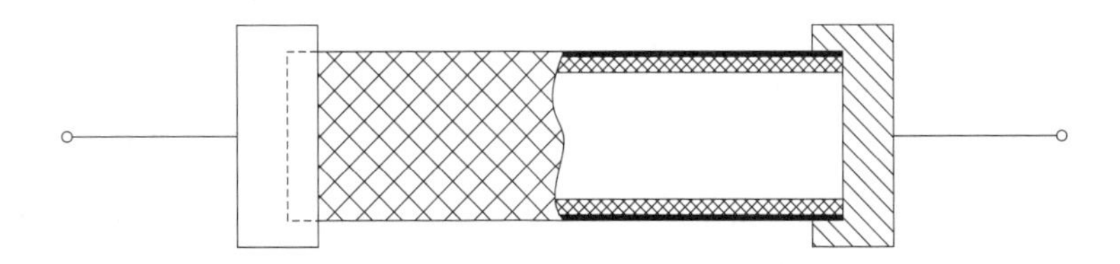

Abb. 4.4: Aufbau eines Kohleschichtwiderstandes

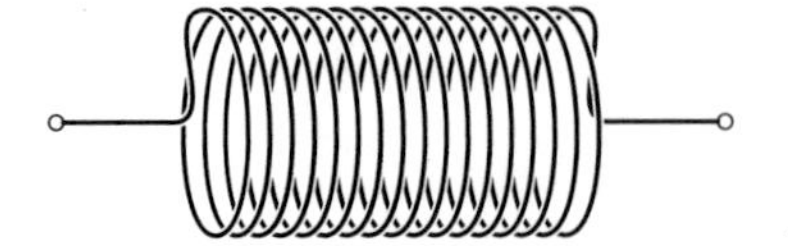

Abb. 4.5: Aufbau eines Drahtwiderstandes

raturkoeffizienten und gewährleistet damit, dass sich der Widerstandswert auch bei Erwärmung des Drahtes nur wenig ändert. Für HF-Anwendungen ist diese Bauform in erster Linie wegen ihrer großen Eigeninduktivität nicht geeignet (Abb. 4.5).

SMD-Widerstand Bei Widerständen in SMD-Bauweise[1] befindet sich die Widerstandschicht plan auf einem rechteckigen Keramikträger, der seitlich mit metallischen Anschlusskappen versehen ist. Zum Schutz ist die Widerstandschicht mit einer Glasur abgedeckt, auf die auch die Kennzeichnung aufgedruckt wird. Der Abgleich erfolgt durch seitliche Einschnitte in die Widerstandschicht, die mit Hilfe von Lasern sehr genau eingebracht werden können. Bauelemente in SMD-Bauweise können sehr klein aufgebaut werden (Kantenlängen typ. im unteren Millimeterbereich) und sie besitzen keine Anschlussdrähte. Sie werden plan auf der Leiterplatte montiert und werden gemeinsam mit den anderen Bauelementen gelötet. Auf diese Weise erhält man eine kompakte Bauweise bei guter Automatisierbarkeit der Leiterplattenbestückung. Wegen der fehlenden Anschlussdrähte und der geringen Eigenabmessungen zeigen SMD-Bauelemente die geringsten Streureaktanzen. Sie sind daher praktisch die einzigen diskreten Bauelemente, die für hochfrequente Schaltungen einsetzbar sind.

4.1.3 Hochfrequenz-Ersatzschaltbilder

Die bisherigen Betrachtungen zum elektrischen Verhalten von Widerständen berücksichtigen nur den ohmschen Widerstand des leitenden Materials sowie die Zunahme des Widerstandes mit wachsender Frequenz aufgrund der Abnahme der durchströmten Querschnittsfläche durch den Skineffekt. Die jeweilige Bauweise eines Widerstandes bedingt jedoch das Auftreten zusätzlicher reaktiver und damit frequenzabhängiger Komponenten. Die Größe dieser parasitären Elemente kann selbstverständlich durch die Ausführung des Widerstandes günstig oder ungünstig beeinflusst werden.

Betrachten wir als Beispiel einen gewendelten Kohleschichtwiderstand. Zwischen seinen Anschlusskappen befindet sich zunächst der ohmsche Widerstand seiner gewendelten Kohleschicht. Dieser Widerstand ist rein konduktiv, wegen des Skineffekts ist sein Wert aber eine Funktion der Frequenz. Bereits dieses Verhalten ist i. d. R. unerwünscht und begrenzt den Nutzbereich des Bauelements. Zusätzlich werden sich auf seinen Anschlusskappen Ladungen ansammeln, sodass auch eine Kapazität C_P zwischen den Enden der Kohleschicht auftritt. Auch die eingefräste Wendelnut ist für zeitveränderliche kein Leerlauf, sondern eine kleine verteilte Kapazität, durch die ein

[1] **S**urface **M**ounted **D**evice

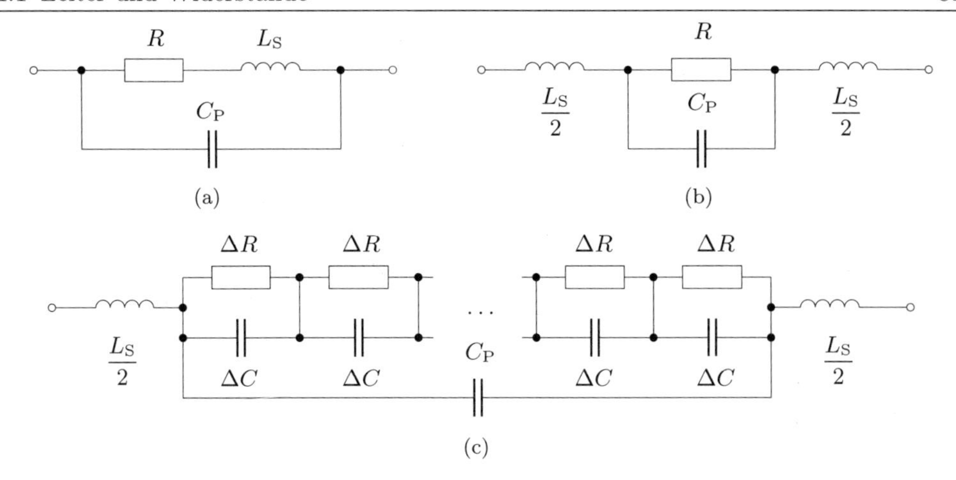

Abb. 4.6: Verschiedene Ersatzschaltbilder für Kohleschichtwiderstände bei hohen Frequenzen

mit wachsender Frequenz größer werdender Verschiebungsstrom fließen kann. In einem verfeinerten Ersatzschaltbild könnte man also jede einzelne Wendel der Kohleschicht als Parallelschaltung ihres Widerstandes ΔR mit der Kapazität ΔC ihrer Fräsnut darstellen (Abb. 4.6c). Auch die Zuleitungsdrähte stellen für einen hochfrequenten Strom eine Diskontinuität induktiver Natur dar. Zu ihrer Berücksichtigung im Ersatzschaltbild kann jeweils eine Serieninduktivität $L_S/2$ eingeführt werden. Diese parasitäre Induktivität kann durch möglichst kurze Anschlussdrähte klein gehalten werden.

Das Ersatzschaltbild in Abb. 4.6c vermittelt einen Eindruck von der Komplexität eines solchen Bauelementes im Hochfrequenzbetrieb. Vor allem werden die Gründe für die Unbrauchbarkeit bei sehr hohen Frequenzen deutlich. Der wachsende Blindleitwert der parasitären Kapazitäten dominiert bei hohen Frequenzen gegenüber dem abnehmenden Leitwert der Widerstandsschicht, sodass hochfrequente Ströme überwiegend als Verschiebungsstrom über die Streukapazitäten und weniger durch die Widerstandsschicht fließen. Zusätzlich werden hochfrequente Ströme durch den mit der Frequenz wachsenden Blindwiderstand der Anschlussdrähte abgeblockt. Der Wert des ohmschen Widerstandes bestimmt dabei, welches der parasitären Blindelemente in seinem Einfluss überwiegt. Bei kleinen Widerständen der Größenordnung $1\,\Omega \dots 100\,\Omega$ bewirkt die Induktivität der Anschlüsse eine Zunahme des Impedanzbetrages mit wachsender Frequenz, während bei Widerständen $> 1\,\mathrm{k}\Omega$ die parallelen Streukapazitäten den Impedanzbetrag bei hohen Frequenzen verkleinern. Im Wertebereich ca. $50\,\Omega \dots 200\,\Omega$ kompensieren sich die parasitären Elemente über einen relativ weiten Frequenzbereich. Deshalb ist der Nutzfrequenzbereich von Widerständen in diesem Wertebereich typischerweise am größten.

Das umfangreiche Ersatzschaltbild Abb. 4.6c wäre erst dann einzusetzen, wenn der Einfluss des Verschiebungsstromes durch Nuten in der Kohleschicht signifikant wird. In einem Frequenzbereich, in dem dieses der Fall ist, wird man das Bauelement aber nicht mehr nutzen. In der Praxis sieht man sich daher mit solch komplexen Ersatzschaltbildern im Zusammenhang mit Widerständen eher selten konfrontiert. Die Streukapazitäten an den Anschlusselektroden bestimmen schon bei wesentlich niedrigeren Frequenzen dominant das Verhalten von Widerstandsbauelementen. Die Beschreibung durch die vereinfachten Ersatzschaltbilder Abb. 4.6(a,b) ist dann meist hinreichend gut. Beide Ersatzschaltbilder sind in einem begrenzten Frequenzbereich äquivalent. Die Auswahl wird man nach Zweckmäßigkeit im jeweiligen Zusammenhang treffen. Die unterschiedlichen Grenzwerte des Betrages $|Z|$ der Klemmenimpedanz für $f \to \infty$ zeigt aber auch, dass die Ersatzschaltbilder Abb. 4.6a und Abb. 4.6b bei hohen Frequenzen nicht gleichermaßen gültig sein können.

4.2 Kondensatoren

4.2.1 Grundlagen

Immer dann, wenn zwischen zwei Leitern ein elektrischer Potentialunterschied besteht, sammeln sich auf den Leitern Ladungen an, die ihrerseits ein elektrisches Feld zwischen den Leitern verursachen. Bauelemente, in denen diese Erscheinung erwünscht ist, weil die Eigenschaften der Bauelemente von diesem Effekt bestimmt ist, nennt man *Kondensatoren.* In Kondensatoren werden zwei Leiter durch einen Isolator getrennt gegenübergestellt. Obwohl die verwendeten Leitergeometrien recht vielfältig sind, genügt zum Verständnis das Modell zweier planparalleler Platten.

Die Ladung $q(t)$ auf den Platten ist bei fester Geometrie der Spannung $u(t)$ zwischen den Platten proportional:

$$q(t) = C \cdot u(t) \; . \tag{4.5}$$

Den Proportionalitätsfaktor C nennt man die *Kapazität* des Kondensators. Die gesamte elektrische Energie W_{el}, die in einem Kondensator gespeichert ist, ergibt sich zu

$$W_{\mathrm{el}} = \frac{1}{2} C \cdot u^2(t) \; . \tag{4.6}$$

Schreiben wir die Klemmenspannung $u(t)$ in Zeigerform, also

$$u(t) = \mathrm{Re}\left\{U e^{j\omega t}\right\} \; , \tag{4.7}$$

dann ergibt sich für die Ladung

$$q(t) = \mathrm{Re}\left\{C \cdot U e^{j\omega t}\right\} \; . \tag{4.8}$$

Der Strom $i(t)$ durch den Kondensator ist gerade gleich der zeitlichen Änderung der Ladung auf den Platten. Der zeitlichen Ableitung entspricht im Zeigerbereich die Multiplikation mit $j\omega$ und wir erhalten

$$i(t) = \frac{\mathrm{d}q}{\mathrm{d}t} = \mathrm{Re}\left\{j\omega C \cdot U e^{j\omega t}\right\} \; . \tag{4.9}$$

Der Ausdruck $j\omega CU$ ist also der komplexe Zeiger des Stromes:

$$I = j\omega CU \; . \tag{4.10}$$

Hieraus folgt direkt der komplexe Leitwert

$$Y = j\omega C \tag{4.11}$$

eines Kondensators. Die Kapazität C eines Kondensators mit konstantem Plattenabstand Δ und der Plattenfläche A ist

$$C = \frac{\varepsilon_\mathrm{r} \cdot \varepsilon_0 \cdot A}{\Delta} \tag{4.12}$$

mit $A = ab$ für rechteckige Platten mit den Kantenlängen a und b. Hierbei ist ε_r die relative Permittivität des Isolators zwischen den Platten und

$$\varepsilon_0 = 8{,}85 \cdot 10^{-12}\,\mathrm{As/Vm} \approx \frac{1}{3{,}6\pi}\,\mathrm{pF/cm} \tag{4.13}$$

die Permittivität des freien Raumes.

Der Formel (4.12) liegt die Annahme eines homogenen elektrischen Feldes zwischen den Platten zugrunde. Diese Näherung ist sicher dann zulässig, wenn der Plattenabstand Δ klein ist gegen die Ausdehnung der Platten. Tatsächlich ist die Kapazität etwas größer, weil das elektrische Feld nicht abrupt mit den Platten endet sondern über den Plattenrand hinausgreift. Die Auswirkungen dieser sogenannten *Randstreuung* können näherungsweise durch eine Vergrößerung der Kantenlängen um den halben Plattenabstand $\Delta/2$ berücksichtigt werden:

$$a \longmapsto a + \frac{\Delta}{2} \tag{4.14a}$$

$$b \longmapsto b + \frac{\Delta}{2} \; . \tag{4.14b}$$

Als Faustregel mag gelten, dass diese Korrektur dann nötig ist, wenn Δ größer als die halbe Kantenlänge der Platten ist.

Beispiel 4.1 Ein quadratischer Luftkondensator mit der Kantenlänge 1 cm und dem Plattenabstand 1 mm hat in etwa die Kapazität

$$C = \frac{\varepsilon_\mathrm{r} \cdot \varepsilon_0 \cdot A}{\Delta} = \frac{1}{3{,}6\pi}\,\mathrm{pF/cm} \cdot \frac{1\,\mathrm{cm}^2}{0{,}1\,\mathrm{cm}} \approx 1\,\mathrm{pF} \; .$$

Leistungsdichte des elektrischen Feldes

Nachdem zum Aufbau eines elektrischen Feldes Arbeit erforderlich ist, hat sich die Vorstellung, dass diese Arbeit im elektrischen Feld gespeichert sei, als physikalisch sinnvoll und schlüssig erwiesen. Wenn sich die elektrische Feldstärke ändert, wird sich

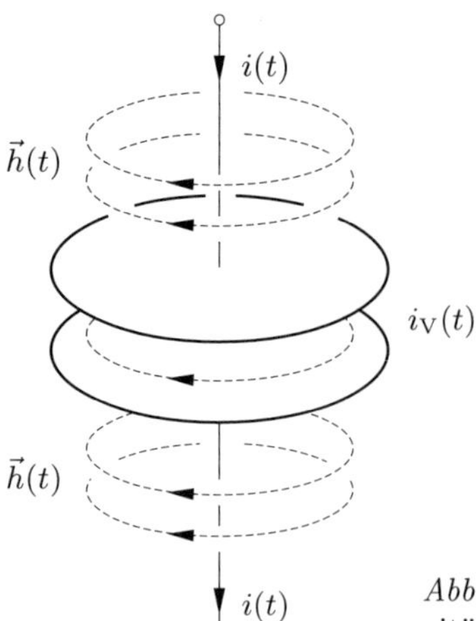

Abb. 4.7: Bei hohen Frequenzen können die Zuleitungsinduktivitäten nicht mehr vernachlässigt werden

folglich auch der räumliche Energieinhalt des Feldes ändern. Anhand des einfachen Beispiels eines Plattenkondensators, wollen wir uns daher überlegen, wie die lokale Zu- oder Abfuhr von elektrischer Feldenergie mit der jeweiligen Feldstärke verknüpft ist. Hierzu betrachten wir einen Plattenkondensator mit der Plattenfläche A und dem Plattenabstand Δ. Der Plattenabstand sei so klein gegen die Plattenabmessungen, dass die Annahme eines homogenen elektrischen Feldes in Inneren des Kondensators zulässig ist. Die elektrische Feldstärke $\vec{E}$ habe – ebenso wie die elektrische Verschiebungsdichte $\vec{D}$ – nur eine einzige Feldkomponente mit der Amplitude E, die senkrecht auf den planparallelen Plattenoberflächen steht. Die Spannung zwischen den Platten ist dann

$$U = E \cdot \Delta \,. \tag{4.15}$$

Die Flächenladungsdichte σ auf den Platten ist gleich der elektrischen Verschiebungsdichte D, die gesamte Ladung Q auf den Platten ist also

$$Q = A \cdot D \,.$$

Der Strom $i(t)$ ist gleich der zeitlichen Änderung dieser Plattenladung, also in Zeigerdarstellung

$$I = j\omega \cdot A \cdot D \,. \tag{4.16}$$

Würde nun in einem Gedankenexperiment dem Kondensator *im zeitlichen Mittel* Leistung zugeführt, so müsste (ebenfalls im zeitlichen Mittel) der Energieinhalt seines elektrischen Feldvolumens zunehmen. Der zeitliche Mittelwert der zugeführten Leistung ist

$$P_{\mathrm{W}} = \frac{1}{2}\mathrm{Re}\{U \cdot I^*\} = \frac{1}{2}\mathrm{Re}\{j\omega E \cdot D^* \cdot A \cdot \Delta\} \,. \tag{4.17}$$

Nachdem $A \cdot \Delta$ das gesamte Feldvolumen darstellt, ist also

$$p_{\mathrm{e}} = \frac{1}{2}\mathrm{Re}\{j\omega E \cdot D^*\} \tag{4.18}$$

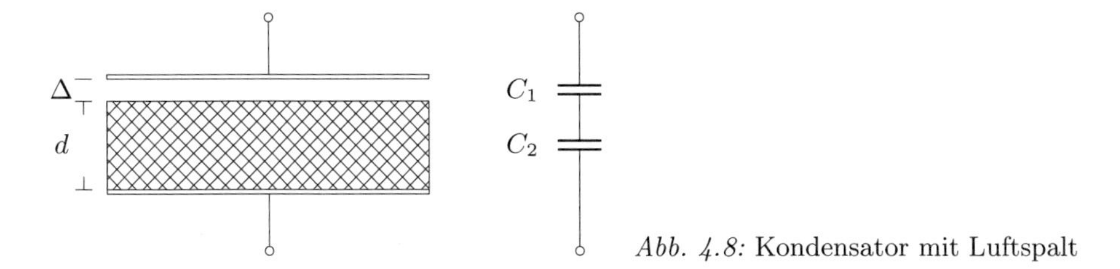

Abb. 4.8: Kondensator mit Luftspalt

als die zeitlich gemittelte elektrische Leistungsdichte aufzufassen.

4.2.2 Geschichtete Dielektrika

Wir betrachten einen Plattenkondensator mit der Plattenfläche A, der nur teilweise mit einem Dielektrikum der Dicke d gefüllt sei und zusätzlich einen Luftspalt der Dicke Δ aufweise. Eine solche Anordnung ist einer Serienschaltung zweier Kondensatoren mit den Einzelkapazitäten

$$C_1 = \frac{\varepsilon_0 \cdot A}{\Delta} \tag{4.19a}$$

$$C_2 = \frac{\varepsilon_0 \cdot \varepsilon_\mathrm{r} \cdot A}{d} \tag{4.19b}$$

äquivalent. Beide Kondensatoren werden vom gleichen Strom I durchflossen, sodass die Klemmenspannung

$$U = U_1 + U_2 = \frac{I}{j\omega C_1} + \frac{I}{j\omega C_2} \tag{4.20}$$

beträgt. Das Verhältnis der Teilspannungen ist

$$\frac{U_1}{U_2} = \frac{C_2}{C_1} = \varepsilon_\mathrm{r} \cdot \frac{\Delta}{d} \tag{4.21}$$

und mit den elektrischen Feldstärken $E_1 = U_1/\Delta$ und $E_2 = U_2/d$ ergibt sich als Verhältnis der elektrischen Feldstärken in den Teilkondensatoren

$$\frac{E_1}{E_2} = \frac{U_1 \cdot d}{U_2 \cdot \Delta} = \varepsilon_\mathrm{r} \, . \tag{4.22}$$

Die elektrische Feldstärke ist im Luftspalt somit um den Faktor ε_r höher, als im Dielektrikum. Im Allgemeinen ist die Durchschlagfeldstärke in Luft kleiner als in Festkörpern, sodass gerade bei Verwendung von hochpermittiven Materialien die Spannungsfestigkeit von Kondensatoren durch Luftspalte drastisch verringert wird.

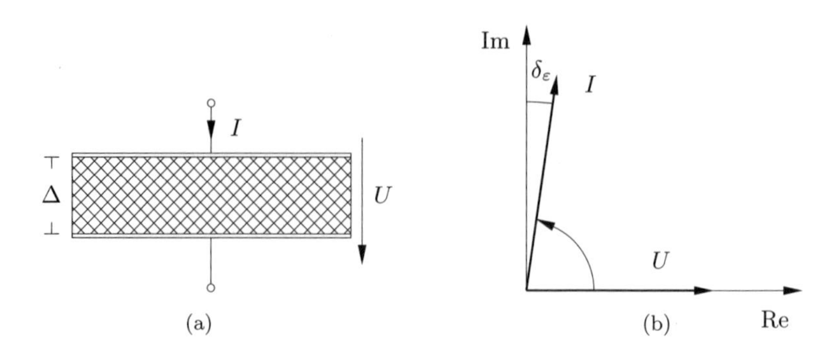

Abb. 4.9: Zur Erläuterung des Verlustwinkels bei Kondensatoren

4.2.3 Beschreibung von Wirkverlusten

Technische Kondensatoren sind keine idealen verlustfreien Kapazitäten. Durch Wirkverluste in den Zuleitungen und in den Belägen, durch den endlichen spezifischen Widerstand des Dielektrikums und insbesondere durch Umpolarisationsverluste im Dielektrikum setzen technische Kondensatoren auch unvermeidlich Wirkleistung um. Der Strom I durch einen idealen Kondensator ist gegeben durch

$$I = j\omega CU = e^{j\pi/2} \cdot \omega \cdot \frac{\varepsilon_0 \cdot \varepsilon_\mathrm{r} \cdot A}{\Delta} \cdot U \,, \tag{4.23}$$

der Strom I eilt der Spannung U also um 90° vor. Der Verbrauch von Wirkleistung in realen Kondensatoren bedeutet, dass der Strom I einen Wirkanteil enthält und der Spannung U um weniger als 90° voreilt. Wir schreiben in diesem Fall

$$I = j\omega CU = e^{j\pi/2} \cdot e^{-j\delta_\varepsilon} \cdot \omega \cdot \frac{\varepsilon_0 \cdot \varepsilon_\mathrm{r} \cdot A}{\Delta} \cdot U \,, \tag{4.24}$$

mit dem Verlustwinkel δ_ε. Zur Beschreibung der dielektrischen Verluste ist es zweckmäßig, die komplexe Dielektrizitätszahl

$$\underline{\varepsilon}_\mathrm{r} = \varepsilon_\mathrm{r} e^{-j\delta_\varepsilon} = \varepsilon_\mathrm{r} \cos\delta_\varepsilon - j\varepsilon_\mathrm{r} \sin\delta_\varepsilon = {\varepsilon_\mathrm{r}}' - j{\varepsilon_\mathrm{r}}'' \tag{4.25}$$

einzuführen und den Kondensatorstrom auszudrücken durch

$$I = j\omega \frac{\varepsilon_0 \underline{\varepsilon}_\mathrm{r} A}{\Delta} \cdot U \,. \tag{4.26}$$

Bei technischen Dielektrika ist der Verlustwinkel $\delta_\varepsilon \ll 1$. Unter dieser Voraussetzung sind die Näherungen $\cos\delta_\varepsilon \approx 1$ und $\sin\delta_\varepsilon \approx \tan\delta_\varepsilon$ zulässig, sodass $\underline{\varepsilon}_\mathrm{r}$ üblicherweise in der Form

$$\underline{\varepsilon}_\mathrm{r} = \varepsilon_\mathrm{r}(1 - j\tan\delta_\varepsilon) \tag{4.27}$$

Abb. 4.10: Ersatzschaltbild für reale Kondensatoren

mit dem Verlustfaktor $\tan\delta_\varepsilon$ angegeben wird. Mit der komplexen Dielektrizitätszahl $\underline{\varepsilon}_r$ ergibt sich für die Admittanz eines verlustbehafteten Kondensators

$$Y = j\omega\frac{\varepsilon_0 \cdot \underline{\varepsilon}_r \cdot A}{\Delta} = j\omega\frac{\varepsilon_0 \cdot \varepsilon_r \cdot A}{\Delta}(1 - j\tan\delta_\varepsilon) = j\omega C + \omega C\tan\delta_\varepsilon\,. \tag{4.28}$$

Als Ersatzschaltbild folgt hieraus eine Parallelschaltung der Kapazität C und des Leitwertes $G_P = \omega C\tan\delta_\varepsilon$. An beiden Elementen der Ersatzschaltung liegt die gleiche Klemmenspannung U. Es ergibt sich für die Wirkleistung P_W und die Blindleistung P_B

$$P_W = \frac{1}{2}|U|^2 \cdot G_P \tag{4.29a}$$

$$P_B = \frac{1}{2}|U|^2 \cdot \omega C \tag{4.29b}$$

und für das Verhältnis von Wirkleistung zu Blindleistung

$$\frac{P_W}{P_B} = \frac{G_P}{\omega C} = \tan\delta_\varepsilon\,. \tag{4.30}$$

Zur Umrechnung des Parallelersatzschaltbildes in ein äquivalentes Serienersatzschaltbild setzen wir

$$Z = \frac{1}{Y} = \frac{1}{j\omega C(1 - j\tan\delta_\varepsilon)}\,. \tag{4.31}$$

Wenn die Wirkverluste klein sind, also $\tan\delta_\varepsilon \ll 1$, dann können wir mit Hilfe der Potenzreihenentwicklung $1/(1-x) = 1 + x + x^2 + \ldots$ näherungsweise

$$Z = \frac{1}{j\omega C}\cdot(1 + j\tan\delta_\varepsilon) = \frac{1}{j\omega C} + \frac{\tan\delta_\varepsilon}{\omega C} \tag{4.32}$$

mit dem Serienwiderstand $R_S = \tan\delta_\varepsilon/(\omega C)$ schreiben. Ganz allgemein gilt für die Umrechnung zwischen dem Parallel- und dem Serienersatzschaltbild von Blindelementen mit dem Blindwiderstand X bei *kleinen* Verlusten

$$R_P \cdot R_S = X^2\,, \tag{4.33}$$

mit dem Parallel-Verlustwiderstand $R_P = 1/G_P$ und dem äquivalenten Serien-Verlustwiderstand R_S. Die Güte Q eines Kondensators ist definiert durch

$$Q = \frac{\omega C}{G_P} = \frac{1}{\omega C R_S} = \frac{1}{\tan\delta_\varepsilon}\,. \tag{4.34}$$

4.2.4 Technische Ausführungsformen

Scheibenkondensator Die direkte Umsetzung der Geometrie eines Plattenkondensators in ein Bauelement führt auf die Bauweise des Scheibenkondensators. Als Dielektrikum verwendet man dabei keramische Werkstoffe, die zu Scheiben gepresst und stirnseitig metallisiert werden. Man unterscheidet zwischen Keramiken mit relativ niedriger Permittivität ($\varepsilon_r \leq 500$) und speziellen HDK-Keramiken[2] mit relativen Permittivitäten in der Größenordnung 10 000. Mit Hilfe von HDK-Werkstoffen lassen sich kleine Kondensatoren mit Kapazitäten bis in den Mikrofarad-Bereich herstellen. Solche Kondensatoren haben aber einen hohen Verlustfaktor und ihre Kapazität ist stark temperaturabhängig. Sie sind daher als Abblockkondensatoren geeignet und nicht als frequenzgangbestimmende Bauelemente in Filterschaltungen oder Oszillatoren.

Rohrkondensator Auf ein keramisches Röhrchen werden innen und außen Metallbeläge als Elektroden aufgebracht. Der innere Belag wird zur besseren Anbringung der Anschlussfahne über eine der beiden Stirnflächen nach außen geführt. Diese Kondensatorbauweise besitzt an sich keine Polung, wegen der Schirmwirkung ist es jedoch zweckmäßig, den äußeren Belag auf das Massepotential zu legen.

Drehkondensator Die Kondensatorplatten sind halbkreisförmig ausgeführt und gegeneinander drehbar angebracht, sodass mit dem Verdrehwinkel die Überlappungsfläche und damit die Kapazität variiert werden kann. Als Dielektrikum dient meist Luft, weil so das Reibungsproblem am besten lösbar ist. Der feststehende Teil der Platten heißt *Stator*, der drehbare Teil ist der *Rotor*. Je nach erforderlicher Kapazität sind Rotor und Stator auch als Plattenpakete ausgeführt.

Wickelkondensator Je zwei Metallfolien und zwei isolierende Folien werden abwechselnd aufeinander gelegt und aufgewickelt. Bei kleiner Baugröße erzielt man so eine große Plattenfläche. Um den Stromweg zu verkürzen und so die parasitäre Induktivität zu verkleinern, werden Wickelkondensatoren durch Metallisierungen an den Stirnflächen kontaktiert. Da die Dicke der Metallschicht für die Kapazität unerheblich ist, kann die Metallschicht auch direkt auf das Dielektrikum (Papier oder Kunststofffolie) aufgedampft werden. Man erreicht mit dieser Technik Schichtdicken in der Größenordnung 0,1 µm und darunter. Bei Kunststoffkondensatoren finden als Dielektrikum die Werkstoffe Zelluloseazetat, Polykarbonat, Polyethylenterephthalat (Teflon) und Polystyrol Verwendung.

Elektrolytkondensator Der Aufbau von Elektrolytkondensatoren ähnelt dem von Wickelkondensatoren. Als Trennschicht dient jedoch eine mit elektrolytischer Flüssigkeit getränkte Folie. Die Elektroden sind Folien aus Aluminium, das durch Anlegen einer Gleichspannung eine isolierende Oxidschicht ausbildet (Formierung). Diese Oxidschicht ist besonders dünn und weil die Partnerelektrode eine Flüssigkeit ist, kann die Oberfläche durch Erhöhung der Oberflächenrauigkeit

[2] **H**ohe **D**ielektrizitäts-**K**onstante

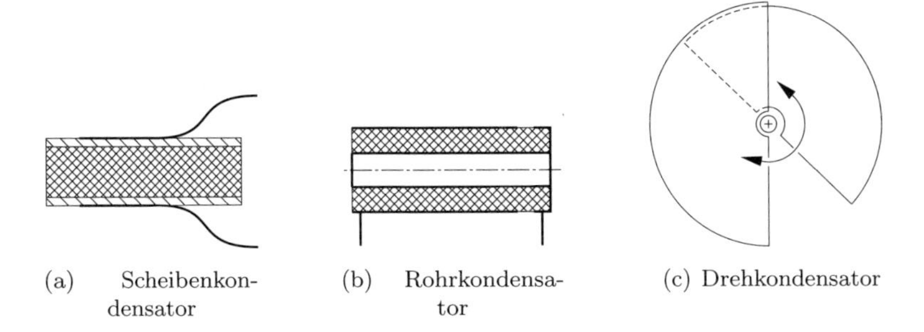

(a) Scheibenkondensator (b) Rohrkondensator (c) Drehkondensator

Abb. 4.11: Bauformen von Kondensatoren

vergrößert werden. Daher erreicht man auf diese Weise sehr hohe Kapazitäten (typ. 1 µF... 100 mF). Um eine noch größere volumenbezogene Kapazität zu erzielen, verwendet man statt Aluminium auch Tantal als Elektrodenmaterial. Als Dielektrikum bildet sich dann eine Schicht aus Tantalpentoxid, dessen relative Dielektrizitätszahl von etwa 27 deutlich höher ist, als die von Aluminiumoxid (ca. 8). Bei Elektrolytkondensatoren ist auf das Vorzeichen der anliegenden Spannung zu achten. Es handelt sich hier um gepolte Bauelemente, weil durch Falschpolung die Oxidschicht wieder abgebaut und der Elektrolytkondensator zerstört wird.

4.3 Induktivitäten

4.3.1 Definition

Zur Erläuterung der Definition von Induktivität betrachten wir eine Stromschleife, die den Strom I führt und an deren Klemmen die Spannung U liegt. Die Fläche, die von der Stromschleife berandet wird, ist vom magnetischen Fluss Φ durchsetzt. Zunächst gehen wir davon aus, dass es keine weiteren Ströme als Ursachen von magnetischem Fluss gibt. Der Fluss Φ sei also einzig und allein vom Strom I erzeugt. In diesem Fall spricht man von *Selbstinduktion.* Gemäß der Quellenfreiheit der magnetischen Flussdichte ist Φ auch der *gesamte* Fluss, der von I erzeugt wird. In Abschn. 4.3.4 betrachten wir die Verhältnisse, wenn die Stromschleife außer dem selbsterzeugten Fluss auch noch einen Teil des Flusses umfasst, der von einer zweiten Stromschleife erzeugt wird.

Die Zählrichtungen von U und I sind beliebig. Wir entscheiden uns für ein Verbraucherzählpfeilsystem. Das Umlaufintegral der elektrischen Feldstärke entlang einer Kurve, die von Klemme 1 zur Klemme 2 in der idealen Leiterschleife verläuft und sich dann von Klemme 2 nach Klemme 1 schließt, ist dann

$$\oint \vec{E} \cdot \mathrm{d}\vec{s} = \int_1^2 \vec{E} \cdot \mathrm{d}\vec{s} + \int_2^1 \vec{E} \cdot \mathrm{d}\vec{s} = \int_1^2 \vec{E} \cdot \mathrm{d}\vec{s} - U = -j\omega\Phi \ . \tag{4.35}$$

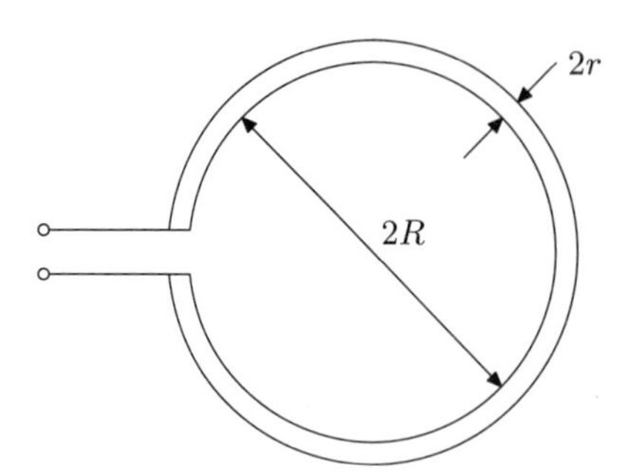

Abb. 4.12: Leitender Kreisring

Für die Klemmenspannung U ergibt sich somit:

$$U = j\omega\Phi = j\omega L \cdot I\,. \tag{4.36}$$

Der magnetische Fluss, der von einem Strom I in einer beliebig geformten Schleife erzeugt wird, ist proportional zu I. Den Proportionalitätsfaktor bezeichnet man als die Induktivität L der Stromschleife:

$$L = \frac{\Phi_I}{I}\,. \tag{4.37}$$

Dabei bedeutet Φ_I den gesamten magnetischen Fluss, der vom Strom I erzeugt wird. Zur Berechnung der Induktivität L einer Stromschleife ist also das von ihr hervorgerufene magnetische Feld zu bestimmen. Diese Aufgabe kann nur bei sehr einfach geformten Stromschleifen geschlossen gelöst werden. Im allgemeinen Fall führen hier aber nur numerische Feldberechnungsmethoden zum Ziel, deren Behandlung nicht Gegenstand dieses Buches ist. Die numerische Feldberechnung liefert aber meist einfache Näherungsformeln zur Berechnung der Induktivität bestimmter Schleifenformen. Die wichtigsten wollen wir hier kurz angeben.

4.3.2 Leitender Kreisring

Die einfachste Form einer Stromschleife ist sicher ein leitender Kreisring. Ein einfacher Kreisring kann zwar nur kleine Induktivitäten realisieren, ist aber wegen seiner kleinen Streukapazitäten bis zu hohen Frequenzen brauchbar. Größere Induktivitäten werden in der Hochfrequenztechnik wegen der parasitären Elemente langer Stromschleifen immer durch Leitungsschaltungen realisiert. Die Induktivität einer kreisrunden Leiterschleife mit Radius R und mit dem Leiterdurchmesser $2r$ ist näherungsweise

$$L = \mu \cdot R\left(\ln\frac{R}{r} + 0{,}08\right)\,. \tag{4.38}$$

Wenn sich die Leiterschleife in nichtmagnetischem Material (meist Luft) befindet, ist

$$\mu = \mu_0 = 4\pi \cdot 10^{-7}\,\mathrm{Vs/Am}\,. \tag{4.39}$$

4.3.3 Zylinderspule

Die Berechnung der Induktivität L einer Zylinderspule mit Länge ℓ, Durchmesser D und Windungszahl n kann durch Auswertung des Durchflutungsgesetzes entlang einer magnetischen Feldlinie erfolgen. Weil das magnetische Feld einer Zylinderspule aber nur durch aufwendige numerische Berechnung zugänglich ist, wollen wir uns hier mit einfachen Näherungen begnügen, deren Gültigkeit durch numerische Berechnungen bestätigt ist. Zum einen darf angenommen werden, dass die magnetische Feldstärke im Innern der Spule homogen ist, wenn die Spule nur „lang genug" ist, d. h. lang bezogen auf ihren Durchmesser. Der Wert der Feldstärke im Innern sei H_0. Weiterhin nehmen wir an, dass der wesentliche Beitrag zu einem Wegintegral $\oint \vec{H} \mathrm{d}\vec{s}$ entlang einer magnetischen Feldlinie vom Wegstück im Spuleninnern kommt. Der vernachlässigte Anteil vom Außenbereich kann durch die Korrektur

$$\ell \rightarrow \ell + 0{,}45D$$

berücksichtigt werden. Mit der angegebenen Näherung ist

$$\oint \vec{H} \cdot \mathrm{d}\vec{s} = H_0(\ell + 0{,}45D) = n \cdot I\,. \tag{4.40}$$

Der magnetische Fluss durch das Spuleninnere ist bei homogener axialer Feldstärke H_0

$$\Phi = \mu_0 \cdot H_0 \cdot \frac{D^2\pi}{4}\,. \tag{4.41}$$

Für die Berechnung der Eigeninduktivität ist aber der Fluss maßgeblich, der die von der Stromschleife umschlossene Fläche durchsetzt. Die Vorstellung dieser Fläche ist bei einer n-fach gewickelten Stromschleife wegen ihrer räumlichen Komplexität schwierig. Nach genauer Betrachtung stellt man jedoch fest, dass der Fluss Φ diese Fläche auch n mal durchsetzt. Man spricht hier vom *verketteten Fluss*. Mit $H_0 = nI/(\ell + 0{,}45D)$ aus (4.40) eingesetzt in (4.41) ergibt sich die Induktivität einer Zylinderspule zu

$$L = \frac{n \cdot \Phi}{I} = \mu_0 \frac{n^2 D^2 \pi}{4(\ell + 0{,}45D)}\,. \tag{4.42}$$

4.3.4 Gegeninduktivität

Bei den bisherigen Betrachtungen zur Induktivität sind wir davon ausgegegangen, dass der magnetische Fluss Φ, der die Fläche einer Stromschleife durchdringt, auch ausschließlich vom Strom in der Schleife erzeugt wird. In Gegenwart weiterer Stromschleifen wird es jedoch so sein, dass eine Stromschleife auch Anteile der magnetischen Flüsse umfasst, die von anderen Stromschleifen erzeugt werden. Der Gesamtfluss, den eine Stromschleife umfasst, setzt sich dann aus einem selbsterzeugten und einem fremderzeugten Anteil zusammen. Das Induktionsgesetz beinhaltet jedoch keine Unterscheidung nach den Ursachen des Flusses, sodass hier beide Anteile zu berücksichtigen sind.

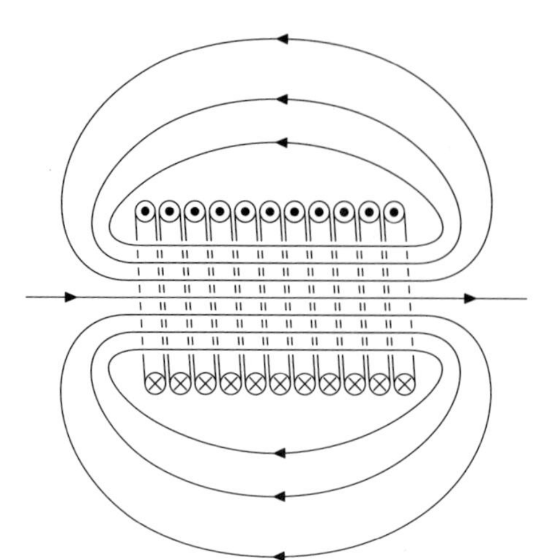

Abb. 4.13: Magnetisches Feld einer langen Zylinderspule

Wir wollen die Verhältnisse bei zwei Stromschleifen betrachten und dabei die Teilflüsse mit Φ_{mn} bezeichnen. Der Index m kennzeichne die Stromschleife, welche den Teilfluss erzeugt und der Index n kennzeichne die Stromschleife, durch die der Teilfluss vollständig hindurchtritt. Damit ist Φ_{11} der gesamte Fluss, der vom Strom I_1 erzeugt wird. Dagegen ist Φ_{12} derjenige Anteil des gesamten von der Schleife 2 umfassten Flusses, der vom Strom I_1 verursacht wurde. Wendet man das Induktionsgesetz z. B. auf die Stromschleife 2 an, so ergibt sich

$$U_2 = j\omega(\Phi_{12} + \Phi_{22})\,, \tag{4.43}$$

wenn sich der Gesamtfluss aus dem von I_2 selbsterzeugten Anteil und einem Beitrag von I_1 zusammensetzt. Beide Anteile sind ihren erzeugenden Strömen direkt proportional. Die Proportionalitätsfaktoren bezeichnen wir als Eigeninduktivität L_2 bzw. als Gegeninduktivität M_{12}. Die gleichen Gegebenheiten finden wir umgekehrt bei Betrachtung der Stromschleife 1. Insgesamt können wir den Zusammenhang zwischen den Klemmenspannungen und den Schleifenströmen durch

$$\begin{bmatrix} U_1 \\ U_2 \end{bmatrix} = j\omega \begin{bmatrix} L_1 & M_{12} \\ M_{21} & L_2 \end{bmatrix} \begin{bmatrix} I_1 \\ I_2 \end{bmatrix} = j\omega \begin{bmatrix} L_1 & M \\ M & L_2 \end{bmatrix} \begin{bmatrix} I_1 \\ I_2 \end{bmatrix} \tag{4.44}$$

beschreiben. Durch allgemeinere Betrachtungen, die wir hier nicht durchführen wollen, lässt sich beweisen, dass die Gegeninduktivitäten M_{12} und M_{21} stets gleich sind. Wir können daher von *der* Gegeninduktivität $M = M_{12} = M_{21}$ sprechen.

Die Vorzeichen der Eigeninduktivitäten L_1 und L_2 und der Gegeninduktivität M hängen offenbar von den Zählrichtungen der Klemmenspannungen und -ströme ab. Vereinbart man, dass U und I an den Klemmen einer Stromschleife stets mit Verbraucherzählpfeilen gezählt werden, dann sind die Eigeninduktivitäten stets größer Null. Das Vorzeichen von M hängt dann außer von der Anordnung der Schleifen zueinander auch noch von der Wahl der Klemmen ab, von denen aus I_1 und I_2 in die Schleife

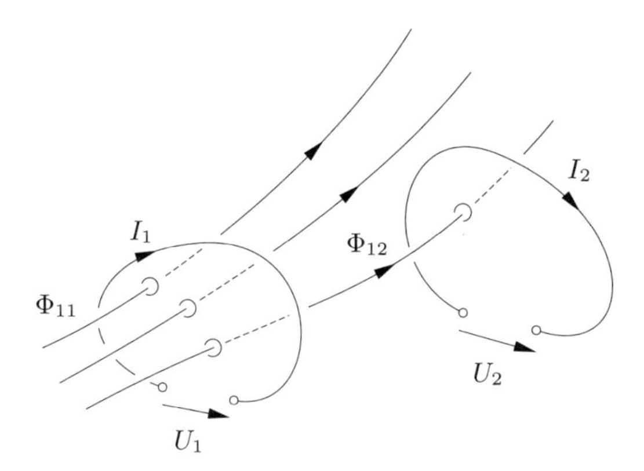

Abb. 4.14: Zur Definition der Gegeninduktivität zweier Stromschleifen

hinein fließen. Wenn diese festgelegt sind, ergibt sich das Vorzeichen von M alleine aus der geometrischen Anordnung der Stromschleifen. Zur Bestimmung führt man bei jeder Stromschleife eine Zählrichtung für den magnetischen Fluss ein, der die Schleife durchsetzt. Man vereinbart, dass die Orientierung der Stromschleife und die Zählrichtung des magnetischen Flusses eine Rechtsschraube bilden. Auf diese Weise ist durch die Wahl der Stromzählrichtung auch die Flusszählrichtung festgelegt. Sodann bestimmt man die Richtung, in der ein Teil des Flusses, der von einer Stromschleife erzeugt wird, die andere Stromschleife durchsetzt. Sind dort die Zählrichtungen des Eigenflusses und des Fremdflusses gleich orientiert, so ist $M > 0$, anderenfalls ist $M < 0$.

Abbildung 4.15 verdeutlicht das Vorgehen. In Schleife 1 seien die Zählrichtungen für U_1 und I_1 in der gezeigten Weise als Verbraucherzählpfeile festgelegt. Der Rechtsschraubensinn führt dann auf die Wahl der Zählrichtung für den Fluss Φ_1. Das Vorzeichen von M hängt nun von der Wahl der Stromzählrichtung in Schleife 2 ab. Die Wahl von ${I_2}^+$ impliziert die Zählrichtung ${\Phi_2}^+$ für den magnetischen Fluss, der von ${I_2}^+$ erzeugt wird. Ein Teil dieses Flusses durchsetzt die Schleife 1 in der selben Richtung, in der auch Φ_1 gezählt wird. Daher führt die Wahl von ${I_2}^+$ auf eine Gegeninduktivität mit positivem Vorzeichen. Die Wahl von ${I_2}^-$ führt entsprechend auf eine Gegeninduktivität mit negativem Vorzeichen. Praktisch entspricht dieses einer Vertauschung der Klemmen, einer Umkehrung des Wicklungssinns oder einer Drehung der Stromschleife um 180°.

Realer Übertrager

Bauelemente aus zwei (oder mehr) Induktivitäten, die so aufgebaut sind, dass eine Kopplung bewusst herbeigeführt wird, bezeichnet man als *Übertrager*. In Abb. 4.16 sind die Schaltbilder verschiedener Erscheinungsformen von Übertragern gezeigt, auf die wir nun genauer eingehen wollen.

Zunächst führen wir den idealen Übertrager ein. Dieses Netzwerkelement kann zwar physikalisch nicht realisiert werden, zur analytischen Behandlung von realen Übertragern ist es jedoch dann notwendig, wenn zwischen den gekoppelten Iduktivitäten keine

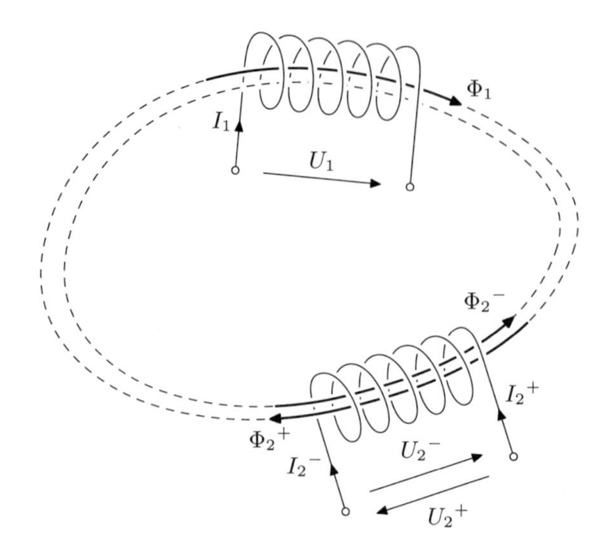

Abb. 4.15: Zur Bestimmung des Vorzeichens der Gegeninduktivität M zweier Stromschleifen

galvanische Verbindung besteht. Er wird beschrieben durch die Beziehungen

$$U_1 = \ddot{u} \cdot U_2 \tag{4.45a}$$

$$I_1 = -\frac{1}{\ddot{u}} \cdot I_2 \tag{4.45b}$$

$$Z_1 = \ddot{u}^2 \cdot Z_2 \tag{4.45c}$$

mit dem Übersetzungsverhältnis ü. Die Impedanzübersetzung (4.45c) folgt aus (4.45a) und (4.45b) unter Verwendung von $Z_1 = U_1/I_1$ und $Z_2 = -U_2/I_2$. Es wird deutlich, dass der ideale Übertrager die Leistung erhält. Weiter unten werden wir untersuchen, unter welchen Bedingungen gekoppelte Induktivitäten zum idealen Übertrager werden und dabei erkennen, dass diese Bedingungen physikalisch nicht erfüllbar sind.

Das Ersatzschaltbild für gekoppelte Induktivitäten (Abb. 4.17a) lässt direkt durch Umsetzung von (4.44) in ein Netzwerk ableiten. Der zusätzliche ideale Übertrager mit ü = 1 ist im Netzwerkmodell dann notwendig, wenn keine durchgehende Masseverbindung besteht. Die in den Induktivitäten gespeicherte magnetische Energie kann nicht negativ werden, auch dann nicht, wenn einer der Ströme I_1 oder I_2 verschwindet. Aus

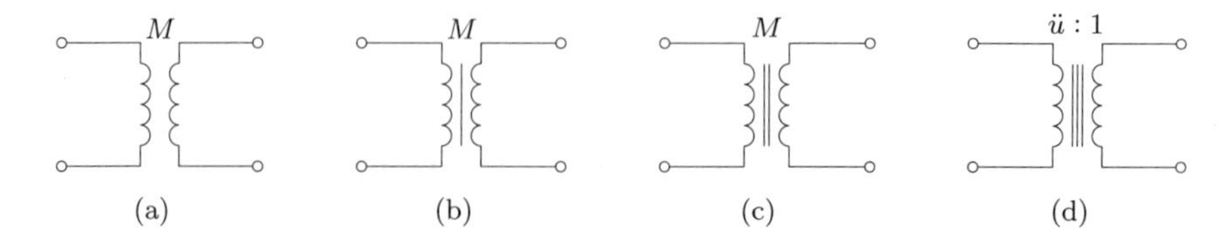

Abb. 4.16: Schaltbilder für gekoppelte Induktivitäten: (a) ohne Kern (b) mit Kern (c) feste Kopplung (d) idealer Übertrager

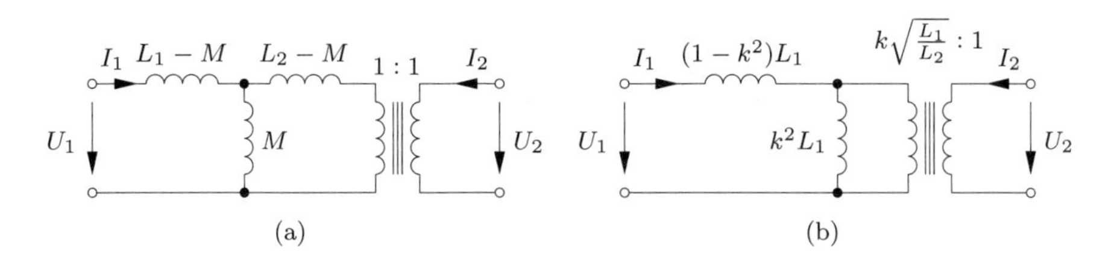

Abb. 4.17: Ersatzschaltbild des realen Übertragers

diesen Überlegungen lassen sich die Bedingungen

$$L_1 \geq 0\,, \qquad L_2 \geq 0\,, \qquad L_1L_2 - M^2 \geq 0 \tag{4.46}$$

ableiten. Die Gegeninduktivität kann also nur die Werte $-\sqrt{L_1L_2} \geq M \geq \sqrt{L_1L_2}$ annehmen. Dies führt auf die Definition

$$k = \frac{M}{\sqrt{L_1L_2}} \tag{4.47}$$

des Koppelfaktors und auf das Streu-Ersatzschaltbild Abb. 4.17b mit der Streuung $\sigma = 1 - k^2$. Wenn $|M|$ seinen Maximalwert $+\sqrt{L_1L_2}$ annimmt ($k = 1$), spricht man von *fester Kopplung* oder von einem *streuungsfreien Übertrager*. In diesem Fall wird U_1 unabhängig von I_2. Dies wird deutlich, wenn man (4.44) in die Kettenform

$$\begin{bmatrix} U_1 \\ I_1 \end{bmatrix} = \begin{bmatrix} \frac{L_1}{M} & j\omega\left(M - \frac{L_1L_2}{M}\right) \\ \frac{1}{j\omega M} & -\frac{L_2}{M} \end{bmatrix} \begin{bmatrix} U_2 \\ I_2 \end{bmatrix} \tag{4.48}$$

bringt. Das Verhältnis der Spannungen ist dann

$$\frac{U_1}{U_2} = \pm\sqrt{\frac{L_1}{L_2}} := \text{ü} \tag{4.49}$$

und wird als Übersetzungsverhältnis bezeichnet. Es ergeben sich zwei äquivalente Ersatzschaltbilder für fest gekoppelte Induktivitäten, die in Abb. 4.18 gezeigt sind.

Fordern wir zusätzlich auch noch die Unabhängigkeit des Stromes I_1 von U_2, so finden wir die Bedingung $\sqrt{L_1L_2} \to \infty$, womit wir einen idealen Übertrager erhalten würden.

Abb. 4.18: Zwei äquivalente Ersatzschaltbilder für fest gekoppelte Induktivitäten

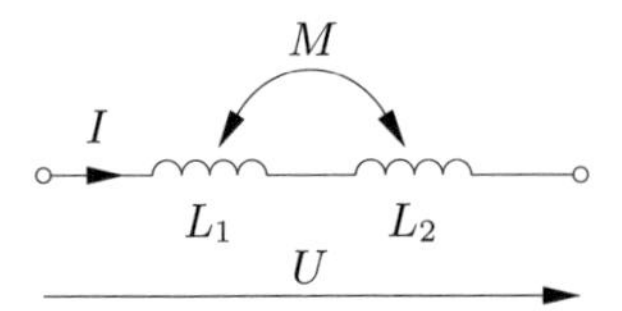

Abb. 4.19: Serienschaltung gekoppelter Induktivitäten

Serienschaltung gekoppelter Spulen

In einer Serienschaltung gekoppelter Spulen werden beide Spulen vom gleichen Strom I durchflossen und ihre Einzelspannungen U_1 und U_2 addieren sich zur Gesamt-Klemmenspannung U. Gleichung (4.44) nimmt daher die Form

$$U = j\omega L_1 I + j\omega M I + j\omega M I + j\omega L_2 I = j\omega L_{\mathrm{ges}} I \tag{4.50}$$

mit

$$L_{\mathrm{ges}} = L_1 + L_2 + 2M \tag{4.51}$$

an. Berücksichtigt man, dass das Vorzeichen von M von der Orientierung der Spulen zueinander abhängt, so kann die Gesamtinduktivität einer solchen Serienschaltung entweder größer oder kleiner sein, als die Summe der Eigeninduktivitäten. Der mögliche Wertebereich von M ist dabei

$$-\sqrt{L_1 L_2} \leq M \leq +\sqrt{L_1 L_2}\,. \tag{4.52}$$

Ordnet man die Spulen in einer Weise an, die eine Veränderung der Gegeninduktivität M erlaubt, kann man auf diese Weise eine einstellbare Induktivität realisieren. Eine solche Anordnung aus der Anfangszeit der Rundfunktechnik ist das *Variometer*. Dabei waren zwei Luftspulen ineinander gelegt und eine von beiden drehbar gelagert. So konnten die Selektionsschwingkreise früher Radioempfänger auf die Empfangsfrequenz abgestimmt werden.

4.3.5 Spulen mit magnetischem Kern

Die Induktivität einer Stromschleife ist gemäß ihrer Definition (4.37) der Proportionalitätsfaktor zwischen einem Strom I und dem gesamten von ihm erzeugten magnetischen Fluss Φ. Wäre in unseren bisherigen Beispielen zur Berechnung von Induktivitäten der gesamte Raum anstatt mit Luft mit magnetischem Material erfüllt, so wäre wegen

$$B = \mu_0 \mu_{\mathrm{r}} H \tag{4.53}$$

die magnetische Flussdichte in jedem Raumpunkt um den Faktor μ_{r} der relativen Permeabilität höher. Die Induktivität einer beliebigen Stromschleife wäre dann ebenfalls um den Faktor μ_{r} gegenüber dem Wert L_0 in Vakuum (näherungsweise auch in Luft) erhöht:

$$L = \mu_{\mathrm{r}} \cdot L_0\,. \tag{4.54}$$

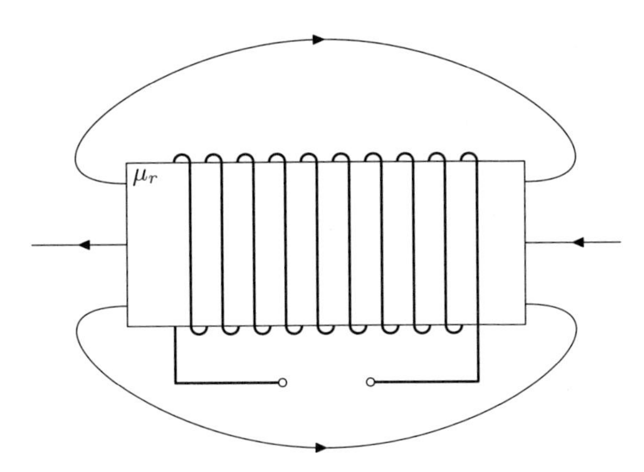

Abb. 4.20: Spule mit magnetischem Kern. Wenn nur ein Teil des Feldvolumens mit permeablem Material erfüllt ist, ist die effektive Permeabilität kleiner, als μ_r

In der Praxis wird man natürlich nicht den gesamten felderfüllten Raum mit magnetischem Material füllen können. Es werden nur Teilbereiche des gesamten Magnetfeldes im magnetischen Material verlaufen, wodurch der Gesamtfluss gegenüber dem angesprochenen idealen Fall verkleinert wird. Dem kann durch die Einführung einer *effektiven* relativen Permeabilitätszahl $\mu_\mathrm{r,eff}$ Rechnung getragen werden, die kleiner ist, als μ_r:

$$L = \mu_\mathrm{r,eff} \cdot L_0 \quad \text{mit} \quad \mu_\mathrm{r,eff} < \mu_\mathrm{r} \tag{4.55}$$

Eine Ausnahme hiervon bilden Spulen mit so genanntem Ringkern. Durch ringförmige Kerne wird ein geschlossener Pfad für den magnetischen Fluss bereit gestellt. Bei günstiger Geometrie des Ringkerns verläuft nahezu der gesamte Fluss im magnetischen Material und nur vernachlässigbar wenig Fluss tritt aus den Kernmaterial aus, um dann teilweise in Luft zu verlaufen. Man spricht hier vom *Streufluss.* Wenn also der Streufluss vernachlässigbar ist, dann erhöht ein magnetischer Kern die Induktivität einer Spule um den Faktor μ_r gegenüber einer baugleichen Luftspule.

Eine Kernform, bei der der Streufluss nahezu verschwindet, ist der *Ringkern.* Die Spule sitzt auf einem kreisringförmigen magnetischen Kern, wobei nicht notwendig der gesamte Kernumfang von der Spule belegt werden muss (Abb. 4.21). Die Querschnitts-

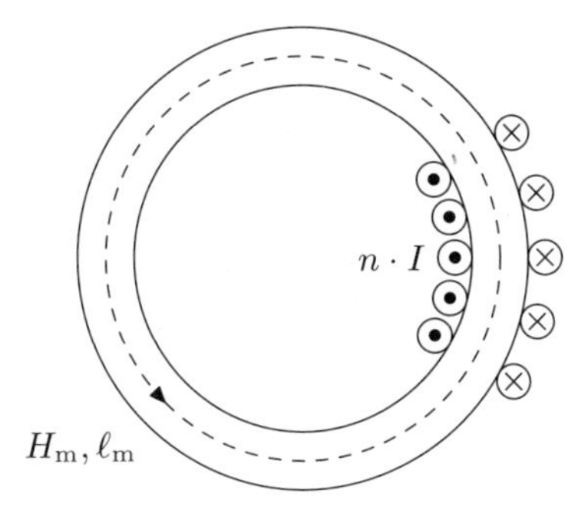

Abb. 4.21: Spule mit Ringkern

fläche A ist häufig kreisförmig oder rechteckig. Wir gehen von der vereinfachenden Annahme aus, dass alle magnetischen Feldlinien innerhalb des Kerns Kreise mit der mittleren Länge ℓ_m sind und dass die Feldstärke innerhalb des Kernquerschnitts A überall gleich einer mittleren Feldstärke H_m ist. Auf den Kern seien n Windungen aufgebracht, in denen der Strom I fließt. Zur Berechnung der Induktivität dieser Anordnung bestimmen wir zunächst den Fluss Φ_0, der den Ringkern durchsetzt. Das Durchflutungsgesetz liefert

$$n \cdot I = H_\mathrm{m} \cdot \ell_\mathrm{m} \tag{4.56}$$

und damit ist der Fluss im Kern

$$\Phi_0 = \mu_0 \mu_\mathrm{r} \frac{n \cdot I}{\ell_\mathrm{m}} A\,. \tag{4.57}$$

An dieser Stelle kommt, ebenso wie in (4.42), die Flussverkettung zum Tragen. Die Fläche der aufgewickelten Stromschleife wird von Φ_0 n mal durchsetzt. Die Induktivität einer Spule mit Ringkern ist daher

$$L = \frac{n \cdot \Phi_0}{I} = n^2 \frac{\mu_0 \mu_\mathrm{r} A}{\ell_\mathrm{m}}\,, \tag{4.58}$$

wobei ℓ_m die mittlere Feldlinienlänge im Kern und A dessen Querschnittsfläche bezeichnen.

An dieser Stelle wollen wir noch bemerken, dass die Größen des magnetischen Kreises in sinnvoller Weise mit den Netzwerkgrößen Spannung, Strom und Widerstand assoziiert werden können. Die Gleichungen des magnetischen Kreises erhalten dann eine dem bekannten ohmschen Gesetz $U = RI$ duale Struktur. Wegen der Grundeigenschaft $\operatorname{div} \vec{B} = 0$ der magnetischen Flussdichte liegt es nahe, im magnetischen Fluss eine dem elektrischen Strom analoge Größe zu sehen. Der elektrische Strom ist ebenfalls quellenfrei, solange nirgends eine Ladungsanhäufung, also eine Änderung der Raumladungsdichte stattfindet. Für den elektrischen Strom wie für den magnetischen Fluss gilt daher die Knotenregel. Sie besagt, das an einer Verzweigung (einem *Knoten*) die Summe aller zufließenden Ströme (Flüsse) verschwinden muss.

In einem geschlossenen Flusspfad, der ganz in homogenem magnetischem Material verläuft, ist die Flussdichte (und damit auch der Fluss) wegen der Gültigkeit des Durchflutungsgesetzes proportional zur Durchflutung $n \cdot I$ des Flusspfades. Daher nimmt die Durchflutung hier die Rolle einer magnetischen Spannung ein.

Als Proportionalitätsfaktor verbleibt der Term $\ell_\mathrm{m}/(\mu_0 \mu_\mathrm{r} A)$, den wir als magnetischen Widerstand R_m auffassen wollen. Der magnetische Widerstand von magnetischem Material ist also proportional zu seiner Länge und umgekehrt proportional zu seiner Querschnittsfläche, wodurch ebenfalls die enge Verwandtschaft zum elektrischen Widerstand bestätigt wird. In diesem Sinne ist die Induktivität einer Spule mit Kern außer von der Windungszahl n nur noch vom magnetischen Widerstand R_m ihres Kernmaterials abhängig. Wir können (4.58) nun schreiben als

$$L = \frac{n^2}{R_\mathrm{m}}\,. \tag{4.59}$$

Netzwerkgröße	magnetische Größe	Berechnung	Symbol
Strom	magnetischer Fluss	Φ	I_{m}
Spannung	Durchflutung	$I \cdot n$	U_{m}
Widerstand	magnetischer Widerstand	$\frac{\ell_{\mathrm{m}}}{\mu_0 \mu_{\mathrm{r}} \cdot A}$	R_{m}

Tabelle 4.1: Netzwerkgrößen des magnetischen Kreises

Die Definitionen der Netzwerkgrößen eines magnetischen Kreises sind in Tabelle 4.1 zusammengefasst. Wir werden diese nützliche Dualität noch einmal im folgenden Abschnitt gebrauchen können.

4.3.6 Ringkern mit Luftspalt

Eine wichtige technische Anwendung besitzen Ringkerne mit einem kleinen Luftspalt, also einen kleinen Bereich, in dem das magnetische Material unterbrochen ist und sich der magnetische Fluss daher für eine kleine Strecke in Luft befindet (Abb. 4.22). Wir wollen dieses Problem wieder mit vereinfachenden Annahmen behandeln, die dann zulässig sind, wenn die Länge ℓ_{L} des Luftspaltes klein ist gegen die Abmessungen des Kernquerschnitts. Unter diesen Bedingungen gehen wir davon aus, dass die magnetischen Feldlinien ihre Kreisform auch im Bereich des Luftspaltes beibehalten und der magnetische Fluss daher auch im Luftspalt nur auf die Querschnittsfläche A des in Gedanken ergänzten Kernes beschränkt ist. Weiterhin wollen wir die magnetische Feldstärke im Kernmaterial und im Luftspalt als bereichsweise konstant annehmen. Das Durchflutungsgesetz für eine mittlere Feldlinie lautet dann

$$n \cdot I = H_{\mathrm{m}} \ell_{\mathrm{m}} + H_{\mathrm{L}} \ell_{\mathrm{L}} \,, \tag{4.60}$$

wobei ℓ_{L} die Länge des Luftspaltes und H_{L} die dortige magnetische Feldstärke bezeichnen.

Weil der magnetische Fluss Φ_0 als quellenfreie Größe das Kernmaterial und den Luftspalt in gleicher Weise durchdringt, muss für die magnetischen Feldstärken

$$H_{\mathrm{L}} = \mu_{\mathrm{r}} H_{\mathrm{m}} \tag{4.61}$$

gelten. Einsetzen von (4.61) in (4.60) ergibt die magnetische Feldstärke

$$H_{\mathrm{m}} = \frac{n \cdot I}{\ell_{\mathrm{m}} + \mu_{\mathrm{r}} \ell_{\mathrm{L}}} \tag{4.62}$$

im Kern. Hieraus kann in einfacher Weise der Gesamtfluss Φ_0 und nach Berücksichtigung der Flussverkettung die Induktivität

$$L = n^2 \frac{\mu_0 \mu_{\mathrm{r}} A}{\ell_{\mathrm{m}} + \mu_{\mathrm{r}} \ell_{\mathrm{L}}} = n^2 \frac{\mu_0 \mu_{\mathrm{r}} A}{\ell_{\mathrm{m}}} \cdot \frac{1}{1 + \mu_{\mathrm{r}} \frac{\ell_{\mathrm{L}}}{\ell_{\mathrm{m}}}} \tag{4.63}$$

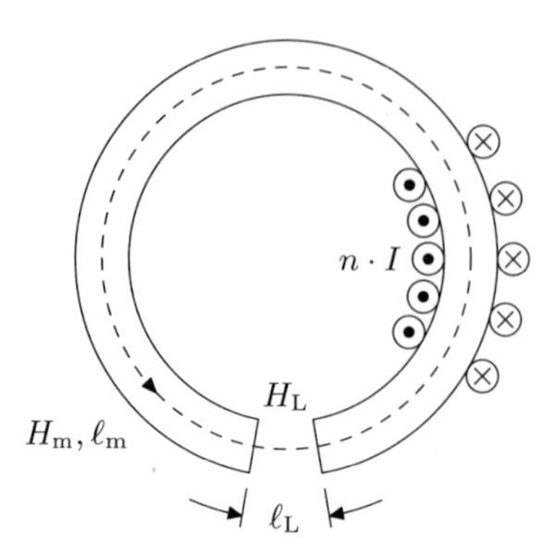

Abb. 4.22: Spule mit Luftspalt

einer Ringkernspule mit Luftspalt berechnet werden. Das Ergebnis (4.63) erhält man auch, wenn man Kern und Luftspalt als eine Serienschaltung magnetischer Widerstände auffasst. Der Gesamtwiderstand des magnetischen Kreises ist dann

$$R_{\mathrm{m}} = R_{\mathrm{mm}} + R_{\mathrm{mL}} = \frac{\ell_{\mathrm{m}}}{\mu_0 \mu_{\mathrm{r}} A} + \frac{\ell_{\mathrm{L}}}{\mu_0 A} = \frac{\ell_{\mathrm{m}} + \mu_{\mathrm{r}} \ell_{\mathrm{L}}}{\mu_0 \mu_{\mathrm{r}} A} \tag{4.64}$$

und mit (4.59) erhält man auch hieraus die Formel (4.63).

4.3.7 Magnetische Werkstoffe

Wir wollen in diesem Abschnitt die Eigenschaften von technisch verfügbaren magnetischen Materialien etwas näher beleuchten. Bisher verstanden wir unter einem magnetischen Material ein magnetisch polarisierbares Medium, in dem die Proportionalität zwischen magnetischer Feldstärke und Flussdichte ebenso gegeben ist, wie in Vakuum. Die magnetische Polarisierbarkeit wird durch die relative Permeabilität μ_{r} beschrieben. Reale Magnetwerkstoffe – und hier gerade solche mit großer Permeabilität – verhalten sich aber keineswegs so ideal.

Wie bereits im Abschnitt 2.2.2 besprochen, kann die magnetische Polarisation paramagnetischer Stoffe als Ausrichtung von Elementarmagneten aufgefasst werden. Die Elementarmagnete sind magnetische Momente, die durch Elektronenspins oder durch die Umlaufbewegung der Elektronen entstehen. Wenn sie im Festkörper dicht gepackt sind, treten diese Elementarmagnete untereinander in eine Wechselwirkung, die erschöpfend nur mit den Methoden der Quantenmechanik verstanden werden kann. Eine makroskopische Folge dieser Wechselwirkung ist jedoch der *Ferromagnetismus.* Der Ferromagnetismus ist im Gegensatz zum Paramagnetismus keine Eigenschaft von Atomen oder Molekülen, sondern eine Erscheinung, die auftritt, wenn viele Elementarmagnete in einem Kristallverband vereint sind. Die wichtigsten ferromagnetischen Materialien sind die Metalle Eisen (Fe), Kobalt (Co) und Nickel (Ni).

In ferromagnetischen Stoffen sind die Elementarmagnete auch bei unmagnetisierten Kristallen innerhalb von makroskopischen Bereichen parallel ausgerichtet. Man bezeichnet diese Bereiche als *weißsche Bezirke* oder *Domänen.* Die Grenzen zwischen den weißschen Bezirken, in denen ein kontinuierlicher Übergang zwischen den Orientierungen erfolgt, heißen *Blochwände*. Legt man an den Kristall ein äußeres magnetisches Feld, so verschieben sich die Blochwände in der Weise, dass Domänen mit 'passender, Ausrichtung wachsen, während die Domänen mit ungünstiger Orientierung kleiner werden. Gemittelt über den gesamten Kristall ergibt sich so ein magnetisches Moment in Richtung des äußeren Magnetfeldes.

Dieser Vorgang ist allerdings keineswegs so linear, wie durch $\vec{B} = \mu\vec{H}$ beschrieben, und er ist vor allem auch nicht reversibel. In Abb. 4.23 ist die Magnetisierungskurve eines Ferromagneten skizziert. Ist der Kristall zunächst noch unmagnetisiert, wird die so genannte *Neukurve* durchlaufen. Dabei können drei Abschnitte unterschieden werden. Bei schwacher äußerer Magnetfeldstärke h erfolgen Blochwandverschiebungen die zunächst noch reversibel sind und mit wachsender Feldstärke zunehmend irreversibel erhalten bleiben. Bei sehr starkem äußerem Feld dreht sich schließlich noch die Magnetisierung der einzelnen Domänen in die Richtung des äußeren Feldes. Wenn auch dieser Vorgang abgeschlossen ist, kann keine weitere Magnetisierung mehr erfolgen, die Magnetisierung ist *gesättigt*. Den Sättigungswert bezeichnen wir mit m_S.

Wird jetzt das äußere Feld wieder auf den Wert Null abgesenkt, so bleibt ein Teil der Magnetisierung erhalten. Auch bei abgeschaltetem äußerem Feld bleibt eine restliche Flussdichte b_R, die *Remanenz* zurück. Der Kristall ist zum Dauermagneten geworden. Erst durch eine entgegengesetzte Feldstärke $-h_K$ gelingt es, die Flussdichte auf den Wert Null zu bringen. Man bezeichnet h_K als die *Koerzitivfeldstärke*.

Abbildung 4.23 zeigt deutlich, dass bei Ferromagnetika der Zusammenhang zwischen äußerer magnetischer Feldstärke und hervorgerufenem Fluss weder linear noch eindeutig ist. Das Durchlaufen der Hystereseschleife ist ein zyklischer Prozess und sein momentaner Fortgang hängt stets von der Vorgeschichte ab. Dieses Verhalten ist eine Ursache für nichtlineare Signalverzerrungen, die durch Bauelemente mit ferromagnetischen Materialien stets hervorgerufen werden. In Abb. 4.24 ist die auftretende Signalverzerrung an einem Beispiel gezeigt. Die eingeprägte magnetische Feldstärke schwankt harmonisch und mittelwertfrei zwischen ihren Maximalwerten. Der Fall einer linearen Abbildung bei gleichen Maximalwerten ist gestrichelt eingezeichnet. Die auftretende Signalverzerrung ist deutlich erkennbar. Gemäß der Reihenentwicklung nach Fourier enthält die verzerrte Funktion $b(t)$ Frequenzanteile bei der Grundfrequenz und bei ganzzahligen Vielfachen der Grundfrequenz. Der Grad der Verzerrung wird häufig durch die Leistung charakterisiert, die in den Oberschwingungen enthalten ist. Die Leistung der n-ten Oberschwingung bezogen auf die Leistung der Grundschwingung bezeichnet man als den *Klirrfaktor* k_n.

Wir wollen nun annehmen, dass der Nutzanteil durch die Grundschwingung repräsentiert wird und im Folgenden ein Näherungsverfahren zur Behandlung von Hystereseverzerrungen vorstellen. Weil für reale Magnetisierungskurven keine exakte analytische Beschreibungsmöglichkeit existiert, wählen wir als einfache Näherung eine im Ursprung zentrierte und um den Winkel α verdrehte Ellipse. Die Halbachsen der Ellipse bezeichnen wir mit a_1 und a_2 und der Durchlauf erfolge entgegen dem Uhrzeigersinn, wie in Abb. 4.25 dargestellt. Angenommen wird wieder eine harmonische Aussteuerung mit

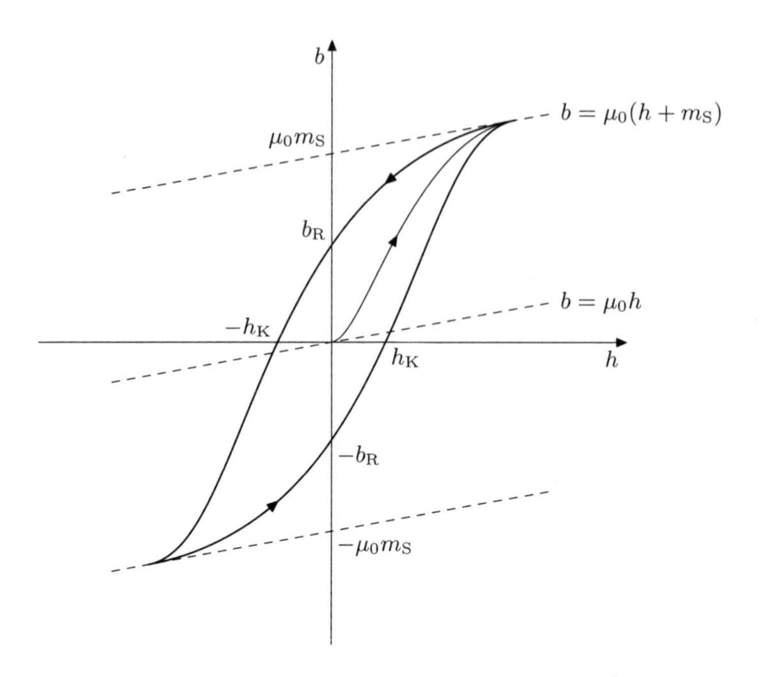

Abb. 4.23: Magnetisierungskurve eines ferromagnetischen Materials

der skizzierten kosinusförmigen Funktion $\mu_0 h(t)$. Als Ausgangssignal ist in Abb. 4.25 nur der Grundwellenanteil skizziert, der ebenfalls kosinusförmig, aber mit einer Phasenverschiebung gegenüber der Aussteuerung verläuft.

In komplexer Zeigerdarstellung kann dieses System durch eine komplexe relative Permittivität $\underline{\mu}_r$ beschrieben werden, die wir entsprechend

$$\underline{\mu}_r = |\underline{\mu}_r| \cdot e^{-j\delta_\mu} \tag{4.65}$$

durch ihren Betrag $|\underline{\mu}_r|$ und ihre Phase $-j\delta_\mu$ kennzeichnen wollen. Die Darstellung mit komplexen Zeigern lautet dann

$$B = \mu_0 \underline{\mu}_r \cdot H\,. \tag{4.66}$$

Es sei noch einmal betont, dass die monofrequente Rechnung eine notwendige Voraussetzung für diese Darstellung ist. Die Zeigerdarstellung bezieht sich also nur auf den Grundwellenanteil in $b(t)$, der beispielsweise durch Filterung abgetrennt werden kann.

Aus der Näherungsellipse (Abb. 4.25) kann direkt

$$|\underline{\mu}_r| = \frac{b_{\max}}{\mu_0 h_{\max}} = \tan\alpha \tag{4.67}$$

und

$$\tan\frac{\delta_\mu}{2} \approx \frac{a_2}{a_1} \tag{4.68}$$

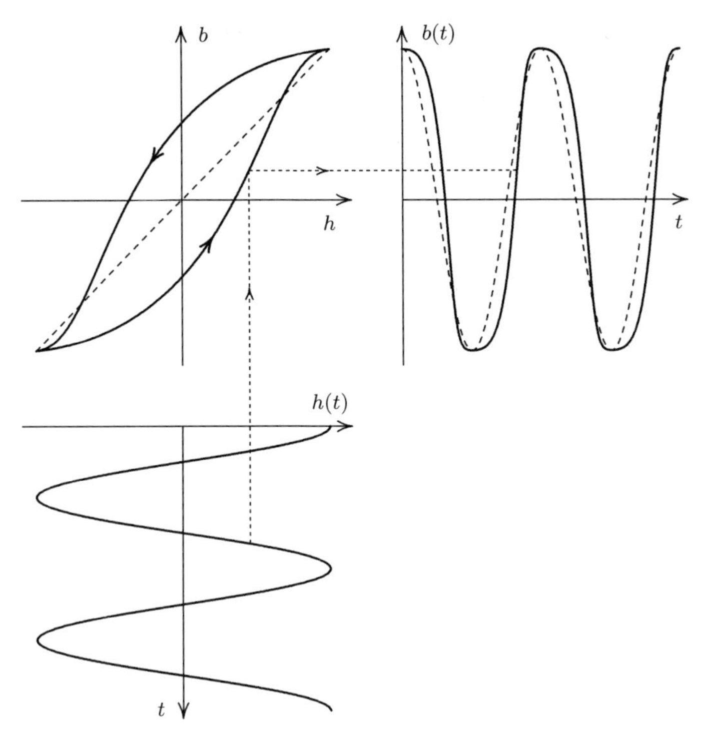

Abb. 4.24: Die Nichtlinearität der Hysteresekurve verursacht Signalverzerrungen

abgelesen werden. Nachdem Lage und Größe der Näherungsellipse vom Material und von der Aussteuerung abhängen, sind auch $|\underline{\mu}_\mathrm{r}|$ und $\tan\delta_\mu$ aussteuerungsabhängig.

Wir verwenden die Näherung noch, um die Impedanz einer Spule zu berechnen, die einen Kern aus ferromagnetischem Material besitzt. Wir verwenden (4.58), setzen ein nunmehr komplexes $\underline{\mu}_\mathrm{r}$ ein und erhalten

$$Z = j\omega\mu_0\underline{\mu}_\mathrm{r}\frac{n^2 A}{\ell_\mathrm{m}}\,. \tag{4.69}$$

Falls der Verlustwinkel klein genug ist, kann $\underline{\mu}_\mathrm{r}$ wieder geschrieben werden als

$$\underline{\mu}_\mathrm{r} = |\underline{\mu}_\mathrm{r}| \cdot e^{-j\delta_\mu} \approx |\underline{\mu}_\mathrm{r}|(1 - j\tan\delta_\mu) \tag{4.70}$$

und damit ergibt sich die bekannte Form

$$Z = j\omega L(1 - j\tan\delta_\mu) \tag{4.71}$$

für die Impedanz einer Spule mit kleinen Verlusten. Der Index μ deutet nun darauf hin, dass die berücksichtigten Verluste durch das ferromagnetische Kernmaterial verursacht sind und nicht durch den ohmschen Widerstand des Spulendrahtes. Tatsächlich

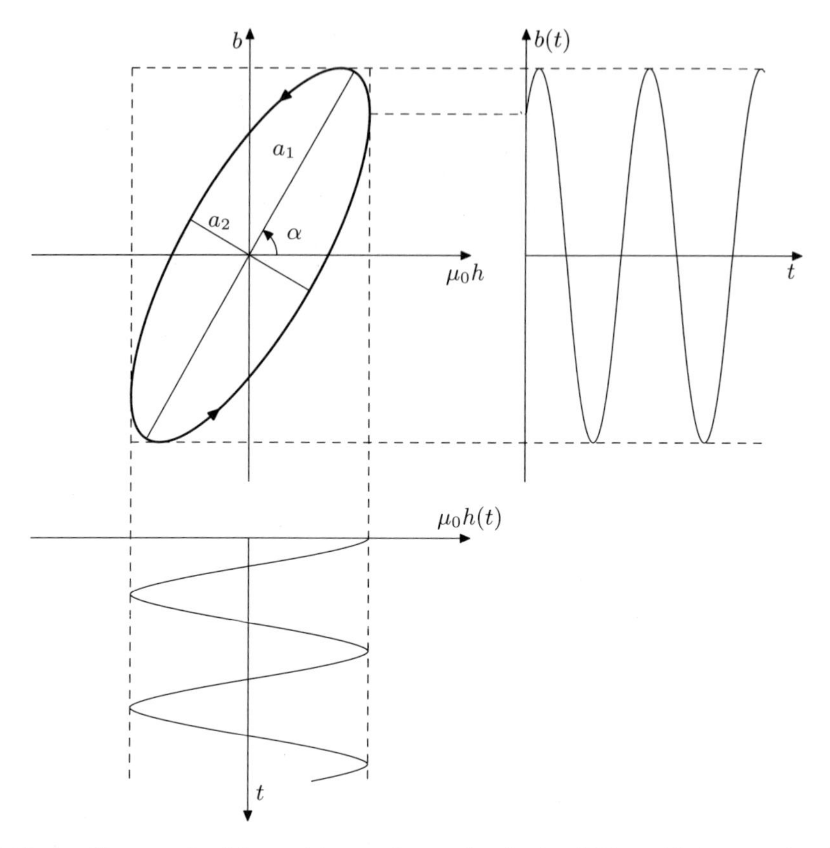

Abb. 4.25: Annäherung der Magnetisierungskurve durch eine Ellipse. Es ist nur der Grundwellenanteil von $b(t)$ skizziert, dessen Phasenverschiebung näherungsweise berechnet werden soll

sind jedoch beide Verlustmechanismen vorhanden, sodass sich der ohmsche Serienwiderstand eines Spulenersatzschaltbildes aus den Anteilen $R_{S,\text{Cu}}$ und $R_{S,\mu}$ additiv zusammensetzt. Der Verlustfaktor einer realen Spule mit ferromagnetischem Kern ist dann näherungsweise

$$\tan\delta_L = \frac{R_{S,\text{Cu}} + R_{S,\mu}}{\omega L} \tag{4.72}$$

und ihre Güte ist

$$Q_L = \frac{\omega L}{R_\text{S}} = \frac{1}{\tan\delta_L}\,. \tag{4.73}$$

5 Passive lineare Schaltungen

5.1 Transformationsschaltungen

Die Wirkleistung, die eine Quelle mit Innenwiderstand Z_i an einen Verbraucher abgibt, hängt wesentlich von der Impedanz des Verbrauchers ab. In der Regel besteht die Aufgabe, diese abgegebene Leistung zu maximieren, d. h. den Verbraucher an die Quelle *anzupassen*. Die Gründe hierfür können vielfältiger Natur sein. Man wird anstreben, dass die gesamte Leistung, die ein Sender erzeugen kann, von seiner Antenne abgestrahlt wird. Oft ist es so, dass Leistungsbauelemente sogar Schaden nehmen, wenn sie eine fehlangepasste Last treiben müssen. Viele Oszillatortypen schwingen nur dann auf ihrer Sollfrequenz, wenn sie an einen angepassten Lastwiderstand angeschlossen sind. Bei Leitungsübertragung ist Fehlanpassung, also Leistungsreflexion, eine Ursache für Signalverzerrungen.

Um eine gegebene Last an eine gegebene Quelle anzupassen, muss die Lastimpedanz in den meisten Fällen durch eine geeignete Schaltung transformiert werden. Wenn breitbandige Signale zu übertragen sind, muss die Transformation nicht nur für eine Frequenz, sondern für einen Frequenzbereich brauchbar sein. Bevor wir uns einigen Transformationsschaltungen und ihren Eigenschaften näher zuwenden, wollen wir die Bedingungen für maximale Wirkleistungsabgabe bestimmen.

Abbildung 5.1 zeigt einen Verbraucher $Z = R + jX$, der an einen Generator mit Innenwiderstand $Z_\mathrm{i} = R_\mathrm{i} + jX_\mathrm{i}$ angeschlossen ist. Die Wirkleistung P_W, die der Generator an den Verbraucher abgibt, ist

$$P_\mathrm{W} = \frac{1}{2}|I|^2 \cdot R = \frac{1}{2}\left|\frac{U_0}{(R_\mathrm{i}+R)+j(X_\mathrm{i}+X)}\right|^2 = \frac{1}{2}\cdot\frac{|U_0|^2 R}{(R_\mathrm{i}+R)^2+(X_\mathrm{i}+X)^2}\,. \tag{5.1}$$

Eine Bedingung dafür, dass diese Wirkleistung maximal wird, ist sicherlich

$$X_\mathrm{i} + X = 0\,. \tag{5.2}$$

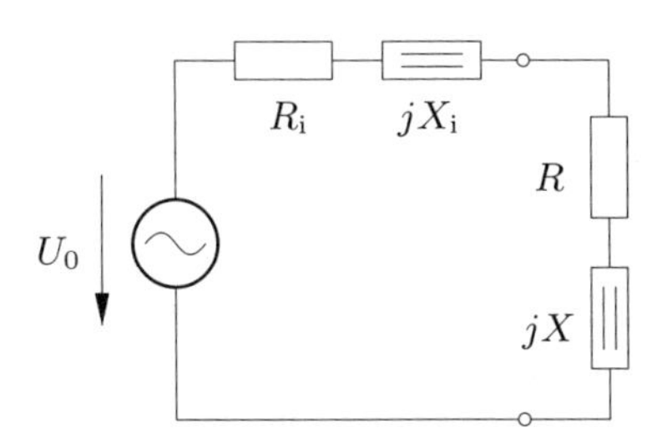

Abb. 5.1: Zur Wirkleistungsabgabe an einen Verbraucher

Die ohmschen Anteile R_i und R sind beide größer als Null, sodass der Term $R_\mathrm{i} + R$ nicht zum Verschwinden gebracht werden kann. Um den Wert R zu finden, für den P_W maximal wird, setzen wir

$$\frac{\partial P_\mathrm{W}}{\partial R} = \frac{1}{2}|U_0|^2 \frac{(R_\mathrm{i}+R)^2 - 2R(R_\mathrm{i}+R)}{(R_\mathrm{i}+R)^4} \stackrel{!}{=} 0 \tag{5.3}$$

und finden

$$R = R_\mathrm{i}\,. \tag{5.4}$$

Wir können (5.2) und (5.4) zusammenfassen zu der Forderung

$$Z = Z_\mathrm{i}^*\,. \tag{5.5}$$

Ein Generator gibt also dann seine maximale Wirkleistung ab, wenn an seinen Klemmen der konjugiert komplexe Wert seines Innenwiderstandes angeschlossen wird. Der Verbraucher nimmt dann die maximal verfügbare Wirkleistung

$$P_\mathrm{max} = \frac{|U_0|^2}{8R_\mathrm{i}} \tag{5.6}$$

auf. Wenn wir einen rein reellen Quelleninnenwiderstand voraussetzen ($X_\mathrm{i} = 0$), so kommen wir zu der normierten Darstellung

$$\frac{P_\mathrm{W}}{P_\mathrm{max}} = \frac{1}{2} \cdot \frac{|U_0|^2 R}{|R_\mathrm{i} + R + jX|^2} \cdot \frac{8R_\mathrm{i}}{|U_0|^2} = 1 - \frac{\left|\frac{R+jX}{R_\mathrm{i}} - 1\right|^2}{\left|\frac{R+jX}{R_\mathrm{i}} + 1\right|^2} \tag{5.7}$$

und mit Verwendung des Reflexionsfaktors

$$r = \frac{Z/R_\mathrm{i} - 1}{Z/R_\mathrm{i} + 1} = \frac{z-1}{z+1}$$

ergibt sich die Beziehung

$$\frac{P_\mathrm{W}}{P_\mathrm{max}} = 1 - |r|^2\,. \tag{5.8}$$

Der Wert von $|r|^2$ gibt also direkt den Anteil der reflektierten Wirkleistung an. Wir hatten den gleichen Zusammenhang schon in (3.27) bei der Behandlung von Leitungsabschlüssen gefunden.

Damit erhalten wir ein Hilfsmittel zur Bewertung von Impedanzortskurven im Smith-Diagramm. In der Reflexionsfaktorebene sind die Linien konstanter Wirkleistung einfach Kreise mit $|r| = \mathrm{const}$. Die Aufgabe von Transformationsschaltungen ist es, einen gegebenen Verbraucher so zu transformieren, dass die Ortskurve der transformierten

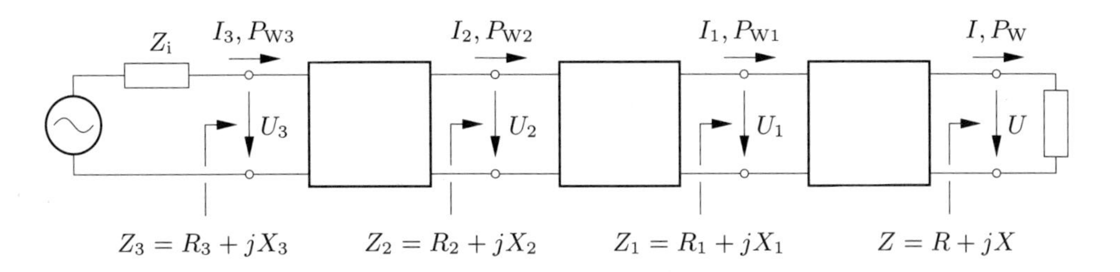

Abb. 5.2: Zum Prinzip der durchgehenden Wirkleistung

Impedanz wenigstens für einen vorgegebenen Frequenzbereich innerhalb eines bestimmten Kreises P_W/P_{max} bleibt.

Weil Transformationsschaltungen die Abgabe von Wirkleistung an den Verbraucher optimieren sollen, wird man darauf bedacht sein, diese Schaltung selbst möglichst verlustfrei zu gestalten. In diesem Fall gibt es einen festen Zusammenhang zwischen Spannungen und Strömen in der Schaltungskette und dem jeweiligen Impedanzniveau. Wir betrachten hierzu eine Kettenschaltung von (näherungsweise) verlustfreien Vierpolen (Abb. 5.2). Die zwischen den Vierpolen transportierte Wirkleistung wird näherungsweise gleich sein, also

$$P_{W3} \approx P_{W2} \approx P_{W1} \approx P_W \,.$$

Damit können wir mit $R_n = \mathrm{Re}\{Z_n\}$

$$P_W = \frac{1}{2}|I|^2 \cdot R = \frac{1}{2}|I_n|^2 \cdot R_n$$

schreiben und erhalten hiermit

$$\frac{|I|}{|I_n|} = \sqrt{\frac{R_n}{R}} \,. \tag{5.9a}$$

Analog ergibt sich für die Spannungen aus

$$P_W = \frac{1}{2}|U|^2 \cdot G = \frac{1}{2}|U_n|^2 \cdot G_n$$

die Beziehung

$$\frac{|U|}{|U_n|} = \sqrt{\frac{G_n}{G}} \,. \tag{5.9b}$$

Wir wollen nun untersuchen, welche Konsequenzen sich aus dem unvermeidlichen Auftreten von Wirkverlusten in den reaktiven Bauelementen für die Dimensionierung dieser Elemente ergeben. Dazu betrachten wir die Verhältnisse an Serien- und Parallelblindelementen, wenn diese kleine Wirkverluste aufweisen, die durch den Verlustfaktor

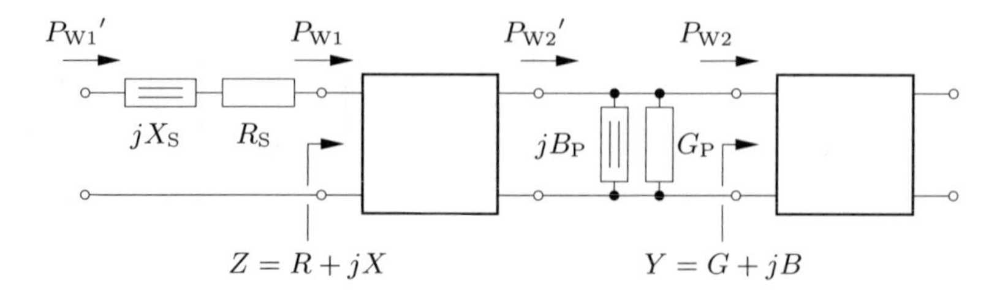

Abb. 5.3: Berücksichtigung kleiner Wirkverluste in den Transformationselementen

beschrieben werden. Die Beschreibenden ohmschen Elemente sind dann

$$R_S = X_S \cdot \tan \delta_S$$
$$G_P = B_P \cdot \tan \delta_P \,.$$

Wenn die Verluste klein sind, dürfen wir annehmen, dass sich durch die Einführung der ohmschen Widerstände und Leitwerte die Spannungen und Ströme näherungsweise nicht ändern und dass

$$P_{W1}' \approx P_{W1} \approx P_{W2}' \approx P_{W2} \,.$$

Mit den Beziehungen

$$P_{W1} = \frac{1}{2}|I_1|^2 \cdot R \tag{5.10a}$$
$$P_{W2} = \frac{1}{2}|U_2|^2 \cdot G \tag{5.10b}$$

und den zugehörigen Verlustleistungen

$$P_S = \frac{1}{2}|I_1|^2 \cdot X_S \tan \delta_S \tag{5.11a}$$
$$P_P = \frac{1}{2}|U_2|^2 \cdot B_P \tan \delta_P \tag{5.11b}$$

in den Serien- und Parallelblindelementen ergibt sich der Anteil der Verlustleistungen an der gesamten übertragenen Wirkleistung P_W zu

$$\frac{P_S + P_P}{P_W} \approx \frac{X_S}{R} \tan \delta_S + \frac{B_P}{G} \tan \delta_P \,. \tag{5.12}$$

Es ist ersichtlich, dass die Werte der Blindelemente im Hinblick auf geringe Verluste möglichst klein gehalten werden sollten. Bei mehreren möglichen Transformationswegen in der Widerstands- oder Leitwertebene wählt man also möglichst den kürzesten.

5.2 Resonanzschaltungen

Sämtliche Schaltungen, die nicht bei sehr niedrigen Frequenzen betrieben werden, weisen in ihren Eigenschaften mehr oder weniger starke Frequenzabhängigkeiten auf. Diese können gewollt und kontrolliert etwa durch absichtsvoll bemessene Blindelemente L und C eingeführt sein. Frequenzabhängige Schaltungsteile sind nicht selten aber auch parasitärer Natur, etwa die unvermeidbare Induktivität durch Anschlussdrähte oder Kapazitäten zwischen Bauelementen und Teilen ihrer Umgebung. Bezüglich der frequenzabhängigen Schaltungsgrößen können bei einzelnen diskreten Frequenzwerten Besonderheiten auftreten, die man allgemein als *Resonanzen* bezeichnet. Die Definition von Resonanz stützt sich auf Eigenschaften von Klemmenimpedanzen und/oder Spannungen und Ströme. Man spricht von einer Resonanzfrequenz, wenn bei dieser Frequenz entweder

- eine sonst echt komplexe Impedanz (und damit auch die Admittanz) rein reell wird oder

- wenn Strom oder Spannung bei dieser Frequenz einen Extremalwert annehmen.

In vielen praktischen Fällen sind diese beiden Definitionen äquivalent. Wir weisen aber darauf hin, dass extreme Spannungs- und Stromwerte nicht notwendig auch bei Frequenzen reeller Impedanzen auftreten. Erwünscht sind Resonanzen meist in Filterschaltungen, wo sie zur gezielten Selektion oder Unterdrückung von spektralen Anteilen bei der Übertragung von Signalen genutzt werden.

Die Anzahl der Resonanzfrequenzen einer Schaltung ist von der Anzahl ihrer Blindelemente[1] nach oben begrenzt. Wir wollen zunächst die einfachst denkbare Resonanzschaltung mit nur einer Resonanzfrequenz wegen ihrer elementaren Bedeutung genauer behandeln.

5.2.1 Resonanzkreis

Bei Resonanzkreisen gibt es zwei Grundstrukturen, den *Serienresonanzkreis* und den *Parallelresonanzkreis*. Sie bestehen aus den Netzwerkelementen R, L und C in Serien- bzw. in Parallelschaltung. Beim Parallelkreis führen wir den Klemmenstrom I_0 und die Kreisspannung U_K ein. Analog bezeichnen wir beim Serienkreis die Klemmenspannung mit U_0 und den Kreisstrom mit I_K. Die Beschreibungsgleichungen sind dann

$$I_0 = \left(G_\mathrm{K} + j\omega C + \frac{1}{j\omega L}\right) U_\mathrm{K} = (G_\mathrm{K} + jB) U_\mathrm{K} \qquad \text{Parallelkreis} \tag{5.13a}$$

$$U_0 = \left(R_\mathrm{K} + j\omega L + \frac{1}{j\omega C}\right) I_\mathrm{K} = (R_\mathrm{K} + jX) I_\mathrm{K} \qquad \text{Serienkreis}. \tag{5.13b}$$

Auffallend ist die identische mathematische Struktur beider Gleichungen. Es ergeben sich daher für den Parallel- und für den Serienkreis gleiche Eigenschaften, allerdings

[1] Genauer: von der Anzahl ihrer linear unabhängigen Zustandsgrößen

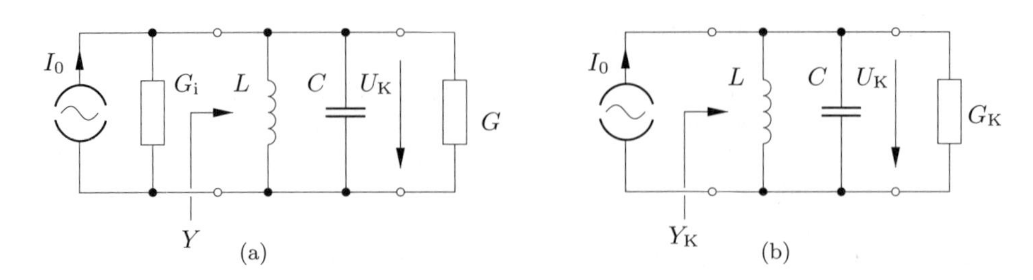

Abb. 5.4: Parallelresonanzkreis

bezüglich anderer Größen. Man spricht von *Dualität*, die Größen, die einander entsprechen, nennt man *duale Größen*. Sämtliche Gleichungen des Parallelkreises lassen sich durch einfaches Austauschen der dualen Größen

$$U \leftrightarrow I \qquad Z \leftrightarrow Y \qquad R \leftrightarrow G \qquad L \leftrightarrow C \qquad \omega \leftrightarrow \omega$$

in die entsprechenden Gleichungen des Serienkreises überführen. Die Kreisfrequenz ω ist dabei zu sich selbst dual.

Als Resonanzfrequenz ω_R definieren wir die Frequenz, bei der die Kreisreaktanz $X(\omega)$ bzw. die Kreissuszeptanz $B(\omega)$ verschwinden. Es ergibt sich sowohl für den Serien- wie auch für den Parallelkreis

$$\omega_R = \frac{1}{\sqrt{LC}} \,. \tag{5.14}$$

Man bestätigt leicht, dass bei dieser Frequenz die Blindleitwerte beider Elemente L und C gleich sind und führt daher den Resonanzblindleitwert

$$B_R = \omega_R C = \frac{1}{\omega_R L} = \sqrt{\frac{C}{L}} \tag{5.15}$$

ein. Wegen der angesprochenen Dualität von Serien- und Parallelkreis verzichten wir auf die jeweils zweifache Darstellung und führen die Untersuchungen exemplarisch am Parallelschwingkreis durch. Die Beziehungen für den Serienkreis erhält man durch Austauschen der dualen Größen. Wir werden zudem eine normierte Darstellung entwickeln durch welche die Übersetzung weiter erleichtert wird.

Mit (5.15) können wir den Leitwert Y_K des Kreises auch schreiben als

$$Y_K = G_K + jB_R\left(\frac{f}{f_R} - \frac{f_R}{f}\right) = G_K\left(1 + j\frac{B_R}{G_K}\left(\frac{f}{f_R} - \frac{f_R}{f}\right)\right) \,. \tag{5.16}$$

Dabei bezeichnet man

$$Q_K = \frac{1}{d_K} = \frac{B_R}{G_K} \tag{5.17}$$

als die *Kreisgüte* und ihren Kehrwert d_K als die *Dämpfung* des Kreises. Weiterhin nennt man den dimensionslosen Parameter

$$v = \frac{f}{f_\text{R}} - \frac{f_\text{R}}{f} \tag{5.18}$$

die *relative Verstimmung*. Sie gibt die Ablage von der Resonanzfrequenz an. Für $f = f_\text{R}$ ist $v = 0$. Wir führen noch den *normierten Frequenzparameter* $F = Q_\text{K} \cdot v$ ein und erhalten damit die besonders einfache normierte Darstellung

$$Y_\text{K} = G_\text{K}(1 + jF) \tag{5.19}$$

für den komplexen Leitwert des Parallelkreises. Mit der Kreisspannung $U_\text{K} = I_0/Y_\text{K}$ und der maximalen Kreisspannung $U_{\text{K,max}} = I_0/G_\text{K}$ ergibt sich als Frequenzgang der auf $U_{\text{K,max}}$ bezogenen Schwingkreisspannung

$$\frac{U_\text{K}}{U_{\text{K,max}}} = \frac{1}{1 + jF}\,. \tag{5.20a}$$

Weil die im Wirkleitwert G_K umgesetzte Wirkleistung P_W direkt proportional ist zum Quadrat der Spannungsamplitude $|U_\text{K}|$, ergibt sich für deren Frequenzgang

$$\frac{P_\text{W}}{P_{\text{W,max}}} = \frac{1}{1 + F^2}\,. \tag{5.20b}$$

In Abb. 5.5 sind die Ortskurve und die Frequenzgänge dargestellt.

Den Frequenzbereich, in dem $P_\text{W}/P_{\text{W,max}} \geq 0{,}5$ ist, definiert man als die *Bandbreite* b_K des Schwingkreises. Die Bandgrenzen liegen bei $F = \pm 1$, also bei $v = \pm 1/Q_\text{K}$. Daraus ergibt sich die relative Bandbreite

$$\frac{b_\text{K}}{f_\text{R}} = \frac{1}{Q_\text{K}}\,. \tag{5.21}$$

Je größer also die Güte eines Schwingkreises, desto schmalbandiger ist er.

Beispiel 5.1 Um bei der Resonanzfrequenz $f_\text{R} = 100\,\text{MHz}$ eine Bandbreite von $b_\text{K} = 20\,\text{kHz}$ zu erzielen, benötigt man eine Kreisgüte von

$$Q_\text{K} = \frac{f_\text{R}}{b_\text{K}} = \frac{100\,\text{MHz}}{20\,\text{kHz}} = 5000\,.$$

Der Resonanzleitwert muss also 5000 mal größer sein, als der Parallelwirkleitwert.

Wir berechnen noch die Ströme durch die Blindelemente bei der Resonanzfrequenz und erhalten

$$I_L = \frac{U_{\text{K,max}}}{j\omega_\text{R} L} = -jI_0 Q_\text{K} \tag{5.22a}$$

$$I_C = \frac{U_{\text{K,max}}}{1/j\omega_\text{R} C} = jI_0 Q_\text{K}\,. \tag{5.22b}$$

Der Ringstrom durch L und C ist also bei der Resonanzfrequenz um den Faktor der Güte größer, als der Erregerstrom I_0. Besonders bei Schwingkreisen hoher Güte ist bei der Auslegung der Bauelemente auf diesen Umstand zu achten.

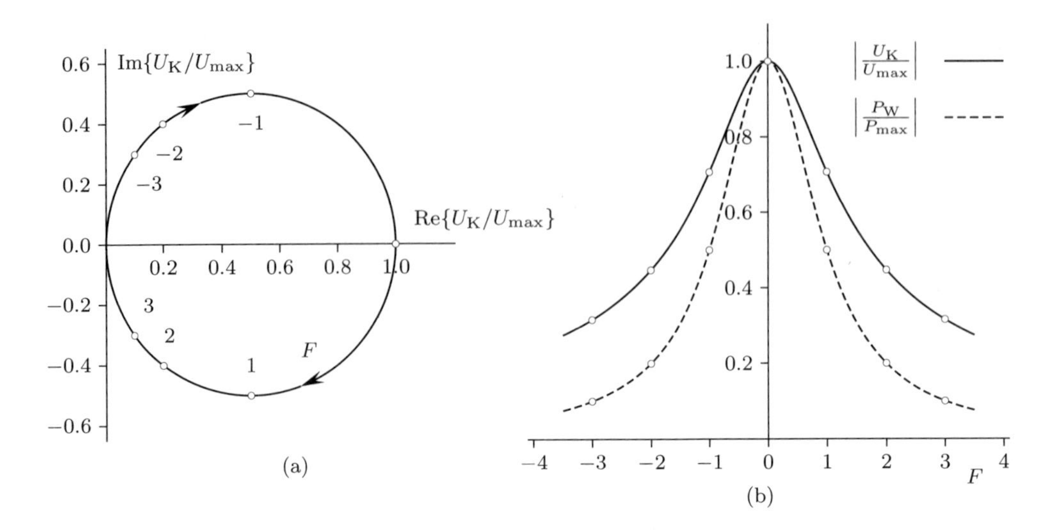

Abb. 5.5: Ortskurve der Schwingkreisspannung U_K (a) und Verlauf von Spannungsamplitude und umgesetzter Wirkleistung (b) als Funktion von F

5.2.2 Schmalbandnäherung

Häufig fällt die Resonanzfrequenz mit der Betriebsfrequenz zusammen und die Schaltung ist nur in einer engen Umgebung $2\Delta f$ um die Resonanzfrequenz herum zu analysieren. In diesem Fall kann der recht komplizierte Zusammenhang zwischen F und der physikalischen Frequenz f durch eine einfache Näherung ersetzt werden. Wir schreiben $f = f_\mathrm{R} + \Delta f$ und führen mit Δf die absolute Abweichung von der Resonanzfrequenz f_R ein. Damit erhält F die Darstellung

$$F = Q_\mathrm{K}\left(\frac{f_\mathrm{R}+\Delta f}{f_\mathrm{R}} - \frac{f_\mathrm{R}}{f_\mathrm{R}+\Delta f}\right) = Q_\mathrm{K}\left(1 + \frac{\Delta f}{f_\mathrm{R}} - \frac{1}{1+\frac{\Delta f}{f_\mathrm{R}}}\right). \tag{5.23}$$

Auf den letzten Summanden kann die Näherung $1/(1+x) \approx 1 - x$ angewendet werden, falls $x := \Delta f / f_\mathrm{R} \ll 1$ ist. Damit ergibt sich die Schmalbandnäherung

$$F \approx 2Q_\mathrm{K} \cdot \frac{\Delta f}{f_\mathrm{R}} = 2\frac{\Delta f}{b_\mathrm{K}} \tag{5.24}$$

für den normierten Frequenzparameter F.

5.2.3 Güte von Reflexionsresonatoren

Der folgende Abschnitt soll die grafische Behandlung von Reflexionsresonatoren (Eintor-Resonatoren) erläutern. Mit Hilfe des Smith-Diagramms ist das Aufsuchen der 3-dB-Bandbreitenpunkte auf der Ortskurve des Resonatorleitwertes besonders leicht. Aus

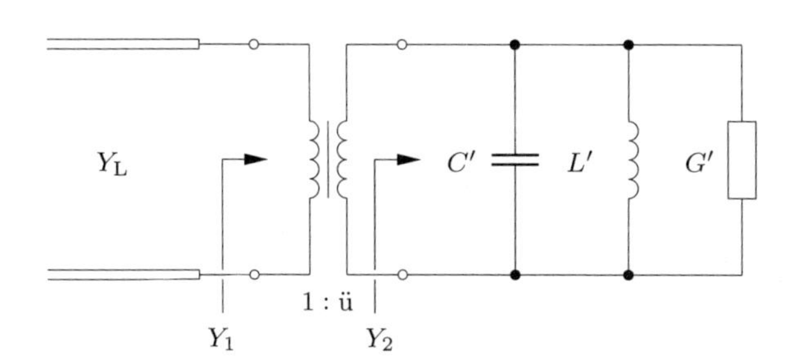

Abb. 5.6: Ersatzschaltbild eines Reflexionsresonators mit Ankopplung an eine Hochfrequenzleitung

der Bandbreite folgt direkt die Resonatorgüte, wobei die Unterscheidung zwischen der Eigengüte, der externen und der belasteten Güte auf erstaunlich einfache Weise möglich ist.

Zur Herleitung der Konstruktion betrachten wir das Ersatzschaltbild eines Resonators, der durch ein verlustfreies Koppelzweitor an das Ende einer Leitung mit Wellenwiderstand $Z_\mathrm{L} = 1/Y_\mathrm{L}$ angekoppelt ist (Abb. 5.6). Der Leitwert Y_2 des Parallelkreises (ohne Koppelzweitor) ist zunächst

$$Y_2 = G'(1 + jQ_0 v)\,, \tag{5.25}$$

wobei die Eigengüte $Q_0 = Y_\mathrm{K}'/G'$ und die relative Verstimmung $v = \omega/\omega_0 - \omega_0/\omega$ verwendet wurden. $Y_\mathrm{K}' = \omega_0 C' = 1/(\omega_0 L')$ ist mit der Resonanzfrequenz $\omega_0 = 1/\sqrt{L'C'}$ der Resonanzblindleitwert des Kreises. Für kleine Abweichungen $\Delta\omega$ von der Resonanzfrequenz ω_0 ist die Schmalbandnäherung $v \approx 2\Delta\omega/\omega_0 = 2\delta\omega$ zulässig. Sie wird für die folgenden Betrachtungen auch stets verwendet.

Das Koppelzweitor transformiert Y_2 in den Abschlussleitwert $Y_1 = \text{ü}^2 Y_2$ der angeschlossenen Leitung. Wegen $Y_\mathrm{K} = \text{ü}^2 Y_\mathrm{K}'$ und $G = \text{ü}^2 G'$ wird die Eigengüte Q_0 durch diese Transformation *nicht* verändert. Es ergibt sich

$$y_1 = \frac{Y_1}{Y_\mathrm{L}} = \frac{1}{\kappa}(1 + jQ_0 2\delta\omega) = \frac{1}{\kappa} + jQ_\mathrm{ext} 2\delta\omega \tag{5.26}$$

mit dem Ankopplungsmaß $\kappa = Y_\mathrm{L}/G$ und der externen Güte $Q_\mathrm{ext} = Q_0/\kappa = Y_\mathrm{K}/Y_\mathrm{L}$. In Abb. 5.7 ist der Verlauf von (5.26) für drei verschiedene Werte von κ sowohl in der y- wie auch in der r-Ebene (Impedanzdiagramm) gezeigt. Eine Dimensionierung mit $\kappa = 1$ bezeichnet man als kritische Kopplung und entsprechend heißt eine Kopplung mit $\kappa < 1$ unterkritisch, mit $\kappa > 1$ überkritisch.

Die vom Resonator absorbierte Leistung bezogen auf die verfügbare Leistung ist $p = 1 - |r_1|^2$. Mit (3.57) ergibt sich also

$$p = 1 - \left|\frac{1 - \frac{1}{\kappa}(1 + jQ_0 2\delta\omega)}{1 + \frac{1}{\kappa}(1 + jQ_0 2\delta\omega)}\right|^2 = 1 - \frac{(\kappa - 1)^2 + (Q_0 2\delta\omega)^2}{(\kappa + 1)^2 + (Q_0 2\delta\omega)^2}\,. \tag{5.27}$$

Dieser Ausdruck nimmt für $\delta\omega = 0$ seinen Maximalwert $p_\mathrm{max} = 4\kappa/(\kappa + 1)^2$ an. Für

$$\delta\omega_{3\,\mathrm{dB}} = \pm\frac{1}{2}\frac{\kappa + 1}{Q_0} \tag{5.28}$$

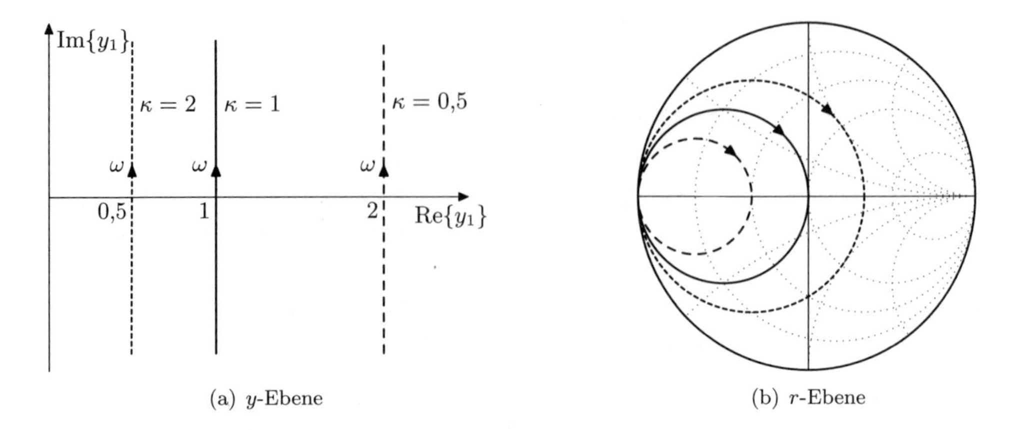

(a) y-Ebene (b) r-Ebene

Abb. 5.7: Ortskurven des Klemmenleitwertes eines Reflexionsresonators bei verschiedenen Ankopplungsmaßen κ. Kurvenparameter ist die Kreisfrequenz ω

ist $p = 0{,}5p_{\max}$, sodass sich mit der belasteteten Güte $Q_\mathrm{L} = Q_0/(\kappa+1)$ der Zusammenhang

$$\delta\omega_{3\,\mathrm{dB};L} = \frac{1}{2Q_\mathrm{L}} \tag{5.29a}$$

ergibt. Wegen der Definition der Güten gilt dies auch für die Eigengüte und für die externe Güte:

$$\delta\omega_{3\,\mathrm{dB};\,0} = \frac{1}{2Q_0} \tag{5.29b}$$

$$\delta\omega_{3\,\mathrm{dB};\,\mathrm{ext}} = \frac{1}{2Q_\mathrm{ext}}\,. \tag{5.29c}$$

Zur Bestimmung der zugehörigen Punkte auf der Ortskurve $y_1(\omega, \kappa = \mathrm{const})$ suchen wir zusätzlich die Ortskurven $y_1(\kappa, \omega = \pm\delta\omega = \mathrm{const})$. Die gesuchten Punkte ergeben sich dann als die Schnittpunkte dieser Ortskurvenpaare. Der normierte Leitwert y_1 ausgedrückt durch die drei Güten ist

$$y_1 = \frac{1}{\kappa}(1 + jQ_0 2\delta\omega) = \frac{1}{\kappa} + jQ_\mathrm{ext}2\delta\omega = \frac{1}{\kappa} + jQ_\mathrm{L}\frac{1+\kappa}{\kappa}2\delta\omega\,. \tag{5.26'}$$

Setzt man in diese Beziehung die Frequenzabweichungen (5.29) ein, so erhält man die

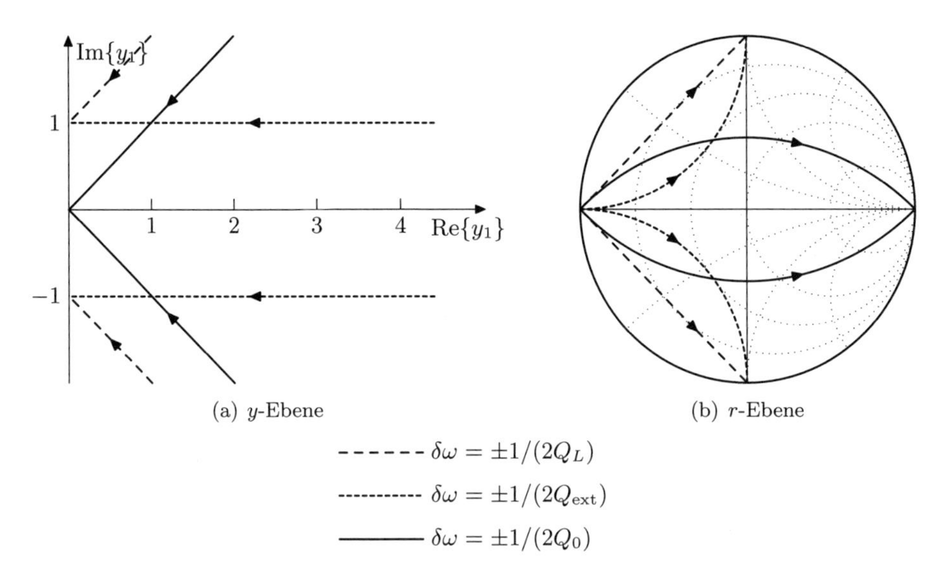

(a) y-Ebene (b) r-Ebene

Abb. 5.8: Ortskurven des Klemmenleitwertes eines Reflexionsresonators bei festen Verstimmungen $\delta\omega$. Kurvenparameter ist das Ankopplungsmaß κ

Ortskurven

$$y_1(\delta\omega = \pm\frac{1}{2Q_0}) = \frac{1}{\kappa} \pm j\frac{1}{\kappa}$$

$$y_1(\delta\omega = \pm\frac{1}{2Q_{\text{ext}}}) = \frac{1}{\kappa} \pm j$$

$$y_1(\delta\omega = \pm\frac{1}{2Q_{\text{L}}}) = \frac{1}{\kappa} \pm j(1 + \frac{1}{\kappa})$$

die in Abb. 5.8 dargestellt sind. Bei den Schnittpunkten der Ortskurve (5.26) mit diesen Ortskurven liegen also gerade die 3-dB-Bandbreitenpunkte bezüglich der jeweiligen Güten. Falls die Ortskurve (5.26) mit einer Frequenzskala versehen wird, so können auf diese Weise die Eigengüte, die externe Güte und die belastete Güte eines Resonators durch Ablesen der zugehörigen 3-dB-Bandbreiten grafisch bestimmt werden.

5.2.4 Resonanztransformatoren

Resonanzkreise können durch so genannte *Teilankopplung* zur Transformation Wirkwiderständen genutzt werden. Wir wollen im Folgenden das Prinzip der Teilankopplung erläutern und mit Hilfe von Näherungen, die wir schon bei der Berechnung von Ersatzschaltbildern verlustbehafteter Bauelemente angewendet haben, einfache Dimensionierungsformeln ableiten.

Abbildung 5.9 zeigt zwei Parallelresonanzkreise, in denen die Kapazität bzw. die Induktivität als Serienschaltung zweier Einzelelemente ausgeführt ist. Die für die Re-

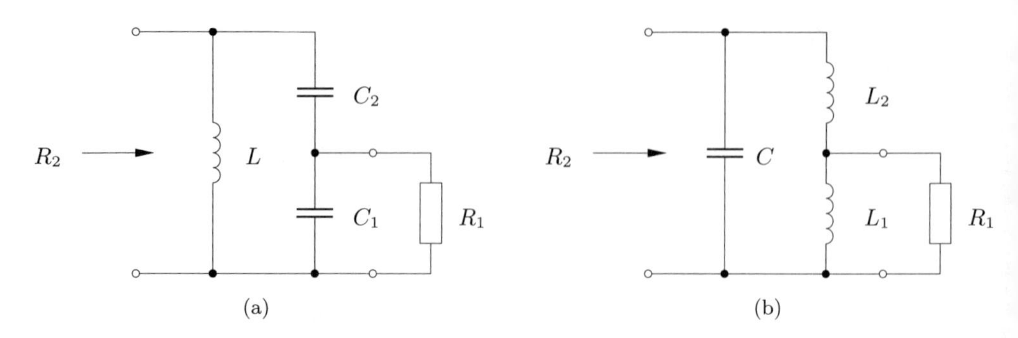

Abb. 5.9: Zur Transformation von Wirkwiderständen in Resonanzkreisen

sonanzfrequenz maßgeblichen Gesamtelemente C_{ges} bzw. L_{ges} berechnen sich aus

$$C_{\text{ges}} = \frac{C_1 \cdot C_2}{C_1 + C_2} \qquad \text{Abb. 5.9a} \tag{5.30a}$$

$$L_{\text{ges}} = L_1 + L_2 \qquad \text{Abb. 5.9b} \tag{5.30b}$$

In der Umgebung der Resonanzfrequenz ist die Klemmenimpedanz der Transformationsschaltung näherungsweise reell, wir bezeichnen ihren Wert mit R_2. Dieser Frequenzbereich ist daher auch der Betriebsfrequenzbereich der Schaltung. Hieraus ergibt sich die Dimensionierungsvorschrift für die Resonanzfrequenz.

Der Verlustwiderstand R_1 – er entspricht beispielsweise dem Eingangswiderstand der nachfolgenden Verstärkerstufe – ist dem Teilelement C_1 bzw. L_1 parallel geschaltet. Wir wollen nun annehmen, dass diese Parallelschaltung als Kapazität (Induktivität) mit kleinen Verlusten betrachtet werden kann und führen die folgenden Rechnungen exemplarisch anhand der Schaltung Abb. 5.9a durch. Die Parallelschaltung $R_1 \parallel C_1$ kann mit (4.33) zunächst in eine äquivalente Serienschaltung mit dem Serienwiderstand

$$R_{\text{S1}} = \frac{1}{(\omega C_1)^2 R_1}$$

umgerechnet werden. Im zweiten Schritt ist dieser Serienschaltung die Kapazität C_2 und es ergibt sich $R_{\text{S1}} + jX$ mit

$$jX = \frac{1}{j\omega C_1} + \frac{1}{j\omega C_2} .$$

Diese Serienschaltung kann wiederum in eine äquivalente Parallelschaltung mit dem gesuchten Widerstand R_2 umgerechnet werden. Wir erhalten mit $jX = 1/(j\omega C_1) + 1/(j\omega C_2)$

$$R_2 = \frac{X^2}{R_{\text{S1}}} = \left(\frac{C_1 + C_2}{\omega C_1 C_2}\right)^2 (\omega C_1)^2 R_1$$

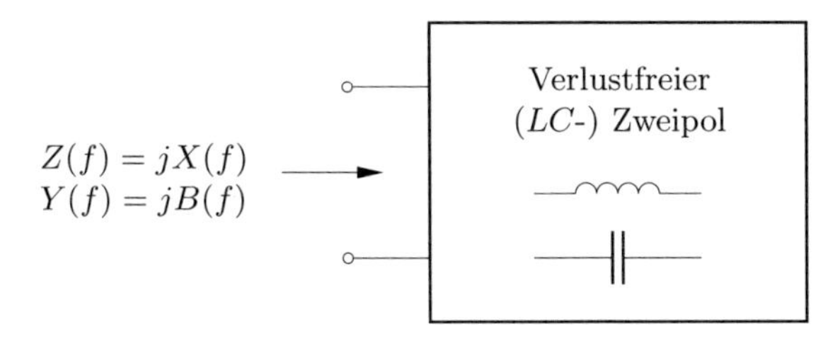

Abb. 5.10: Die Eingangsreaktanz $X(f)$ bzw. die Eingangssuszeptanz $B(f)$ eines Reaktanzzweipols bezeichnet man als Reaktanzzweipolfunktion

und hieraus die Beziehung (5.31a).

$$R_2 = \left(\frac{C_1 + C_2}{C_2}\right)^2 \cdot R_1 \qquad \text{Abb. 5.9a} \tag{5.31a}$$

$$R_2 = \left(\frac{L_1 + L_2}{L_1}\right)^2 \cdot R_1 \qquad \text{Abb. 5.9b} \tag{5.31b}$$

Eine analoge Behandlung der Schaltung Abb. 5.9b führt auf (5.31b). Falls die Betriebsfrequenz f gleich der Resonanzfrequenz $f_\mathrm{R} = 1/(2\pi\sqrt{LC_\mathrm{ges}})$ bzw. $f_\mathrm{R} = 1/(2\pi\sqrt{L_\mathrm{ges}C})$ ist, so verschwindet der Blindleitwert des Parallelkreises. Die Impedanz an den Eingangsklemmen ist reell und hat (näherungsweise) den Wert R_2. Voraussetzung für die Gültigkeit von (5.31) ist allerdings die Anwendbarkeit von (4.33). Die Dämpfung des Resonanzkreises durch R_1 muss also gering sein. Überschlägig kann man sagen, dass die Kreisgüte $Q > 10$ sein muss. Äquivalent ist die Aussage, die relative Bandbreite b_K müsse kleiner als 10 % sein.

5.2.5 Das fostersche Theorem

Nachdem wir bisher stets Resonanzschaltungen mit einer einzigen Resonanzfrequenz (Schwingkreise) behandelt haben, wollen wir kurz Schaltungen ansprechen, die *mehrere* Resonanzen aufweisen. Zweipole, die ausschließlich aus reaktiven Elementen (L und C) aufgebaut sind, bezeichnet man als *Reaktanzzweipole*. Ihre Klemmenimpedanz besitzt charakteristische Eigenschaften, die alleine dadurch begründet werden können, dass in dem Zweipol keine ohmschen Widerstände vorhanden sind. Diese grundsätzlichen Eigenschaften sind im *fosterschen Theorem* zusammengefasst.

Die Aussagen des fosterschen Theorems gelten für *Reaktanzzweipolfunktionen* (RZPF). Der Imaginärteil $X(f)$ der Klemmenimpedanz $Z(f)$ eines LC-Zweipols ist eine solche RZPF. Man kann zeigen, dass der negative Kehrwert einer RZPF ebenfalls eine RZPF ist. Für uns bedeutet dies, dass sowohl die Klemmenreaktanz $X(f)$ als auch die Klemmensuszeptanz $B(f) = -1/X(f)$ eines LC-Zweipols RZPF'en sind. Die Aussagen des fosterschen Theorems gelten also in gleicher Weise für $X(f)$ wie für $B(f)$.

Zusammengefasst besagt das fostersche Theorem:

1. Eine RZPF steigt monoton mit f, kann aber Pole besitzen, in denen die RZPF von $+\infty$ nach $-\infty$ springt.

2. Die Polstellen und Nullstellen sind einfach und sie wechseln sich ab.
3. Die Punkte $f = 0$ und $f \to \infty$ sind entweder Polstelle oder Nullstelle.
4. Wenn der Zweipol aus n Blindelementen aufgebaut ist, dann gibt es *maximal* $n - 1$ Resonanzstellen in der RZPF.
5. Bei abwechselnder Serien- und Parallelschaltung und bei abwechselnder Verwendung von L und C wird die Maximalzahl von $n - 1$ Resonanzen sicher erreicht.

Die Pole und Nullstellen der Reaktanz bezeichnet man allgemein als *Resonanzen*. Ihre Namensgebung geschieht in Anlehnung an die Eigenschaften von Serien- und Parallelkreisen. So heißen die Pole von $X(f)$ *Parallelresonanzen* und die Nullstellen bezeichnet man als *Serienresonanzen*. Mit Hilfe des fosterschen Theorems kann der Frequenzgang von $X(f)$ bei einem Reaktanzzweipol zumindest qualitativ abgeschätzt werden, wenn die Anzahl der Reaktanzen bekannt ist, aus denen der Zweipol aufgebaut ist.

5.3 Breitbandschaltungen

Bisher behandelte Resonanzschaltungen waren ihrer Natur nach schmalbandige Gebilde, die nur in einem sehr begrenzten Frequenzintervall die gewünschten Eigenschaften zeigen. Ein solches Verhalten ist dann sinnvoll, wenn durch die Schaltung beispielsweise eine spektrale Selektion (Filterung) vorgenommen werden soll. An anderer Stelle kann umgekehrt die Forderung nach möglichst frequenzunabhängigem Verhalten auftreten, wenn etwa die Antennenanpassung einer Sendeendstufe für mehrere Kanäle brauchbar sein soll. In diesem Fall soll eine Eigenschaft (im Beispiel die Leistungsanpassung) für einen breiten Frequenzbereich zumindest akzeptabel sein. Man spricht hier demzufolge von *Breitbandschaltungen*.

In aller Regel bedeutet *Breitbandigkeit* die Fähigkeit, Signale in einem möglichst großen Frequenzbereich zu übertragen, also einem Verbraucher zuzuführen. Es geht also um Schaltungen, die eine breitbandige Leistungsanpassung ermöglichen, vor allem dann, wenn der Verbraucher von sich aus diese Eigenschaft nicht hat. Dies ist dann der Fall, wenn die Impedanz $Z(f)$ des Verbrauchers einen starken Frequenzgang aufweist, und von sich aus nur für wenige oder gar keine Frequenzen den Wert R des Generatorinnenwiderstandes annimmt. Idealerweise würde also die Forderung nach Breitbandigkeit von einer Schaltung erfüllt, die eine Impedanz $Z(f)$ für alle Frequenzen in den reellen Widerstand R transformiert. Eine solche Transformationsschaltung sollte selbst natürlich keine Wirkverluste haben (Abb. 5.12).

Es kann allgemein gezeigt werden, dass diese Forderung in dieser idealisierten Form nicht erfüllt werden kann. Reale Breitbandschaltungen werden ihre Aufgabe nicht für alle Frequenzen erfüllen, sondern nur für ein begrenztes Frequenzband. Die Leistungsanpassung wird auch dort nicht für alle Frequenzen ideal sein können, sondern lediglich gewisse Toleranzen einhalten können. Damit gehört es zur Grundaufgabe beim Entwurf von Breitbandschaltungen, bei gegebenen Toleranzen für die Anpassung den nutzbaren Frequenzbereich möglichst groß zu gestalten.

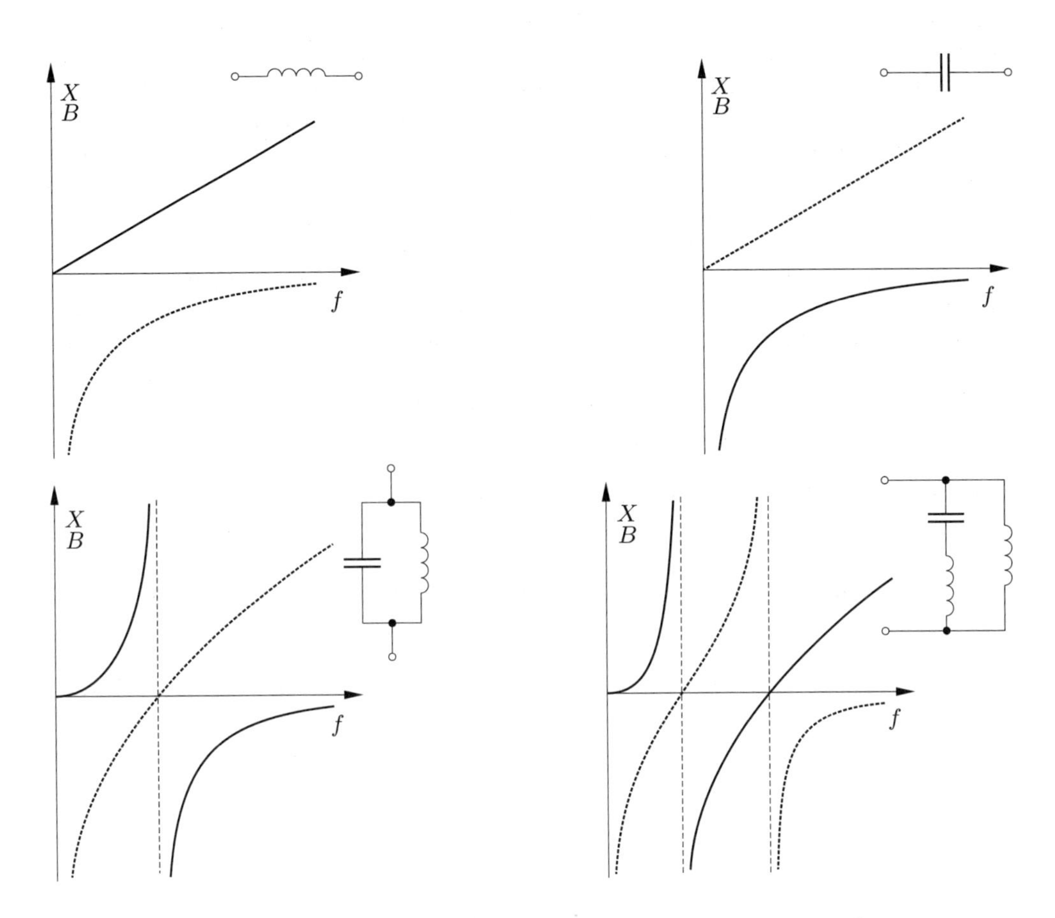

Abb. 5.11: Beispiele für qualitative Frequenzgänge der Klemmenreaktanz

Abb. 5.12: Ideale breitbandige Leistungsanpassung

Die Entwicklung von breitbandigen Eigenschaften ist ein weites Gebiet innerhalb der Hochfrequenztechnik, das mit zunehmenden Datenraten in der Kommunikationstechnik inzwischen zu den wichtigsten Disziplinen zählt. Sie erfordert große Grundlagenkenntnis der Netzwerk-, System- und Feldtheorie und stützt sich zu einem nicht unerheblichen Teil auch auf die Erfahrung und Kunst des Entwicklers. Wir können in diesem Rahmen dieses Gebiet daher unmöglich vollständig abdecken. Den Einblick in die grundsätzlichen Prinzipien und Überlegungen kann man jedoch anhand von einfachen Beispielen gewinnen. Dazu wollen wir annehmen, dass der Realteil der Verbraucherimpedanz bzw. -admittanz bereits den Wert R bzw. $1/R$ habe und die Frequenzabhängigkeit durch ein paralleles oder in Serie liegendes Blindelement beschrieben wird. Die Aufgabe der breitbandigen Anpassung besteht dann darin, die Wirkung des parasitären Blindelementes zu kompensieren. Dieses soll nicht mehr nur für eine Frequenz geschehen, sondern, mit gewissen Abweichungen, für einen möglichst großen Frequenzbereich.

Für solche Kompensationsschaltungen lassen sich zwei Grundregeln formulieren:

1. Parallelblindelemente werden durch Serienblindelemente kompensiert und umgekehrt.

2. Parallelblindleitwert und Serienblindwiderstand müssen die gleiche Frequenzabhängigkeit aufweisen.

Dabei kann die erste Regel anschaulich damit begründet werden, dass Blindleitwerte wie auch Blindwiderstände mit der Frequenz nur wachsen können. Durch Parallel- oder Serienschaltung allein kann somit sicher keine breitbandige Kompensation erreicht werden. Wir wollen das Vorgehen an zwei Beispielen aufzeigen.

Parallelblindkomponente

Wir betrachten einen Leitwert $G = 1/R$, dem ein parasitäres Blindelement mit dem Leitwert jB parallel geschaltet sei (Abb. 5.13a). Die Suszeptanz $B(f)$ sei in normierter Form beschrieben durch $B = GF$ mit einer dimensionslosen Funktion $F(f)$. Weiter unten werden wir in einem Beispiel zeigen, wie diese Funktion gefunden werden kann. Zunächst beschreibe aber $F(f)$ allgemein die Frequenzabhängigkeit der zu kompensierenden Reaktanz. Zur Kompensation wird man ein Serienblindelement jX_S einsetzen, dessen Frequenzabhängigkeit geeignet zu wählen ist. Die Klemmenimpedanz des Zweipols nach Abb. 5.13a ist

$$Z_1 = \frac{1}{G + jGF} + jX_\mathrm{S} = R\frac{1}{1 + jF} + jX_\mathrm{S}\,. \tag{5.32}$$

Wir verwenden die Reihenentwicklung $1/(1 + x) = 1 - x + x^2 - x^3 + \ldots$ und erhalten

$$Z_1 = R\left(1 - jF - F^2 + jF^3 - \ldots + j\frac{X_\mathrm{S}}{R}\right)\,. \tag{5.33}$$

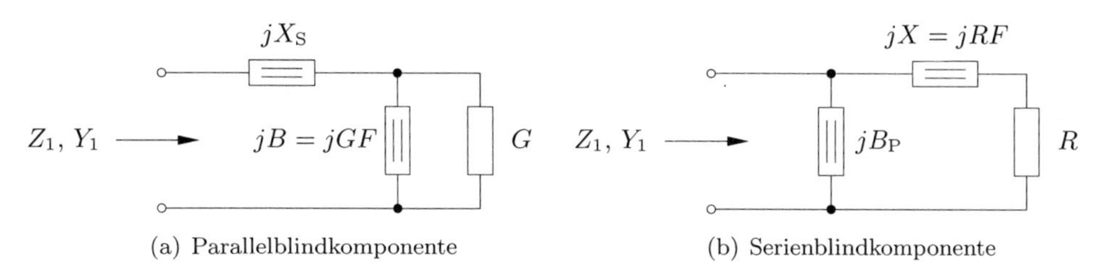

(a) Parallelblindkomponente

(b) Serienblindkomponente

Abb. 5.13: Zur breitbandigen Kompensation von Blindkomponenten

Der für kleine Verstimmungen dominante lineare Term lässt sich vollständig kompensieren, wenn

$$X_S = RF(f) . \tag{5.34}$$

Als normierte Eingangsimpedanz der kompensierten Schaltung ergibt sich

$$z_1 = \frac{Z_1}{R} = \frac{1}{1+jF} + jF = \frac{1+jF^3}{1+F^2} . \tag{5.35}$$

Beispiel 5.2 Das parasitäre Element sei eine Parallelkapazität, also

$$j\omega C = jGF(f) .$$

Daraus ergibt sich der Frequenzparameter

$$F(f) = \omega\frac{C}{G} = \frac{2\pi C}{G} \cdot f .$$

Zur Kompensation wird eine Serieninduktivität mit

$$\omega L_S = R \cdot \omega\frac{C}{G}$$

also

$$L_S = R^2 C$$

benötigt.

Serienblindkomponente

Die gleichen Überlegungen wollen wir nun auf ein parasitäres Serienblindelement $Z = jX$ anwenden (Abb. 5.13b). Die zu kompensierende Serienreaktanz wird zunächst wieder in normierter Form $X = RF$ beschrieben. Damit ist der Eingangsleitwert der kompensierten Schaltung

$$Y_1 = \frac{1}{R(1+jF)} + jB_P = \frac{1}{R}\left(1 - jF - F^2 + \ldots + jB_P R\right) . \tag{5.36}$$

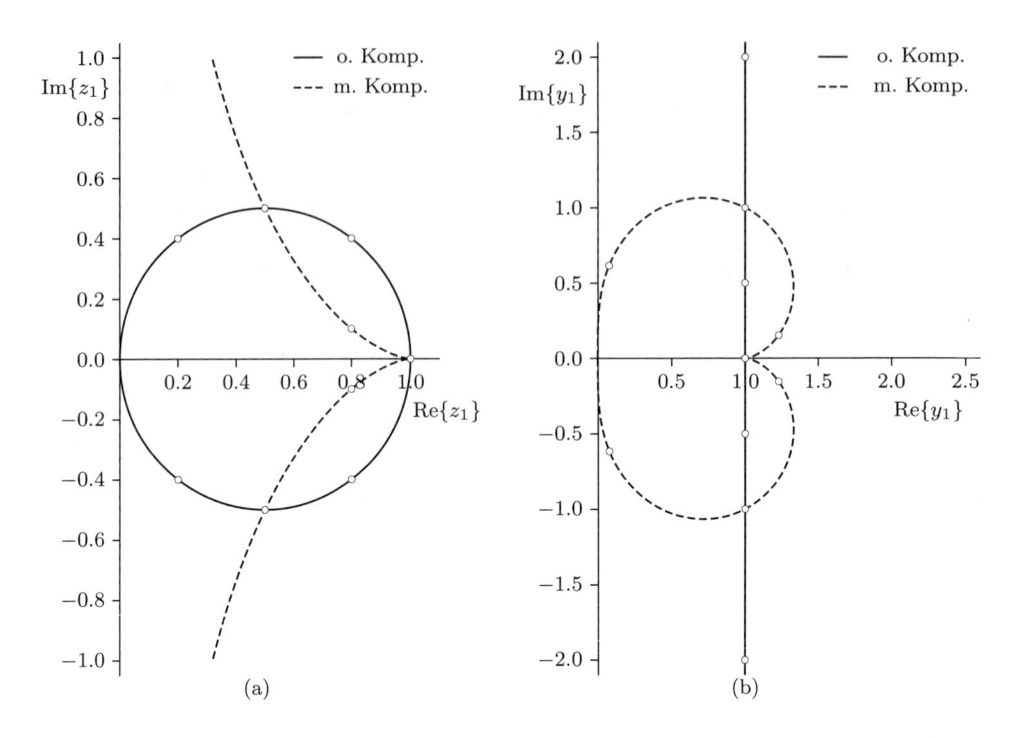

Abb. 5.14: Ortskurven der normierten Impedanz (a) und der normierten Admittanz (b) bei Serien- und Parallelkompensation. Die beiden Probleme sind zueinander dual, daher gelten beide Ortskurven sowohl für Serien- als auch für Parallelkompensation

Auch hier ergibt sich die Möglichkeit, den dominanten linearen Term vollständig zu kompensieren wenn

$$B_{\mathrm{P}} = \frac{1}{R} F(f) \tag{5.37}$$

gewählt wird. Der unkompensierte ist

$$Y = \frac{1}{R(1 + jF)} = \frac{1}{R} \frac{1 - jF}{1 + F^2} \,. \tag{5.38}$$

Die normierte Eingangsadmittanz der kompensierten Schaltung hat mit

$$y_1 = \frac{Y_1}{G} = \frac{1 + jF^3}{1 + F^2} \tag{5.39}$$

die gleiche Form, wie die normierte Impedanz einer Serienkompensation.

In Abb. 5.14 sind die Ortskurven der Impedanz und der Admittanz jeweils ohne und mit Kompensationselement dargestellt. Die Achsenbezeichnungen beziehen sich auf die

Parallelkompensation. Der Fall einer Serienkompensation ist dual, daher sind die Ortskurven mit vertauschten z- und y-Ebenen auch dort gültig. Markiert sind die Punkte $F = 0$ sowie $F = \pm 0{,}5$ und $F = \pm 1$. Man erkennt deutlich die schnelle Zunahme des Imaginärteils bei kleinen Verstimmungen, wenn kein Kompensationselement zugeschaltet ist. Die Ortskurve verläuft sogar mit unendlicher Steigung durch den Punkt $F = 0$. Mit einem entsprechend dimensionierten Kompensationselement nimmt der Blindanteil deutlich langsamer zu. Es wird auch deutlich, dass diese einfache Kompensation nur im Bereich $-1 \leq F \leq +1$ sinnvoll ist. Bei größeren Verstimmungen ist der Blindanteil mit Kompensation sogar größer, als ohne Kompensation.

Beispiel 5.3 Zu kompensieren sei eine Serieninduktivität $X = \omega L$. Der normierte Frequenzparameter F ergibt sich aus $\omega L = RF(f)$ zu

$$F(f) = \omega \frac{L}{R} = \frac{2\pi L}{R} \cdot f\,.$$

Aus $B_\mathrm{P} = (1/R)F(f)$ ergibt sich der Wert

$$C_\mathrm{P} = \frac{L}{R^2}$$

der notwendigen Parallelkapazität.

5.4 Filterschaltungen

5.4.1 Grundlagen

Die Aufgabe von Filterschaltungen – kurz *Filtern* – ist es, einem Verbraucher nur bei bestimmten Frequenzen Wirkleistung zuzuführen. In der Informations- und Übertragungstechnik entsteht an vielen Stellen die Aufgabe, gezielt die gewünschten Signalanteile zu selektieren oder umgekehrt unerwünschte störende Signale auszublenden. Bei den allermeisten Fällen geht es dabei nicht (nur) um einzelne Frequenzen, sondern um ausgedehnte Frequenzbereiche, so genannte Frequenz*bänder*. Nur in seltenen Fällen ist es notwendig, mehrere diskrete Frequenzen durch gezielte Übertragungsnullstellen zu unterdrücken, um die dazwischen liegenden Frequenzen möglichst gut zu übertragen. Filter mit sehr scharfen einzelnen Übertragungsnullstellen nennt man *Notchfilter* (engl. notch = Kerbe). Wir wollen hier auf solche Sonderformen nicht näher eingehen, sondern nur ansprechen, dass neben den hier behandelten Filtertypen auch zahlreiche Sonderformen existieren und in Spezialfällen Anwendung finden.

Der weitaus häufigere Fall besteht in der Aufgabe, bestimmte Frequenzbänder zu übertragen oder auszublenden. Die wichtigste Kenngröße eines Filters ist die übertragene Wirkleistung als Funktion der Frequenz, die so genannte *Leistungsübertragungsfunktion* oder der *Betragsfrequenzgang*. Dabei ist zu beachten, dass sich der Betragsfrequenzgang auf die Spannung an den Verbraucherklemmen bezieht, die Leistungsübertragung jedoch die übertragene Wirkleistung angibt. Häufig wählt man aber die logarithmische Angabe in dB, wodurch diese Unterscheidung entfällt. Zudem wird die

Darstellung meist auf die maximal verfügbare Wirkleistung $P_{\max}$ normiert, sodass als Maximalwert 1 oder 0 dB auftritt.

Die Frequenzen, an denen ein Übergang von einem Durchlass- in einen Sperrbereich stattfindet, kennzeichnet man durch *Eckfrequenzen* oder *Grenzfrequenzen.* In der Regel besitzen Filter nur einen wirklich erwünschten Durchlassbereich. Reale Filter weisen häufig neben diesem Nutzbereich noch einen oder mehrere unerwünschte Durchlass- oder Sperrbereiche auf, die auch aus systemtheoretischen Gründen nicht vermeidbar sind. Es ist dann darauf zu achten, dass diese zusätzlichen parasitären Bereiche für die Funktion des jeweiligen Gesamtsystems bedeutungslos sind. Je nach Übertragungsverhalten können vier Grundtypen von Filtern unterschieden werden.

Tiefpass überträgt von der Frequenz $f = 0$ (Gleichstrom, DC) bis zu seiner Eckfrequenz f_C und sperrt alle Frequenzen $f > f_\mathrm{C}$.

Hochpass sperrt alle Frequenzen von $f = 0$ bis zu seiner Grenzfrequenz f_C und überträgt alle Frequenzen $f > f_\mathrm{C}$.

Bandpass besitzt ein Übertragungsband zwischen seinen beiden Eckfrequenzen f_C1 und f_C2 und sperrt alle Anteile, die außerhalb dieses Bandes liegen. Ein Bandpass wird entweder durch seine Eckfrequenzen f_C1 und f_C2 spezifiziert, die man dann auch als *Bandkanten* bezeichnet, oder auch durch seine *Bandbreite* $B = f_\mathrm{C2} - f_\mathrm{C1}$ und seine *Mittenfrequenz* $f_\mathrm{m} = 0{,}5(f_\mathrm{C1} + f_\mathrm{C2})$.

Bandsperre verhält sich umgekehrt wie ein Bandpass und nimmt ein bestimmtes Frequenzband von der Übertragung aus. Die Kenngrößen sind die Gleichen, wie beim Bandpass.

In Abb. 5.15 sind qualitativ die Leistungsübertragungsfunktionen dieser Filter-Grundtypen in einer Übersicht zusammengestellt. Gestrichelt ist dabei der ideale Verlauf eingezeichnet, mit sprunghaften Übergängen zwischen Sperr- und Durchlassbereich, mit $P/P_{\max} = 1 = \text{const}$ im Durchlassbereich und $P/P_{\max} = 0 = \text{const}$ im Sperrbereich. Mit den Methoden der Systemtheorie kann gezeigt werden, dass diese idealen Verläufe nicht realisiert werden *können*, weil solche Systeme nicht kausal wären. Das heißt, dass bei solchen Systemen die Reaktion am Ausgang schon vorliegen müsste, obwohl die Erregung am Eingang noch gar nicht stattgefunden hat.

Reale Systeme können die idealen Verläufe nur annähern. Sie weisen dann eine Gruppenlaufzeit auf, die umso größer ist, je besser die Annäherung des idealen Verhaltens ist. Wie in den Beispielen in Abb. 5.15 gezeigt, erfolgt der Übergang zwischen Sperr- und Durchlassbereich bei realen Filtern nicht abrupt, sondern stetig. Als Eckfrequenz spezifiziert man dabei die Frequenz, bei der $P/P_{\max}$ auf 0,5 abgefallen ist. Um dieses zu verdeutlichen, spricht man auch gerne von der 3-dB-Grenzfrequenz. Entscheidend wird dann sein, wie schnell dieser Übergang erfolgt, man spricht in diesem Zusammenhang von der *Flankensteilheit.*

Ebenso kann die Übertragungsfunktion eines realen Systems nicht bereichsweise Null sein. Im Sperrbereich realer Filter kann es nur diskrete Übertragungsnullstellen geben.

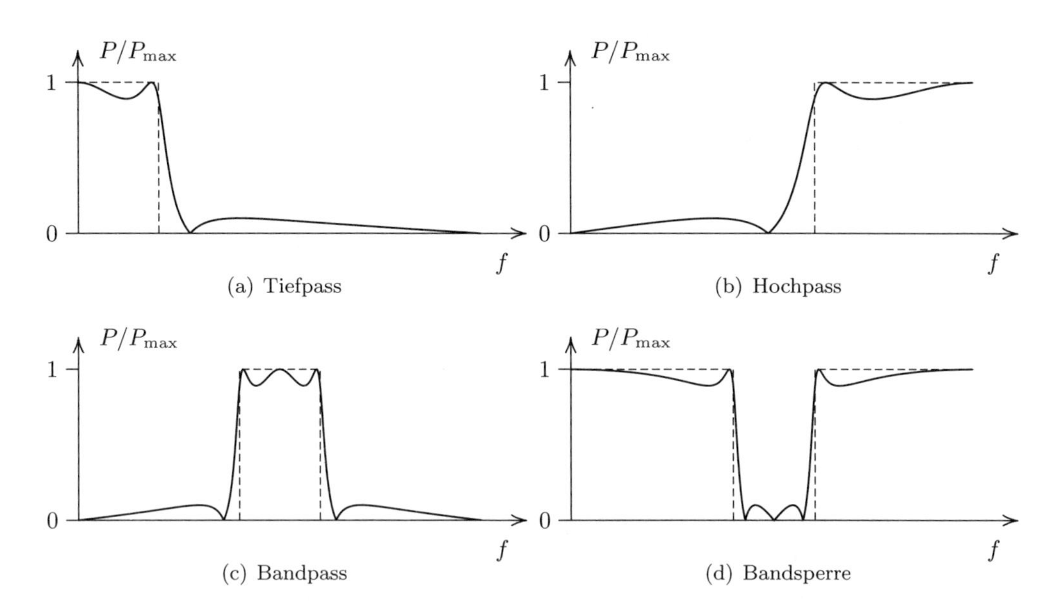

Abb. 5.15: Frequenzgänge der Filter-Grundtypen (idealisiert und real)

Die *Sperrdämpfung* ist dann der größte Wert, den die Leistungsübertragung im Sperrbereich annimmt. Entsprechend bezeichnet man den kleinsten Wert, den die Leistungsübertragung im Durchlassbereich annimmt als *Welligkeit.* Es gibt Filtertypen, die im Durchlassbereich keine Welligkeit aufweisen. Die Theorie zum Entwurf der verschiedenen Filtertypen bei vorgegebenem Toleranzschema mit maximaler Welligkeit, minimaler Sperrdämpfung und Steilheit des Überganges ist sehr umfangreich. In diesem Buch wollen wir nur die Funktionsweise eines in der Verstärkertechnik häufig verwendeten Bandfiltertyps erläutern.

5.4.2 Zweikreisige Kopplungsbandfilter

Der folgende Abschnitt soll das Funktionsprinzip einer wichtigen Bandpass-Filterstruktur erläutern. Sie findet häufig als Zwischenfrequenzfilter Einsatz und kann durch entsprechende Dimensionierung gleichzeitig als Koppelnetzwerk zwischen den einzelnen Transistorstufen etwa eines ZF-Verstärkers aufgebaut werden. Das Schaltbild der Struktur ist in Abb. 5.16 gezeigt. Wir wollen das Filter als Schaltung zur verlustfreien Impedanztransformation auffassen. Die übertragene Leistung bezogen auf die verfügbare Leistung ergibt sich aus dem Eingangsreflexionsfaktor $r_{\mathrm{E}} = (Z_1/R_{\mathrm{i}} - 1)/(Z_1/R_{\mathrm{i}} + 1)$ als $1 - |r_{\mathrm{E}}|^2$.

Das Filter in Abb. 5.16 ist aus zwei identischen Parallelschwingkreisen aufgebaut, die durch ein zunächst beliebiges reaktives Element mit der Impedanz jX_{K} gekoppelt sind. Zur Analyse der sich einstellenden Impedanztransformation betrachten wir zunächst

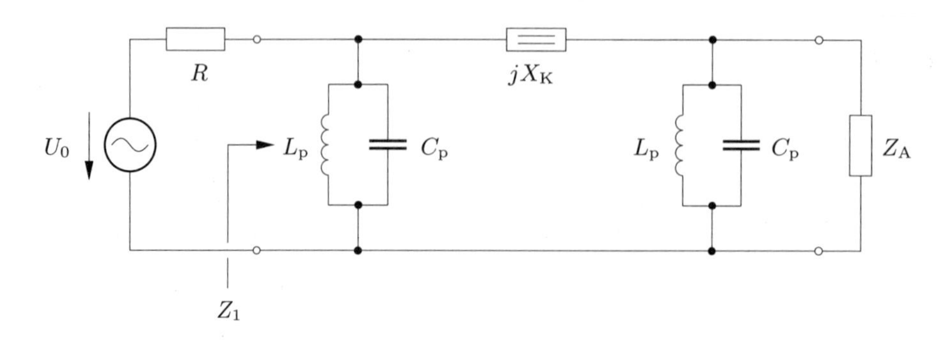

Abb. 5.16: Zweikreisiges Bandfilter

die Eigenschaften des ersten Parallelkreises aus den Elementen L_p und C_p, der zur Ausgangsimpedanz Z_A parallel geschaltet ist. Der Wert von Z_A sei mit $Z_A = R$ rein reell und habe den gleichen Wert, wie der Generatorinnenwiderstand. Ein Übertragungsmaximum dieses Filters wird bei den Frequenzen vorliegen, bei denen der Eingangswiderstand $Z_1 = R$ wird, also dann, wenn das Filter seine Abschlussimpedanz wieder in sich selbst transformiert. Um die Filtereigenschaften bei unterschiedlicher Wahl des Koppelelementes zu verstehen, fragen wir zunächst nach einem idealen Koppelelement $X_K(f)$, welches für *alle* Frequenzen maximale Leistungsübertragung sicherstellt. Die Wirkung realer Koppelelemente auf den Filterfrequenzgang lässt sich später einfach durch Vergleich ihrer Eigenschaften mit dem fiktiven idealen Koppelelement verstehen. Maximale Übertragung wird bei allen jenen Frequenzen vorliegen, bei denen die Impedanz eines realen Koppelelements mit der des idealen Elementes identisch ist.

Wir konstruieren den Pfad der Impedanztransformation in der komplexen Z-Ebene. Die Ortskurve der Impedanz eines Parallelkreises ist ein Kreis, der für $f = 0$ und $f \to \infty$ durch den Ursprung geht und symmetrisch zur Re$\{Z\}$-Achse liegt (Abb. 5.17a). Bei der Resonanzfrequenz ist $Z = R$, für alle anderen Frequenzen liegt die Impedanz auf dieser Ortskurve, sodass R durch den ersten Kreis in der gezeigten Weise transformiert wird. Ein in Serie liegendes Blindelement wird anschließend nur den Imaginärteil der Impedanz verändern. Verlangen wir, dass die Transformation insgesamt so beschaffen ist, dass an den Eingangsklemmen wieder $Z_1 = R$ vorliegt, so muss $X_K(f)$ gerade den zweifachen negativen Imaginärteil der Parallelkreisimpedanz haben. Nur so liegt die durch das Koppelelement transformierte Impedanz wieder derart auf der Ortskurve, dass der identische zweite Parallelkreis wieder zurück in den reellen Wert R transformiert (Abb. 5.17a). Nach kurzer Zwischenrechnung erhält man mit der Parallelkreisimpedanz

$$Z_p = \frac{1}{G + j\left(\omega C - \dfrac{1}{\omega L}\right)} \tag{5.40}$$

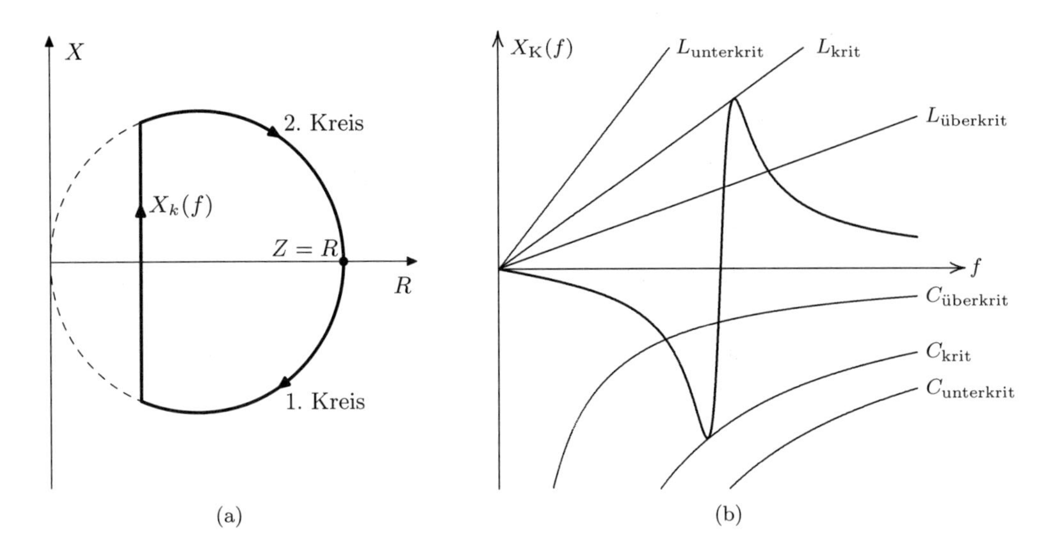

Abb. 5.17: Zweikreisiges Kopplungsbandfilter. (a) Transformation der Impedanz (b) idealer Verlauf von $X_K(f)$ und verschiedene Koppelelemente

und $B_p(f) = \omega C - \dfrac{1}{\omega L}$ die Funktion

$$X_K(f) = -2\mathrm{Im}\{Z_p\} = \frac{2\,B_p(f)\,R^2}{1 + (R\,B_p(f))^2} \tag{5.41}$$

für die Impedanz eines Koppelelementes, welches für alle Frequenzen Leistungsanpassung erzeugen würde. Der Verlauf von (5.41) ist in Abb. 5.17b zum Vergleich mit den Impedanzen von idealen Kapazitäten und Induktivitäten dargestellt. Zunächst ist offenkundig, dass ein solcher Verlauf – selbst wenn er technisch sinnvoll wäre – nicht durch ein Blindelement realisiert werden kann, weil er als fallende und steigende Funktion nicht die notwendigen Eigenschaften einer Reaktanzzweipolfunktion aufweist. Seine Kenntnis ist nun jedoch nützlich, um die Wirkung von realisierbaren Funktionen $X_K(f)$ zu beurteilen. Dazu betrachten wir nun die Kopplung über eine Kapazität C_K und eine Induktivität L_K. Wie Abb. 5.17b zeigt, können die Funktionen $X_K(f) = 2\pi f L_K$ bzw. $X_K(f) = -1/(2\pi f C_K)$ mit dem idealen Verlauf von $X_K(f)$ nach (5.41) entweder keinen, einen oder zwei Punkte gemeinsam haben. Bei diesen Frequenzen wird ein kapazitiv oder induktiv gekoppeltes Bandfilter seine Übertragungsmaxima aufweisen.

Die Kopplungsdimensionierung, bei der nur ein Maximalwert auftritt, bezeichnet man als *kritische* Kopplung. Der Wert der Koppelinduktivität für kritische Kopplung ergibt sich als positive Lösung von

$$\left(1 - \frac{4R^2 C_p}{L_p}\right) {L_K}^2 - 4R^2 C_p \cdot L_K + 4R^4 {C_p}^2 = 0\,, \tag{5.42}$$

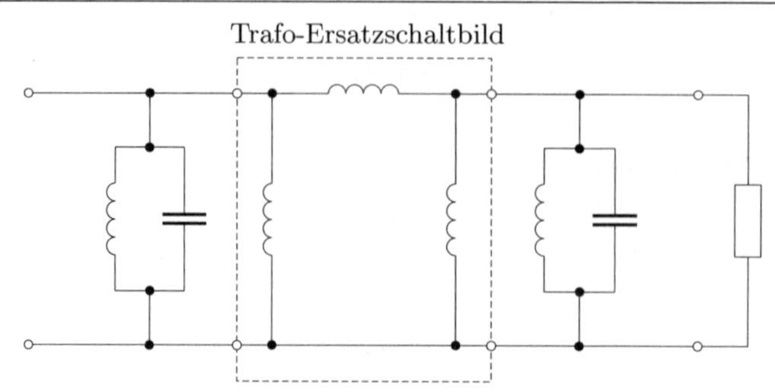

Abb. 5.18: Zweikreisiges Bandfilter mit transformatorischer Kopplung

der entsprechende Wert einer Koppelkapazität ist die positive Lösung von

$$\frac{4R^4}{{L_\mathrm{p}}^2} \cdot {C_\mathrm{K}}^2 - \frac{4R^2}{L_\mathrm{p}} \cdot C_\mathrm{K} + 1 - \frac{4R^2 C_\mathrm{p}}{L_\mathrm{p}} = 0\,. \tag{5.43}$$

Bei kleineren Induktivitäten bzw. größeren Kapazitäten gibt es zwei Schnittpunkte mit (5.41). Dieser Zustand heißt *überkritisch* gekoppelt. Falls es keine Schnittpunkte gibt und damit die mögliche maximale Wirkleistungsübertragung überhaupt nicht erreicht wird, ist das Filter *unterkritisch* gekoppelt. Weil die Nullstelle von (5.41) bei der gemeinsamen Resonanzfrequenz der beiden Parallelkreise liegt, erkennt man, dass der Durchlassbereich eines Kopplungsbandfilters im Fall induktiver Kopplung *oberhalb* dieser Resonanzfrequenz liegt, im Fall kapazitiver Kopplung liegt er *darunter*.

Um die gegenseitige Beeinflussung der Arbeitspunkte in Kette geschalteter Verstärkerstufen zu vermeiden, wird zur galvanischen Trennung häufig ein Übertrager als Koppelelement eingesetzt. Das π-Ersatzschaltbild eines Übertragers verdeutlicht, dass diese Art der Kopplung einer induktiven Kopplung äquivalent ist. Die auftretenden Querinduktivitäten liegen den Schwingkreisen parallel und können daher deren Induktivitäten zugerechnet werden (Abb. 5.18).

6 Elektromagnetische Wellen in homogenen Medien

6.1 Beschreibung von Wirkverlusten im Medium

6.1.1 Komplexe Materialparameter

Wir rekapitulieren zunächst unsere Ergebnisse zur Wellenausbreitung in *verlustfreien* Medien aus Abschnitt 2.4 und konzentrieren uns auf den Fall ebener Wellen. Für eine in y-Richtung polarisierte Welle, die sich in z-Richtung ausbreitet, fanden wir die Differenzialgleichung

$$\frac{\partial^2 E_y}{\partial z^2} + \omega^2 \varepsilon \mu E_y = 0 \tag{6.1}$$

und durch Exponentialansatz die Lösung

$$E_y(z) = E_{y0} \cdot e^{-j\beta z}\,. \tag{6.2}$$

Der zugehörige Zeitverlauf ist

$$e_y(t,z) = E_{y0} \cdot \cos(\omega t - \beta z) \tag{6.3}$$

mit dem Phasenmaß $\beta = \omega\sqrt{\varepsilon\mu}$. Die Auswertung des Induktionsgesetzes ergibt den Feldwellenwiderstand $Z_\mathrm{F} = \sqrt{\mu/\varepsilon}$ als Proportionalitätsfaktor zwischen elektrischem und magnetischem Feld.

Diese gesamte Theorie lässt sich schlüssig auf verlustbehaftete Medien erweitern, wenn die Verluste des Mediums durch komplexe Materialparameter $\underline{\varepsilon}_\mathrm{r}$ und $\underline{\mu}_\mathrm{r}$ beschrieben werden. Wir führen also ganz allgemein

$$\underline{\varepsilon}_\mathrm{r} = {\varepsilon_\mathrm{r}}' - j{\varepsilon_\mathrm{r}}'' \tag{6.4a}$$

$$\underline{\mu}_\mathrm{r} = {\mu_\mathrm{r}}' - j{\mu_\mathrm{r}}'' \tag{6.4b}$$

ein, wie wir dieses schon zur Beschreibung von dielektrischen Verlusten in Kondensatoren getan haben. Durch diese Erweiterung werden Wirkverluste beschrieben, die mit Polarisations- und Magnetisierungsvorgängen einher gehen. Es wird sich jedoch zeigen, dass auch die ohmsche Leitfähigkeit in diesen Formalismus eingebaut werden kann.

Als erste Konsequenz dieser Erweiterung ergibt sich eine nunmehr komplexe Wellenzahl

$$\underline{\beta} = \beta' - j\beta'' = \sqrt{\varepsilon_0 \underline{\varepsilon}_\mathrm{r} \mu_0 \underline{\mu}_\mathrm{r}}\,, \tag{6.5}$$

deren Imaginärteil gemäß

$$E_y = E_{y0} \cdot e^{-j\underline{\beta} z} = E_{y0} \cdot e^{-j\beta' z} \cdot e^{-\beta'' z} \tag{6.6}$$

die exponentielle Bedämpfung der Welle auf Grund von Verlusten beschreibt.

6.1.2 Näherung bei kleinen Verlusten

Wir wollen von nun an ausschließlich dielektrische Verluste betrachten und weiterhin davon ausgehen, dass diese Verluste klein seien. Wir setzen also $\underline{\mu}_\mathrm{r} = 1$ und nehmen $\varepsilon_\mathrm{r}'' \ll \varepsilon_\mathrm{r}'$ an. Für das komplexe Phasenmaß ergibt sich

$$\underline{\beta} = \omega\sqrt{\varepsilon_0(\varepsilon_\mathrm{r}' - j\varepsilon_\mathrm{r}'')\mu_0} = \omega\sqrt{\varepsilon_0\varepsilon_\mathrm{r}'\mu_0} \cdot \sqrt{1 - j\frac{\varepsilon_\mathrm{r}''}{\varepsilon_\mathrm{r}'}} \,. \tag{6.7}$$

Der zweite Wurzelausdruck kann mit Hilfe der Potenzreihenentwicklung von $\sqrt{1-x}$ für kleine Verluste angenähert werden, und es ergibt sich

$$\underline{\beta} \approx \omega\sqrt{\varepsilon_0\varepsilon_\mathrm{r}'\mu_0} \cdot \left(1 - j\frac{1}{2}\frac{\varepsilon_\mathrm{r}''}{\varepsilon_\mathrm{r}'}\right) = \omega\sqrt{\varepsilon_0\varepsilon_\mathrm{r}'\mu_0} - j\beta' \cdot \frac{1}{2}\frac{\varepsilon_\mathrm{r}''}{\varepsilon_\mathrm{r}'} \,. \tag{6.8}$$

6.1.3 Materialien mit endlicher Leitfähigkeit

Bei zusätzlicher Leitfähigkeit des Mediums tritt im differenziellen Durchflutungsgesetz neben dem Verschiebungsstrom auch der Ladungsstrom $\kappa\vec{E}$ auf und wir erhalten

$$\operatorname{rot}\vec{H} = j\omega\varepsilon_0\varepsilon_\mathrm{r}\vec{E} + \kappa\vec{E} = j\omega\varepsilon_0\vec{E}\left(\varepsilon_\mathrm{r} - j\frac{\kappa}{\omega\varepsilon_0}\right) \,. \tag{6.9}$$

Offenbar kann der Klammerausdruck als komplexe Permittivität aufgefasst werden, und es zeigt sich, dass der Einfluss der Leitfähigkeit auch durch

$$\underline{\varepsilon}_\mathrm{r} = \varepsilon_\mathrm{r}' - j\varepsilon_\mathrm{r}'' = \varepsilon_\mathrm{r} - j\frac{\kappa}{\omega\varepsilon_0} \tag{6.10}$$

richtig beschrieben wird. Bei guten Leitern dominiert der Ladungsstrom und es gilt $\kappa/(\omega\varepsilon_0) \gg \varepsilon_\mathrm{r}$. Der Realteil von $\underline{\varepsilon}_\mathrm{r}$ kann in Leitern also gegen den Imaginärteil vernachlässigt werden und wir erhalten

$$\underline{\varepsilon}_\mathrm{r} = -j\frac{\kappa}{\omega\varepsilon_0} \,. \tag{6.11}$$

Aus (6.5) ergibt sich

$$\underline{\beta} = \omega\sqrt{\varepsilon_0\mu_0} \cdot \sqrt{-j\frac{\kappa}{\omega\varepsilon_0}} = \omega\sqrt{\varepsilon_0\mu_0} \cdot \sqrt{\frac{\kappa}{\omega\varepsilon_0}} \cdot e^{-j\pi/4} \,. \tag{6.12}$$

Demnach gilt in Leitern

$$\beta' = \beta'' = \sqrt{\frac{\omega\kappa\mu_0}{2}} \,. \tag{6.13}$$

Man vergleiche dieses mit den Ergebnissen der Überlegungen zum Skineffekt in Abschnitt 2.3.3. Dort wurde in (2.33) das gleiche Ergebnis erhalten.

6.1.4 Mittlerer Leistungsfluss bei Verlusten

Im Falle einer sich in z-Richtung ausbreitenden ebenen Welle beträgt die vektorielle Leistungsflussdichte

$$\vec{P}_* = \mathrm{Re}\left\{\frac{1}{2}(\vec{E} \times \vec{H}^*)\right\} = \frac{1}{2}|E_y| \cdot |H_x| \cdot \vec{e}_z = P_{*z} \cdot \vec{e}_z\,. \tag{6.14}$$

Im verlustbehafteten Medium ergeben sich die exponentiell bedämpften Felder

$$E_y = \quad E_{y0} \cdot e^{-\beta'' z} \cdot e^{-j\beta' z} \tag{6.15a}$$

$$H_x = -\frac{E_{y0}}{Z_\mathrm{F}} \cdot e^{-\beta'' z} \cdot e^{-j\beta' z} \tag{6.15b}$$

und damit eine mit wachsendem z abklingende Leistungsflussdichte

$$P_{*z} = \frac{1}{2}\frac{|E_{y0}|^2}{Z_\mathrm{F}} \cdot e^{-2\beta'' z}\,. \tag{6.16}$$

Die Änderung der Leistungflussdichte ist

$$\frac{\mathrm{d}P_{*z}}{\mathrm{d}z} = -\beta'' \frac{|E_{y0}|^2}{Z_\mathrm{F}} \cdot e^{-2\beta'' z} = -\frac{1}{2}\,\omega\varepsilon_0{\varepsilon_\mathrm{r}}''|E_{y0}|^2 \cdot e^{-2\beta'' z} \tag{6.17}$$

und für ihre Abnahme gilt

$$p_\mathrm{V} = -\frac{\mathrm{d}P_{*z}}{\mathrm{d}z} = \frac{\text{Leistungsdichteverlust}}{\text{Längeneinheit}} = \frac{\text{Leistungsverlust}}{\text{Volumeneinheit}}\,,$$

es ist also $[p_\mathrm{V}] = \mathrm{W/m^3}$. Aus (6.17) folgt bei Einbeziehung magnetischer Verluste für beliebige z

$$p_\mathrm{V} = \frac{\omega\varepsilon_0{\varepsilon_\mathrm{r}}''}{2}\,|E_y|^2 + \frac{\omega\mu_0{\mu_\mathrm{r}}''}{2}\,|H_x|^2\,. \tag{6.18}$$

Die in Wärme umgesetzte Leistung je Masseneinheit bezeichnet man als spezifische Absorptionsrate (SAR). Sie errechnet sich mit der Dichte ϱ des Mediums zu

$$\mathrm{SAR} = \frac{p_\mathrm{V}}{\varrho} \tag{6.19}$$

und es ist folglich $[\mathrm{SAR}] = \mathrm{W/kg}$.

6.2 Wechselwirkung mit dielektrischen Materialien

6.2.1 Makroskopische Betrachtungsweise

Im Makroskopischen ist eine elektrische Polarisation zu beobachten, wenn dielektrische Materialien einem äußeren elektrischem Feld ausgesetzt sind. Diese Polarisationserscheinung wird beschrieben durch den Vektor der elektrischen Polarisation $\vec{P}$. Die gesamte elektrische Flussdichte $\vec{D}$ in polarisierbaren Stoffen beträgt

$$\vec{D} = \varepsilon_0 \vec{E} + \vec{P} = \varepsilon_0 \varepsilon_{\mathrm{r}} \vec{E}. \tag{6.20}$$

Damit ist bereits vorweggenommen, dass diese Erscheinung makroskopisch in der relativen Permittivität ε_{r} erfasst ist. Bei praktisch allen technischen Dielektrika ist das äußere elektrische Feld $\vec{E}$ die vorherrschende Ursache für die Polarisation $\vec{P}$, und es gilt der proportionale Zusammenhang

$$\vec{P} = \varepsilon_0 \, \chi_{\mathrm{el}} \, \vec{E} \tag{6.21}$$

mit der elektrischen Suszeptibilität χ_{el}. Die Polarisation überlagert sich der äußeren elektrischen Flussdichte zur Gesamtflussdichte

$$\vec{D} = \varepsilon_0 \vec{E} + \vec{P} = \varepsilon_0 (1 + \chi_{\mathrm{el}}) \vec{E} \tag{6.22}$$

und mit der Abkürzung $\varepsilon = \varepsilon_{\mathrm{r}} \varepsilon_0 = (1 + \chi_{\mathrm{el}}) \varepsilon_0$ ergibt sich makroskopische Materialgleichung

$$\vec{D} = \varepsilon \vec{E} \, . \tag{6.23}$$

Von dieser makroskopischen Beschreibung sind die mikroskopischen Ursachen für die Polarisation zu unterscheiden. Die drei wichtigsten Mechanismen sollen im Folgenden kurz angesprochen werden.

6.2.2 Mikroskopische Betrachtungsweise

Die makroskopisch beobachtbare Polarisation von Substanzen ist eine Folge von Vorgängen, die sich im molekularen oder atomaren Bereich abspielen. Das Dipolmoment $\mathrm{d}\vec{p}$ eines Volumenelementes $\mathrm{d}V$ entsteht durch die Überlagerung

$$\mathrm{d}\vec{p} = \sum_n \vec{p}_n \tag{6.24}$$

von lokalen Dipolmomenten $\vec{p}_n$, die von der Anzahl n der vorhandenen mikroskopischen Dipolmomentträger herrühren. Das können Moleküle sein, die von sich aus bereits ein Dipolmoment aufweisen. Durch die Einwirkung eines elektrischen Feldes können aber auch Atome oder Ionen zu Trägern eines Dipolmoments werden. Dem entsprechend werden drei Arten von dielektrischer Polarisation unterschieden.

Ionenpolarisation

Abbildung 6.1a zeigt stark vereinfacht und schematisiert die Anordnung von positiven und negativen Ionen in einem regelmäßigen kubischen Kristallverband. Derartige Kristalle weisen eine gleiche Anzahl an beiden Ionenarten auf und sind daher nach außen elektrisch neutral, d. h. sie besitzen keine Oberflächenladungen und sie haben auch kein

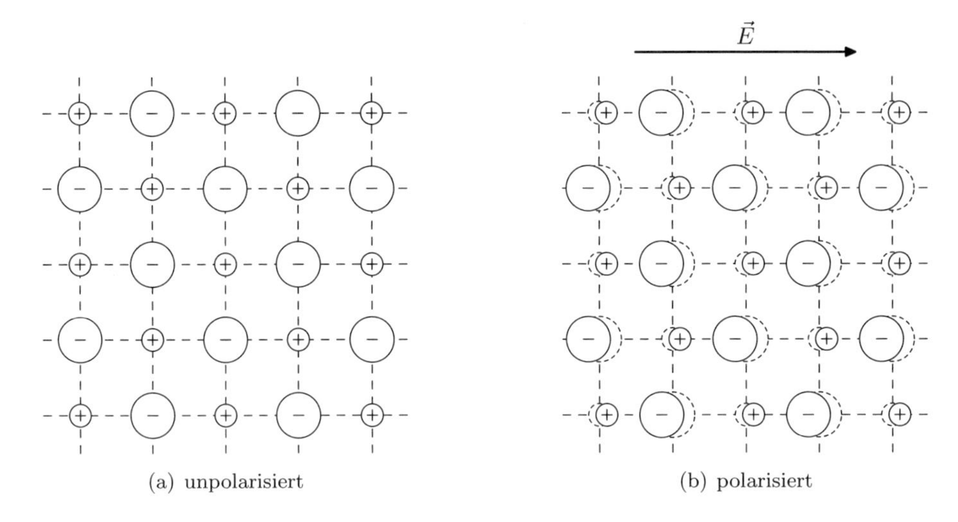

Abb. 6.1: Zur Erläuterung der Ionenpolarisation

äußeres elektrisches Feld, welches von inneren unkompensierten Ladungen herrühren müsste.

Bringt man einen solchen Kristall in ein von außen eingeprägtes elektrisches Feld, so übt dieses Feld jedoch Kräfte auf die Ionen des Kristallgitters aus, die deren Ladungen proportional sind und entsprechend dem Vorzeichen der Ladungen entweder in Richtung oder entgegen der Richtung der elektrischen Feldstärke weisen. Durch diese Kräfte werden die Ionen von ihren Gitterplätzen verschoben, und zwar solange, bis die Gitterbindungskräfte die Kräfte des äußeren Feldes kompensieren (Abb. 6.1b). Ein derart verformter Kristall ist nach außen nicht mehr elektrisch neutral. Jedes verschobene Ion kann durch ein Netto-Dipolmoment gegenüber seiner Gleichgewichtsposition dargestellt werden. Die Summer aller mikroskopischen Dipolmomente ergibt ein Gesamtdipolmoment des Kristalls. Die Nettowirkung der Ladungsverschiebung im Kristallvolumen kann durch Flächenladungen an der Oberfläche des Kristalls beschrieben werden. Diese Ladungen heißen ihrer Ursache entsprechend Polarisationsladungen und sind von den freien Flächenladungen, wie sie auf der Oberfläche von guten Leitern bei äußerem elektrischen Feld vorliegen, zu unterscheiden.

Elektronenpolarisation

Ein weiterer Polarisationsmechanismus, der sich makroskopisch ebenfalls durch Polarisationsladungen beschreiben lässt, ist die Elektronenpolarisation. In Kristallverbänden, die nicht aus Ionen, sondern aus elektrisch neutralen Atomen mit Kern und Elektronenhülle bestehen, kann ein äußeres elektrisches Feld den Ladungsschwerpunkt der Elektronenhüllen verschieben. So wird jedes einzelne Atom zu einem elektrischen Dipol. In Abb. 6.2 ist dieser Vorgang ebenfalls stark schematisiert dargestellt. Die Folge

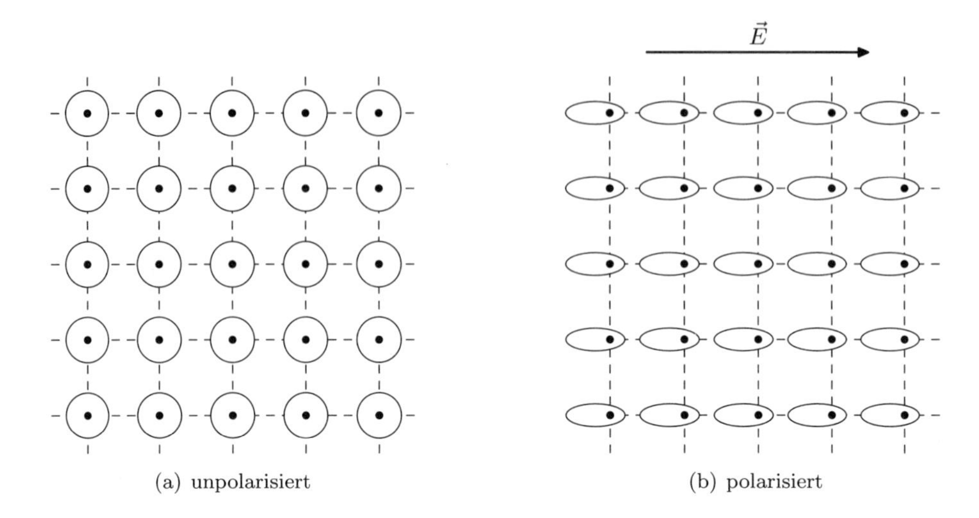

Abb. 6.2: Zur Erläuterung der Elektronenpolarisation

dieser Ladungsverschiebung ist wieder ein elektrisch polarisierter Kristall, dessen Dipolmoment dem äußeren elektrischen Feld gleichgerichtet ist und sich diesem überlagert.

Orientierungspolarisation

Die Orientierungspolarisation tritt bei Substanzen auf, deren Moleküle an sich schon ein Dipolmoment aufweisen. Solche Stoffe bezeichnet man als *polare Substanzen*. Der bekannteste Vertreter polarer Substanzen ist das Wasser (H_2O). Das Wassermolekül besitzt wegen der einseitigen Anlagerung der Wasserstoffatome an das Sauerstoffatom und der damit verbundenen Verformung der Sauerstofforbitale an sich schon ein Dipolmoment. Durch die statistische Gleichverteilung der Orientierungen aller molekularen Dipole aufgrund ihrer thermischen Bewegung ist Wasser im Makroskopischen dennoch elektrisch neutral (Abb. 6.3a).

Durch Einprägen eines elektrischen Feldes richten sich die molekularen Dipole bevorzugt in Feldrichtung aus. Wegen der thermischen Energie der Moleküle ist der Umfang dieser Ausrichtung von der elektrischen Feldstärke abhängig und das sich einstellende gesamte makroskopische Dipolmoment ist näherungsweise proportional zur elektrischen Feldstärke (Abb. 6.3b). Weil bei der Orientierungspolarisation nicht nur Elektronen, Ionen oder Atomkerne sondern ganze Moleküle bewegt werden, unterliegt dieser Mechanismus der größten Trägheit. Es ist daher zu erwarten, dass die Polarisierbarkeit und damit die relative Permittivität polarer Substanzen zu hohen Frequenzen hin abnimmt.

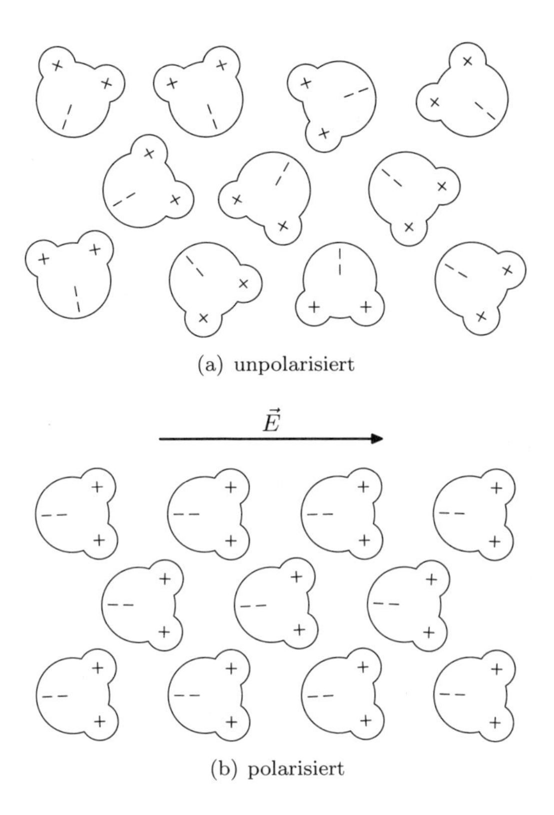

Abb. 6.3: Beispiel zur Erläuterung der Orientierungspolarisation: Ausrichtung von H_2O-Molekülen bei Anlegen eines äußeren elektrischen Feldes

6.2.3 Debye-Beziehung

Mikroskopische Polarisationsmechanismen haben nicht für alle Frequenzen die gleiche Ausprägung. Dies rührt vor allem daher, dass die zu bewegenden Ladungsträger oder Moleküle verschiedenen Kräften unterworfen sind. Dazu gehören ihre eigenen Trägheitskräfte wie auch Wechselwirkungs- und Stoßkräfte benachbarter Atome und Moleküle. Alle diese Kräfte führen dazu, dass die Polarisation nicht beliebig schnellen Feldänderungen folgen kann und dass infolge der Umpolarisation Wirkverluste auftreten, die mit einer Erwärmung der Substanz einhergehen.

Die eingehende physikalische Beschreibung dieser Erscheinungen, die auch stark vom atomaren Aufbau der jeweiligen Substanz abhängen, würde den Rahmen dieses Buches bei weitem sprengen. Wir beschränken und daher auf die Angabe einer wichtigen Modellbildung nach Debye. Sie gilt für polare Substanzen mit einer einzigen Dipolsorte

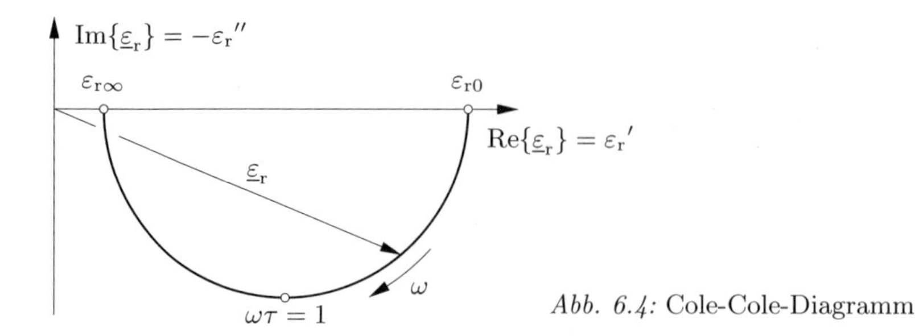

Abb. 6.4: Cole-Cole-Diagramm

und mit vorherrschender Orientierungspolarisation. Die Debye-Beziehung

$$\underline{\varepsilon}_\mathrm{r} = \varepsilon_{\mathrm{r}\infty} + \frac{\varepsilon_{\mathrm{r}0} - \varepsilon_{\mathrm{r}\infty}}{1 + j\omega\tau} = \underbrace{\varepsilon_{\mathrm{r}\infty} + \frac{\Delta\varepsilon}{1 + (\omega\tau)^2}}_{\varepsilon_\mathrm{r}{}'} - j \cdot \underbrace{\frac{\Delta\varepsilon \cdot \omega\tau}{1 + (\omega\tau)^2}}_{\varepsilon_\mathrm{r}{}''} \tag{6.25}$$

mit $\Delta\varepsilon = \varepsilon_{\mathrm{r}0} - \varepsilon_{\mathrm{r}\infty}$ beschreibt den Frequenzgang von $\underline{\varepsilon}_\mathrm{r}$ dieser Dielektrika, zu denen auch das Wasser gehört. In dieser Beziehung sind $\varepsilon_{\mathrm{r}0}$ und $\varepsilon_{\mathrm{r}\infty}$ die reellen relativen Permittivitäten der Substanz bei sehr niedrigen und bei sehr hohen Frequenzen. τ ist die Relaxationszeit. Sie liegt i. A. im Bereich $10^{-12} \ldots 10^{-13}\,\mathrm{s}$ und ist in etwa gleich der Gitterschwingungsperiode. Die Relaxationsfrequenz f_R ist festgelegt durch $\omega_\mathrm{R}\tau = 1$ und ergibt sich daher aus der Relaxationszeit τ durch

$$f_\mathrm{R} = \frac{1}{2\pi\tau}\,. \tag{6.26}$$

Das Cole-Cole-Diagramm ist die Ortskurve von $\underline{\varepsilon}_\mathrm{r}$ in der $\varepsilon_\mathrm{r}{}'$-$\varepsilon_\mathrm{r}{}''$-Ebene mit der Frequenz als Kurvenparameter. Die nähere Untersuchung von (6.25) zeigt, dass es sich hierbei um einen Halbkreis handelt, der bei $\varepsilon_{\mathrm{r}0}$ auf der Realteilachse beginnt und bei $\varepsilon_{r\infty}$ endet. Bei der Relaxationsfrequenz nimmt $\varepsilon_\mathrm{r}{}''$ seinen größten Wert an. Abbildung 6.4 zeigt den qualitativen Verlauf dieser Ortskurve.

In Abb. 6.5 ist der Verlauf von $\varepsilon_\mathrm{r}{}'$, $\varepsilon_\mathrm{r}{}''$ und von $\tan\delta$ als Funktion von $\omega\tau$ im Fall von destilliertem Wasser gezeigt. Die Funktionen können durch Auswertung von (6.25) mit den Angaben in Tabelle 6.1 bestimmt werden. So ergibt sich mit der Relaxationszeit $\tau = 19{,}4 \cdot 10^{-12}\,\mathrm{s}$ für destilliertes Wasser eine Relaxationsfrequenz von $f_\mathrm{R} = 8{,}2\,\mathrm{GHz}$.

Bezeichnung	Symbol	Wert	Einheit
Re{$\underline{\varepsilon}_\mathrm{r}$} bei $f = 0$	ε'_{r0}	88,2	–
Re{$\underline{\varepsilon}_\mathrm{r}$} bei $f \to \infty$	$\varepsilon'_{r\infty}$	4,9	–
Rel. Permeabilität	μ_r	1	–
Relaxationszeit	τ	$19{,}4 \cdot 10^{-12}$	s
Dichte	ϱ	1,0	$\mathrm{kg/dm^3}$
Leitfähigkeit	κ	$1 \cdot 10^{-3}$	$\mathrm{S/m}$
Spez. Wärmekapazität	c	4,182	$\mathrm{kJ/kg\,K}$

Tabelle 6.1: Einige physikalische Eigenschaften von destilliertem Wasser

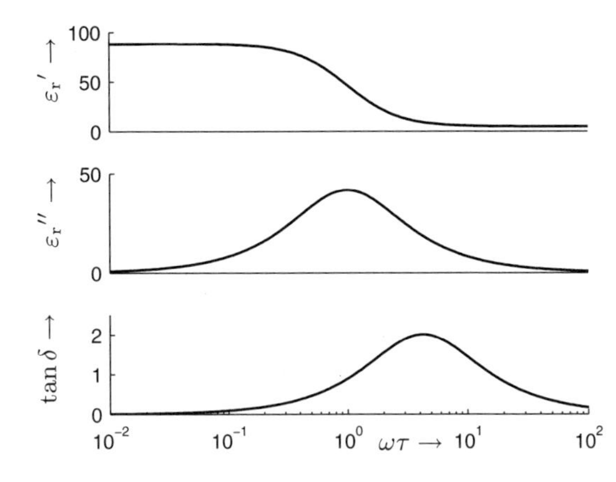

Abb. 6.5: Frequenzgang von Real- und Imaginärteil der komplexen relativen Permittivität und des Verlustfaktors von destilliertem Wasser

Aus dem Verlauf der Frequenzabhängigkeit der Permittivitätszahl von Wasser, die im Bereich von $f = 0$ bis $f = 100\,\text{GHz}$ von $\varepsilon_r = 88$ bis auf den Wert $\varepsilon_r = 4{,}9$ abnimmt, ist erkennbar, dass der Einfluss der Trägheit der Wassermoleküle sich bei Frequenzen um 8,2 GHz am stärksten auswirkt. Bei dieser Frequenz ist $\varepsilon_r{}''$ maximal. Der Maximalwert des Verlustfaktors $\tan\delta = \varepsilon_r{}''/\varepsilon_r{}'$ fällt jedoch nicht notwendig mit dem Maximalwert von $\varepsilon_r{}''$ zusammen, wie Abb. 6.5 zeigt. Einige ausgewählte Kenngrößen von Wasser, die sich aus der komplexen Permittivität ergeben, sind in Tabelle 6.2 zusammengestellt.

6.3 Einflüsse elektromagnetischer Wellen auf biologische Gewebe

Diese Themenstellung ist nicht nur im Bereich der Elektrotechnik interessant, sondern beschäftigt in Zusammenhang mit der Einführung von Mobilfunksystemen eine breite Öffentlichkeit, die zum Teil technisch wissenschaftlichen Überlegungen nicht zugänglich ist. Um diese Diskussion auf eine sachliche Ebene zu bringen, ist es für in diesem Bereich Tätige erforderlich, sich mit den Sachverhalten auseinanderzusetzen. Im Rahmen der Hochfrequenztechnik, auf den wir uns hier beschränken, befassen wir uns mit dem

Tabelle 6.2: Einige hochfrequenztechnische Kenngrößen von destilliertem Wasser bei verschiedenen Frequenzen. Es liegt dabei die Annahme zugrunde, dass die Orientierungspolarisation der einzige Verlustmechanismus ist.

Frequenz (GHz)	$\underline{\varepsilon}_r$	Wellenlänge λ_ε (mm)	Eindringtiefe δ (mm)	SAR p_V/ϱ (W/kg)	Feldwellenwid. Z_F (Ω)
1	$87{,}0 - j10{,}0$	32,1	89	2,78	$40{,}29e^{j0{,}057}$
10	$38{,}4 - j40{,}9$	4,36	1,61	113	$50{,}36e^{j0{,}408}$
100	$5{,}5 - j\,6{,}8$	1,13	0,37	188,9	$127{,}7e^{j0{,}447}$

Frequenzbereich von etwa 100 kHz bis 300 GHz, in dem thermische Effekte dominieren.

6.3.1 Wirkungsweise

Für ein elektromagnetisches Feld wirkt der menschliche Körper zunächst wie ein „stark verlustbehaftetes Material". Entsprechend den Überlegungen in Abschnitt 2.3 wird das eindringende Feld mit dem Abstand zur Körperoberfläche exponentiell gedämpft: Die elektromagnetische Energie wird im Körper absorbiert und in Wärme umgesetzt.

Diese klar thermische Wirkung ist von möglichen nichtthermischen (athermische) Effekten zu unterscheiden. Dabei sei angemerkt, dass diese Unterscheidung bei vielen Experimenten ein sehr schwieriges Problem deswegen darstellt, weil es bei sehr kleinen Temperaturunterschieden fast unmöglich ist, festzustellen, ob die Wirkungsweise thermisch bedingt ist oder nicht. Das liegt daran, dass biologische Prozesse temperaturabhängig sind, weshalb auch kleinere Erwärmungen einen messbaren Effekt ausüben können. Das zeigt sich auch in der Schwierigkeit, nichtthermische Effekte zu definieren. Die Definition ist daher auch eine Negativaussage, nach der es sich bei nichtthermischen Effekten um „feldspezifische Effekte handelt, die nicht auf Temperaturänderungen zurückgeführt werden können". Nichtthermische Effekte sind in vielfacher Hinsicht vorstellbar, zum großen Teil aber bereits durch wissenschaftliche Untersuchungen widerlegt. Das Diskussionsfeld reicht von der Erzeugung von Spannungsdifferenzen an Zellmembranen, über die Beeinflussung der Blut-Hirn-Schranke, der Hormone und des neuroendokrinen Systems bis hin zu Einflüssen auf das Zentralnervensystem, auf den Schlaf, auf kognitive Funktionen und das Elektroenzephalogramm (EEG). Die Existenz schädigender nichtthermischer Effekte unter der Einwirkung von hochfrequenten Feldern ist unter Fachexperten umstritten. Unterschiedliche physikalisch abgeleitete Theorien zur Existenz von so genannten Resonanz- und Fenster-Effekten (Demodulation im Körper: Wirkung durch niederfrequente Anteile im Frequenzspektrum des Mobilfunks) im Organismus unter der Einwirkung hochfrequenter Felder wurden präsentiert, ohne dass eine wissenschaftlich anerkannte experimentelle Bestätigung herbeigeführt werden konnte.

Alle diese Effekte sind in ihrer Wirkung grundsätzlich nur sehr schwer nachweisbar auch deswegen, weil in diese Untersuchungen der Mensch einbezogen werden muss. Die Frage ist dann auch die Einordnung der Effekte in Bezug auf ihr Auftreten und ihre Wirkung, d.h. handelt es sich um Effekte, die bei Pegeln auftreten, die im Vergleich zu den thermischen Effekten höher oder niedriger sind und handelt es sich gesundheitsschädliche, nicht schädigende oder gar für den Menschen nützliche Effekte, die für eine medizinische Therapie eingesetzt werden können. Zur Beurteilung von Untersuchungen, die nicht am Menschen durchgeführt wurden in Bezug auf ihrer Bedeutung für eine mögliche Wirkung auf den Menschen ist auch die Frage der Übertragbarkeit zu diskutieren, d. h. handelt es sich um einen physiologisch relevanten Effekt, um in-vivo- oder in-vitro-Untersuchungen an niederen Organismen oder um Experimente am Tier oder gar am Menschen.

6.3.2 Sicherheitsnormen zum Schutz des Menschen

Die Grenzwerte beruhen auf national und international anerkannten Erkenntnissen über alle bekannten Wirkungen hochfrequenter elektromagnetischer Felder. Entscheidend für die Festlegung der Höhe der Grenzwerte im Hochfrequenzbereich sind die Reaktionen auf thermische Effekte, weil sie bei geringeren Feldstärkewerten auftreten als nachgewiesene nichtthermische Effekte. Der zum Teil in der Öffentlichkeit erhobene Vorwurf, die Grenzwerte schützen die Bevölkerung lediglich vor thermischen Reaktionen, hält einer Überprüfung nicht Stand.

Die weltweit geltenden Sicherheitsnormen unterscheiden sich bis auf wenige Ausnahmen nur geringfügig. Für Deutschland ist die 26. BIMSchV (26. Bundes-Immissionsschutzverordnung) gültig, die auf der DIN-Norm DIN VDE 0848, Teil 2, Sicherheit von Personen in elektromagnetischen Feldern (30 kHz – 300 GHz) beruht. Diese Bestimmungen sind in Einklang mit den Empfehlungen (Guidelines for Limiting Exposure to Time-Varying Electric, Magnetic and Electromagnetic Fields up to 300 GHz) der ICNIRP (International Commission on Non-Ionizing Radiation Protection). In wenigen Ländern wurden dennoch strengere Grenzwerte erlassen. So gelten in der Schweiz zusätzlich zu den Immissionsgrenzwerten, die den international empfohlenen Grenzwerten entsprechen, niedrigere so genannte Anlagengrenzwerte. Diese haben zu keiner wissenschaftlich nachvollziehbaren Verbesserung des Gesundheitsschutzes, wohl aber zu einer zusätzlichen Verunsicherung der Bevölkerung geführt.

Der Gesundheitsschutz, der in den Normen umgesetzt wurde, beruht bei allen betrachteten Frequenzen auf Basisgrenzwerten, aus denen Referenzgrenzwerte und davon ausgehend Sicherheitsabstände abgeleitet werden. Die Basisgrenzwerte enthalten einen Sicherheitsfaktor von 10 für die berufsbedingte Exposition und einen Sicherheitsfaktor von 50 für die allgemeine Bevölkerung.

Langzeitige Exposition ($> 6\,\mathrm{min}$)

Grundlage sind schädigende Effekte thermischer Herkunft, die bei Tieren in Form einer Veränderung ihres Verhaltens beobachtet wurde. Die Beobachtungen beziehen sich dabei auf eine Tendenz dieser Tiere, angelernte komplexe Verhaltensmuster nicht mehr zu zeigen, wenn sie einem ausreichend hohem Feld ausgesetzt sind. Derartige Effekte beginnen bei SAR-Werten von $4\,\mathrm{W/kg}$ aufzutreten, die einer Erwärmung des Gewebes um etwa 1°C entsprechen.

Die Mindestzeit für langzeitige Exposition ist so gewählt, dass thermische Einschwingvorgänge, wie die Zufuhr elektromagnetischer Energie und deren Abtransport durch den Blutkreislauf, durch Konvektion und Strahlung bereits abgeklungen sind. Maßgebender Parameter für die Temperaturerhöhung ist die pro Masseneinheit zugeführte Leistung, die durch die spezifische Absorptionsrate (SAR) beschrieben wird. Nach (6.19) ergibt sich

$$\mathrm{SAR} = \frac{\text{absorbierte Leistung}}{\text{Körpermasse}} \,.$$

Der Aufwärmvorgang ohne Berücksichtigung des gleichzeitigen Energieabtransports wird durch

$$\mathrm{SAR} = c_\mathrm{w} \cdot \frac{\mathrm{d}T}{\mathrm{d}t} \tag{6.27}$$

beschrieben. Dabei ist c_w die spezifische Wärmekapazität und T die momentane Temperatur. Daraus wurden über einen Sicherheitsfaktor von 10 für die berufsbedingte Exposition und einen Sicherheitsfaktor von 50 die folgenden Basisgrenzwerte abgeleitet:

$$\begin{aligned} \mathrm{SAR}_\mathrm{max} &= 0{,}4\,\mathrm{W/kg} &\quad& \text{Personal} \\ \mathrm{SAR}_\mathrm{max} &= 0{,}08\,\mathrm{W/kg} && \text{allgemein}\,. \end{aligned}$$

Dabei handelt es sich um die über den ganzen Körper gemittelte spezifische Absorptionsrate.

Kurzzeitige Exposition ($< 6\,\mathrm{min}$)

Bei kurzzeitiger Exposition sind die auftretenden Wirkungen durch die Energie des hochfrequenten Signals bestimmt. Die Temperaturerhöhung muss daher durch Begrenzung der zugeführten Energie unterhalb der vertretbaren Grenzen gehalten werden. Maßgebend ist daher die spezifische Absorption

$$\mathrm{SA} = \frac{\text{absorbierte Energie}}{\text{Körpermasse}}\,. \tag{6.28}$$

Aus analogen Überlegungen zur Langzeitexposition ergeben sich die folgenden Basisgrenzwerte:

$$\begin{aligned} \mathrm{SA}_\mathrm{max} &= 10\,\mathrm{mJ/kg} &\quad& \text{Personal} \\ \mathrm{SA}_\mathrm{max} &= 2\,\mathrm{mJ/kg} && \text{allgemein}\,. \end{aligned}$$

Die Basisgrenzwerte sind unabhängig von der Frequenz und begrenzen die im Körper absorbierte Energie oder Leistung je nach Dauer der Einwirkung. Dabei wird ein Schutzfaktor von 5 zwischen Personen mit dauerhafter Exposition (allgemeine Bevölkerung) und Personen mit kurzzeitiger Exposition (Personal in elektrotechnischen Einrichtungen) festgesetzt. Die Sicherheitsfaktoren von 10 bzw. 50 sind Ausdruck eines Vorsorgeprinzips, mit dem das Entstehen von Umweltbelastungen bereits im Vorfeld verhindert oder eingeschränkt werden soll.

Die abgeleiteten Grenzwerte sind Werte, die sich einfacher als die Basisgrenzwerte messen lassen. Sie charakterisieren durch Vorgabe ihrer Feldgrößen die Eigenschaften einer (ungestörten) einfallenden Welle, in der ein menschlicher Körper Belastungen entsprechend den Basisgrenzwerten ausgesetzt wäre. Beispielhaft sind in Abb. 6.6 die abgeleiteten Grenzwerte für die elektrische Feldstärke angeben.

Die korrespondierenden Werte für die magnetische Feldstärke sowie die Leistungsdichte können mit den Beziehungen nach Abschnitt 2.4 mit Hilfe des Feldwellenwiderstands des freien Raums ermittelt werden. Der frequenzabhängige Verlauf des Grenzwerts spiegelt die Abhängigkeit der Einwirkung der elektromagnetischen Welle auf den menschlichen Körper wider, die dadurch entsteht, dass Körperabmessungen in die Größenordnung der Wellenlänge der elektromagnetischen Welle kommen. Aus diesen Gründen ergibt sich eine deutliche Absenkung der abgeleiteten Grenzwerte im Frequenzbereich zwischen 10 MHz und etwa 400 MHz. Die Grenzwerte berücksichtigen die Unterschiedlichkeit in den geometrischen Abmessungen von Personen und sind aufgrund von worst-case-Annahmen so festgelegt, dass deren Überschreitung in keinem Fall eine Überschreitung der Basisgrenzwerte bedeutet.

6.3.3 Bewertung

Wendet man die gültigen Grenzwerte im Bereich der Mobilfunkfrequenzen auf Basisstationen üblicher Sendeleistungen und Antennen an, so ergeben sich mit der Fernfeldnäherung Grenzabstände in der Größenordnung weniger Meter, die einzuhalten sind, um die Sicherheit für Personen zu gewährleisten. Im Nahbereich der Antennen erhält man mit dieser Näherung zu hohe Befeldungswerte, ist also für eine Abschätzung des notwendigen Abstands auf der sicheren Seite. Genaue Bestimmungen der Befeldung im Nahbereich von Antennen können mit Hilfe numerischer Verfahren zur Berechung der Feldverteilung durchgeführt werden. Die Überprüfung der Befeldung für übliche Standort ergibt, dass in den meisten Fällen die Grenzwerte um mehrere Zehnerpotenzen unterschritten werden. Dagegen befindet sich bei der Benutzung von Mobiltelefonen der eingebaute Sender und damit die Strahlungsquelle mit Sendeleistungen bis zu 2 W in unmittelbarer Nähe des menschlichen Kopfes. In diesem Fall handelt es sich um ein ausgeprägtes Nahfeldproblem, bei dem Antenne und Kopf in unmittelbarer elektromagnetischer Wechselwirkung stehen. Die Bestimmung der Befeldung zur Berechung der spezifischen Absorptionsrate kann nur über aufwändige numerische Berechnungen oder über Messungen an Nachbildungen (Phantomen) des menschlichen Kopfes durchgeführt werden. Die Untersuchungen, die unter genauer elektromagnetischer Modellierung des menschlichen Kopfes durchgeführt werden, ergeben dass die SAR - Werte auch in diesem Fall eingehalten werden, aber die auftretenden Werte stets in der Größenordnung der zulässigen Grenzwerte liegen.

Trotz der ausgeprägten Diskussion in der Öffentlichkeit sind die Fachleute der Meinung, dass die bestehenden Grenzwerte sichere Grenzwerte sind, die noch einen Sicherheitsabstand beinhalten. Die Schwierigkeit der öffentlichen Diskussion ist auch dadurch bedingt, dass aus wissenschaftsphilosophischen Gründen (Karl Popper) der oft geforderte Nachweis, dass elektromagnetische Wellen unterhalb der Grenzwerte unschädlich sind, grundsätzlich nicht geführt werden kann. Es ist nicht möglich zu beweisen, dass es einen Effekt *nicht* gibt. Es ist nur möglich, vermuteten und vorstellbaren Effekten nachzugehen, und in nachvollziehbaren wissenschaftlichen Untersuchungen die Existenz und mögliche Bedeutung des Effekts unter Beweis zu stellen bzw. zu widerlegen.

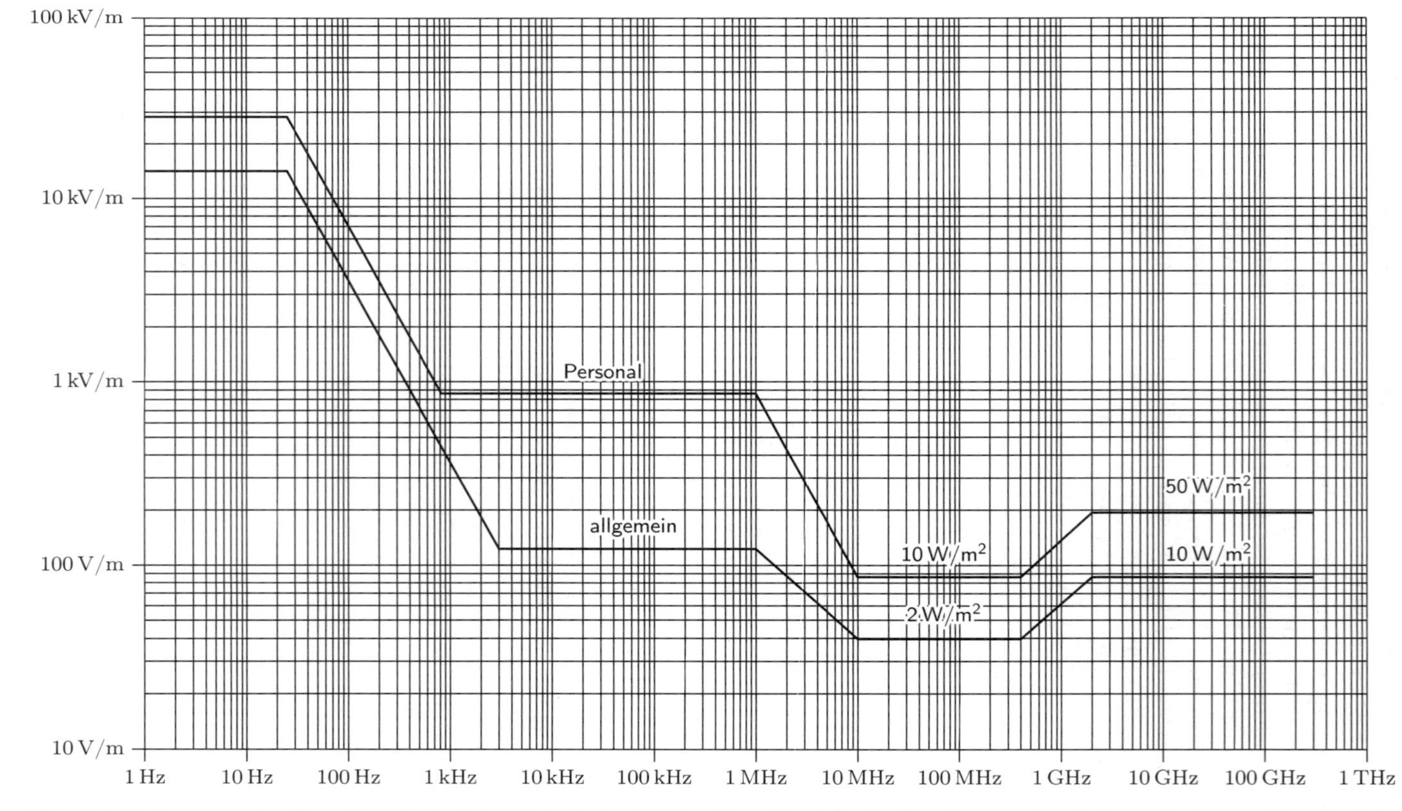

Abb. 6.6: Referenzwerte für zeitveränderliche elektrische Felder (Amplitude). Quelle: International Commission on Non-Ionizing Radiation Protection: "Guidelines for Limiting Exposure to Time-Varying Electric, Magnetic, and Electromagnetic Fields (up to 300 GHz)" In: *Health Physics.* Volume 74, Number 4, April 1998, S. 494–522

In diesem Zusammenhang sind in den letzten Jahren eine ganze Reihe von zusätzlichen Untersuchungen durchgeführt worden, die spezifisch durch Besorgnisse ausgelöst wurden, die in der Öffentlichkeit mit der Einführung des Mobilfunk ausgelöst wurden.

Die meisten Untersuchungen sind wegen der Benutzung des Handys im Kopfbereich und wegen einer vermuteten besonderen Empfindlichkeit stark auf das Gehirn fokussiert. Dabei nehmen die Untersuchungen zur Kanzerogenität und zum Einfluss auf das Zentralnervensystem (ZNS) einen zentralen Raum ein. Dabei wurden Schlaf, kognitive Funktionen und Elektroenzephalogramm (EEG) sowie einige physiologische Vorgänge bei Probanden, Patienten und bei Tieren untersucht.

Untersuchungen zu Chromosomen-Mutationen und -Aberrationen, Zellproliferation, DNA-Schäden und der Genmutation und -expression unter der Einwirkung von Mikrowellen liefern keine konsistenten Hinweise auf bestimmte athermische Wirkungsmechanismen der applizierten Mikrowellen. Ebenfalls keine konsistente Aussage brachten Untersuchungen zur Beeinflussung der Blut-Hirn-Schranke, der Hormone und des neuroendokrinen Systems durch Mobilfunkfelder. Die in den frühen 80-er Jahren postulierte Hypothese der Beeinflussung des Kalziumhaushalts der Zelle durch die hochfrequenten Felder konnten in jüngsten Untersuchungen unter Anwendung neuer Technik ebenfalls nicht reproduziert werden. Befunde sprechen auch gegen eine besondere Wirkung pulsmodulierter hochfrequenter Felder, wie sie von den GSM-Netzen genutzt werden, im Organismus.

Bisher liegen jedoch keine nachvollziehbaren und anerkannten nichtthermischen Wirkungsmechanismen hochfrequenter Felder vor. Dies wird auch durch die deutsche Strahlenschutzkommission untermauert: „Die SSK kommt zu dem Schluss, dass auch nach Bewertung der neueren wissenschaftlichen Literatur keine neuen wissenschaftlichen Erkenntnisse über Gesundheitsbeeinträchtigungen vorliegen, die Zweifel an der wissenschaftlichen Bewertung aufkommen lassen, die den Schutzkonzepten der ICNIRP bzw. der EU-Ratsempfehlung[1] zugrunde liegt[2].“

6.4 Reflexion ebener Wellen an Grenzflächen

6.4.1 Senkrechter Einfall

Fällt eine ebene Welle auf eine Grenzfläche ein, an der sich die elektromagnetischen Eigenschaften des Mediums ändern, so tritt eine reflektierte und im allgemeinen Fall auch eine weiterlaufende (transmittierte) Welle auf. Wir verwenden diesen Ansatz hier ohne weitere Beweisführung.

Die Existenz einer reflektierten Welle ist jedoch schon alleine deshalb zu vermuten, weil durch die vorlaufende Welle alleine die geänderten Randbedingungen nicht mehr

[1] EU Ratsempfehlung: Empfehlung des Rates der Europäischen Union 1999/519/EG vom 12. Juli 1999 zur Begrenzung der Exposition der Bevölkerung gegenüber elektromagnetischen Feldern (0 Hz bis 300 GHz)

[2] Grenzwerte und Vorsorgemaßnahmen zum Schutz der Bevölkerung vor elektromagnetischen Feldern. Empfehlung der Strahlenschutzkommission (SSK) des Bundesministeriums für Umwelt, Naturschutz und Reaktorsicherheit, Bonn, 2001

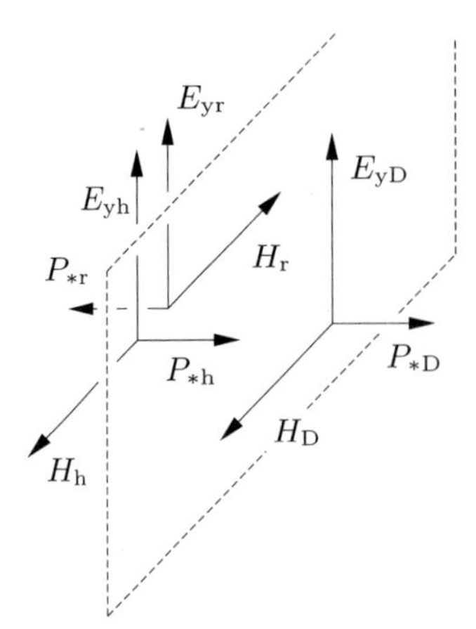

Abb. 6.7: Senkrechter Einfall einer ebenen Welle auf eine Grenzfläche

erfüllbar sind. Zur Behandlung des Problems teilen wir den Raum in die Bereiche $z < 0$, $z > 0$ und $z = 0$ auf. Entsprechend dem Ansatz einer reflektierten und einer transmittierten Welle schreiben wir für das elektromagnetische Feld im Bereich $z < 0$

$$E_{y,\rm ges} = E_{\rm h} \cdot e^{-j\beta z} + E_{\rm r} \cdot e^{+j\beta z} \tag{6.29a}$$

$$H_{\rm ges} = \frac{E_{\rm h}}{Z_{\rm F0}} \cdot e^{-j\beta z} - \frac{E_{\rm h}}{Z_{\rm F0}} \cdot e^{+j\beta z} \tag{6.29b}$$

und im Bereich $z > 0$, also im Dielektrikum

$$E_{\rm yD} = E_{\rm hD} \cdot e^{-j\beta_\varepsilon z} \tag{6.30a}$$

$$H_{\rm D} = \frac{E_{\rm hD}}{Z_{\rm F0}} \sqrt{\frac{\varepsilon_{\rm r}}{\mu_{\rm r}}} \cdot e^{-j\beta_\varepsilon z} \, . \tag{6.30b}$$

An der Grenzfläche selbst ($z = 0$) sind die tangentialen Feldkomponenten stetig. Es gilt also notwendig

$$E_{\rm h} + E_{\rm r} = E_{\rm hD} \tag{6.31a}$$

$$\frac{E_{\rm h}}{Z_{\rm F0}} - \frac{E_{\rm r}}{Z_{\rm F0}} = \frac{E_{\rm hD}}{Z_{\rm F0}} \sqrt{\frac{\varepsilon_{\rm r}}{\mu_{\rm r}}} \, . \tag{6.31b}$$

Hieraus folgt direkt das sich einstellende komplexe Verhältnis zwischen $E_{\rm r}$ und $E_{\rm h}$, das wir schon bei der Behandlung von Leitungen als Reflexionsfaktor bezeichnet haben:

$$r = \frac{E_{\rm r}}{E_{\rm h}} = \frac{\sqrt{\dfrac{\mu_{\rm r}}{\varepsilon_{\rm r}}} - 1}{\sqrt{\dfrac{\mu_{\rm r}}{\varepsilon_{\rm r}}} + 1} \, . \tag{6.32}$$

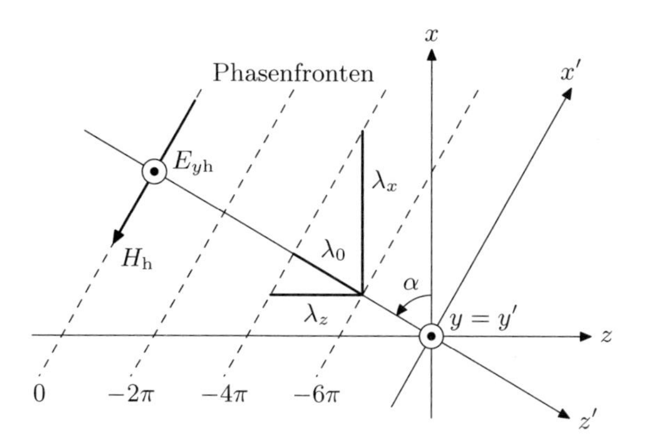

Abb. 6.8: Zur Beschreibung einer ebenen Welle, die sich in einem gedrehten Koordinatensystem (x', y', z') in z'-Richtung ausbreitet

Aus der Leistungsbilanz $P_{*\mathrm{r}} + P_{*\mathrm{D}} = P_{*\mathrm{h}}$ folgt für die Leistungsdichten der nach beiden Seiten ablaufenden Wellen

$$P_{*\mathrm{r}} = |r|^2 \cdot P_{*\mathrm{h}} \tag{6.33a}$$

$$P_{*\mathrm{D}} = (1 - |r|^2) \cdot P_{*\mathrm{h}} \tag{6.33b}$$

Wir erkennen die völlige Analogie zu den Ergebnissen aus der Leitungstheorie. Offenbar kann der senkrechte Einfall einer ebenen Welle auf eine Grenzfläche ebenso behandelt werden, wie ein Wellenwiderstandssprung von Z_{F0} auf $Z_{\mathrm{F0}}\sqrt{\mu_{\mathrm{r}}/\varepsilon_{\mathrm{r}}}$.

6.4.2 Schräger Einfall

Den Spezialfall des senkrechten Einfalls wollen wir nun erweitern und den schrägen Einfall einer ebenen Welle auf eine Grenzschicht zu einem mit Dielektrikum gefüllten Halbraum betrachten. Als *Einfallsebene* bezeichnet man die von der Ausbreitungsrichtung und der Normalenrichtung der Grenzschicht aufgespannte Ebene. Ausführlich wollen wir hier den Fall betrachten, in dem die elektrische Feldstärke der einfallenden Welle senkrecht zur Einfallsebene steht. Der zweite Grenzfall, in dem die elektrische Feldstärke in der Einfallsebene liegt, ist äquivalent zu behandeln. Jede dazwischen liegende Polarisation der einfallenden Welle lässt sich in diese zwei orthogonalen Polarisationen zerlegen.

Zunächst führen wir für die einfallende Welle ein angepasstes, gedrehtes Koordinatensystem (x', y', z') ein (Abb. 6.8). Mit dem Einfallswinkel α lautet die zugehörige Koordinatentransformation:

$$x' = x \sin\alpha + z \cos\alpha \tag{6.34a}$$

$$y' = y \tag{6.34b}$$

$$z' = -x \sin\alpha + z \sin\alpha \tag{6.34c}$$

Das gedrehte Koordinatensystem ist der Form der einfallenden Welle angepasst. Die z'-Achse weist in Ausbreitungsrichtung und die elektrische Feldstärke ist daher

$$E_{\mathrm{yh}} = E_{\mathrm{h}} \cdot e^{-j\beta z'} \,. \tag{6.35}$$

Durch Einsetzen von (6.34c) erhalten wir

$$E_{\mathrm{yh}} = E_{\mathrm{h}} \cdot e^{-j\beta \sin\alpha\, z} \cdot e^{+j\beta\cos\alpha\, x} = E_{\mathrm{h}} \cdot e^{-j\beta_z z} \cdot e^{+j\beta_x x} \,. \tag{6.36}$$

Damit können wir das Phasenmaß β zerlegen in ein Phasenmaß β_x in x-Richtung und in ein Phasenmaß β_z in z-Richtung

$$\beta_x = \beta\cos\alpha = \frac{2\pi}{\lambda}\cos\alpha = \frac{2\pi}{\lambda_x} \tag{6.37a}$$

$$\beta_z = \beta\sin\alpha = \frac{2\pi}{\lambda}\sin\alpha = \frac{2\pi}{\lambda_z} \tag{6.37b}$$

und es ergeben sich die Wellenlängen in in x- und in z-Richtung

$$\lambda_x = \frac{\lambda}{\cos\alpha} \tag{6.38a}$$

$$\lambda_z = \frac{\lambda}{\sin\alpha} \,. \tag{6.38b}$$

Diese Wellenlängen bezeichnen die Entfernungen die in diesen Richtungen zwischen zwei gleichen Phasenzuständen liegen. Aus diesen Wellenlängen und der Periodendauer T der ebenen Welle ergeben sich die Phasengeschwindigkeiten

$$v_{\mathrm{Px}} = \frac{\lambda_x}{T} = \frac{c_0}{\cos\alpha} \qquad \text{in } x\text{-Richtung} \tag{6.39a}$$

$$v_{\mathrm{Pz}} = \frac{\lambda_z}{T} = \frac{c_0}{\sin\alpha} \qquad \text{in } z\text{-Richtung}\,, \tag{6.39b}$$

die wegen des schrägen Einfalles größer sind als die Vakuum-Lichtgeschwindigkeit c_0. Bei diesen Phasengeschwindigkeiten handelt es sich um Rechengrößen, die durch Wellenlänge und Periodendauer definiert sind. Sie sind nicht identisch mit der Fortpflanzungsgeschwindigkeit der Energie, die stets kleiner oder höchstens gleich c_0 ist.

Wir wollen nun annehmen, dass sich in der Ebene $x = 0$ eine dielektrische Grenzschicht befindet, wobei die relative Permittivität des Halbraumes $x > 0$ mit $\varepsilon_{\mathrm{r1}}$ und die des Halbraumes $x < 0$ mit $\varepsilon_{\mathrm{r2}}$ bezeichnet sei. Aus dem Halbraum $x > 0$ falle eine ebene Welle $(E_{\mathrm{h}}, H_{\mathrm{h}})$ unter dem Winkel α_1 gegen die Normalenrichtung der Grenzschicht ein. Weiterhin setzen wir (ohne Beweis) an, dass sich ebenfalls unter dem Winkel α_1 eine reflektierte Welle $(E_{\mathrm{r}}, H_{\mathrm{r}})$ ausbildet und dass im Halbraum $x < 0$ eine transmittierte Welle $(E_{\mathrm{t}}, H_{\mathrm{t}})$ auftritt, deren Ausbreitungsrichtung den Winkel α_2 mit der Grenzschichtnormalen einschließt.

An der Grenzschicht $x = 0$ ist zunächst die Stetigkeit der tangentialen Feldkomponenten von $\vec{E}$ und $\vec{H}$ zu fordern. Dies ist für alle z sicher nur dann zu erfüllen, wenn alle

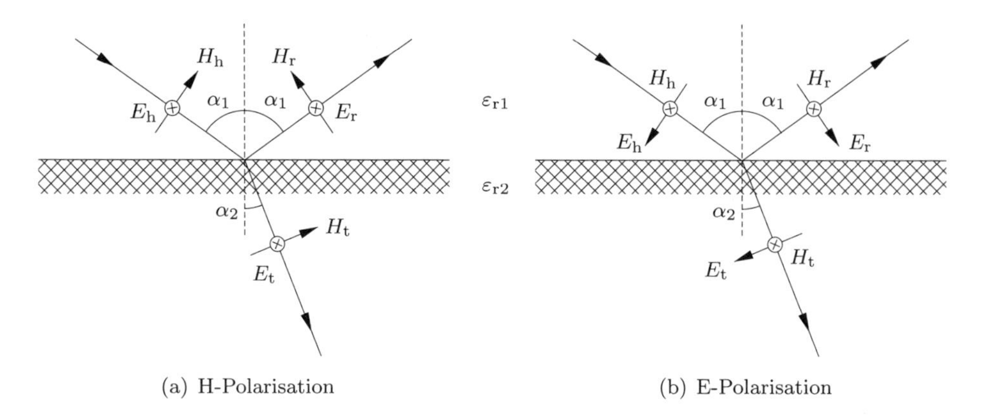

Abb. 6.9: Zur Herleitung des Reflexionsfaktors an einer dielektrischen Grenzschicht bei schrägem Einfall

drei Wellenfelder die gleiche Wellenlänge λ_z entlang der Grenzfläche besitzen. Nachdem die einfallende und die reflektierte Welle im gleichen Medium laufen und daher die gleiche Wellenlänge in Ausbreitungsrichtung besitzen, folgt aus diesen Randbedingungen direkt, dass Einfallswinkel und Ausfallswinkel gleich sein müssen. Die transmittierte Welle breitet sich mit einer anderen Phasengeschwindigkeit aus, als die einfallende Welle. Wegen der unbedingten Stetigkeit der tangentialen Feldkomponenten in *allen* Punkten der Grenzfläche müssen aber die beiden Wellenlängen in z-Richtung

$$\lambda_{\text{zh}} = \frac{\lambda_0}{\sqrt{\varepsilon_{\text{r1}}} \sin \alpha_1} \tag{6.40a}$$

$$\lambda_{\text{zt}} = \frac{\lambda_0}{\sqrt{\varepsilon_{\text{r2}}} \sin \alpha_2} \tag{6.40b}$$

identisch sein. Aus dieser Forderung folgt das bekannte *Snelliussche Brechungsgesetz*

$$\frac{\sin \alpha_1}{\sin \alpha_2} = \sqrt{\frac{\varepsilon_{\text{r2}}}{\varepsilon_{\text{r1}}}} . \tag{6.41}$$

Die Ausbreitungsrichtungen von einfallender und gebrochener Welle liegen in der *Einfallsebene*, die von der Ausbreitungsrichtung der einfallenden Welle und der Normalenrichtung der Grenzschicht aufgespannt wird.

Zur Berechnung des Reflexionsfaktors $E_{\text{r}}/E_{\text{h}}$ sind zwei Fälle zu unterscheiden. Das elektrische Feld E_{h} der einfallenden Welle kann entweder senkrecht zur Einfallsebene stehen (Abb. 6.9a) oder in der Einfallsebene liegen (Abb. 6.9b). Jeder andere Polarisationszustand der einfallenden Welle kann in diese beiden othogonalen Grenzfälle zerlegt werden. Wir betrachten zunächst die einfallende Welle in H-Polarisation. Die

Forderung nach Stetigkeit aller Tangentialkomponenten ergibt dann

$$E_\mathrm{h} + E_\mathrm{r} = E_\mathrm{t} \tag{6.42a}$$
$$H_\mathrm{h}\cos\alpha_1 - H_\mathrm{r}\cos\alpha_1 = H_\mathrm{t}\cos\alpha_2\,. \tag{6.42b}$$

Die Berücksichtigung von $H = \sqrt{\varepsilon_\mathrm{r}}E/Z_\mathrm{F0}$ führt auf

$$\sqrt{\varepsilon_\mathrm{r1}}\cos\alpha_1(E_\mathrm{h} - E_\mathrm{r}) = \sqrt{\varepsilon_\mathrm{r2}}\cos\alpha_2 E_\mathrm{t} \tag{6.43}$$

und Einsetzen von (6.42a) ergibt

$$\frac{\sqrt{\varepsilon_\mathrm{r1}}\cos\alpha_1}{\sqrt{\varepsilon_\mathrm{r2}}\cos\alpha_2} = \frac{E_\mathrm{h} + E_\mathrm{r}}{E_\mathrm{h} - E_\mathrm{r}} = \frac{1 + r_\perp}{1 - r_\perp} \tag{6.44}$$

mit $r_\perp = E_\mathrm{r}/E_\mathrm{h}$. Eine einfache Umformung führt schließlich auf

$$r_\perp = \frac{E_\mathrm{r}}{E_\mathrm{h}} = \frac{\sqrt{\varepsilon_\mathrm{r1}}\cos\alpha_1 - \sqrt{\varepsilon_\mathrm{r2}}\cos\alpha_2}{\sqrt{\varepsilon_\mathrm{r1}}\cos\alpha_1 + \sqrt{\varepsilon_\mathrm{r2}}\cos\alpha_2}\,. \tag{6.45}$$

Durch die Verwendung des Snelliusschen Brechungsgesetzes (6.41) kann $\cos\alpha_2$ ausgedrückt werden durch

$$\cos\alpha_2 = \sqrt{1 - \sin^2\alpha_2} = \sqrt{1 - \frac{\varepsilon_\mathrm{r1}}{\varepsilon_\mathrm{r2}}\sin^2\alpha_1} \tag{6.46}$$

und es ergibt sich für den Reflexionsfaktor bei H-Polarisation der einfallenden Welle

$$r_\perp = \frac{E_\mathrm{r}}{E_\mathrm{h}} = \frac{\sqrt{\varepsilon_\mathrm{r1}}\cos\alpha_1 - \sqrt{\varepsilon_\mathrm{r2} - \varepsilon_\mathrm{r1}\sin^2\alpha_1}}{\sqrt{\varepsilon_\mathrm{r1}}\cos\alpha_1 + \sqrt{\varepsilon_\mathrm{r2} - \varepsilon_\mathrm{r1}\sin^2\alpha_1}}\,. \tag{6.47}$$

In analoger Weise erhält man den Reflexionsfaktor $r_\parallel$ für den Fall, dass die elektrische Feldstärke der einfallenden Welle parallel zur Einfallsebene liegt. Die Randbedingungen lauten dann

$$H_\mathrm{h} + H_\mathrm{r} = H_\mathrm{t} \tag{6.48a}$$
$$E_\mathrm{h}\cos\alpha_1 - E_\mathrm{r}\cos\alpha_1 = E_\mathrm{t}\cos\alpha_2\,. \tag{6.48b}$$

Die Verwendung von $E = H \cdot Z_\mathrm{F0}/\sqrt{\varepsilon_\mathrm{r}}$ und des Brechungsgesetzes führt auf den Reflexionsfaktor

$$r_\parallel = \frac{E_\mathrm{r}}{E_\mathrm{h}} = \frac{\varepsilon_\mathrm{r2}\cos\alpha_1 - \sqrt{\varepsilon_\mathrm{r1}\varepsilon_\mathrm{r2} - \varepsilon_\mathrm{r1}{}^2\sin^2\alpha_1}}{\varepsilon_\mathrm{r2}\cos\alpha_1 + \sqrt{\varepsilon_\mathrm{r1}\varepsilon_\mathrm{r2} - \varepsilon_\mathrm{r1}{}^2\sin^2\alpha_1}}\,. \tag{6.49}$$

bei E-Polarisation der einfallenden Welle. Die genaue Betrachtung von (6.49) zeigt, dass $r_\parallel$ im Bereich $0° \le \alpha_1 \le 90°$ eine Nullstelle besitzt. Diesen Einfallswinkel, bei dem die

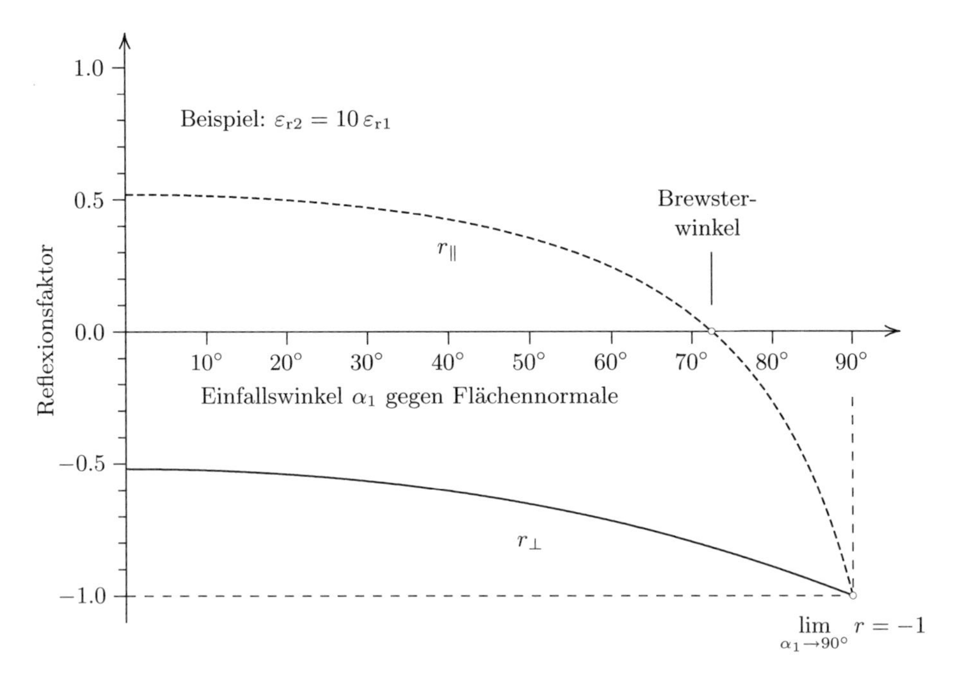

Abb. 6.10: Reflexionsfaktor für E- und H-Polarisation an einer dielektrischen Grenzschicht in Abhängigkeit vom Einfallswinkel

Reflexion der E-Polarisierten Welle verschwindet, bezeichnet man als *Brewsterwinkel* α_b. Er ist bestimmt durch

$$\sin^2 \alpha_b = \frac{\varepsilon_{r1}/\varepsilon_{r2} - 1}{(\varepsilon_{r1}/\varepsilon_{r2})^2 - 1} \qquad \text{bzw.} \tag{6.50a}$$

$$\tan^2 \alpha_b = \frac{\varepsilon_{r2}}{\varepsilon_{r1}} \cdot \frac{\varepsilon_{r1} - \varepsilon_{r2}}{\varepsilon_{r1} - \varepsilon_{r2}} \,. \tag{6.50b}$$

Abbildung 6.10 zeigt den Verlauf von von $r_{\perp}$ und $r_{\|}$ als Funktion des Einfallswinkels α_1. Der Darstellung liegt ein ε_r-Sprung um den Faktor 10 zugrunde.

Erwähnt werden sollte noch, dass für $\alpha_1 = 0$ (senkrechter Einfall) keine Einfallsebene festgelegt werden kann und daher für jede Polarisation der gleiche Reflexionsfaktor auftritt. Das unterschiedliche Vorzeichen von (6.47) und (6.49) für $\alpha_1 \to 0$ hat seine Ursache in den eingeführten Zählrichtungen der Felder. Ein Vergleich von Abb. 6.9a mit Abb. 6.9b für $\alpha = 0$ verdeutlicht die unterschiedlichen Zählrichtungen von E_r bezogen E_h. Die Gleichungen (6.47) und (6.49) gelten also für die in Abb. 6.9 eingeführten Zählrichtungen.

Als Grenzwert für streifenden Einfall ergibt sich für beide Reflexionsfaktoren

$$\lim_{\alpha_1 \to 90^\circ} |r_{\perp}| = \lim_{\alpha_1 \to 90^\circ} |r_{\|}| = 1 \tag{6.51}$$

unabhängig von $\varepsilon_{\mathrm{r2}}/\varepsilon_{\mathrm{r1}}$. Bei sehr flachem Einfall wirkt also jede dielektrische Grenzschicht näherungsweise spiegelnd.

In gleicher Weise folgen aus den Stetigkeitsbedingungen (6.42) und (6.48) die Transmissionsfaktoren für beide Polarisationen:

$$t_\perp = \frac{E_\mathrm{t}}{E_\mathrm{h}} = \frac{2\sqrt{\varepsilon_{\mathrm{r1}}}\cos\alpha_1}{\sqrt{\varepsilon_{\mathrm{r1}}}\cos\alpha_1 + \sqrt{\varepsilon_{\mathrm{r2}} - \varepsilon_{\mathrm{r1}}\sin^2\alpha_1}} \tag{6.52a}$$

$$t_\parallel = \frac{E_\mathrm{t}}{E_\mathrm{h}} = \frac{2\sqrt{\varepsilon_{\mathrm{r1}}\varepsilon_{\mathrm{r2}}}\cos\alpha_1}{\varepsilon_{\mathrm{r2}}\cos\alpha_1 + \sqrt{\varepsilon_{\mathrm{r1}}\varepsilon_{\mathrm{r2}} - \varepsilon_{\mathrm{r1}}{}^2\sin^2\alpha_1}}\,. \tag{6.52b}$$

Die Herleitung dieser Beziehungen ist den vorangegangenen Überlegungen äquivalent und wird daher nicht gesondert angegeben. Unter Verwendung der Feldwellenwiderstände $Z_{\mathrm{F1}} = \sqrt{\mu_1/\varepsilon_1}$ und $Z_{\mathrm{F2}} = \sqrt{\mu_2/\varepsilon_2}$ der angrenzenden Medien erhält man noch die Darstellungen

$$r_\perp = \frac{E_\mathrm{r}}{E_\mathrm{h}} = \frac{Z_{\mathrm{F2}}\cos\alpha_1 - Z_{\mathrm{F1}}\cos\alpha_2}{Z_{\mathrm{F2}}\cos\alpha_1 + Z_{\mathrm{F1}}\cos\alpha_2} \tag{6.53a}$$

$$r_\parallel = \frac{E_\mathrm{r}}{E_\mathrm{h}} = \frac{Z_{\mathrm{F1}}\cos\alpha_1 - Z_{\mathrm{F2}}\cos\alpha_2}{Z_{\mathrm{F1}}\cos\alpha_1 + Z_{\mathrm{F2}}\cos\alpha_2} \tag{6.53b}$$

und

$$t_\perp = \frac{E_\mathrm{t}}{E_\mathrm{h}} = \frac{2Z_{\mathrm{F2}}\cos\alpha_1}{Z_{\mathrm{F2}}\cos\alpha_1 + Z_{\mathrm{F1}}\cos\alpha_2} \tag{6.54a}$$

$$t_\parallel = \frac{E_\mathrm{t}}{E_\mathrm{h}} = \frac{2Z_{\mathrm{F1}}\cos\alpha_1}{Z_{\mathrm{F1}}\cos\alpha_1 + Z_{\mathrm{F2}}\cos\alpha_2} \tag{6.54b}$$

für die Reflexions- und Transmissionsfaktoren. Die Stetigkeit der transversalen Feldkomponenten bedingt den festen Zusammenhang

$$t = 1 + r \tag{6.55}$$

zwischen Reflexions- und Transmissionsfaktor. Eine erste oberflächliche Betrachtung dieser Beziehung lässt vermuten, dass durch (6.55) die Energiebilanz verletzt ist. Dem ist jedoch nicht so, weil durch r und t die Beziehung zwischen den Feldstärken und *nicht* zwischen den Strahlungsleistungsdichten beschrieben wird.

6.4.3 Totalreflexion

Bei den bisherigen Betrachtungen haben wir keinerlei Voraussetzungen über das Verhältnis $\varepsilon_{\mathrm{r1}}/\varepsilon_{\mathrm{r2}}$ gemacht. Alle gefundenen Zusammenhänge gelten also zunächst unabhängig davon, ob die Welle auf eine Grenzschicht zu einem Medium mit größerer oder mit kleinerer Permittivität trifft. Schreibt man jedoch (6.41) in der Form

$$\sin\alpha_2 = \sqrt{\frac{\varepsilon_{\mathrm{r1}}}{\varepsilon_{\mathrm{r2}}}}\sin\alpha_1\,, \tag{6.41'}$$

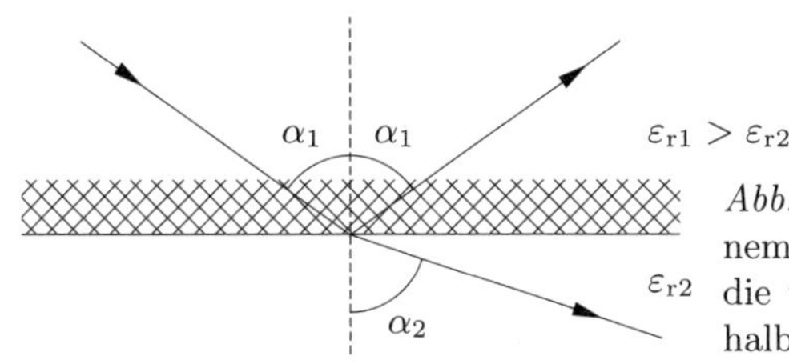

Abb. 6.11: Beim Einfall auf eine Grenzschicht zu einem Medium kleinerer Permittivität verschwindet die transmittierte Welle bei Einfallswinkeln oberhalb eines Grenzwinkels α_g

so erkennt man, dass es für α_2 keine reelle Lösung mehr gibt, falls $\varepsilon_{r1}/\varepsilon_{r2} > 1$ und $\sin\alpha_1 > \sqrt{\varepsilon_{r2}/\varepsilon_{r1}}$ ist. In diesem Fall gibt es keine Welle mehr, die sich jenseits der Grenzfläche im Medium 2 ausbreitet. Es existiert dann außer der einfallenden Welle nur die reflektierte Welle und ein mit wachsender Entfernung von der Grenzschicht exponentiell abklingendes, aperiodisches Feld im Medium 2. Man bezeichnet daher den Winkel α_g mit

$$\sin\alpha_g = \sqrt{\frac{\varepsilon_{r2}}{\varepsilon_{r1}}}, \qquad \text{wenn} \qquad \frac{\varepsilon_{r2}}{\varepsilon_{r1}} < 1 \tag{6.56}$$

als den *Grenzwinkel der Totalreflexion*, weil für Einfallswinkel $\alpha_1 > \alpha_g$ die einfallende total reflektiert und keine Leistung transmittiert wird. Der Effekt der Totalreflexion kann u. A. zur Führung von elektromagnetischen Wellen innerhalb dielektrischer Wellenleiter genutzt werden. Wir kommen darauf in Abschn. 6.4.6 zurück.

6.4.4 Reflexion an einer leitenden Ebene

Wir wenden uns nun der Reflexion einer elektromagnetischen Welle an einer leitenden Ebene zu. Dazu wollen wir wieder annehmen, dass die schräg einfallende ebene Welle H-polarisiert sei. Ohne den Ansatz hier näher zu begründen, setzen wir die Existenz einer reflektierten Welle an. Den Einfallswinkel $\alpha_{(1)}$ und den Ausfallswinkel $\alpha_{(2)}$ setzen wir zunächst allgemein verschieden an, obwohl wir bereits vermuten werden, dass sie gleich seien.

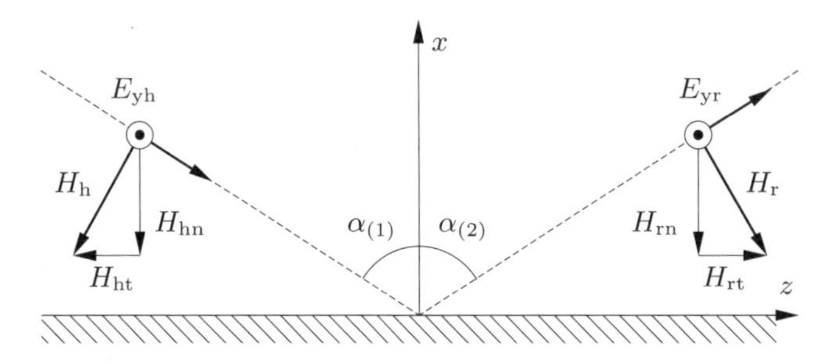

Abb. 6.12: Zur Reflexion einer elektromagnetischen ebenen Welle an einer ideal leitenden und unendlich ausgedehnten Ebene

Das elektrische Gesamtfeld vor der leitenden Ebene ergibt sich durch Überlagerung von einfallender und reflektierter Welle zu

$$E_y = E_{\mathrm{yh}} + E_{\mathrm{yr}} = E_{\mathrm{h}} \cdot e^{-j\frac{2\pi}{\lambda_{z1}}z} \cdot e^{+j\frac{2\pi}{\lambda_{x1}}x} + E_{\mathrm{r}} \cdot e^{-j\frac{2\pi}{\lambda_{z2}}z} \cdot e^{+j\frac{2\pi}{\lambda_{x2}}x} \, . \tag{6.57}$$

Im leitenden Halbraum $x < 0$ ist kein elektromagnetisches Feld vorhanden. Die notwendige Bedingung der Stetigkeit von $\vec{E}_{\mathrm{tan}}$ und $\vec{H}_{\mathrm{norm}}$ führt daher direkt auf die an leitenden Grenzflächen gültigen Randbedingungen $\vec{E}_{\mathrm{tan}} = \vec{0}$ und $\vec{H}_{\mathrm{norm}} = \vec{0}$. Diese können mit einem elektrischen Gesamtfeld nach (6.57) aber nur erfüllt werden, wenn $\lambda_{z1} = \lambda_{z2} = \lambda$, also wenn $\alpha_{(1)} = \alpha_{(2)} = \alpha$ und wenn $E_{\mathrm{r}} = -E_{\mathrm{h}}$. Die Gleichheit von Ausfallswinkel und Einfallswinkel wird also durch die elektromagnetischen Randbedingungen an der leitenden Ebene erzwungen.

Nachdem nicht zwischen den Winkeln $\alpha_{(1)}$ und $\alpha_{(2)}$ zu unterscheiden ist, vereinfacht sich (6.57) zu

$$E_y = E_{\mathrm{h}} \cdot e^{-j2\pi\frac{z}{\lambda_z}} \cdot \left(e^{j2\pi\frac{x}{\lambda_x}} - e^{-j2\pi\frac{x}{\lambda_x}}\right) = 2jE_{\mathrm{h}} \sin\left(2\pi\frac{x}{\lambda_x}\right) \cdot e^{-j2\pi\frac{z}{\lambda_z}} \, . \tag{6.58}$$

Die zugehörige Normalkomponente H_{norm} des magnetischen Feldes ist

$$H_{\mathrm{norm}} = H_{\mathrm{h}} \sin\alpha - H_{\mathrm{r}} \sin\alpha = 2j\frac{E_{\mathrm{h}}}{Z_{\mathrm{F}}} \sin\alpha \sin\left(2\pi\frac{x}{\lambda_x}\right) \cdot e^{-j2\pi\frac{z}{\lambda_z}} \tag{6.59}$$

und die Tangentialkomponente

$$H_{\mathrm{tan}} = -2\frac{E_{\mathrm{h}}}{Z_{\mathrm{F}}} \cos\alpha \cos\left(2\pi\frac{x}{\lambda_x}\right) \cdot e^{-j2\pi\frac{z}{\lambda_z}} \, . \tag{6.60}$$

Wir führen noch die Abkürzung $E_0 := 2jE_{\mathrm{h}}$ und die Bezeichnungen $H_{\mathrm{norm}} := -H_x$ und $H_{\mathrm{tan}} := H_z$ ein und schreiben das Gesamtfeld vor der leitenden Ebene in der Form

$$E_y = E_0 \cdot \sin\left(2\pi\frac{x}{\lambda_x}\right) \cdot e^{-j2\pi\frac{z}{\lambda_z}} \tag{6.61a}$$

$$-H_x = \frac{E_0}{Z_{\mathrm{F0}}} \cdot \sin\alpha \cdot \sin\left(2\pi\frac{x}{\lambda_x}\right) \cdot e^{-j2\pi\frac{z}{\lambda_z}} \tag{6.61b}$$

$$H_z = j\frac{E_0}{Z_{\mathrm{F0}}} \cdot \cos\alpha \cdot \cos\left(2\pi\frac{x}{\lambda_x}\right) \cdot e^{-j2\pi\frac{z}{\lambda_z}} \, . \tag{6.61c}$$

Das Gesamtfeld (6.61) setzt sich also zusammen aus einer stehenden Welle bezüglich der x-Richtung und einer fortschreitenden Welle bezüglich der z-Richtung. Ein Momentanbild der Feldstruktur (6.61) erhalten wir durch Transformation von (6.61) in

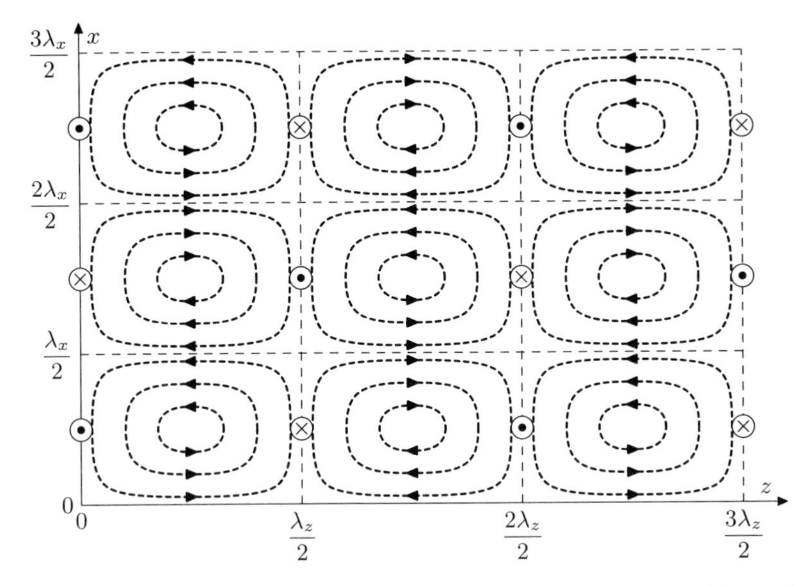

Abb. 6.13: Feldlinienbild bei Reflexion einer ebenen Welle an einer ideal leitenden Ebene ($\omega t = 0$)

den Zeitbereich. Es ergibt sich

$$e_y(t) = E_0 \cdot \sin\left(2\pi\frac{x}{\lambda_x}\right) \cdot \cos\left(\omega t - 2\pi\frac{z}{\lambda_z}\right) \tag{6.62a}$$

$$-h_x(t) = \frac{E_0}{Z_{\text{F0}}} \cdot \sin\alpha \cdot \sin\left(2\pi\frac{x}{\lambda_x}\right) \cdot \cos\left(\omega t - 2\pi\frac{z}{\lambda_z}\right) \tag{6.62b}$$

$$h_z(t) = -\frac{E_0}{Z_{\text{F0}}} \cdot \cos\alpha \cdot \cos\left(2\pi\frac{x}{\lambda_x}\right) \cdot \sin\left(\omega t - 2\pi\frac{z}{\lambda_z}\right) . \tag{6.62c}$$

Eine Skizze des sich einstellenden Gesamtfeldes bei Reflexion einer ebenen Welle an einer leitenden Ebene ist in Abb. 6.13 dargestellt. An dieser Stelle ist es erwähnenswert, dass diese Feldstruktur allgemein durch Überlagerung zweier gleichfrequenter, kohärenter ebener Wellen entsteht, deren Ausbreitungsrichtungen den Winkel 2α miteinander einschließen. In den vorangegangenen Betrachtungen entstand die überlagerte zweite Welle durch Reflexion der einfallenden, primären Welle an einer ideal leitenden Wand. Auf diese Weise wird die feste Phasenbeziehung der beiden superponierenden Wellen erzwungen. Allerdings dürfen die beiden Wellenzüge auch auf völlig andere Weise erzeugt worden sein. Für das Ergebnis (6.62) des Gesamtfeldes ist die Ursache der beiden Wellen unerheblich.

6.4.5 Rechteckhohlleiter

In der Feldstruktur (6.62) gibt es offensichtlich außer $x = 0$ noch weitere Ebenen, in denen die Randbedingungen für eine leitende Grenzfläche erfüllt sind. Es sind dies die Ebenen $x = n \cdot \lambda_x/2$, $n \in \mathbb{N}^+$ sowie alle Ebenen $y =$ const. In all diesen Ebenen ist zu jedem Zeitpunkt $\vec{E}_{\text{tan}} = \vec{0}$ und $\vec{H}_{\text{norm}} = \vec{0}$. Das elektromagnetische Feld (6.62) wird also auch dann noch eine gültige Lösung der maxwellschen Gleichungen (2.40) sein, wenn in diesen Ebenen tatsächlich (physikalisch) leitende Grenzflächen vorhanden sind. Wir führen zunächst leitende Ebenen in den Ebenen $x = 0$ und $x = \lambda_x/2$ ein und gelangen damit zu der in Abb. 6.14a dargestellten Situation. Die von den leitenden Begrenzungen erzwungenen Randbedingungen $E_{\text{tan}} = 0$ und $H_{\text{norm}} = 0$ werden von dem Gesamtfeld (6.62) von vornherein erfüllt. Zwischen den leitenden Begrenzungen kann daher weiterhin das gleiche Feld existieren, auch wenn das Feld jenseits der leitenden Begrenzungen verschwindet. Die beiden sich überlagernden Wellenzüge, welche zusammen das Gesamtfeld (6.62) an den leitenden Begrenzungen hervorrufen, kann man sich nun auch durch unendlich fortgesetzte wechselweise Reflexion beider Wellen zwischen den beiden leitenden Begrenzungsebenen vorstellen. Bereits von der Lösung (6.62) wissen wir, dass es sich um eine in z-Richtung fortschreitende Welle handelt, die wir nun (mit der Struktur in Abb. 6.14a) als von der leitenden Begrenzung geführt betrachten können.

Die gewonnene Leitungsstruktur ist zunächst noch unphysikalisch, dehnt sie sich doch in y-Richtung noch unendlich weit aus. Eine Betrachtung der Feldstruktur in Abb. 6.13 zeigt jedoch, dass diese auch in Ebenen $y =$ const die Randbedingungen für leitende Grenzflächen erfüllt. Mit dieser Überlegung gelangen wir direkt zur Wellenleiterstruktur des Rechteckhohlleiters, indem wir mit einer zusätzlichen leitenden Ebene (außer bei $x = 0$) bei $x = \lambda_x/2$ und mit zwei leitenden Ebenen $y =$ const im Abstand b den Bereich eines Rechteckrohres herausschneiden. In Inneren des Rechteckrohres kann dann ein Feld der Form (6.61) bzw. (6.62) existieren, wenn diesem *Feldtyp* in geeigneter Weise Energie zugeführt wird. Auf die Möglichkeiten der Anregung werden wir weiter unten gesondert eingehen. Das Feldlinienbild, welches bei einem Begrenzungsabstand $a = \lambda_x/2$ in x-Richtung in einem Rechteckrohr existieren kann, ist im Schrägbild in Abb. 6.14b skizziert.

Der Plattenabstand b in y-Richtung ist (zum bisherigen Stand der Überlegungen) beliebig. Wir erkennen jedoch eine Bedingung für den Plattenabstand a in x-Richtung:

$$a = \frac{\lambda_x}{2} \,. \tag{6.63}$$

Mit (6.38a) ergibt sich

$$\cos\alpha = \frac{\lambda_0}{2a} = \frac{c_0}{2a \cdot f} \,. \tag{6.64}$$

Der Feldtyp (6.62) in einem Rechteckhohlleiter kann also aufgefasst werden als Überlagerung zweier ebener Wellen, zwischen deren Ausbreitungsrichtung der Anstellwinkel

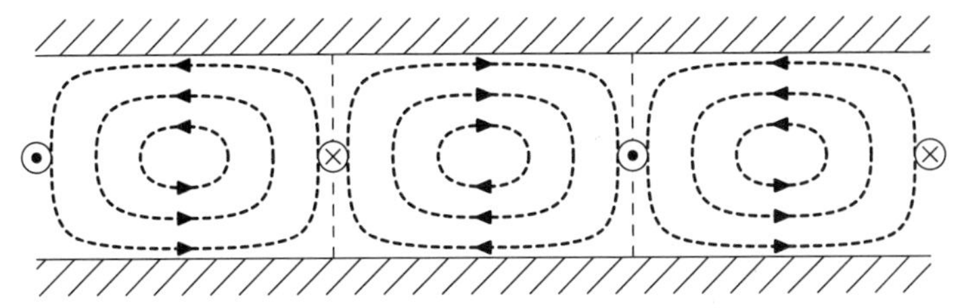

(a) Draufsicht (Schnitt $y = \text{const}$) und leitende Begrenzungen in Ebenen $x = n\lambda_x/2$

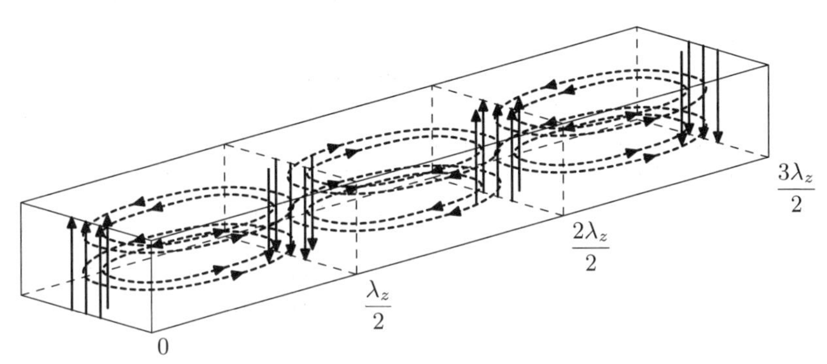

(b) Schrägbild mit zusätzlichen leitenden Begrenzungen in Ebenen $y = \text{const}$

Abb. 6.14: In der Feldstruktur von Abb. 6.13 dürfen in den Ebenen $x = n\lambda_x/2$ und $y = \text{const}$ leitende Begrenzungen eingeführt werden, ohne dadurch Randbedingungen zu verändern

2α liegt. Man kann ihn sich entstanden denken durch fortgesetzte Reflexion beider Wellen an den Hohlleiterwänden $x = 0$ und $x = a$. Bei festen Hohlleiterabmessungen ist der sich einstellende Winkel α nach (6.64) frequenzabhängig. Eine reelle Lösung für (6.64) existiert nur für $\lambda_0 \leq 2a$. Die zugehörige Frequenz f_C bezeichnet man als *kritische Frequenz*, *Grenzfrequenz* oder auch *Cutoff-Frequenz*. Sie beträgt für einen luftgefüllten Rechteckhohlleiter

$$f_C = \frac{c_0}{2a}\,. \tag{6.65}$$

Eine fortschreitende Welle ist in einem Rechteckhohlleiter erst oberhalb dieser Grenzfrequenz ausbreitungsfähig ($f \geq f_C$).

Der bisher behandelte Feldtyp ist der einfachste, aber auch der technisch bedeutsamste Feldtyp im Rechteckhohlleiter. Mit wachsender Frequenz werden weitere Feldtypen ausbreitungsfähig, die aber i. d. R. nicht erwünscht sind, weil sie abweichende Phasengeschwindigkeiten besitzen und ihre Anregung an jeder Diskontinuität des Hohlleiters (selbst in Biegungen) erfolgen würde. Die verschiedenen Feldtypen, häufig auch *Moden* genannt, werden als H_{mn}- oder als E_{mn}-Wellen gekennzeichnet. Die Bezeichnung richtet sich danach, ob das H-Feld oder das E-Feld eine Komponente in Ausbreitungsrichtung besitzt. Die Indizes m und n geben jeweils an, wieviele lokale Feldstärkenmaxima es in

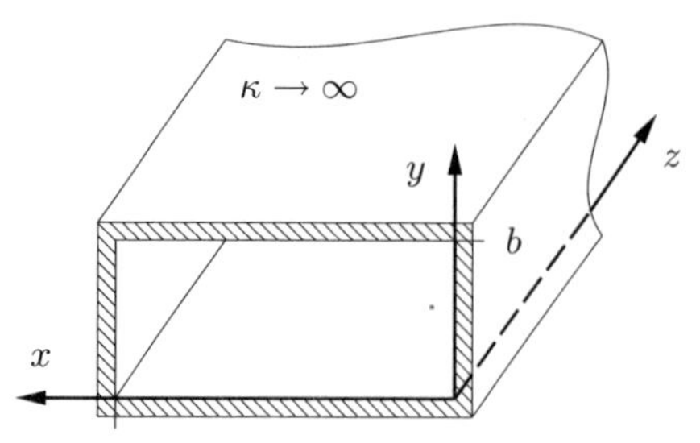

Abb. 6.15: Der Rechteckhohlleiter

einer Transversalebene in x- bzw. in y-Richtung gibt.

Offenbar besitzt nur das H-Feld des oben behandelten Feldtyps (6.61) eine z-Komponente. Weiterhin tritt ein Maximum des transversalen H-Feldes in x-Richtung auf, während die Feldstruktur nicht von y abhängt. Der Feldtyp (6.61) wird daher als H_{10}-Welle bezeichnet. Von allen möglichen Wellentypen im Rechteckhohlleiter besitzt die H_{10}-Welle die niedrigste Grenzfrequenz.

Rechteckhohlleiter werden meistens so dimensioniert und betrieben, dass nur die H_{10}-Welle ausbreitungsfähig ist. Der Betriebsfrequenzbereich ist daher maximal

$$f_C \leq f \leq 2f_C\,, \tag{6.66}$$

weil oberhalb von $2f_C$ die H_{20}-Welle ausbreitungsfähig wird. (6.66) setzt außerdem voraus, dass das Verhältnis der Seitenlängen $a/b \geq 2$ ist, da ansonsten die H_{01}-Welle eine niedrigere Grenzfrequenz hätte, als die H_{20}-Welle. Für die technische Anwendung ist der genutzte Frequenzbereich kleiner und man wählt

$$1{,}25 f_C \leq f \leq 1{,}9 f_C\,. \tag{6.67}$$

In der Praxis hält man also gewisse Sicherheitsabstände zu den Grenzfrequenzen ein. Insbesondere in der Nähe von f_C nehmen sowohl die Wirkverluste als auch die Dispersion sehr stark zu.

Um zu einer übersichtlicheren Darstellung der H_{10}-Welle zu gelangen, führen wir noch den *Feldwellenwiderstand* als das Verhältnis von transversaler elektrischer zu transversaler magnetischer Feldstärke ein:

$$Z_{FH} = \frac{E_y}{H_x} = \frac{Z_{F0}}{\sin\alpha} = Z_{F0} \cdot \frac{\lambda_z}{\lambda_0}\,. \tag{6.68}$$

Unter Verwendung von $\sin\alpha = \sqrt{1-\cos^2\alpha}$ und $\lambda_x = 2a$ schreiben wir für die Hohlleiterwellenlänge

$$\lambda_z = \frac{\lambda_0}{\sin\alpha} = \frac{\lambda_0}{\sqrt{1-\left(\dfrac{\lambda_0}{2a}\right)^2}}\,. \tag{6.69}$$

Damit erhalten wir eine Form der Feldgleichungen, die ohne Bezugnahme auf den Winkel α auskommt:

$$E_y = E_0 \cdot \sin\left(\frac{\pi x}{a}\right) \cdot e^{-j\beta z} \tag{6.70a}$$

$$H_x = \frac{E_y}{Z_{\mathrm{FH}}} \tag{6.70b}$$

$$H_z = j\frac{E_0}{Z_{\mathrm{F0}}} \cdot \frac{\lambda_0}{2a} \cdot \cos\left(\frac{\pi x}{a}\right) \cdot e^{-j\beta z} \tag{6.70c}$$

Diese Feldgleichungen gelten für die H_{10}-Welle im luftgefüllten Rechteckhohlleiter. Die Transversalkomponenten E_y und H_x sind phasengleich. Sie sind für den Wirkleistungstransport verantwortlich. Durch Integration der Strahlungsleistungsdichte $P_{*z} = 0{,}5 \cdot E_y H_x$ über den gesamten Hohlleiterquerschnitt $a \times b$ ergibt sich die insgesamt von der H_{10}-Welle transportierte Wirkleistung

$$P_{\mathrm{W}} = \frac{a \cdot b}{4} \cdot \frac{|E_0|^2}{Z_{\mathrm{FH}}} = \frac{a \cdot b}{4} \cdot \max\{|H_x|^2\} \cdot Z_{\mathrm{FH}} \,. \tag{6.71}$$

Aus diesen Zusammenhang zwischen der transportierten Wirkleistung und den auftretenden maximalen Feldstärken kann auch die maximale Leistung bei luftgefülltem Hohlleiter berechnet werden. Die elektrische Feldstärke darf nur so groß sein, dass im Inneren des Hohlleiters keine Ionisation einsetzt. Zur Fortleitung von sehr großer Leistung verwendet man daher auch evakuierte Hohlleiter. In diesem Fall ist die Maximalleistung nur durch die Stromwärmeverluste im Wandmaterial des Hohlleiters gegeben, die nicht zu einer unzulässig hohen Erwärmung des Hohlleiters führen dürfen.

Bei der Herleitung der Feldstruktur der H_{10}-Welle ist klar geworden, dass diese Hohlleiterwelle als Überlagerung zweier gleichfrequenter ebener Wellen verstanden werden kann. Das Feld entsteht, wenn sich vor einer leitenden Ebene die einfallende und die reflektierte Welle überlagern, oder eben auch dann, wenn diese zwei Wellen unendlich fortgesetzt und wiederholt zwischen zwei leitenden Ebenen – gebildet durch die Hohlleiterwände – reflektiert werden. Die Anregung einer solchen Welle erfolgt aber nicht durch die Einkopplung dieser beiden ebenen Wellen, obwohl dies theoretisch möglich wäre. Wenn die H_{10}-Welle nicht durch ein Baulement angeregt wird, welches bereits im Inneren des Hohlleiters betrieben wird, so ist die häufigste Art der Anregung ein Übergang von einer koaxialen Leitungswelle zur H_{10}-Welle des Rechteckhohlleiters. Um die gewünschten breitbandigen Eigenschaften zu erzielen, können solche Wellentypwandler einen sehr komplizierten Aufbau haben. Grundsätzlich sind jedoch zwei Strukturen zum Übergang von Koaxialleitung auf einen Rechteckhohlleiter wichtig (Abb. 6.16). Wenn der Innenleiter der Koaxialleitung einfach im Hohlleiter endet, so ensteht dort maximale elektrische Feldstärke, wodurch das Feld der H_{10}-Welle angeregt wird. Ordnet man die Einkopplung im Abstand einer viertel Wellenlänge vor einem Kurzschluss an, so erzwingt man, dass auch die zugehörige H_{10}-Welle am Ort der Einkopplung ein Feldmaximum aufweist und dass die eingekoppelte Leistung nur in einer Hohlleiterrichtung abfließt. Diese Art der Anregung bezeichnet man als kapazitiv (Abb. 6.16a).

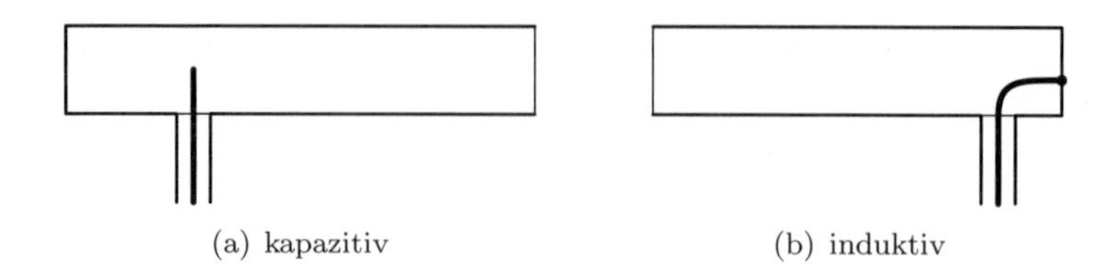

Abb. 6.16: Prinzipielle Möglichkeiten zur Anregung der H_{10}-Welle durch eine koaxiale Leitungswelle

Entsprechend ist es möglich, durch eine kurzgeschlossene Stromschleife das magnetische Feld der H_{10}-Welle anzuregen. Damit sich die Stromschleife am Ort maximaler magnetische Feldstärke befindet, ordnet man die induktive Koppelschleife zweckmäßig in unmittelbarer Nähe eines Hohlleiterkurzschlusses an (Abb. 6.16b).

Die bisherigen Betrachtungen beziehen sich nur auf die H_{10}-Welle, weil dieser Feldtyp auf anschauliche Weise von der ebenen Welle abgeleitet werden kann und weil er zugleich den technisch wichtigsten Feldtyp des Rechteckhohlleiters darstellt. In einem Rechteckhohlleiter können jedoch theoretisch unendlich viele verschiedene Feldtypen existieren, die je nach Frequenz entweder ausbreitungsfähig oder exponentiell bedämpft sind. Neben den H-Feldtypen mit einer H-Komponente in Ausbreitungsrichtung gibt es zusätzlich auch E-Feldtypen, die im Gegensatz zu den H-Typen eine elektrische Feldkomponente in Ausbreitungsrichtung aufweisen. Wir wollen in diesem Rahmen nicht die allgemeine Ableitung aller Feldtypen des Rechteckhohlleiters durchführen, sondern die wichtigsten Beziehungen angeben, die zur Bestimmung der Eigenschaften der einzelnen Feldtypen in einem Rechteckhohlleiter aus ideal leitendem Material mit den Kantenlängen a und b notwendig sind. Die Materialparameter der Hohlleiterfüllung seien ε_r und μ_r.

Jeder Feldtyp ist gekennzeichnet durch seinen Eigenwert

$$q_\nu = \sqrt{\left(\frac{\pi m}{a}\right)^2 + \left(\frac{\pi n}{b}\right)^2}\,, \tag{6.72}$$

der im Rechteckhohlleiter für H_{mn}- und E_{mn}-Typ identisch ist. Der Index ν steht dabei einfach für eine laufende Nummerierung des Feldtyps. Zusammen mit dem Quadrat der entsprechenden Wellenzahl im Freiraum

$$k^2 = \omega^2\, \varepsilon_0\, \varepsilon_\mathrm{r}\, \mu_0\, \mu_\mathrm{r} \tag{6.73}$$

erhält man dann das Ausbreitungsmaß

$$\gamma_\nu = \sqrt{{q_\nu}^2 - k^2} \tag{6.74}$$

des ν-ten Feldtyps im Rechteckhohlleiter. Solange $k^2 < {q_\nu}^2$ ist, ergibt sich ein reeller Wert für $\gamma_\nu = \alpha_\nu$. Die Amplitude klingt in diesem Fall exponentiell ab, der Feldtyp ist nicht ausbreitungsfähig und transportiert auch keine Wirkleistung in z-Richtung. Erst für Frequenzen, bei denen $k^2 > q_\nu{}^2$ wird, ist $\gamma_\nu = j\beta_\nu$ imaginär, der Feldtyp breitet sich mit dem Phasenmaß β_ν entlang der Hohlleiterachse aus. Aus der Bedingung $k^2 = q_\nu{}^2$ folgt auch sofort die Grenzfrequenz

$$f_{c_\nu} = \frac{c_0}{2\pi\sqrt{\varepsilon_\mathrm{r}\mu_\mathrm{r}}} q_\nu \tag{6.75}$$

des ν-ten Modes und hieraus auch die zugehörige Cutoff-Wellenlänge

$$\lambda_{c_\nu} = \frac{2\pi\sqrt{\varepsilon_\mathrm{r}\mu_\mathrm{r}}}{q_\nu} \tag{6.76}$$

im freien Raum. Einen Unterschied zwischen H- und E-Typen gibt es bei der Berechnung des Feldwellenwiderstandes. Es ergibt sich

$$Z_\mathrm{FH} = \frac{j\,\omega\,\mu_0\,\mu_\mathrm{r}}{\gamma_\nu} \quad \text{bei H-Typen und} \tag{6.77a}$$

$$Z_\mathrm{FE} = \frac{\gamma_\nu}{j\,\omega\,\varepsilon_0\,\varepsilon_\mathrm{r}} \quad \text{bei E-typen.} \tag{6.77b}$$

Die Abmessungen technischer Hohlleiter sind für den Betrieb in festgelegten Frequenzbereichen zugeschnitten und genormt. Damit sichergestellt ist, dass bis zur doppelten Grenzfrequenz des H_{10}-Modes kein weiterer Mode ausbreitungsfähig wird, hat das Seitenverhältnis a/b von Rechteckhohlleitern stets mindestens den Wert 2. Tabelle 6.3 zeigt eine Übersicht der gängigsten Hohlleitertypen, zusammen mit ihren Betriebsfrequenzbereichen und den Kurzbezeichnungen der entsprechenden Frequenzbänder.

Betreibt man einen Hohlleiter oberhalb seines Betriebsfrequenzbereiches, dann sind in ihm mehrere Feldtypen ausbreitungsfähig, die in undefinierter Weise an jeder Störung der idealen Wellenleitergeometrie – selbst in Biegungen – angeregt werden. In Abb. 6.17 sind die Eckfrequenzen von weiteren Feldtypen, bezogen auf die Eckfrequenz des H_{10}-Typs dargestellt. Die Abbildung geht von $a/b = 2{,}25$ aus, was dem Aspektverhältnis des X-Band-Hohlleiters entspricht. Das Aspektverhältnis äußert sich direkt in der normierten Eckfrequenz des H_{01}-Typs. Oberhalb seiner jeweiligen Eckfrequenz liegt ein Feldtyp als Ausbreitungstyp vor, andernfalls existiert er nur als Dämpfungstyp, dessen Amplitudenabnahme durch α_ν beschrieben ist. Der Betrieb unterhalb der Eckfrequenz besitzt eine wichtige Anwendung im Bereich der elektromagnetischen Abschirmung. Es ist auf diese Weise möglich, Öffnungen etwa zur Luftzuführung in ein Gehäuse durch einen ausreichend langen Cutoff-Hohlleiter dennoch hochfrequenzdicht zu gestalten. Die Dämpfung eines unterhalb der H_{10}-Grenzfrequenz betriebenen Hohlleiters ist umso höher, je länger der Hohlleiter ist oder je kleiner seine Querschnittsabmessungen gewählt werden.

Die Feldstruktur in Abb. 6.14b gehört zu einer Welle, die im Hohlleiter in $+z$-Richtung fortschreitet. Aus Symmetriegründen kann sich eine gleich strukturierte Welle gleichzeitig in $-z$-Richtung ausbreiten. Es ergeben sich Verhältnisse, die zu denen auf Zweidrahtleitungen insofern äquivalent sind, als das elektrische Feld einer H_{10}-Welle

Tabelle 6.3: Rechteckhohlleiter-Frequenzbänder

Band	Frequenzbereich		Wellenlängenbereich		Abmessungen		Bezeichnung nach	
	f_{min} (GHz)	f_{max} (GHz)	λ_{max} (mm)	λ_{min} (mm)	a (mm)	b (mm)	EIA	DIN 47 302
S	2,6	4	115	75	72,24	34,04	WR 284	R 32
C	4	6	75	50	47,549	22,149	WR 187	R 48
X	8,2	12,4	37	24	22,86	10,16	WR 90	R 100
Ku	12,4	18	24	17	15,799	7,889	WR 62	R 140
K	18	26,5	17	11	10,668	4,318	WR 42	R 220
Ka	26,5	40	11	8	7,112	3,556	WR 28	R 320
Q	33	50	9	6	5,69	2,845	WR 22	R 400
U	40	60	7,5	5	4,775	2,388	WR 19	R 500
V	50	75	6	4	3,759	1,88	WR 15	R 620
E	60	90	5	3,3	3,0998	1,5494	WR 12	R 740
W	75	110	4	2,7	2,54	1,27	WR 10	R 900
F	90	140	3,3	2,1	2,032	1,016	WR 08	R 1200
D	110	170	2,7	1,8	1,651	0,8255	WR 06	R 1400
G	140	220	2,1	1,4	1,2954	0,6477	WR 05	R 1800

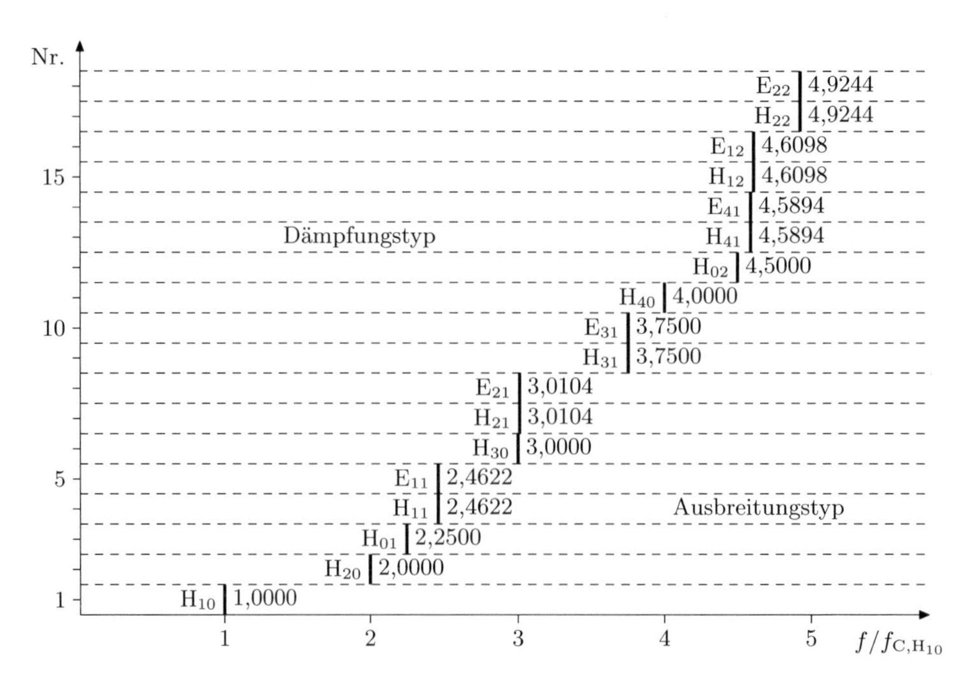

Abb. 6.17: Modenspektrum eines Rechteckhohlleiters mit einem Aspektverhältnis von $a/b = 2{,}25$ (WR 90).

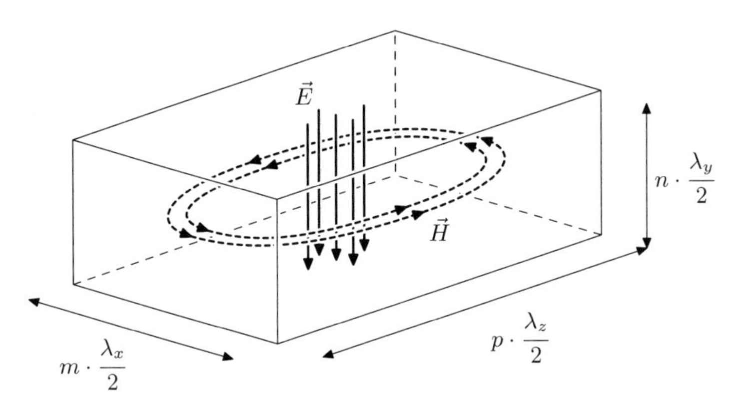

Abb. 6.18: Quaderförmiger Hohlraumresonator und Bezeichnung der H_{mnp}-Resonanz. Skizziert ist das elektromagnetische Feld der H_{101}-Resonanz. Das Maximum der elektrischen Feldstärke befindet sich dabei im Zentrum des Resonators, wobei $|\vec{E}|$ und $|\vec{H}|$ abwechselnd ihre Maximalwerte annehmen.

entlang der Ausbreitungsrichtung die gleiche z-Abhängigkeit aufweist, wie die Spannung auf einer TEM-Leitung (Kap. 3). Durch Überlagerung von hin- und rücklaufender Welle ergeben sich im Hohlleiter ebenso stehende Wellen, die bezüglich der Amplituden von elektrischer und magnetischer Feldstärke dual sind zu den Amplituden von Spannung und Strom. Insbesondere treten Maximalwerte und Nullstellen von elektrischer und magnetischer Feldstärke dann auf, wenn die hinlaufende Welle vollständig (etwa an einem Kurzschluss) reflektiert wird. Die Nullstellen der elektrischen Feldstärke befinden sich dann im Abstand $\lambda_z/2$ und es ist ersichtlich, dass an diesen Stellen wiederum leitende Grenzflächen im Hohlleiterquerschnitt $z = \text{const}$ eingeführt werden dürfen. Auf diese Weise kommt man zu einem vollständig geschlossenen, quaderförmigen Gebilde, in dem die in Abb. 6.18 skizzierte Feldverteilung existieren kann. Die Frequenz, bei der dieses möglich ist, wird durch die geometrischen Abmessungen des Quaders bestimmt. Diese müssen die Bedingungen $a = m\lambda_x/2$ und $\ell = p\lambda_z/2$ erfüllen. Wegen dieser Abstimmbedingung, die nur für diskrete Frequenzen erfüllt werden kann, handelt es sich dabei um ein resonantes Gebilde, man spricht von einem Hohlraumresonator. Grundsätzlich zeigen alle leitend begrenzten Hohlräume solche Resonanzen, deren Feldstruktur von der Form des Hohlraumes abhängt und im allgemeinen Fall nur mit numerischen Methoden bestimmt werden kann. Abbildung 6.18 zeigt hingegen die elementare Ausführung eines Hohlraumresonators, dessen Feldverteilung wir auch in geschlossener Form angeben können.

Die Ankopplung an Hohlraumresonatoren kann beispielsweise mit den Koppelstrukturen nach Abb. 6.16 geschehen, wobei man die kapazitive Kopplung am Ort größter elektrischer Feldstärke, also im Resonatorzentrum und die induktive Kopplung an einem Ort größter magnetischer Feldstärke, also in der Nähe der Resonator-Kurzschlusswand anbringen wird. Mit Hilfe von Hohlraumresonatoren lassen sich Schwingkreise von besonders hoher Güte realisieren, weil es keinerlei dielektrische Verluste gibt. Typische

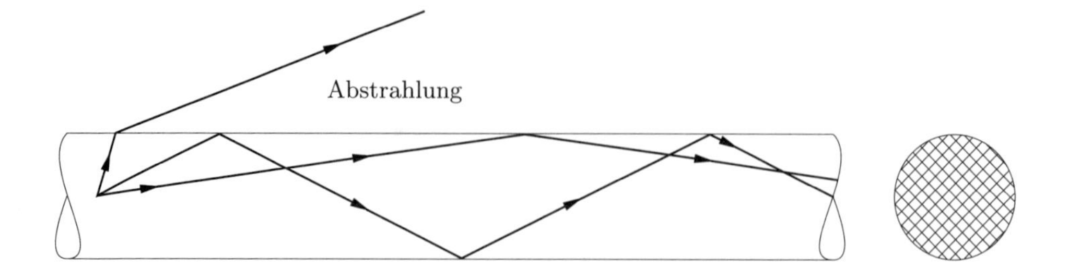

Abb. 6.19: Strahlengang in einer Stufenprofilfaser

Gütewerte liegen im Bereich 5000...10 000.

6.4.6 Dielektrische Wellenleiter

Das Auftreten von Totalreflexion am Übergang von einem Medium hoher Permittivität zu einem Medium mit kleiner Permittivität kann zur Führung von elektromagnetischen Wellen im Inneren von dielektrischen Fasern genutzt werden. Wenn dabei der Faserdurchmesser groß ist gegen die Signalwellenlänge, lassen sich die Verhältnisse mit Hilfe der geometrischen Strahlenoptik beschreiben. Dies ist beispielsweise der Fall, wenn Signale mit optischen Wellenlängen (typ. 850 nm...1550 nm) in Quarzglas mit Durchmessern bis zu 200 µm weitergeleitet werden. Solche Fasern können im einfachsten Fall homogen aus einem Material hergestellt sein, welches eine größere Permittivität als Luft und niedrige Verluste aufweist. Geeignet sind hier etwa dotierte Quarzgläser. Als Dotierzusätze finden hier GeO_2, P_2O_5 oder B_2O_3 Verwendung.

Besitzt die Faser überall die gleiche Permittivität, sodass nur an ihrem Rand eine sprunghafte Änderung des ε_r stattfindet, so spricht man entsprechend dem Verlauf von ε_r als Funktion des radialen Abstandes von einer *Stufenprofilfaser*. Jeder Strahl, der – aus dem Faserinneren kommend – genügend flach auf die Faserbegrenzung trifft, wird von dort total reflektiert und in das Innere der Faser zurückgeführt. In Abb. 6.19 ist der Strahlengang in einer solchen Stufenprofilfaser skizziert. Alle Strahlen, die unterhalb des Grenzwinkels der Totalreflexion auf die Berandung treffen, werden durch fortlaufende Reflexion in der Faser geführt. Treten Strahlen auf, die zu steil auf die Berandung treffen, kommt es zur Transmission und damit zur meist unerwünschten Abstrahlung von Leistung. Dieses kann z. B. durch falsche Einkopplung in die Faser oder durch zu starke Biegung derselben auftreten.

Abbildung 6.19 macht aber auch deutlich, dass Strahlen mit verschiedenen Reflexionswinkeln auch verschieden lange Wege bei ihrem Durchgang durch die Faser nehmen. Auf diese Weise haben nicht alle Signalanteile in einer Stufenprofilfaser die gleiche Laufzeit, was sich in Form der *Dispersion* als Gruppenlaufzeitverzerrung störend bemerkbar macht. Ein am Anfang der Faser gesendeter Impuls von kurzer Dauer wird sich mit zunehmender Übertragungslänge durch eine solche Faser aufweiten. Die Kapazität zur Informationsübertragung wird durch diese starke Dispersion also erheblich

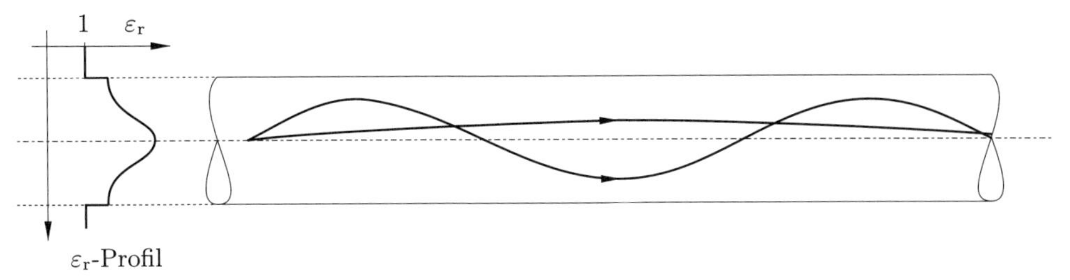

Abb. 6.20: Strahlengang in einer Gradientenfaser

eingeschränkt. Für längere Übertragungsstrecken müssen in regelmäßigen Abständen die Impulse durch so genannte *Repeater* regeneriert und verstärkt werden.

Eine Möglichkeit, die Dispersion zu verringern, ist die Verwendung eines nicht konstanten ε_r-Profils (Gradientenfaser). Eine Faser, deren ε_r vom Maximalwert entlang der Mittellinie zum Rand hin abnimmt, ist ebenfalls zur Wellenführung geeignet. Wegen der veränderlichen Permittivität werden nun aber Strahlen, die einmal schräg zur Mittellinie verlaufen, kontinuierlich in Richtung zunehmender Permittivität gebrochen. Es ergeben sich gekrümmte Strahlwege, wie sie in Abb. 6.20 skizziert sind. Zwar sind diese Wege immer noch verschieden lang, doch ergibt sich eine gewisse Angleichung der Laufzeiten durch die von der Permittivität abhängige Phasengeschwindigkeit v_P. Strahlen, die geometrisch einen längeren Weg haben, verlaufen auch über längere Strecken in Bereichen mit niedriger Permittivität. Dort ist aber die Phasengeschwindigkeit größer, als nahe der Mittellinie. Auf diese Weise kann die Laufzeitdispersion wesentlich verringert werden.

7 Antennen

7.1 Grundbegriffe

Die Aufgabe einer Antenne ist es, den geführten Wellentyp auf der Zuleitung umzuwandeln in einen Wellentyp, der im freien Raum, also ohne Leitungsstruktur, ausbreitungsfähig ist. Häufig vorkommende Wellentypen der Antennenspeiseleitung sind die Zweidrahtwelle, die Koaxialleitungswelle und die H_{10}-Welle des Rechteckhohlleiters. In der Antenne findet eine Transformation der Feldstruktur und auch des Feldwellenwiderstandes statt. Damit können wir zwei Hauptfunktionen festhalten, die von einer Antenne zu erfüllen sind:

- Transformation des elektromagnetischen Wellentypes auf der Speiseleitung in einen Freiraum-Wellentyp und

- Transformation des Wellenwiderstandes Z_{F} auf der Speiseleitung in den Wellenwiderstand Z_{F0} des freien Raumes.

Besonders anschaulich findet diese Transformation in einem Hornstrahler statt. Durch kontinuierliche Aufweitung des Hohlleiterquerschnitts krümmen sich die Phasenfronten und die Wellenlänge wird kleiner. In Abb. 7.1 ist ein Momentanbild des elektrischen Feldes in und vor einer Hornantenne sowie im speisenden Hohlleiter skizziert. Das elektromagnetische Feld ist begleitet von freien Ladungsträgern und Strömen in der metallischen Hohlleiterwand. Sie sind in Abb. 7.1 durch Ladungen positiven und negativen Vorzeichens symbolisiert. Diese Ladungen sind Anfangs- und Endpunkte der elektrischen Feldlinien und ihre räumliche Verschiebung ist identisch mit den Wandströmen.

Ladungen an der Kante der Hornöffnung können wegen des dort endenden Leiters nicht mehr weiter fließen. Sie rekombinieren mit nachströmenden Ladungen umgekehrten Vorzeichens. Bei diesem Rekombinationsvorgang entstehen in sich geschlossene elektrische Feldlinien, die zu ihrer Aufrechterhaltung keine Ladungen mehr benötigen. In sehr großer Entfernung von der Hornantenne ebnen sich die Phasenfronten immer mehr ein, sodass der Feldzustand dem einer ebenen Welle sehr ähnlich ist. Die Transformation des magnetischen Feldes findet ebenso kontinuierlich statt. Aus Gründen der Übersichtlichkeit ist dieses aber in Abb. 7.1 nicht eingetragen.

Beim Empfang von elektromagnetischer Strahlungsleistung mit einer Antenne findet in gleicher Weise eine Transformation des einfallenden Wellentyps in den Wellentyp der Antennenanschlussleitung statt. In Abb. 7.2 ist das elektrische Feld beim Empfang mit einer Hornantenne skizziert. Der Vergleich von Abb. 7.1 und Abb. 7.2 zeigt, dass die

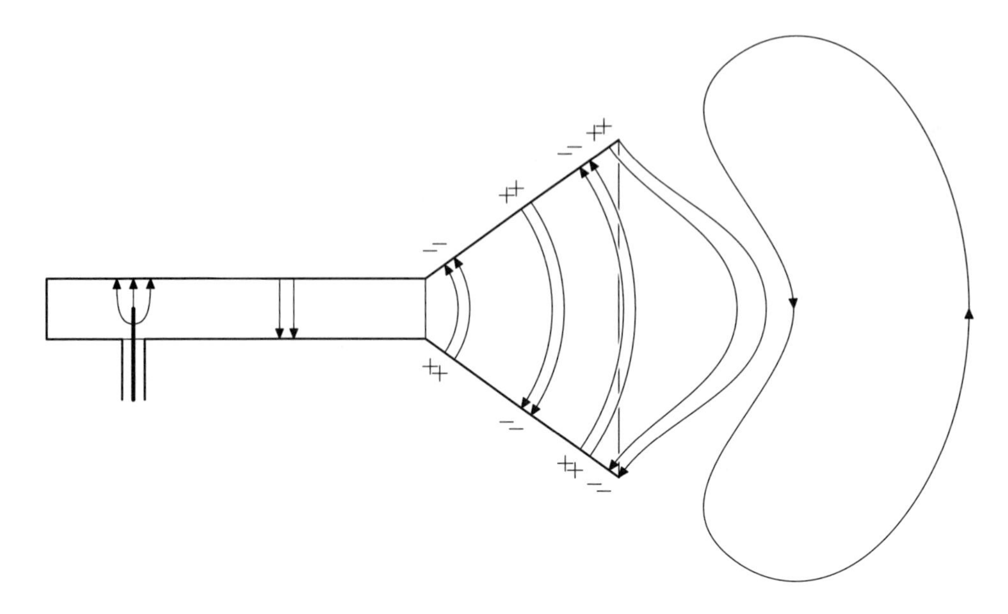

Abb. 7.1: Wellenablösung an der Öffnung eines Hornstrahlers (Feldskizze)

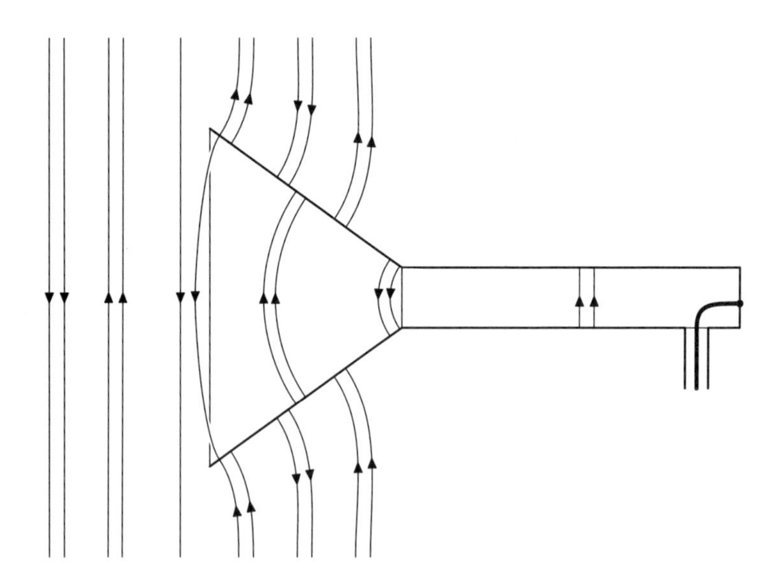

Abb. 7.2: Empfang mit einer Hornantenne (Feldskizze)

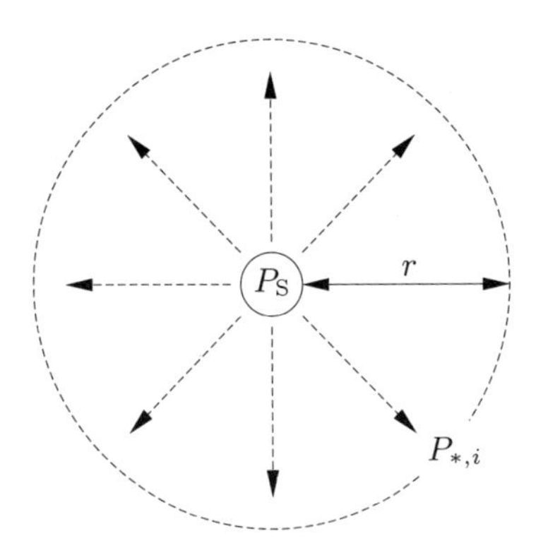

Abb. 7.3: Zur Definiton des isotropen Kugelstrahlers

Feldverteilung auf und in der Umgebung der Antenne im Sende- und im Empfangsbetrieb im Allgemeinen *nicht* gleich sind. Damit werden auch die Sendestromverteilung und die Empfangsstromverteilung allgemein verschieden sein. Dennoch sind alle Antennen reziproke Bauelemente, solange für ihren Aufbau keine nichtreziproken Materialien (etwa vormagnetisierte Ferrite) verwendet werden. Insbesondere das Richtdiagramm – eine wichtige Kenngröße von Antennen, die wir weiter unten erläutern werden – ist für den Sendefall und für den Empfangsfall identisch. Das Richtdiagramm kann also in einer dieser Betriebsarten gemessen werden, während die Stromverteilung für beide Betriebsarten zu bestimmen wäre.

Die Eigenschaften einer Hornantenne sind unter Anderem durch die Öffnung des Horntrichters bestimmt. Die strahlende Fläche einer Antenne bezeichnet man als *Apertur* (lat. Öffnung), entsprechend heißen solche Antennen auch *Aperturantennen.* Zu ihnen gehören neben den Hornantennen auch alle Reflektorantennen. Auf die physikalische Bedeutung der Apertur werden wir weiter unten noch eingehen.

7.2 Isotroper Kugelstrahler

Der isotrope Kugelstrahler ist eine fiktive, verlustfreie Antenne, welche die ihr zugeführte Wirkleistung P_S in alle Raumrichtungen gleichmäßig (isotrop) abstrahlt. Ein derartiger vollsymmetrischer Strahler kann physikalisch schon deshalb nicht realisiert werden, weil bereits die Einspeisung der Sendeleistung die völlige Kugelsymmetrie stören würde. Der isotrope Kugelstrahler ist dennoch als rechnerische Modellantenne zur Behandlung der Freiraumdämpfung und zur Beurteilung der Eigenschaften von realen Antennen sehr hilfreich.

Ein solcher isotroper Strahler würde die ihm zugeführte Leistung P_S gleichförmig auf eine ihn umgebende Kugeloberfläche verteilen. In der Entfernung r vom Kugelstrahler ergäbe sich also die Strahlungsleistungsdichte

$$P_{*,\mathrm{i}} = \frac{P_S}{4\pi r^2}\,, \tag{7.1}$$

wenn im Ausbreitungsmedium keine Wirkverluste auftreten. Würde man den isotropen Kugelstrahler als Empfangsantenne betreiben, so wäre die an seinen Klemmen verfügbare Empfangsleistung P_{E} proportional zur Strahlungsleistungsdichte P_* der einfallenden Welle. Der Proportionalitätsfaktor hat ersichtlich die Dimension einer Fläche. Man bezeichnet diese Fläche als die *Wirkfläche* und sie beträgt bei einem isotropen Strahler

$$A_{\mathrm{W,i}} = \frac{{\lambda_0}^2}{4\pi} \,. \tag{7.2}$$

Die Wirkfläche ist eine Grundeigenschaft jeder Antenne. Sie beschreibt, wieviel Wirkleistung durch die Antenne aus einer einfallenden ebenen Welle ausgekoppelt wird. Vor allen Dingen steht sie nicht in einem einfachen Zusammenhang mit der geometrischen Fläche der Antenne. Von den Eigenschaften dieser idealisierten Antenne gelangen wir nun zur Beschreibung realer Antennen.

7.3 Antennenkenngrößen

7.3.1 Gewinn

Eine reale Antenne wird die ihr zugeführte Leistung nicht gleichmäßig in alle Raumrichtungen abstrahlen. Sie wird – meist beabsichtigt – eine oder mehrere Vorzugsrichtungen aufweisen und in andere Richtungen wenig abstrahlen. Den Faktor G, um den die Strahlungsleistungsdichte in der Hauptstrahlrichtung einer Antenne höher ist, als die eines isotropen Strahlers, bezeichnet man als den *Gewinn* einer Antenne. Dieser Gewinn

$$G = \frac{P_{*,\mathrm{max}}}{P_{*,\mathrm{i}}} \tag{7.3}$$

kann recht einfach durch Messung bestimmt werden.

Entsprechend dieser Definition des Gewinns ist die von einer Antenne in ihrer Hauptstrahlungsrichtung hervorgerufene Strahlungsleistungsdichte im Abstand r von der Antenne

$$P_* = \frac{P_{\mathrm{S}} \cdot G}{4\pi r^2} \,. \tag{7.4}$$

Wegen der Reziprozitätseigenschaft von Antennen, die wir im Abschn. 7.3.5 noch einmal ansprechen werden, ist auch im Empfangsbetrieb bei gleicher Leistungsdichte die verfügbare Leistung an den Antennenklemmen um den Faktor G höher, als bei einem isotropen Strahler.

7.3.2 Richtfaktor

Die Definition des Gewinns (7.3) gilt ganz allgemein, also auch, wenn die Antenne selbst Wirkverluste hat. Durch Bündelung der abgestrahlten Energie erreicht man eine

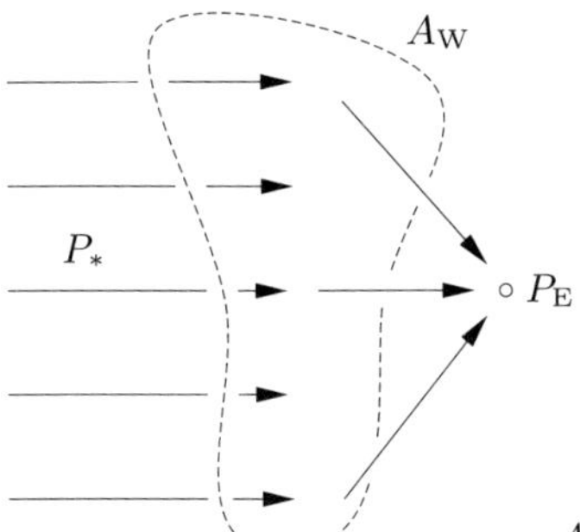

Abb. 7.4: Zur Definition der Antennenwirkfläche

höhere Strahlungsleistungsdichte, durch Wirkverluste in der Antenne selbst würde der Bündelungsgewinn jedoch teilweise wieder aufgezehrt.

Aus diesem Grund gibt es den Begriff des Richtfaktors D (engl. directivity), der den Gewinn einer realen Antenne angibt, wenn die Eigenverluste der Antenne durch eine erhöhte Speiseleistung exakt kompensiert würden. Damit hängt der Richtfaktor nur von den Bündelungseigenschaften einer Antenne ab. Man definiert durch

$$G = \eta D \leq D \qquad 0 \leq \eta \leq 1\,, \tag{7.5}$$

den Antennenwirkungsgrad η, der die Antennenverluste beschreibt. Bei vielen Antennen (Dipol, Hornstrahler, Reflektorantenne) sind die Verluste meist vernachlässigbar klein ($G \approx D$).

7.3.3 Wirkfläche

Bereits bei der Einführung des isotropen Kugelstrahlers wurde die Wirkfläche A_W einer Antenne festgelegt durch

$$P_\mathrm{E} = P_* \cdot A_\mathrm{W}\,, \tag{7.6}$$

wobei P_E die an den Klemmen der Empfangsantenne verfügbare Wirkleistung ist. Aufgrund der Reziprozitätseigenschaft ist die Wirkfläche einer realen Antenne um ihren Gewinn größer, als die Wirkfläche $A_\mathrm{W,i}$ des isotropen Strahlers. Mit (7.2) ergibt sich

$$A_\mathrm{W} = G \cdot \frac{{\lambda_0}^2}{4\pi}\,. \tag{7.7}$$

Die Beziehungen (7.4), (7.6) und (7.7) können wir zusammenführen zur Berechnung der Empfangsleistung bei einer Freiraum-Funkstrecke (Abb. 7.5) mit gegebener Sendeleistung P_S. Dabei dürfen allgemein auch die Sende- und die Empfangsantenne unterschiedliche Gewinne G_S und G_E aufweisen. Es ist dann

$$P_\mathrm{E} = P_\mathrm{S} \cdot \frac{G_\mathrm{S} \cdot G_\mathrm{E}}{4\pi r^2} \cdot \frac{{\lambda_0}^2}{4\pi} = P_\mathrm{S} \cdot G_\mathrm{S} \cdot G_\mathrm{E} \cdot \frac{{\lambda_0}^2}{(4\pi r)^2}\,. \tag{7.8}$$

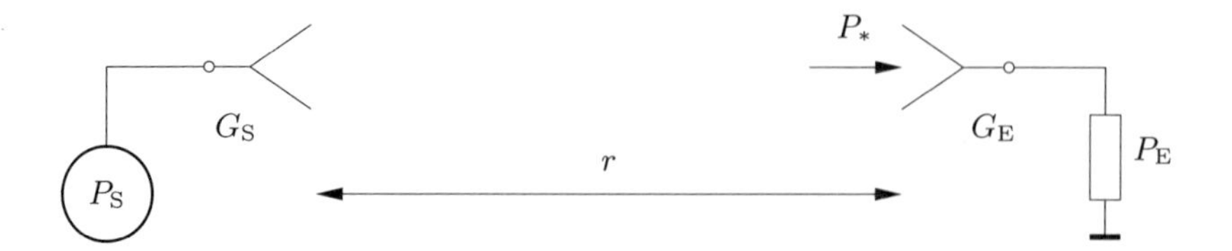

Abb. 7.5: Schema einer Freiraum-Funkstrecke

Den Kehrwert von ${\lambda_0}^2/(4\pi r)^2$ bezeichnet man als Freiraumdämpfung a_F. Sie lässt sich mit Hilfe der Zahlenwertgleichung

$$\frac{a_F}{\text{dB}} = 10 \log \frac{(4\pi r)^2}{{\lambda_0}^2} = 92{,}4 + 20 \log \frac{f}{\text{GHz}} + 20 \log \frac{r}{\text{km}} \tag{7.9}$$

recht einfach in dB berechnen. In Abschn. 8.4 werden wir noch gesondert Verlustmechanismen in der Atmosphäre ansprechen, die zu einer zusätzlichen frequenzabhängigen Dämpfung elektromagnetischer Wellen führen. Wir betonen deshalb an dieser Stelle, dass die Freiraumdämpfung $a_F = (4\pi r)^2/{\lambda_0}^2$ ihre Ursache *nicht* in Wirkverlusten des Mediums hat, sondern allein durch die mit dem Abstand r zunehmende räumliche Verteilung der elektromagnetischen Leistung und der damit verbundenen Abnahme der Strahlungsleistungsdichte begründet ist. Eine physikalisch realisierbare Antenne strahlt Leistung niemals nur in eine Richtung, sondern stets in einen endlichen Raumwinkel ab. Mit wachsender Entfernung von der Antenne verteilt sich also die gleiche Leistung auf eine immer größere Oberfläche.

7.3.4 Effektive Länge

Die effektive oder wirksame Länge ℓ_{eff} ist definiert durch die Leerlauf-Klemmenspannung U_0, die sich an der Antenne bei einer einfallenden elektrischen Feldstärke E einstellt (Abb. 7.6):

$$\ell_{\text{eff}} = \frac{U_0}{E}\,. \tag{7.10}$$

Sie ist – ebenso wie die Wirkfläche – eine Rechengröße, die i. d. R. im Zusammenhang mit Dipolen verwendet wird und nicht mit der geometrischen Länge der Antennenanordnung identisch ist. Der Antennenaufbau muss dabei nicht notwendig geometrisch langgestreckt und vorwiegend durch eine Längenabmessung gekennzeichnet sein. Die effektive Länge kann für Antennen beliebiger Bauformen bestimmt werden. Es sei noch darauf hingewiesen, dass die effektive Länge und die Wirkfläche unter verschiedenen Betriebszuständen der Empfangsantenne definiert werden. Während die Definition der Wirkfläche auf die verfügbare Empfangsleistung führt und damit einen angepassten Verbraucher an den Antennenklemmen voraussetzt, bezieht sich die Definiton der effektiven Länge auf leerlaufende Antennenklemmen. Eine weitere Definition und Berechnungsmethode der effektiven Antennenlänge, die auf den gleichen Wert wie die Definition (7.10) führt, wird in Abschn. 7.4.3 angegeben.

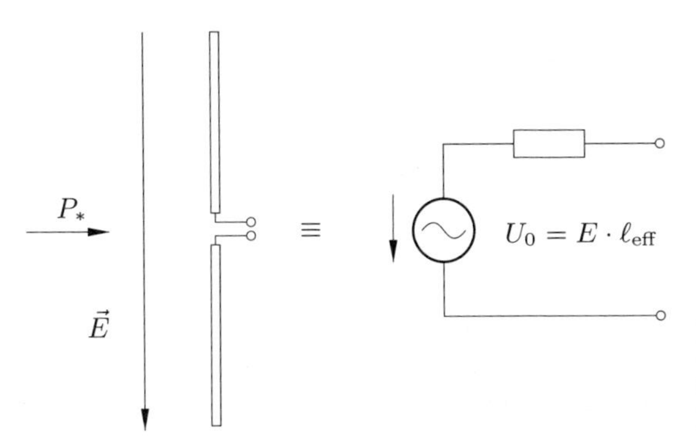

Abb. 7.6: Zur Definition der effektiven Länge. Die elektrische Feldstärke E am Ort der Antenne führt zur Klemmen-Leerlaufspannung U_0

7.3.5 Richtcharakteristik

Die Richtcharakteristik $F_{\mathrm{R}}(\vartheta, \varphi)$ einer Antenne gibt im Fernfeld die Strahlungsleistungsdichte auf einer Kugel $r = \text{const}$ bezogen auf die größte auftretende Leistungsdichte an. In der Richtung, in der eine Antenne die größte Leistungsdichte erzeugt, hat ihre Richtcharakteristik also den Wert $F_{\mathrm{R}} = 1$. In allen anderen Richtungen ist $F_{\mathrm{R}} < 1$. Eine Nullstelle von F_{R} bedeutet demnach, dass die Antenne in diese Richtung nicht abstrahlt. Wegen des großen Dynamikbereichs von mehreren Zehnerpotenzen werden Strahlungscharakteristiken häufig auch in Dezibel (dB) angegeben. Die richtungsabhängige Leistungsdichte wird dann in Dezibel, bezogen auf das Hauptmaximum angegeben, welches durch diese Normierung den Wert 0 dB erhält.

$F_{\mathrm{R}}(\vartheta, \varphi)$ ist für alle auftretenden Raumrichtungen $0 \leq \vartheta \leq \pi$ und $0 \leq \varphi \leq 2\pi$ definiert und kann entweder durch feldtheoretische Analyse der Antennenstruktur oder messtechnisch bestimmt werden. Häufig interessiert man sich jedoch nur für Schnitte durch $F_{\mathrm{R}}(\vartheta, \varphi)$ in Ebenen $\varphi = \text{const}$ oder $\vartheta = 90°$. Bei Antennen mit linear polarisierter Abstrahlung legt man anhand der Gestalt ihres Fernfeldes und anhand der Lage ihrer Hauptstrahlrichtung so genannte *Hauptebenen* fest. Die Ebene, die im Fernfeld von der Richtung des elektrischen Feldes und von der Hauptstrahlrichtung aufgespannt wird, bezeichnet man als E-Ebene. Analog zu dieser Definition wird die H-Ebene von den magnetischen Feldlinien und der Hauptstrahlrichtung aufgespannt. Falls eine Antenne mehrere Hauptstrahlrichtungen besitzt, gibt es möglicherweise mehrere E- oder H-Ebenen. Dies ist insbesondere bei Rundstrahlantennen der Fall, wo es wegen der Rotationssymmetrie der Anordnung unendlich viele Möglichkeiten gibt, *die* E-Ebene festzulegen (siehe auch Abschn. 7.4.1 und 7.4.2). In den meisten dieser Fälle ist aber die Richtcharakteristik in allen E- oder H-Ebenen aus Symmetriegründen identisch, sodass die Angabe der Richtfunktion in E- und H-Ebenen in aller Regel ausreichend ist.

Weicht man von der Hauptstrahlrichtung ab, so wird die Strahlungsleistungsdichte entsprechend dem Verlauf von F_{R} stetig kleiner. Kennzeichnend für die Bündelung der Antenne ist der Winkel $\gamma/2$ abseits der Hauptstrahlrichtung, bei dem die Leistungsdichte bei gleichem Abstand von der Antenne auf den halben Wert des Maximums abgesunken ist. In vielen technisch relevanten Fällen liegt dieser Winkel in der E- und H-Ebene symmetrisch um die Hauptstrahlrichtung. Man bezeichnet γ als *Halbwertsbreite*, *Öffnungswinkel* oder auch als *3-dB-Breite* der Antenne. Der gesamte Bereich von F_R um die Hauptstrahlrichtung bis zu den ersten benachbarten Minima heißt *Hauptkeule*. Der Name hat metaphorische Bedeutung und ist von der Form des Graphen von F_R in Polardarstellung abgeleitet. Die meist unerwünschten Nebenmaxima heißen entsprechend *Nebenkeulen*. Ein Ziel des Antennenentwurfs ist es, unter Einhaltung der Spezifikationen für die Hauptkeule die Pegel der Nebenkeulen möglichst klein zu halten. Ganz vermeidbar sind sie aber gerade bei hoch bündelnden Antennen nicht.

Es ist leicht einzusehen, dass der Gewinn einer Antenne umso höher ist, je kleiner ihre Halbwertsbreite, also je größer ihre Bündelung ist. Der genaue Zusammenhang zwischen G und γ hängt vom gesamten Verlauf von F_R ab. Eine näherungsweise Umrechnung kann aber durch

$$G \approx \frac{4\pi}{\gamma_\mathrm{E}\,\gamma_\mathrm{H}} \tag{7.11}$$

erfolgen. Dabei sind γ_E und γ_H die Halbwertsbreiten in der E- und in der H-Ebene im Bogenmaß. Die Bündelung einer Antenne hängt wiederum von ihren Abmessungen bezogen auf die Signalwellenlänge ab. Bei Aperturantennen gibt es einen festen Zusammenhang zwischen der Feldverteilung in der strahlenden Apertur und der erzeugten Strahlungsleistungsdichte im Fernfeld. Bei dessen Untersuchung findet man ebenfalls, dass die Breite der Hauptkeule mit größer werdender Apertur abnimmt. Die genaue Fernfeldverteilung ist im Einzelfall zu untersuchen. Wir wollen uns hier mit der Aussage begnügen, dass die Antennenbündelung grundsätzlich durch ihre Abmessung begrenzt ist. Hohe Bündelung erfordert auch eine bezüglich λ große Ausdehnung der Sendestromverteilung. Als Faustformel zur Abschätzung der Halbwertsbreite γ bei gegebener Maximalabmessung D in der betrachteten Ebene der Antenne kann

$$\gamma \approx 70^\circ \cdot \frac{\lambda}{D} \tag{7.12}$$

verwendet werden.

7.4 Lineare Antennen

Als lineare Antennen bezeichnet man Strukturen, deren Stromverteilung linienhaft (aber nicht notwendigerweise gerade) ist. Die bekanntesten Beispiele hierfür sind Dipolantennen oder Monopolstrahler über Erde (s. Abschn. 7.4.2). Man beachte, dass hier nicht die Linearität im feldtheoretischen Sinne gemeint ist, sondern die Linienhaftigkeit der Stromverteilung.

Wir konzentrieren unsere Betrachtungen auf Antennen mit geraden und bezüglich des Speisepunktes symmetrischen Strombelegungen. Man kann sie sich entstanden denken durch Aufbiegen einer leerlaufenden Doppelleitung zu einer linearen, axialen und z-parallelen Anordnung. Numerische Untersuchungen zeigen, dass die Stromverteilung

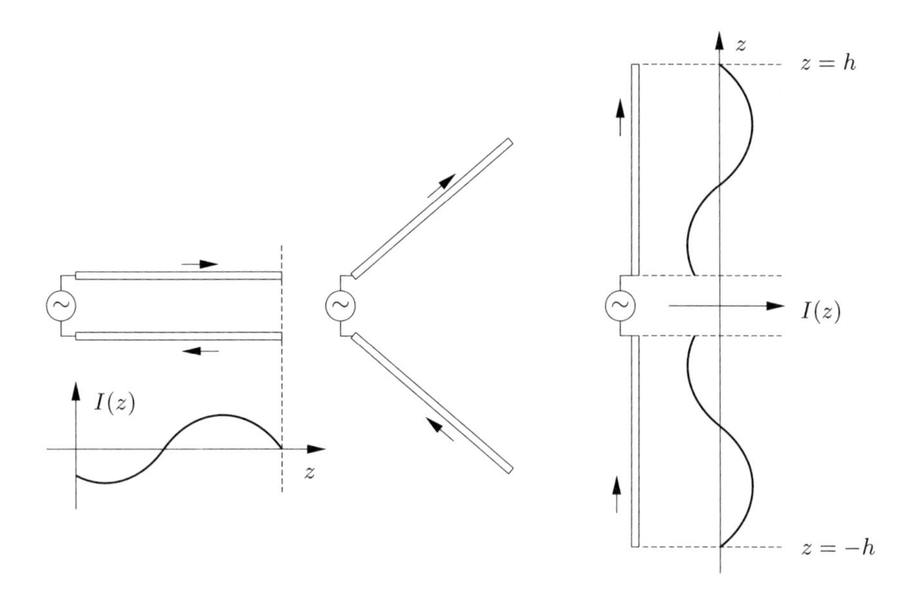

Abb. 7.7: Zur Stromverteilung auf linearen Antennen

trotz dieser einschneidenden Geometrieänderung näherungsweise erhalten bleibt. Wir verwenden daher die Darstellung

$$I(z) = I_{\max} \cdot \sin\big(|\beta_0 z| - \beta_0 h\big) \tag{7.13}$$

mit $z = 0$ als den Ort der Speiseklemmen. Der größte Strom $I_{\max}$ tritt also i. A. nicht an den Klemmen auf. An den Stellen $z = \pm h$ ist $I(z) = 0$, erzwungen durch das Ende der Leiterstäbe. Wir nehmen weiterhin an, dass die Ausdehnung des Speisepunktes sehr klein sei. Beide Speiseklemmen befinden sich also am Ort $z = 0$ und der Strom $I(z)$ ist dort stetig. Die Zählrichtungen für die Stromrichtungen auf den Stäben bleiben durch das Aufbiegen erhalten (Abb. 7.7).

7.4.1 Hertzscher Dipol

Als hertzschen Dipol bezeichnet man einen kurzen dünnen Stromfaden mit konstanter Strombelegung $I(z) = \text{const}$. Wir kennzeichnen seine Länge mit Δ und es sei $\Delta \ll \lambda_0$. Zur rechnerischen Behandlung linearer Antennen muss die Stromverteilung $I(z)$ sehr oft durch abschnittsweise konstante Teilströme angenähert werden. Die Approximation ist umso besser, je feiner die Unterteilung erfolgen kann, d. h. je kürzer die Teilstücke gewählt werden können. Das Gesamtfeld linienhafter Stromverteilungen ergibt sich als Überlagerung sämtlicher Beiträge der Teilstücke. Die Behandlung des hertzschen Dipols ist daher von elementarer Bedeutung für die analytische und numerische Untersuchung von linienhaften Stromverteilungen. Wir werden auf dieses Verfahren in Abschn. 7.4.2 zurückkommen.

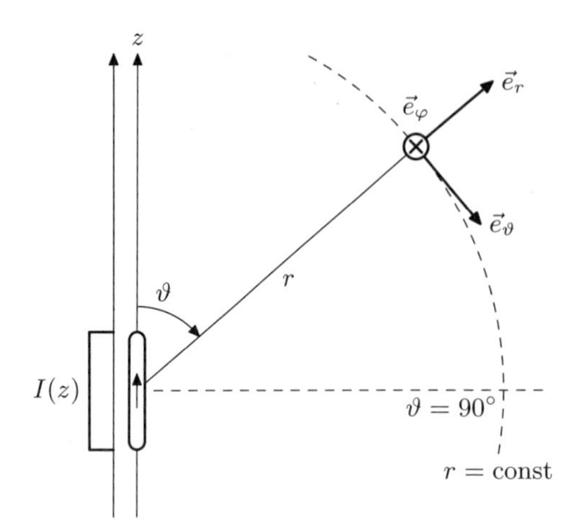

Abb. 7.8: Zum Strahlungsfeld des hertzschen Dipols

Zur Darstellung des elektromagnetischen Feldes führen wir ein Kugelkoordinatensystem mit dem hertzschen Dipol im Ursprung ein wobei das Stromelement in z-Richtung orientiert ist (Abb. 7.8). Wegen der Rotationssymmetrie der Anordnung kann das Feld des hertzschen Dipols nicht von φ abhängen. Die analytische Behandlung mit den Methoden der Elektrodynamik zeigt, dass das elektromagnetische Feld, welches von einem solchen kurzen modellhaften Stromfaden erzeugt wird, nicht alle Koordinatenrichtungen des Polarkoordinatensystems belegt. Das elektrische Feld weist nur eine r- und eine ϑ-Komponente auf, das magnetische Feld aus Symmetriegründen nur eine φ-Komponente. Die Berechnung, deren Ablauf hier nicht vorgestellt werden soll, liefert als Ergebnis

$$E_r(\vartheta, r) = \frac{Z_{\mathrm{F0}}}{2\pi} \cdot I \cdot \Delta \cdot \cos\vartheta \left(\frac{1}{r^2} + \frac{1}{j\beta_0\, r^3} \right) e^{-j\beta_0 r} \tag{7.14a}$$

$$E_\vartheta(\vartheta, r) = j\frac{Z_{\mathrm{F0}}}{2\lambda_0} \cdot I \cdot \Delta \cdot \sin\vartheta \left(\frac{1}{r} + \frac{1}{j\beta_0\, r^2} - \frac{1}{{\beta_0}^2\, r^3} \right) e^{-j\beta_0 r} \tag{7.14b}$$

$$H_\varphi(\vartheta, r) = j\frac{1}{2\lambda_0} \cdot I \cdot \Delta \cdot \sin\vartheta \left(\frac{1}{r} + \frac{1}{j\beta_0\, r^2} \right) e^{-j\beta_0 r}\,. \tag{7.14c}$$

Alle Feldkomponenten besitzen die gemeinsame Abhängigkeit $e^{-j\beta_0 r}$ der Phase vom radialen Abstand r. Die weiteren phasenbestimmenden, imaginären Summanden besitzen nur im Nahfeld merklichen Einfluss, weil $1/r$ dort in höheren Potenzen auftritt. Eine Betrachtung der r-Abhängigkeit der Summanden in den Klammern von (7.14) führt auf diese Weise auch auf eine Näherung für das Feld in größerer Entfernung vom Dipol. Es werden dann nämlich die Summanden mit dem Faktor r^{-1} dominieren, gegenüber den Summanden mit den Faktoren r^{-2} und r^{-3}. Die Vernachlässigung aller

Summanden mit höheren Potenzen von $1/r$ ergibt die Fernfeldnäherung

$$E_r = 0 \tag{7.15a}$$

$$E_\vartheta(\vartheta, r) = j\frac{Z_{\mathrm{F0}}}{2\lambda_0} \cdot \frac{I \cdot \Delta}{r} \cdot \sin\vartheta \cdot e^{-j\beta_0 r} \tag{7.15b}$$

$$H_\varphi(\vartheta, r) = j\frac{1}{2\lambda_0} \cdot \frac{I \cdot \Delta}{r} \cdot \sin\vartheta \cdot e^{-j\beta_0 r} \tag{7.15c}$$

für das elektromagnetische Feld eines hertzschen Dipols. Man kann also davon ausgehen, dass in genügend großer Entfernung die Radialkomponente E_r des elektrischen Feldes abgeklungen ist. Die beiden einzig verbleibenden Komponenten E_ϑ und H_φ sind in jedem Raumpunkt zueinander orthogonal und zudem gleichphasig. Das heißt, dass von diesen Feldkomponenten ausschließlich Wirkleistung, und zwar in radiale Richtung, transportiert wird. Ein hertzscher Dipol strahlt also Wirkleistung ab, die von der den Strom einprägenden Quelle geliefert wird. Die Strahlungsleistungsdichte im Fernfeld des hertzschen Dipols kann direkt aus dem Produkt der orthogonalen Feldkomponenten E_ϑ und H_φ^* berechnet werden. Weil beide Komponenten gleichphasig sind, ist das Produkt $E_\vartheta H_\varphi^*$ rein reell und es ergibt sich daher

$$\vec{P}_* = \frac{1}{2}E_\vartheta \cdot H_\varphi^* \cdot \vec{e}_r = \frac{1}{2Z_{\mathrm{F0}}}|E_\vartheta|^2 \cdot \vec{e}_r\,. \tag{7.16}$$

Die gesamte abgestrahlte Leistung P_{S} ergibt sich durch Integration von $\vec{P}_*$ über die Oberfläche einer den Dipol einschließenden geschlossenen Hülle. Weil $\vec{P}_*$ im Fernfeld nur eine Radialkomponente hat, wählt man als geschlossene Hülle zweckmäßig eine Kugel mit Radius r, in deren Mittelpunkt der strahlende Dipol sitzt. Mit dem zugehörigen Flächenelement $\mathrm{d}\vec{A} = \mathrm{d}A \cdot \vec{n} = r^2 \sin\vartheta \,\mathrm{d}\vartheta\, \mathrm{d}\varphi \vec{e}_r$ ergibt sich

$$P_{\mathrm{S}} = \frac{1}{2Z_{\mathrm{F0}}} \int\limits_{\varphi=0}^{2\pi} \int\limits_{\vartheta=0}^{\pi} \left(\frac{Z_{\mathrm{F0}}}{2\lambda_0}\frac{I \cdot \Delta}{r}\sin\vartheta\right)^2 r^2 \sin\vartheta \,\mathrm{d}\vartheta\,\mathrm{d}\varphi$$

$$= \frac{Z_{\mathrm{F0}}}{4{\lambda_0}^2}\pi|I|^2\Delta^2 \int\limits_{\vartheta=0}^{\pi} \sin^3\vartheta \,\mathrm{d}\vartheta = 40\pi^2\Omega \cdot |I|^2 \left(\frac{\Delta}{\lambda_0}\right)^2 . \tag{7.17}$$

Aus Gründen der Energieerhaltung wird eben diese Leistung auch dem Dipol an seinen Klemmen zugeführt. Seine Klemmenimpedanz Z_{A} muss folglich einen Realteil R_{S} aufweisen, den man als *Strahlungswiderstand* bezeichnet. Mit dem Klemmenstrom I ist die den Klemmen zugeführte Wirkleistung

$$P_{\mathrm{S}} = \frac{1}{2}|I|^2 \cdot R_{\mathrm{S}}\,. \tag{7.18}$$

Durch Gleichsetzen von (7.17) und (7.18) erhält man aus dieser Leistungsbilanz den Strahlungswiderstand des hertzschen Dipols:

$$R_{\mathrm{S}} = 80\pi^2 \cdot \left(\frac{\Delta}{\lambda_0}\right)^2 \Omega\,. \tag{7.19}$$

Die Richtcharakteristik des hertzschen Dipols ergibt sich aus dem Ausdruck (7.15b) für die elektrische Feldstärke im Fernfeld. Dabei ist die winkelabhängige Feldstärke unter der Voraussetzung $r = \text{const}$ auf ihren Maximalwert zu beziehen. Der Maximalwert tritt offensichtlich für $\vartheta = 90°$ auf, wenn $|\sin\vartheta|$ seinen Maximalwert 1 annimmt. Folglich ist die Richtfunktion gegeben durch

$$F_\mathrm{R}(\vartheta, \varphi = \text{const}) = |\sin\vartheta|\,. \tag{7.20}$$

Ein hertzscher Dipol strahlt also maximal in seiner H-Ebene, er strahlt nicht in Richtung seiner Dipolachse.

Nachdem alle diese Betrachtungen nur für die Verhältnisse im Fernfeld gültig sind, lohnt es sich, zumindest nach einer Abschätzung für den Beginn der Fernfeldzone zu suchen. Nachdem im Fernfeld (7.15) alle Glieder mit der niedrigsten Potenz von $1/r$ dominieren, werden umgekehrt im extremen Nahbereich die Anteile mit der größten Potenz $1/r$ vorherrschen. Mit dieser Überlegung ergibt sich als Nahfeldnäherung

$$E_r(\vartheta, r) = -j\frac{Z_\mathrm{F0}}{2\pi} \cdot I \cdot \Delta \cdot \cos\vartheta \left(\frac{1}{\beta_0\, r^3}\right) e^{-j\beta_0 r} \tag{7.21a}$$

$$E_\vartheta(\vartheta, r) = -j\frac{Z_\mathrm{F0}}{2\lambda_0} \cdot I \cdot \Delta \cdot \sin\vartheta \left(\frac{1}{{\beta_0}^2\, r^3}\right) e^{-j\beta_0 r} \tag{7.21b}$$

$$H_\varphi(\vartheta, r) = \frac{1}{2\lambda_0} \cdot I \cdot \Delta \cdot \sin\vartheta \left(\frac{1}{\beta_0\, r^2}\right) e^{-j\beta_0 r}\,. \tag{7.21c}$$

Als Abschätzung für den Übergang zwischen den Gültigkeitsbereichen von (7.15) und (7.21) kann diejenige Entfernung r dienen, bei der die Ausdrücke (7.15c) und (7.21c) für die magnetische Feldstärke H_φ wenigstens dem Betrage nach gleich werden. Dies ist der Fall, wenn $1/r = 1/(\beta_0 r^2)$, also wenn

$$r = r_\mathrm{F} = \frac{1}{\beta_0} = \frac{\lambda_0}{2\pi}\,. \tag{7.22}$$

Die Entfernung (7.22) ist eine Abschätzung, mit deren Hilfe die Berechtigung von Fernfeldannahmen für Antennen überprüft werden kann, die sehr klein gegen die Wellenlänge sind. Dies ist sicher dann der Fall, wenn der Abstand zum Stromelement ein Vielfaches des Grenzabstandes r_F beträgt.

7.4.2 Halbwellenstrahler

Eine der wichtigsten und häufigsten Linearantennen ist der Halbwellenstrahler oder auch $\lambda/2$-Dipol. Sein Name rührt daher, weil seine Gesamtlänge $\ell = \lambda/2$ beträgt. Mit dem Halbwellenstrahler sehr stark verwandt ist der $\lambda/4$-Monopol. Dabei handelt es sich um eine Linearantenne der Länge $\lambda/4$, die senkrecht auf einer leitenden Ebene errichtet und an ihrem Fußende gespeist wird (Abb. 7.9). Beide Strahlertypen sind insofern äquivalent, als sich auf ihnen die gleiche Stromverteilung $I(z > 0)$ einstellt und beide Strahler im Halbraum $z \geq 0$ das gleiche Strahlungsfeld erzeugen.

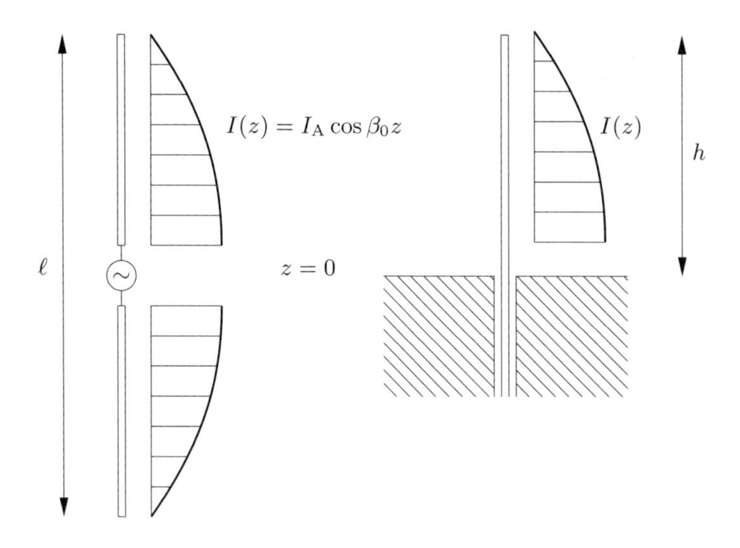

Abb. 7.9: Halbwellenstrahler und $\lambda/4$-Monopol

Wegen $\ell = \lambda/2$ oder auch $h = \lambda/4$ ist der Strom $I(z)$ am Ort des Speisepunktes maximal. Wir erhalten

$$I(z) = I_\mathrm{A} \cdot \cos\beta_0 z \tag{7.23}$$

mit dem Klemmenstrom I_A. Wir betonen, dass (7.23) eine Näherung darstellt. Für die praktische Anwendung und Dimensionierung sind (7.23) und die folgenden Ergebnisse jedoch hinreichend genau.

Bei bekannter Stromverteilung (7.23) kann mit Hilfe einer Zerlegung in infinitesimal kleine hertzsche Dipole das Fernfeld und damit auch das Strahlungsdiagramm des Halbwellenstrahlers berechnet werden. Hierzu sind für jeden Aufpunkt die Beiträge aller Stromelemente zum Gesamtfeld durch Integration additiv zu überlagern. Dabei haben die Stromelemente auf dem Strahler unterschiedliche Abstände zum Aufpunkt. Man verdeutlicht sich leicht, dass die sich hieraus ergebenden Amplitudenunterschiede vernachlässigt werden dürfen. Wichtig sind jedoch die unterschiedlichen Phasenlagen, mit denen die Teilfelder beim Aufpunkt eintreffen.

Der Beitrag des Stromes $I(z)$ eilt gegenüber dem Beitrag des Stromes $I(0)$, der hier als Phasenbezug dienen soll, vor. Die Phasendifferenz

$$\Delta\varphi = \frac{2\pi}{\lambda} \cdot z \cdot \cos\vartheta \tag{7.24}$$

ergibt sich direkt aus dem Lauflängenunterschied $z\cos\vartheta$ (Abb. 7.10). Mit (7.15b) ergibt sich der Beitrag des Stromelementes $I(z)$ zu

$$\mathrm{d}E_\vartheta = j\frac{Z_\mathrm{F0}}{2\lambda_0} \cdot \frac{1}{r} \cdot \sin\vartheta \cdot e^{-j\beta_0 r} \cdot e^{j\beta_0 z\cos\vartheta} \cdot I(z) \cdot \mathrm{d}z\,. \tag{7.25}$$

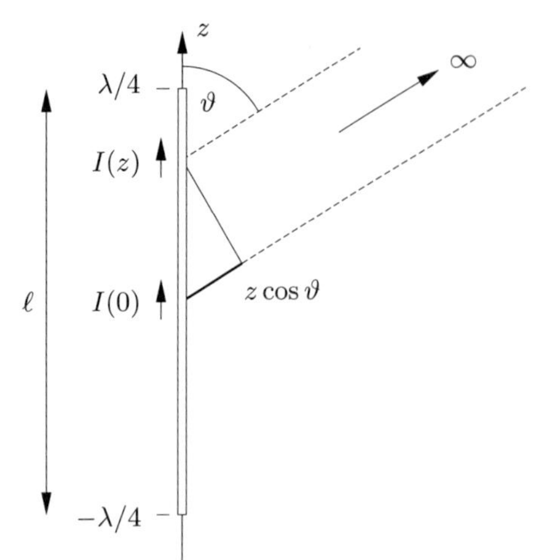

Abb. 7.10: Zur Berechnung des Strahlungsdiagramms eines Halbwellenstrahlers

Durch Integration aller Beiträge und mit (7.23) erhalten wir das Gesamtfeld

$$E_\vartheta = j\frac{Z_{\mathrm{F0}}}{2\lambda_0} \cdot \frac{1}{r} \cdot \sin\vartheta \cdot e^{-j\beta_0 r} \cdot I_{\mathrm{A}} \cdot \int\limits_{-\lambda_0/4}^{\lambda_0/4} \cos\beta_0 z \cdot e^{j\beta_0 z\cos\vartheta} \cdot \mathrm{d}z$$

$$= j \cdot I_{\mathrm{A}} \cdot \frac{Z_{\mathrm{F0}}}{2\pi} \cdot \frac{e^{-j\beta_0 r}}{r} \cdot \frac{\cos\left(\frac{\pi}{2}\cos\vartheta\right)}{\sin\vartheta} \qquad (7.26)$$

als Funktion des Winkels ϑ und des Abstands r. Aus diesem Ergebnis folgt sofort die Richtcharakteristik des $\lambda/2$-Dipols:

$$F_{\mathrm{R}}(\vartheta) = \frac{P_*(\vartheta)}{P_{*,\max}} = \frac{|E_\vartheta(\vartheta)|^2}{|E_{\vartheta,\max}(\vartheta)|^2} = \left|\frac{\cos\left(\frac{\pi}{2}\cos\vartheta\right)}{\sin\vartheta}\right|^2 . \qquad (7.27)$$

Mit (7.26) lässt sich die gesamte Wirkleistung P_{S} ermitteln, die vom $\lambda/2$-Dipol bei eingeprägtem Klemmenstrom I_{A} abgestrahlt wird. Hierzu ist die Strahlungsleistungsdichte

$$P_*(r,\vartheta) = \frac{1}{2} \cdot \frac{|E_\vartheta(r,\vartheta)|^2}{Z_{\mathrm{F0}}} = \frac{1}{2} \cdot |I_{\mathrm{A}}|^2 \cdot \frac{Z_{\mathrm{F0}}}{4\pi^2 r^2} \cdot \frac{\cos^2\left(\frac{\pi}{2}\cos\vartheta\right)}{\sin^2\vartheta} \qquad (7.28)$$

über die Oberfläche einer Kugel $r = \mathrm{const}$ zu integrieren:

$$P_{\mathrm{S}} = \iint\limits_{r=\mathrm{const}} P_* \,\mathrm{d}A = \int\limits_0^\pi \int\limits_0^{2\pi} \frac{1}{2} \cdot |I_{\mathrm{A}}|^2 \cdot \frac{Z_{\mathrm{F0}}}{4\pi^2 r^2} \cdot \frac{\cos^2\left(\frac{\pi}{2}\cos\vartheta\right)}{\sin^2\vartheta} \cdot r^2 \sin\vartheta \,\mathrm{d}\vartheta\,\mathrm{d}\varphi$$

$$= \frac{1}{2} \cdot |I_{\mathrm{A}}|^2 \cdot \frac{Z_{\mathrm{F0}}}{2\pi} \int\limits_0^\pi \frac{\cos^2\left(\frac{\pi}{2}\cos\vartheta\right)}{\sin\vartheta} \,\mathrm{d}\vartheta\,. \qquad (7.29)$$

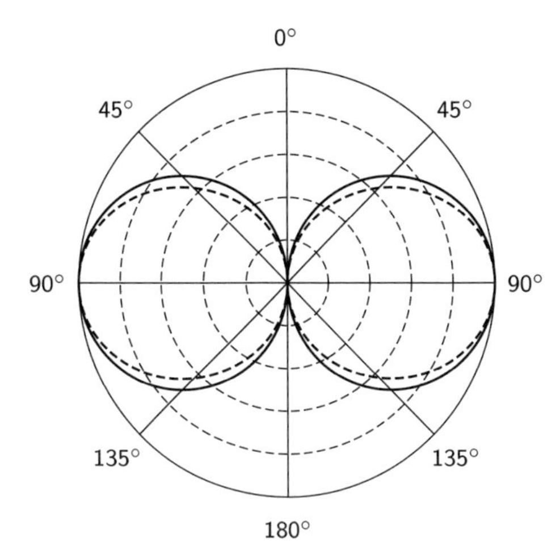

Abb. 7.11: Richtcharakteristik eines hertzschen Dipols (—) und eines Halbwellenstrahlers (- - -). Die Bündelung eines Halbwellenstrahlers ist nur geringfügig höher

Für das in (7.29) auftretende Integral existiert keine geschlossene Lösung. Die numerische Auswertung ergibt $\approx 1{,}22$.

In der Klemmenimpedanz $Z_\mathrm{E} = R_\mathrm{S} + jX_\mathrm{A}$ einer Antenne bezeichnet man den Realteil R_S als den Strahlungswiderstand. Er repräsentiert die an den Klemmen eingespeiste und von der Antenne abgestrahlte Wirkleistung. Bei gegebenem Klemmenstrom I_A ist die abgestrahlte Wirkleistung

$$P_\mathrm{S} = \frac{1}{2} \cdot |I_\mathrm{A}|^2 \cdot R_\mathrm{S} \tag{7.30}$$

und der Vergleich mit (7.29) ergibt den Strahlungswiderstand R_S des Halbwellenstrahlers:

$$R_{\mathrm{S},\lambda/2} = \frac{Z_\mathrm{F0}}{2\pi} \cdot 1{,}22 = 73{,}2\,\Omega\,. \tag{7.31}$$

Die Überlegungen lassen sich nun auch für den $\lambda/4$-Monopol weiterführen. Das Feld eines $\lambda/4$-Monopols ist im Halbraum $z \geq 0$ mit dem eines Halbwellenstrahlers identisch, im Halbraum $z < 0$ erzeugt er jedoch kein Feld. Bei gleichem Klemmenstrom I_A wird ein $\lambda/4$-Monopol gegenüber dem Halbwellenstrahler folglich nur die halbe[1] Gesamtleistung abstrahlen. Der auftretende Strahlungswiderstand ist folglich nur halb so groß:

$$R_{\mathrm{S},\lambda/4} = \frac{1}{2} R_{\mathrm{S},\lambda/2} = 36{,}6\,\Omega\,. \tag{7.32}$$

Die Strahlungsleistungsdichte (7.28) ist für $\vartheta = 90°$ am größten. Den Gewinn $G_{\lambda/2}$ des Halbwellenstrahlers gegenüber einem isotropen Strahler findet man durch Vergleich der

[1] Das Feld des Halbwellenstrahlers ist symmetrisch bezüglich der Ebene $\vartheta = 90°$. Er strahlt daher die zugeführte Wirkleistung zu gleichen Teilen in die Halbräume $z < 0$ und $z > 0$.

bei gleichem Speisestrom I_A hervorgerufenen Strahlungsleistungsdichten. Es ist

$$P_*(\vartheta = 90°) = \frac{1}{2} \cdot |I_\mathrm{A}|^2 \cdot \frac{Z_\mathrm{F0}}{4\pi^2 r^2} = \frac{1}{2} \cdot |I_\mathrm{A}|^2 \cdot R_\mathrm{S} \cdot \frac{Z_\mathrm{F0}}{4\pi^2 r^2 R_\mathrm{S}} = P_\mathrm{S} \cdot \frac{Z_\mathrm{F0}}{4\pi^2 r^2 R_\mathrm{S}} \quad (7.33)$$

und damit

$$G_{\lambda/2} = \frac{P_*(\vartheta = 90°)}{P_{*,\mathrm{i}}} = \frac{Z_\mathrm{F0}}{\pi \cdot 73{,}2\,\Omega} = 1{,}64 \quad \widehat{=} \quad 2{,}1\,\mathrm{dBi}\,. \quad (7.34)$$

Die Bezeichnung dBi deutet darauf hin, dass die isotrope Abstrahlung als Vergleichswert für die Angabe des Gewinns verwendet wurde. In der Praxis ist auch die Angabe des Antennengewinns $G_{\lambda/2}$ bezogen auf den $\lambda/2$-Strahler üblich. Für den $\lambda/2$-Strahler ist also $G_{\lambda/2} = 0\,\mathrm{dB}$.

Nachdem die Stromverteilung auf einem Dipol näherungsweise gleich der Stromverteilung auf einer leerlaufenden Doppelleitung ist, kann das Leitungsmodell auch zur näherungsweisen Berechnung der Klemmenimpedanz eines Dipols herangezogen werden. Im Gegensatz zur Doppelleitung wird vom Dipol Wirkleistung in dem Raum abgestrahlt, die an seinen Klemmen zugeführt werden muss. Die Klemmenimpedanz eines Dipols ist daher in etwa gleich der Eingangsimpedanz einer leerlaufenden, aber verlustbehafteten Doppelleitung. Der Wellenwiderstand Z_L der Modellleitung ist dabei

$$Z_\mathrm{L} \approx 120\,\Omega \cdot \ln\left(\frac{1{,}15\,h}{d}\right), \quad (7.35)$$

wobei $\ell = 2h$ die Gesamtlänge des Strahlers darstellt.

Die Ortskurve der Dipolimpedanz ist qualitativ in Abb. 7.12 bezogen auf $Z_\mathrm{B} = 100\,\Omega$ skizziert. Dabei ist es gleichgültig, ob als Parameter entlang der Ortskurve die Frequenz f bei fester Dipollänge ℓ oder die normierte Länge ℓ/λ_0 angenommen wird. Die Ortskurve beginnt bei $\ell/\lambda_0 = 0$ im Leerlaufpunkt. Mit zunehmender Länge wird der Leerlauf entsprechend $e^{-2\gamma h}$ transformiert, wobei der Betrag des Reflexionsfaktors in Folge der Strahlungsverluste mit wachsender Länge abnimmt. Bei $h = \lambda_0/4$ ist die Phase um $-180°$ transformiert worden, die Klemmenimpedanz wird bei dieser Länge erstmals rein reell. Sie hat den von (7.31) angegebenen Wert $R_{S,\lambda/2} = 73{,}2\,\Omega \approx 75\,\Omega$.

Die Klemmenimpedanz wird bei Dipollängen von näherungsweise $\ell = n\lambda_0/2$ rein reell. Die Klemmenimpedanz eines λ_0-Dipols ist in etwa $200\,\Omega$. Für größere Längen beginnt das Leitungsmodell mehr und mehr zu versagen. Allerdings haben Dipole mit $\ell > \lambda_0$ nur geringe technische Bedeutung. Eine Betrachtung der Stromverteilung macht deutlich, dass es auf derart langen Strahlern paarweise Stromelemente gibt, deren Fernfeldbeiträge sich auslöschen.

Dipole gehören zu den so genannten erdsymmetrischen Antennen und müssen – aus Gründen, die noch zu erläutern sind – auch von einem erdsymmetrischen Signal gespeist werden. Voraussetzung für den symmetrischen Betrieb einer Leitung ist, dass sie von der Quelle symmetrisch mit einem reinen Gegentaktsignal angeregt wird, dass sie erdsymmetrisch aufgebaut ist und dass der Abschlusswiderstand die gleiche Symmetrie aufweist. Erdsymmetrischer Aufbau bedingt, dass beide Leiter einer Leitung die gleiche

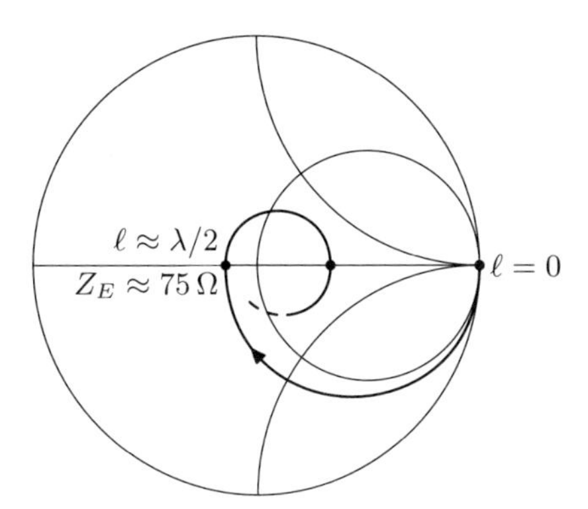

Abb. 7.12: Qualitativer Verlauf der Klemmenimpedanz mit zunehmender Länge einer Dipolantenne. Der Bezugswiderstand dieser Darstellung ist $Z_\mathrm{B} = 100\,\Omega$

Kapazität gegen die Erde haben. Dies ist bei einer Koaxialleitung nicht der Fall, weil die Kapazität des Innenleiters gegen Erde verschwindet oder zumindest sehr viel kleiner ist, als die Erdkapazität des Außenleiters. Schließt man ohne zusätzliche Maßnahmen eine Koaxialleitung direkt an eine symmetrische Leitung oder an einen Dipol an, so kann sich der Strom der Klemme, die mit dem Außenleiter der Koaxialleitung verbunden ist, aufteilen. Ein Teil kann auf der Innenseite des Außenleiters fließen. Dieser Teil muss entgegengesetzt gleich dem Strom auf dem koaxialen Innenleiter sein. Ein zweiter Teil kann jedoch unabhängig vom ersten Teil auf der Außenseite des Außenleiters als so genannter Mantelstrom fließen. Der Pfad des Mantelstromes schließt sich über die Erdung der Koaxialleitung, die symmetrische Leitung und die Impedanz der Antenne gegen Erde.

Das Auftreten eines Mantelstromes bedeutet, dass in der symmetrischen Leitung die beiden Leiterströme I_1 und I_2 nicht mehr entgegengesetzt gleich sind ($I_1 \neq -I_2$). Diesen Betriebszustand kann man als Überlagerung einer Gegentaktwelle mit der Stromamplitude $I_{\rightleftarrows} = (|I_1| + |I_2|)/2$ und einer Gleichtaktwelle mit der Stromamplitude $I_{\rightrightarrows} = (|I_1| - |I_2|)/2$ auffassen. Die Gegentaktwelle wird dabei zwischen den Leitern der symmetrischen Leitung geführt, während die Gleichtaktwelle zwischen deren beiden Leitern und Erde geführt wird. Dementsprechend besitzen Gleich- und Gegentaktwelle verschiedene Wellenwiderstände, wobei der Wellenwiderstand der Gegentaktwelle durch den Wellenwiderstand der symmetrischen Leitung wohldefiniert ist. Zudem sehen Gleich- und Gegentaktwelle an der symmetrisch-unsymmetrischen Stoßstelle allgemein verschiedene Abschlussimpedanzen. Von diesen (meist undefinierten) Impedanzverhältnissen hängt ab, welche Amplitude die angeregte Gleichtaktwelle hat. Falls auf der koaxialen Speiseleitung ein Mantelstrom fließt, wird dieser zusätzlich zur Antenne eine Abstrahlung hervorrufen und somit die Richtcharakteristik der Gesamtanordnung in undefinierter Weise verändern. Aus diesem Grund muss bei der Speisung einer symmetrischen Antenne durch eine unsymmetrische Leitung dafür gesorgt werden, dass die Gleichtaktwelle eine sehr große Impedanz sieht und daher nicht angeregt wird. Diese Aufgabe wird von Symmetriergliedern übernommen, zu deren Realisierung es vielfältige Strukturen gibt. Zwei häufig verwendete Symmetrierübertrager sind in Abb. 7.13 gezeigt. Die galvanische Trennung durch einen Übertrager ist die einfachste Möglich-

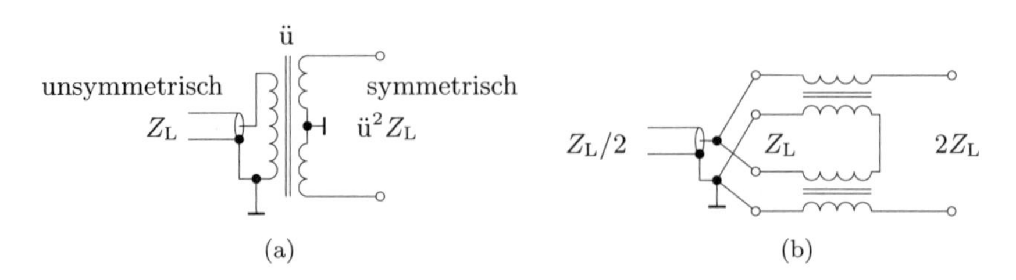

Abb. 7.13: Symmetrierglieder zur Dipolspeisung mit konzentrierten Wicklungsübertragern

keit, den Pfad des Gleichtaktstromes zu unterbrechen und gleichzeitig eine Impedanztransformation vorzunehmen. Bei der Speisung eines Faltdipols (Strahlungswiderstand $R_{S,FD} \approx 300\,\Omega$, s. Abschn. 7.5.5) durch ein $75\,\Omega$-Koaxialkabel ist eine Impedanztransformation von 1:4 notwendig.

7.4.3 Elektrisch kurze Antennen

Als elektrisch kurz bezeichnet man lineare Antennen, deren Gesamtlänge $\ell = 2h$ deutlich kleiner als eine halbe Wellenlänge ist. Aus diesem Grund kann die prinzipiell kosinusförmige Stromverteilung auf kurzen Antennen in guter Näherung dreieckförmig angenommen werden. Nach der erzwungenen Stromnullstelle am Ende des Antennenstabes stellt sich der nahezu lineare Teil der Kosinusfunktion (7.23) als Stromverteilung ein:

$$I(z) = \begin{cases} I_A \cdot \left(1 - \frac{|z|}{h}\right) & \text{für } |z| \leq h \\ 0 & \text{sonst}. \end{cases} \tag{7.36}$$

Die Einführung einer effektiven Länge ℓ_{eff} erweist sich bei der Behandlung kurzer Antennen als vorteilhaft. Sie ergibt sich durch eine gedachte Umverteilung der Strombelegung in eine mittlere Strombelegung $I(z) = I_A = \text{const}$ in der Weise, dass $\int I(z)\,dz$ seinen Wert behält. Für eine elektrisch kurze Antenne mit dreickförmiger Strombelegung (7.36) folgt auf einfache Weise

$$\ell_{eff} = \frac{\ell}{2} = h\,. \tag{7.37}$$

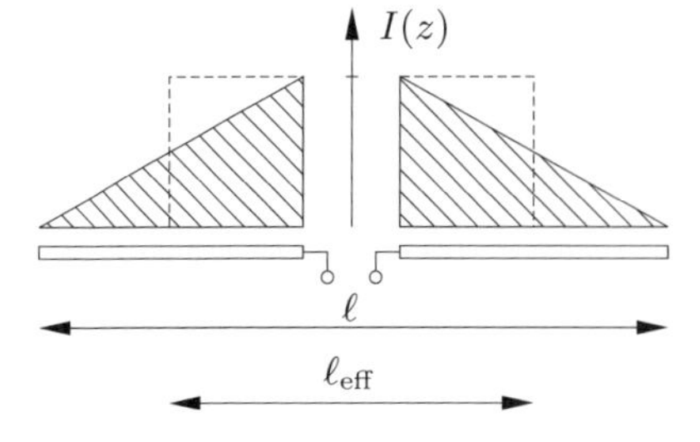

Abb. 7.14: Stromverteilung auf elektrisch kurzen Antennen und Definition der effektiven Länge

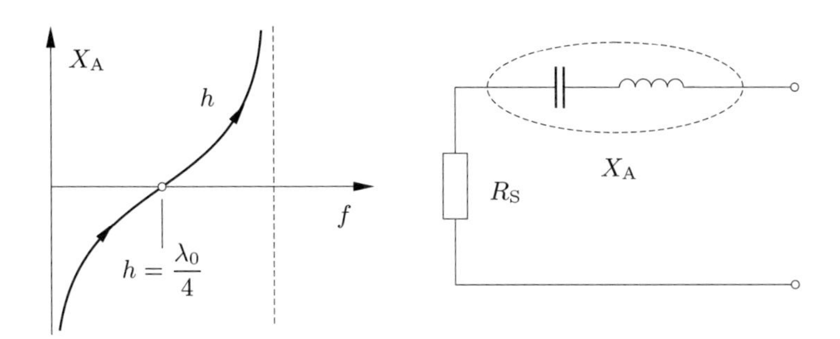

Abb. 7.15: Abhängigkeit der Klemmenimpedanz elektrisch kurzer Antennen von der Antennenhöhe h

Der Strahlungswiderstand elektrisch kurzer Antennen kann mit

$$R_S = 80\,\Omega \cdot \pi^2 \cdot \left(\frac{h}{\lambda_0}\right)^2 \tag{7.38}$$

berechnet werden. Es ist ersichtlich, dass der Strahlungswiderstand kurzer Antennen eine starke Frequenzabhängigkeit besitzt ($R_S \sim f^2$) und wegen $h/\lambda_0 \ll 1$ sehr klein ist. Diese Eigenschaft erschwert eine breitbandige Anpassung kurzer Antennen erheblich. Bei Kompensation des kapazitiven Anteils in der Klemmenimpedanz kurzer Antennen durch eine Serieninduktivität entsteht ein Serienschwingkreis, dessen Verhalten in der Nähe seiner Resonanzfrequenz durch

$$X_A = -Z_L \cdot \cot \beta_0 h \tag{7.39}$$

mit Z_L nach (7.35) beschrieben wird. Wegen des kleinen Strahlungswiderstandes besitzt dieser Schwingkreis jedoch eine hohe Güte Q (typ. 100) und damit eine sehr kleine relative Bandbreite $1/Q$ von typischerweise $1\,\%$.

7.5 Antennenanordnungen

Antennenanordnungen sind Gruppen aus mehreren (also mindestens zwei) Einzelantennen, die häufig aber nicht notwendigerweise identisch im Aufbau sind. Solche Antennengruppen werden verwendet, um durch die geometrische Anordnung und durch unterschiedliche Speisung der Strahler die Richtcharakteristik zu beeinflussen. Hauptziele sind hier eine höhere Bündelung (Richtwirkung), das gezielte Einstellen von Hauptstrahlrichtungen und Nullstellen sowie die elektronische Steuerung der Abstrahlrichtung.

Gruppenantennen können je nach Anwendung und Anforderung aus sehr vielen Einzelstrahlern (> 1000) bestehen. Zur Einführung in das Prinzip der Strahlformung und zur Betrachtung von grundsätzlichen Eigenschaften beschränken wir uns hier auf Anordnungen aus zwei Strahlern.

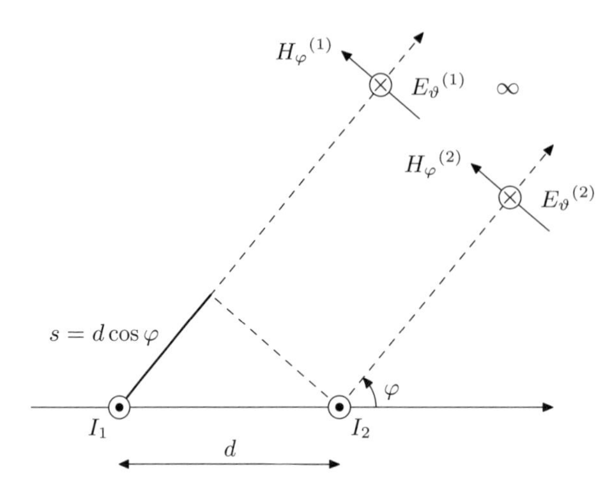

Abb. 7.16: Zur Berechnung des Gesamtfeldes einer Anordnung aus zwei Strahlerelementen. Dargestellt ist der Fall einer Betrachtung in der H-Ebene

7.5.1 Anordnungen von zwei Strahlern

In der Praxis bestehen Gruppenantennen am häufigsten aus identischen Einzelelementen. Wir wollen daher im Folgenden ausschließlich von gleichen Eigenschaften der Strahler ausgehen. Zunächst vereinfachen wir die Problemstellung noch weiter und gehen davon aus, dass die Einzelelemente isotrope Kugelwellen abstrahlen. In Abb. 7.16 sind die Speiseströme I_1 und I_2 der Einzelstrahler als räumlich gerichtete Größen dargestellt. Damit ist jedoch nur gemeint, dass es für die Speiseströme bei beiden Elementen gleiche Bezugsebenen gebe, bezüglich derer die Speiseströme nach Amplitude und Phase gezählt werden. Von einer räumlichen Ausrichtung der felderzeugenden Ströme (wie etwa bei einer Dipolantenne) wollen wir zunächst absehen und von punktförmigen Strahlungsquellen ohne Richtwirkung ausgehen.

Die von den Strahlern hervorgerufenen Felder sind vektorielle Größen, die sich in jedem Aufpunkt komponentenweise additiv überlagern. Im Fall einer isotropen Kugelwelle treten nur die Komponenten E_ϑ und H_φ auf. Dies ist in guter Näherung auch für beliebige Antennenelemente der Fall, wenn die Betrachtungen im Fernfeld der Antennenanordnung angestellt werden.

Zur Berechnung der Richtcharakteristik ermitteln wir am Beispiel zweier Dipole das Gesamtfeld in einer Ebene als Funktion des Winkels φ, wie in Abb. 7.16 dargestellt. Bezüglich der eingezeichneten Feldkomponenten ist dort die H-Ebene dargestellt. Diese Festlegung beeinträchtigt jedoch nicht die Allgemeingültigkeit der folgenden Überlegungen.

Wie in Abschn. 7.4.2 können in einem entfernten Aufpunkt die Amplitudenunterschiede der Feldbeiträge $H_\varphi{}^{(1)}$ und $H_\varphi{}^{(2)}$ bzw. $E_\vartheta{}^{(1)}$ und $E_\vartheta{}^{(2)}$ vernachlässigt werden. Wenn aber der Abstand d nicht sehr klein gegen λ_0 ist, wird durch den Gangunterschied s die Phasendifferenz

$$\delta = \beta_0 \cdot s = \beta_0 \cdot d \cdot \cos\varphi \tag{7.40}$$

hervorgerufen. Diese Phasendifferenz bestimmt die Amplitude der Überlagerung $E_\vartheta{}^{(1)}$

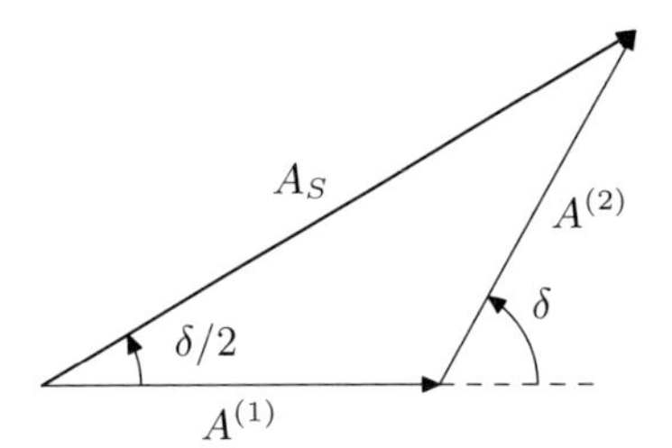

Abb. 7.17: Überlagerung der Feldamplituden zweier gleich gespeister Antennen

und ${E_\vartheta}^{(2)}$. Dabei ist es unerheblich, ob δ vom Gangunterschied, von einer Phasendifferenz in den Speiseströmen oder von beidem herrührt.

In Abb. 7.17 ist die Überlagerung zweier Feldbeiträge mit gleicher Amplitude aber unterschiedlicher Phase als Zeigerdiagramm dargestellt. Nachdem bei isotropen Strahlern und bei allen praktisch relevanten Antennenstrukturen die komplexen Zeiger $\vec{E}$ und $\vec{H}$ in jedem Aufpunkt proportional zum Speisestrom sind, führen wir dimensionslose Feldamplituden

$$A^{(1)} \sim {H_\varphi}^{(1)} \sim {E_\vartheta}^{(1)} \sim I_1 \tag{7.41a}$$

$$A^{(2)} \sim {H_\varphi}^{(2)} \sim {E_\vartheta}^{(2)} \sim I_2 \tag{7.41b}$$

ein. Die Überlagerung A_S von zwei Beträgen ergibt dann im Zeigerdiagramm die Diagonale einer Raute und die Feldstärken-Richtcharakteristik ist damit

$$F_\mathrm{R}(\varphi) = \frac{|A_\mathrm{S}|}{\max\{|A_\mathrm{S}|\}} = \frac{2A\left|\cos\frac{\delta}{2}\right|}{2A} = \left|\cos\frac{\delta}{2}\right| . \tag{7.42}$$

Diese Bestimmungsgleichung gilt für alle Anordnungen aus *zwei* Strahlern, wenn diese mit gleicher Amplitude abstrahlen. In die Phasendifferenz δ gehen der Gangunterschied $\beta\Delta s$ und eine eventuelle Speisephase additiv ein. Wir werden im Folgenden einige Sonderfälle diskutieren.

Identische Speiseströme

Im Fall identischer Speiseströme erzeugen beide Strahler in einem entfernten Aufpunkt ein elektromagnetisches Feld gleicher Phase, wenn der Abstand des Aufpunktes zu beiden Strahlern die gleiche Entfernung hat. Eine Phasendifferenz der beiden überlagernden Beiträge entsteht nur durch einen Gangunterschied nach (7.40). Damit ist die Richtcharakteristik in diesem Fall

$$F_\mathrm{R}(\varphi) = \left|\cos\frac{\delta}{2}\right| = \left|\cos\left(\frac{\pi d}{\lambda_0}\cos\varphi\right)\right| . \tag{7.43}$$

Das Strahlungsdiagramm ist alleine durch den normierten Strahlerabstand d/λ_0 festgelegt. Ein weiterer Freiheitsgrad zur Einstellung eines spezifizierten Strahlungsdiagramms besteht nicht. Werden weiter führende Möglichkeiten benötigt, so kann zusätzlich eine Phasendifferenz der Strahlerströme eingeführt werden.

Phasenverschobene Speiseströme

Zusätzlich zum Abstand d der Einzelstrahler führen wir eine unterschiedliche Speisephase als weiteren Freiheitsgrad ein. Die Amplituden der Speiseströme seien weiterhin gleich, sodass

$$I_2 = I_1 \cdot e^{j\psi} \tag{7.44}$$

ist. Der Beitrag des Strahlers 2 zum Gesamtfeld im Aufpunkt eilt also nunmehr um die Phase

$$\delta = \beta_0 \cdot d \cdot \cos\varphi + \psi \tag{7.45}$$

gegenüber dem Beitrag des Strahlers 1 vor. Damit erhalten wir in gleicher Weise für die Feldstärken-Richtcharakteristik

$$F_{\mathrm{R}}(\varphi) = \left|\cos\frac{\delta}{2}\right| = \left|\cos\left(\frac{\pi d}{\lambda_0}\cos\varphi + \frac{\psi}{2}\right)\right| . \tag{7.46}$$

Wir können festhalten, dass die allgemeine Feldstärken-Richtcharakteristik $F_{\mathrm{R}}(\vartheta, \varphi)$ einer Anordnung aus zwei identischen Strahlern mit gleichen Speiseamplituden stets von der Form

$$F_{\mathrm{R}}(\vartheta, \varphi) = \left|\cos\frac{\delta(\vartheta, \varphi)}{2}\right| \tag{7.47}$$

ist. Der Phasenterm $\delta(\vartheta, \varphi)$ enthält hierbei den gesamten Phasenwinkel, um den der Beitrag von Strahler 2 gegenüber dem Beitrag des Strahlers 1 in der Raumrichtung (ϑ, φ) *voreilt.* Zur Auswertung der Gruppencharakteristik (7.47) lässt sich ein grafisches Verfahren angeben, welches wir im Anhang B.5 vorstellen.

7.5.2 Dipolzeilen

Die Bündelung und damit der Gewinn von Antennengruppen lässt sich durch Verwendung von mehr als zwei Strahlern erhöhen. In aufwändigen Antennensystemen können mehr als 1000 Einzelstrahler zum Einsatz kommen. Zur Behandlung wählen wir hier den ebenfalls recht bedeutsamen Sonderfall einer linienhaften Strahleranordnung aus. Man spricht dann von Antennenzeilen, oder – falls es sich bei den Einzelstrahlern speziell um Dipole handelt – von Dipolzeilen.

In Abb. 7.18 ist eine solche Antennenzeile aus n Strahlern sowie die sich ergebenden Gangunterschiede dargestellt. Für den Spezialfall, dass alle Strahler gleiche Abstände haben und mit gleichen Strömen gespeist sind, zeigen benachbarte Strahler auch gleiche Gangunterschiede. Betrachtet man wieder die Überlagerung aller Strahlerbeiträge in einem sehr weit entfernten Aufpunkt und benutzt man (willkürlich) den Beitrag des ersten Strahlers als Phasenbezug, dann wird der Beitrag des zweiten Strahlers um den Winkel δ voreilen. Der Beitrag des dritten Strahlers eilt um 2δ vor, und so fort. Werden

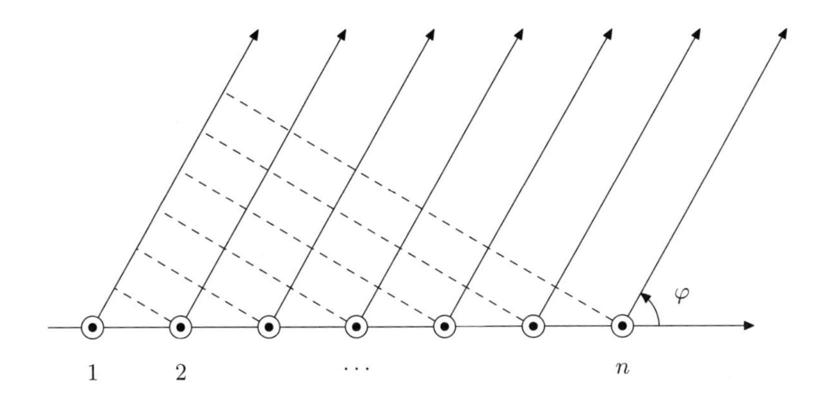

Abb. 7.18: Dipolzeile mit n identischen Speiseströmen

die betragsgleichen Zeiger der n Fernfeldbeiträge geometrisch addiert, so ergibt sich ein regelmäßiger Polygonzug wie in Abb. 7.19. Die Überlagerung aller Beiträge einer Antennenzeile ergibt eine Sehne in diesem Polygonzug.

Zur Bestimmung der Richtcharakteristik ist die jeweilige Länge $|A_{\text{ges}}|$ dieser Sehne zu beziehen auf den maximal möglichen Betrag $n|A|$, die sich bei gleichphasiger Überlagerung ergibt. Dabei ist $|A|$ die (identische) Amplitude der Einzelbeiträge. Durch komplexe Addition im unendlich fernen Aufpunkt mit Phasenbezug auf den Strahler 1 ergibt sich

$$A_{\text{ges}} = |A| \cdot \left(1 + e^{j\delta} + e^{j2\delta} + \ldots + e^{j(n-1)\delta}\right), \tag{7.48a}$$

was nach Multiplikation mit $e^{j\delta}$ auch als

$$A_{\text{ges}} e^{j\delta} = |A| \cdot \left(e^{j\delta} + e^{j2\delta} + \ldots + e^{jn\delta}\right) \tag{7.48b}$$

geschrieben werden kann. Subtrahiert man (7.48b) von (7.48a), so erhält man

$$A_{\text{ges}} = |A| \cdot \frac{1 - e^{jn\delta}}{1 - e^{j\delta}} = |A| \cdot \frac{1 - e^{jn\delta/2}}{1 - e^{j\delta/2}} \left(\frac{e^{jn\delta/2} - e^{-jn\delta/2}}{e^{j\delta/2} - e^{-j\delta/2}}\right) = |A| e^{j\xi} \cdot \frac{\sin(n\delta/2)}{\sin(\delta/2)} \tag{7.49}$$

mit

$$\xi = \frac{n-1}{2}\delta\,. \tag{7.50}$$

Dabei ist ξ der Phasenwinkel des Summenzeigers A_{ges} bezogen auf den Beitrag des Strahlers 1. Die Phasendifferenz $\xi = (n-1)\delta/2$ zwischen A_1 und A_{ges} wird auch geometrisch klar, wenn man auf das Zeigerdiagramm in Abb. 7.19 den Satz von Thales anwendet. Dieser besagt, dass der Zentriwinkel über einer Sehne doppelt so groß ist, wie der Sehnen-Tangentenwinkel. Der Zeiger A_1 ist aber bereits um $\delta/2$ gegen die Sehnentangente verdreht, wie aus Symmetrieüberlegungen schnell deutlich wird. Nach

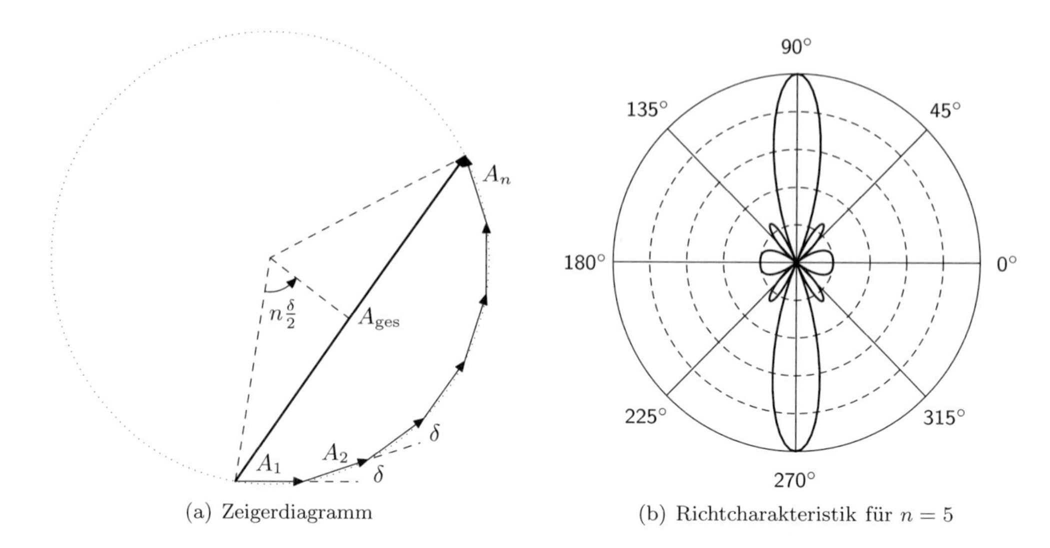

(a) Zeigerdiagramm (b) Richtcharakteristik für $n = 5$

Abb. 7.19: Zur Erläuterung der Richtcharakteristik einer Gruppe aus n äquidistanten Strahlern. Der Zeiger der Summenfeldstärke entspricht einer Sehne in einem regelmäßigen Polygonzug

Normierung von $|A_{\text{ges}}|$ aus (7.49) auf den größtmöglichen Wert $n \cdot |A|$ ergibt sich die Gruppencharakteristik einer Zeile von n äquidistanten gleichphasig gespeisten Strahlern zu

$$F_{\mathrm{R}}(\varphi) = \left| \frac{\sin\left(n\frac{\delta}{2}\right)}{n \cdot \sin\frac{\delta}{2}} \right| . \tag{7.51}$$

Wegen der vorausgesetzten gleichphasigen Speisungen ist auch klar, dass die Hauptstrahlungsrichtungen quer zur Strahlerzeile auftreten müssen, weil sich dort alle Strahlerbeiträge gleichphasig überlagern. Man bezeichnet solche Anordnungen daher als *Querstrahler.*

7.5.3 Multiplikatives Gesetz

Bei unseren Betrachtungen zur Richtcharakteristik haben wir bisher angenommen, dass die beteiligten Einzelstrahler in alle Richtungen gleich abstrahlen. Reale Antennenelemente werden diese Eigenschaft nicht aufweisen können sondern bereits als einzelnes Element eine richtungsabhängige Strahlungsleistungsdichte erzeugen. Man bezeichnet diese Eigenschaft daher als Einzelcharakteristik F_{E}. Dagegen nennt man die Charakteristik, welche man bei Verwendung isotroper Strahler erhält, die Gruppencharakteristik F_{G}. In die Gruppencharakteristik gehen nur die Eigenschaften der geometrischen Anordnung ein.

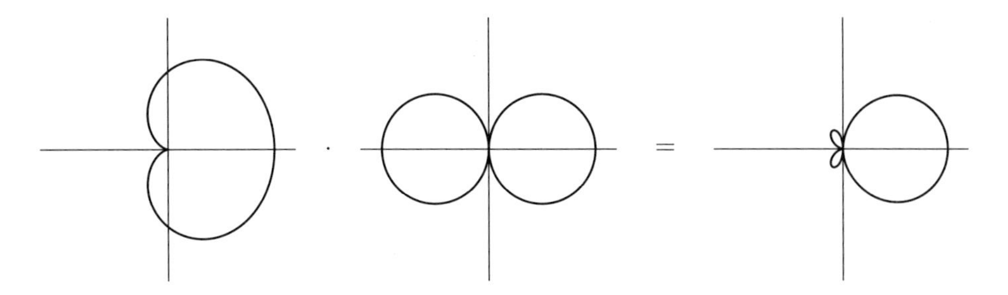

Abb. 7.20: Beispiel zur Erläuterung des multiplikativen Gesetzes

Falls alle Einzelstrahler einer Gruppe die gleiche Einzelcharakteristik F_E besitzen, ergibt sich die Gesamtcharakteristik einfach als Produkt aus Einzel- und Gruppencharakteristik. Diesen allgemein gültigen Zusammenhang bezeichnet man als das *multiplikative Gesetz*, welches in der Form

$$\begin{aligned} \text{Gesamtcharakteristik} &= \text{Einzelcharakteristik} \cdot \text{Gruppencharakteristik} \\ F_R(\vartheta, \varphi) &= F_E(\vartheta, \varphi) \cdot F_G(\vartheta, \varphi) \end{aligned} \tag{7.52}$$

angeschrieben werden kann. Es gilt ganz allgemein für Gruppen aus beliebig vielen Einzelstrahlern in beliebiger räumlicher Anordnung[2].

7.5.4 Spiegelungsprinzip

Mit den gleichen Methoden, mit denen wir bisher Gruppen aus zwei Strahlern behandelt haben, können auch Einzelstrahler mit einem ebenen Reflektor analysiert werden. Zur Erläuterung betrachten wir einen Dipol, der gemäß Abb. 7.21 im Abstand a vor einer unendlich ausgedehnten Wand mit unendlicher Leitfähigkeit steht. Die leitende Wand erzwingt durch ihre unendlich große Ladungsträgerbeweglichkeit, dass an ihrer Oberfläche die Tangentialkomponente des elektrischen Feldes verschwindet. Wäre ein tangentiales Feld vorhanden, so würden durch Ströme die Ladungen so lange verschoben, bis das elektrische Feld der Oberflächenladungen das Tangentialfeld (und auch das Feld im Inneren des leitenden Bereiches) kompensieren. Das Verschwinden des Tangentialfeldes kann auch durch die unbedingte Stetigkeit des tangentialen elektrischen Feldes an Grenzflächen begründet werden.

Das elektromagnetische Feld im Halbraum vor der leitenden Ebene ist vollständig bestimmt durch die Ladungs- und Stromverteilung (hier der Dipolstrom) und durch

[2]Das multiplikative Gesetz ist im Grunde nur eine Folge des Distributivgesetzes und bedeutet das Ausklammern der Einzelcharakteristik als gemeinsamer Faktor im Fernfeld. In jedem Aufpunkt des Fernfeldes ergibt sich das Gesamtfeld als lineare Überlagerung der Feldbeiträge aller Einzelstrahler. Diese Einzelbeiträge besitzen zwar unterschiedliche Phasen wegen ihrer Gangunterschiede und wegen (möglicherweise) verschiedener Speisephasen der Strahler. Alle Beiträge sind aber in ihrer Amplitude mit dem für die betrachtete Abstrahlrichtung bei allen Strahlern identischen Wert der Einzelcharakteristik gewichtet. Dieser gemeinsame Faktor kann ausgeklammert werden. Die verbleibende Summe ist dann genau der Ausdruck für die Gruppencharakteristik.

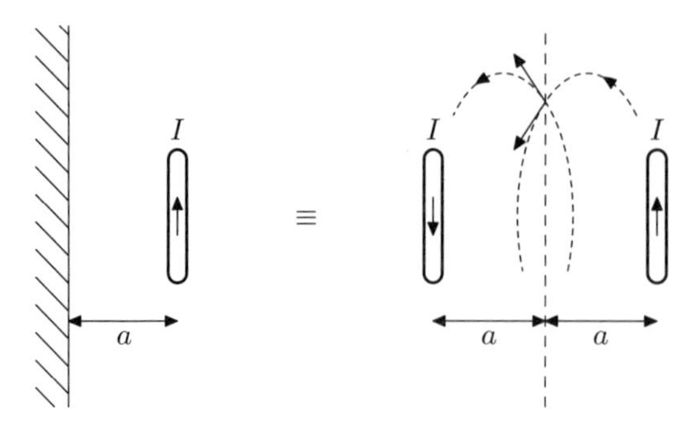

Abb. 7.21: Strahler vor einer leitenden Wand und äquivalente Anordnung mit gegenphasig gespeistem Spiegelstrahler

die Randbedingung ($\vec{E}_{\text{tan}} = \vec{0}$), die durch die leitende Ebene eingeführt wird. Wenn es gelingt, eine Stromverteilung zu finden, bei der – ohne leitende Ebene – am Ort der leitenden Grenzfläche ebenfalls $\vec{E}_{\text{tan}} = \vec{0}$ gilt und bei der im rechten Halbraum die Ladungs- und Stromverteilung ansonsten unverändert ist, dann liegt im rechten Halbraum auch das gleiche elektromagnetische Feld vor. Das ist deshalb der Fall weil die Lösung der maxwellschen Gleichungen bei gegebenem Tangentialfeld am Rand und gegebener Ladungs- und Stromverteilung im Inneren für jeden Bereich eindeutig ist.

Im rechten Teilbild von Abb. 7.21 ist eine solche Anordnung gezeigt. Durch einen zweiten Dipol, der zum ersten Dipol bezüglich der leitenden Ebene spiegelbildlich liegt und mit $-I$ gespeist ist, wird aus Symmetriegründen die Tangentialkomponente des elektrischen Feldes das vom ersten Dipol erzeugt wird, in der Symmetrieebene ausgelöscht. Der Spiegeldipol hat also die gleiche elektrodynamische Wirkung wie die Influenzladungen, die sich auf der Oberfläche der leitenden Ebene einstellen würden. Damit ergibt sich (wenigstens im Halbraum vor der leitenden Ebene) durch den Spiegeldipol das gleiche Strahlungsfeld. Die Richtcharakteristik kann also in bekannter Weise durch Analyse der Anordnung aus Dipol und Spiegeldipol, die im Abstand $2a$ angeordnet sind, ermittelt werden.

Ebenso kann die Anordnung eines Dipols über einer leitenden Ebene gemäß Abb. 7.22 behandelt werden. Die Symmetrieüberlegung zur Auslöschung des Tangentialfeldes ergibt aber, dass in diesem Fall der Spiegeldipol gleichphasig zu speisen ist. Zusätzlich befindet man sich bei der Berechnung der Richtcharakteristik nun in der E-Ebene des Dipols, sodass in der Gesamtcharakteristik hier die Einzelcharakteristik des Dipols zu berücksichtigen ist.

7.5.5 Technische Ausführungsformen

Faltdipol

Neben dem bereits besprochenen Halbwellenstrahler ist der Faltdipol eine weitere technisch bedeutsame Ausführung dieses Antennentyps. Der Faltdipol besitzt gleiche Abmessungen und gleiche Strahlungseigenschaften, wie ein einfacher Dipol. Durch seine Bauweise ist er mechanisch jedoch teilweise einfacher handhabbar. Der Faltdipol unterscheidet sich vom einfachen Dipol zunächst nur durch einen zweiten leitenden Stab, der

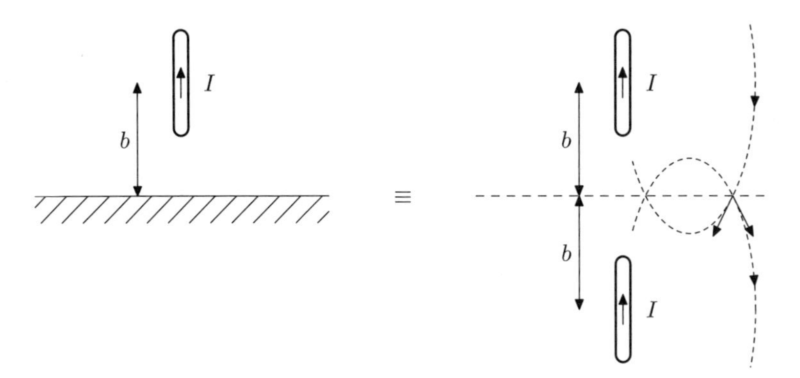

Abb. 7.22: Strahler über einer leitenden Wand und äquivalente Anordnung mit gleichphasig gespeistem Spiegelstrahler

dem gespeisten Stab parallel und in sehr kleinem Abstand angebracht wird. Erreicht wird dies durch eine gefaltete Ausführung entsprechend Abb. 7.23, daher der Name. Wenn sich die beiden Leiterstäbe in sehr enger Nachbarschaft befinden, so herrscht an ihrer Oberfläche näherungsweise das gleiche magnetische Feld, es fließt also auch in beiden Stäben näherungsweise der gleiche Strom. Die umgebogenen Enden sind dabei praktisch stromfrei und besitzen daher nur eine mechanische, nicht aber eine elektrische Funktion. Bezüglich des Fernfeldes wirken die zwei identischen Ströme wie ein einziger Strom, eben die Summe aus den beiden Einzelströmen. Bei gleicher abgestrahlter Leistung ist folglich der Klemmenstrom des Faltdipols nur halb so groß, wie der Klemmenstrom eines einfachen Dipols. Daraus folgt aber sofort, dass der Strahlungswiderstand $R_{\mathrm{S,FD}}$ viermal so hoch ist wie der Strahlungswiderstand (7.31) eines einfachen Halbwellenstrahlers. Für die praktische Anwendung genügt häufig der Wert

$$R_{\mathrm{S,FD}} = 4R_{\mathrm{R},\lambda/2} \approx 300\,\Omega\,. \tag{7.53}$$

Zur koaxialen Speisung eines Faltdipoles sind ebenfalls die Symmetrierschaltungen in Abb. 7.13 geeignet. Deren impedanztransformierende Eigenschaft ist für den hochohmigen Faltdipol von besonderer Bedeutung.

Ein Faltdipol besitzt gegenüber dem einfachen Halbwellenstrahler einen elektrischen Vorteil, der seine Montage beispielsweise an einem Antennenmast vereinfacht. Falls der Faltdipol an seinen Klemmen erdsymmetrisch gespeist wird, dann befindet sich der Mittelpunkt des zweiten feldgekoppelten Strahlers auf Erdpotential. In diesen Fall kann dort eine Befestigungsvorrichtung angebracht werden, ohne dadurch die Stromverteilung auf dem Dipol zu stören. Beim einfachen Dipol verläuft die Äquipotentialfläche, die sich auf Erdpotential befindet, durch den isolierenden Bereich der Speiseklemmen. Zur Halterung ist hier also eine nichtleitende Häusung um den Speisepunkt erforderlich, sodass Rundfunkantennen mit einem Faltdipol mitunter kostengünstiger gefertigt werden können.

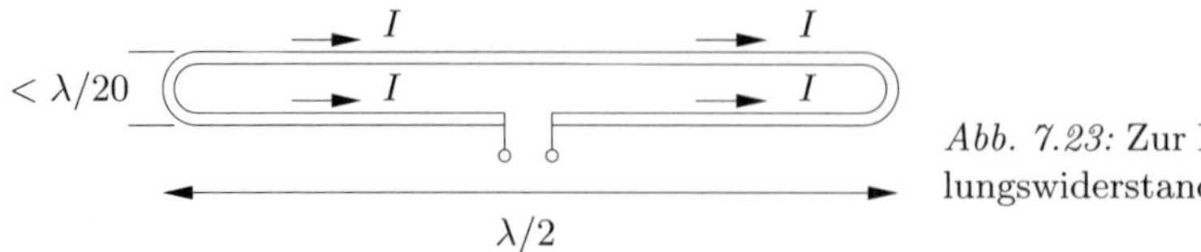

Abb. 7.23: Zur Berechnung des Strahlungswiderstandes eines Faltdipols

Peitschenantenne

Die technische Umsetzung des $\lambda/4$-Monopols über leitender Ebene führt auf die so genannte Peitschenantenne. Ihr Name rührt daher, dass der emporragende Monopol in vielen Fällen biegsam ausgeführt wird, um ein Abbrechen zu verhindern. Die wohl verbreitetste Anwendung von Peitschenantennen sind Hörrundfunkempfangsantennen in Kraftfahrzeugen. Wegen ihrer Baugröße werden Peitschenantennen heute entweder durch verkürzte Strahler oder durch andere Antennentypen ersetzt. Ein $\lambda/4$-Strahler für den UKW-Bereich (88 MHz...108 MHz) hat eine Höhe von etwa 75 cm. Abbildung 7.24 zeigt zwei Möglichkeiten, einen $\lambda/4$-Strahler zu verkürzen. Betrachtet man die Skizze des Frequenzganges der Dipolimpedanz in Abb. 7.12, so erkennt man, dass ein verkürzter Strahler eine kapazitive Klemmenimpedanz aufweist. Der negative Imaginärteil kann durch eine Serieninduktivität L_S im Speisepunkt kompensiert werden. In der Antennentechnik bezeichnet man dieses Bauelement als Verkürzungsspule oder auch Ladespule.

Geht man näherungsweise davon aus, dass die Klemmenimpedanz das Resultat einer Transformation des Leerlaufes am Ende des Strahlers über eine verlustbehaftete Leitung ist, dann wird anhand von Abb. 7.12 auch verständlich, dass man bei einem verkürzten Strahler eine reelle Klemmenimpedanz auch dann erhält, wenn der Leerlauf durch eine Kapazität ersetzt wird. Diese kann durch eine leitende Platte am oberen Ende des Strahlers realisiert werden. Sie trägt daher den Namen Dachkapazität. Als Nachteil dieser Verkürzungmaßnahmen ist anzuführen, dass sich durch sie die Bündelung und damit der Gewinn der Antenne verkleinert und dass die Antenne wegen der damit verbundenen Vergrößerung des Strahlungswiderstandes schmalbandiger wird.

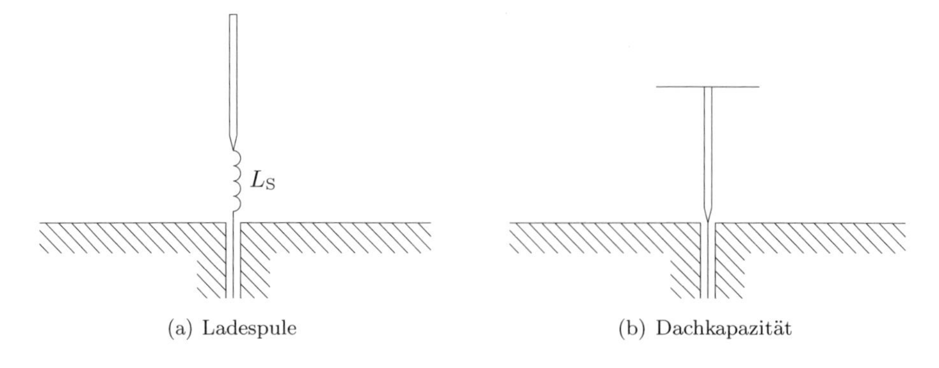

Abb. 7.24: Möglichkeiten zur Verkürzung von Linearantennen

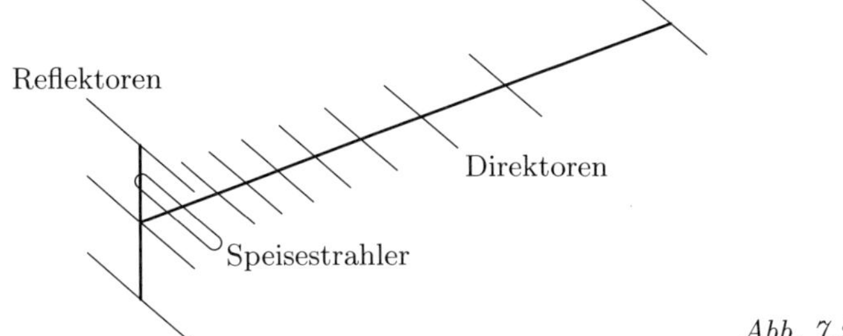

Abb. 7.25: Yagi-Uda-Antenne

Yagi-Uda-Antenne

Die Yagi-Uda-Antenne ist eine Sonderform einer Gruppenantenne, die aus einer Anordnung von Dipolen aufgebaut ist. Ihr populäres Einsatzgebiet ist der terrestrische Empfang von Fernsehsignalen im UHF-Bereich, weshalb dieser Antennentyp auch heute noch auf vielen Hausdächern zu sehen ist. Sie unterscheidet sich von den bisher behandelten Prinzipien von Strahlergruppen dadurch, dass nur ein Strahler der Gruppe durch Speisung mit Energie versorgt wird. Alle anderen Strahler der Gruppe werden durch das Strahlungsfeld des einen gespeisten Strahlers angeregt. Dieses Prinzip nennt man im Gegensatz zu einer individuellen Speisung der Strahler *Strahlungskopplung* (Abb. 7.25). Die Stromverteilung, welche sich auf einem strahlungsgekoppelten Antennenelement einstellt, ist bestimmt durch seine örtliche Lage bezüglich des Primärstrahlers (Abstand), durch seine Länge und auch durch die Anordnung aller übrigen Gruppenmitglieder. Die Wechselwirkung der Strahlungsfelder aller beteiligten Antennenelemente bestimmt entscheidend die Eigenschaften einer Yagi-Uda-Antenne, macht aber deren analytische Behandlung äußerst umfangreich. Der Entwurf solcher Antennen gelingt daher auch nur durch den Einsatz numerischer Berechnungstechniken. Wir wollen uns deswegen auf diese anschauliche Erläuterung des Funktionsprinzips beschränken.

Neben dem durch eine Quelle gespeisten Primärstrahler besteht eine Yagi-Uda-Antenne aus den so genannten *Direktoren* und einem oder mehreren *Reflektoren*. Die Direktoren sind so angeordnet, dass ihr gemeinsam erzeugtes Strahlungsfeld die abgestrahlte Energie in der Richtung der Direktorenanordnung bündelt. Die Yagi-Uda-Antenne gehört daher zu den Längsstrahlern. Die Abstrahlung in einer Richtung entlang der Längsachse wird durch die Direktoren unterstützt. Sie sind auf der den Direktoren gegenüber liegenden Seite des Primärstrahlers in der Weise angeordnet, dass in dieser entgegengesetzten Richtung möglichst keine Energie abgestrahlt wird.

Damit eine Yagi-Uda-Antenne zum Empfang mehrerer Fernsehkanäle geeignet ist, muss ein gewünschtes Strahlungsdiagramm über einen ausgedehnten Frequenzbereich erzeugt werden. Um dieses zu erreichen, bietet das Yagi-Uda-Prinzip mehrere Designfreiheitsgrade. Falls man nur einfache Dipole verwenden möchte, kann man deren Abstände zum Primärstrahler und deren Längen derart variieren, dass die sich einstellende Stromverteilung ein vorgegebenes Diagramm über eine geforderte Bandbreite erzeugt.

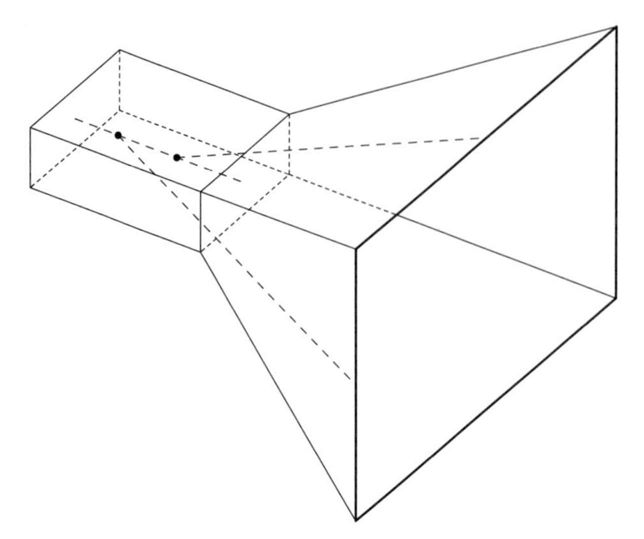

Abb. 7.26: Pyramidenhorn

Um die Antenneneigenschaften noch weiter zu optimieren, kann man aber auch von der einfachen Dipolform abweichen und komplexere Strahlerformen verwenden. Der numerische Aufwand zum Entwurf solcher Antennen ist jedoch erheblich und kann nur durch den Einsatz digitaler Rechenanlagen bewerkstelligt werden.

Hornantenne

Das Prinzip der Hornantenne wurde schon in Abb. 7.1 zur Veranschaulichung der Wellentypwandlung als Grundfunktion einer Antenne verwendet. Hornantennen entstehen durch kontinuierliche Aufweitung des Querschnitts eines Hohlleiters. Im Fall eines Rechteckhohlleiters kann – je nach geforderten Bündelungseigenschaften – die Aufweitung entweder nur in der H-Ebene, nur in der E-Ebene oder in beiden Ebenen erfolgen. Dem entsprechend nennt man die Antenne ein H-Horn, ein E-Horn oder ein Pyramidenhorn. Letzteres ist als allgemeiner Fall einer Rechteckhornantenne in Abb. 7.26 skizziert.

Die verlangten Eigenschaften des Strahlungsdiagramms bestimmen dabei wesentlich den Öffnungswinkel und die Länge einer Hornantenne. Die Bündelung in den Hauptebenen ist umso höher, je weiter die Ausdehnung der Hornöffnung (Apertur) in dieser Ebene ist. Andererseits bedingt bei gegebenen Öffnungswinkel eine große Aperturabmessung auch eine große Baulänge des Horns. Wird der Öffnungswinkel aus Gründen einer kompakten Bauweise zu groß gewählt, so nimmt der Pegel der Nebenmaxima zu, weil die Krümmung der Phasenfronten in der Aperturebene ansteigt. Die gleichzeitige Forderung nach hohem Antennengewinn und niedrigem Nebenkeulenpegel bedingt also eine hohe Längsabmessung der Hornantenne. Umgekehrt wird eine (bezogen auf die Signalwellenlänge) relativ kleine Hornantenne (ca. 5λ Baulänge) entweder einen niedrigen Gewinn haben oder starke Nebenzipfel aufweisen.

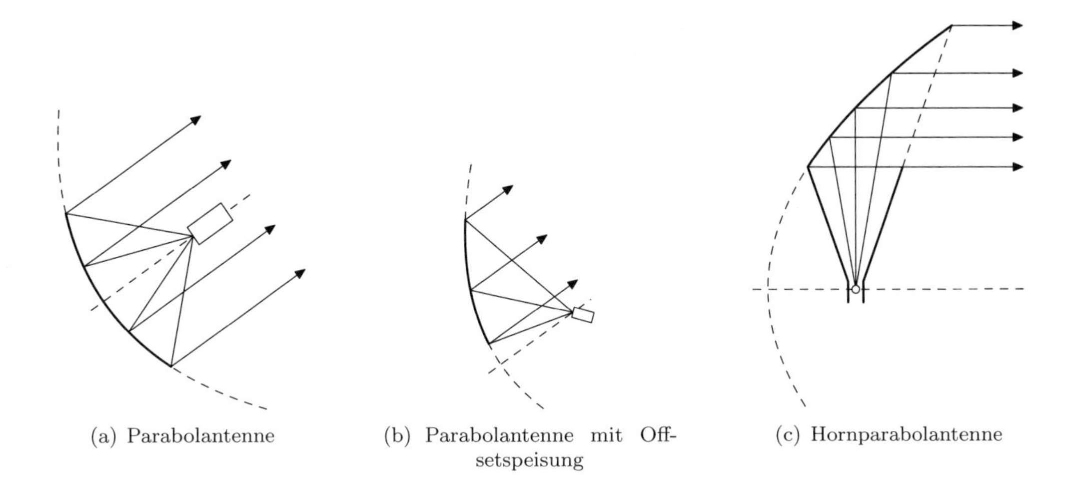

(a) Parabolantenne (b) Parabolantenne mit Offsetspeisung (c) Hornparabolantenne

Abb. 7.27: Verschiedene Bauformen von Reflektorantennen

Wegen der Hohlleiterspeisung liegt der Einsatzbereich von Hornantennen im Gebiet der Zentimeter- und Millimeterwellen (3 GHz... 300 GHz). Mit ihnen lassen sich hohe Antennengewinne von mehr als 20 dB erzielen, sind aber wegen ihrer Bauweise zur Miniaturisierung und Flachbauweise ungeeignet. Sehr verbreitet sind Hornantennen als Speisestrahler (Primärstrahler) für Reflektorantennen und in der hochfrequenten Messtechnik.

Reflektorantenne

Metallische Reflektoren sind eine relativ einfache Möglichkeit, die Aperturfläche einer Antenne und damit ihren Gewinn zu vergrößern. Dies wird dadurch erreicht, dass elektromagnetische Leistung, die von einem Strahlungszentrum in einem großen Raumwinkelbereich divergiert, durch einen geeignet geformten Reflektor in eine Vorzugsrichtung gelenkt wird. Umgekehrt wird die Leistung einer aus dieser Richtung einfallenden Welle auf das Strahlungszentrum gebündelt. In der Regel sind diese Reflektoren groß gegen die Wellenlänge. Ihre Funktionsweise kann daher mit den Methoden der Strahlenoptik verstanden werden. Beispielsweise hat die Parabel (oder im Dreidimensionalen das Rotationsparaboloid) die Eigenschaft, ein achsparalleles Strahlenbündel auf ihren Brennpunkt zu fokussieren. Das Paraboloid ist daher die wichtigste Reflektorform. Der Speisestrahler im Brennpunkt, der auch die Bezeichnung Primärstrahler trägt, ist häufig als Hornantenne oder im Fall preisgünstiger Empfangsantennen für das Satellitenfernsehen auch einfach als offenes Hohlleiterende ausgeführt.

Abbildung 7.27 zeigt einige Bauformen von Reflektorantennen. Der als Reflektor verwendete Parabelausschnitt muss nicht notwendig symmetrisch um den Scheitel liegen. Die in Abb. 7.27b dargestellte Offset-Speisung vermeidet die so genannte Aperturblockierung, die teilweise Abschattung der abgestrahlten (oder einfallenden) Wellenfront durch den Primärstrahler. Auch für den Satellitenempfang unter großem Erhebungswinkel sind offsetgespeiste Parabolantennen vorteilhaft, weil ihr Reflektor nahezu senkrecht steht. Hierdurch wird die Bedeckung des Reflektors durch Niederschläge (Schnee) deutlich verringert oder gar vermieden.

Der Gewinn G von Reflektorantennen hängt vom Verhältnis D/λ_0 der Größe des Reflektors zur Wellenlänge ab. Mit Hilfe von numerischen Berechnungen findet man den näherungsweisen Zusammenhang

$$G \approx 0{,}6 \left(\frac{\pi D}{\lambda_0} \right)^2 . \tag{7.54}$$

Patchantenne

Moderne Geräte zur Mobilkommunikation (GSM), Satellitennavigation (GPS) oder Radarsensorik und Datenübertragung in Fahrzeugen und Identifikationssystemen müssen eine kompakte Bauweise haben und kostengünstig herzustellen sein. Leitungsstrukturen wie Koaxialleitung oder Hohlleiter erfüllen diese Forderungen nicht. Im Bereich der integrierten Hochfrequenzelektronik für den Massenmarkt haben sich daher planare Leitungsstrukturen durchgesetzt. Sie können in großer Stückzahl durch fotolithografische Verfahren hergestellt werden und sind gut miniaturisierbar.

Der wichtigste Vertreter planarer Hochfrequenzleitungen ist die Mikrostreifenleitung. Sie besteht aus einem leitenden Streifen definierter Breite auf einem verlustarmen dielektrischen Substrat, welches auf der gegenüberliegenden Seite vollständig metallisiert ist. In dieser Technik können auch planare Antennenstrukturen, so genannte Patchantennen, hergestellt werden. Ein Patch ist ein an beiden Enden leerlaufender $\lambda/2$-Resonator in Mikrostreifenleitungstechnik, der häufig an einem der leerlaufenden Enden durch eine galvanisch angekoppelte Mikrostreifenleitung gespeist wird. Es gibt aber auch Anregungsmöglichkeiten von der Rückseite des Patches her, die hier aber nicht einzeln besprochen werden sollen. Die Funktion des Patches lässt sich in guter Näherung beschreiben, wenn man das elektromagnetische Streufeld an den offenen Enden des Resonators – die Amplitude des elektrischen Feldes ist dort maximal – durch einen magnetischen Dipol approximiert. Der Patch kann so verstanden werden als die Anordnung zweier gleichphasig angeregter magnetischer Dipole im Abstand einer halben Wellenlänge. Sie haben ihre Hauptstrahlrichtung in senkrechter Richtung zum Patch und zum Substrat. Wegen der rückseitigen Metallisierung ist die Abstrahlung einseitig gerichtet.

Ein Nachteil der Patchantenne folgt aus ihrem Aufbau als Leitungsresonator: Sie ist vergleichsweise schmalbandig und erreicht nur eine relative Bandbreite von typ. 5 %. Durch Ankopplung weiterer darüberliegender Patches mit anderen Resonanzfrequenzen kann die Bandbreite in gewissen Grenzen erhöht werden (engl. *stacked patch*).

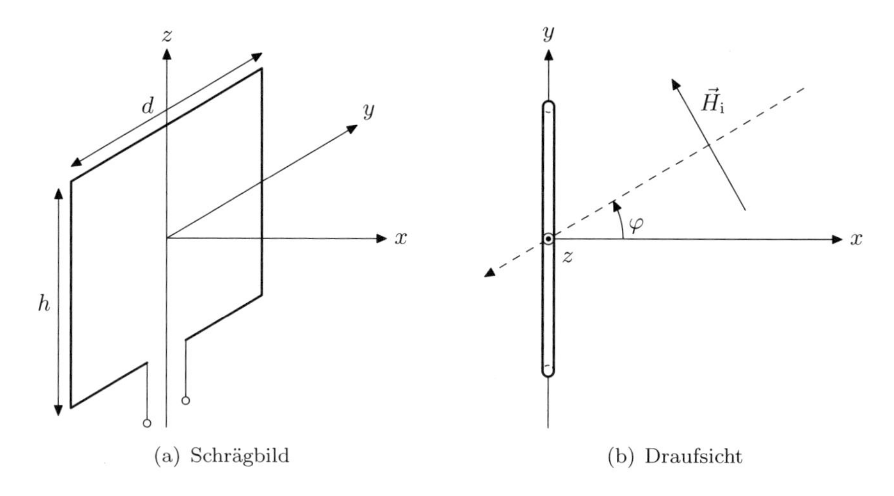

(a) Schrägbild (b) Draufsicht

Abb. 7.28: Zur Berechnung der Richtfunktion einer Rahmenantenne

Rahmenantenne

Bisher sind wir bei der Bestimmung von Einzel- oder Gruppencharakteristiken von einer bekannten Sendestromverteilung ausgegangen und haben das von ihr erzeugte Fernfeld bestimmt. Weil Rahmenantennen meist als Empfangsantennen eingesetzt werden, wollen wir an ihrem Beispiel die Berechnung der Richtfunktion unter Betrachtung des Empfangsbetriebes vorstellen. Wegen des Reziprozitätsprinzips der Elektrodynamik erhält man auf diese Weise dieselbe Richtcharakteristik wie bei der Analyse des Sendefalles. Man wird also die verwendete Berechnungsmethode anhand ihrer Zweckmäßigkeit auswählen. Bei der Rahmenantenne ist die Untersuchung der Verhältnisse im Empfangsfall ganz offensichtlich einfacher, als die Untersuchung der Sendestromverteilung.

Als Beispiel betrachten wir eine rechteckige ebene Leiterschleife ($\kappa \to \infty$) und führen ein kartesisches Koordinatensystem derart ein, dass die Schleife in der Ebene $x = 0$ zu liegen kommt (Abb. 7.28). Ihre Anschlussklemmen sollen so dicht beieinander liegen, dass sie induktiv praktisch unwirksam sind. Auf die Leiterschleife falle unter dem Winkel φ eine ebene Welle ein, wobei die Einfallsebene zur Vereinfachung die Ebene $z = 0$ sei. In dieser Ebene erhalten wir unten dann auch die gesuchte Richtcharakteristik der Rahmenantenne. Das magnetische Feld $\vec{H}_i$ der einfallenden Welle steht senkrecht auf deren Ausbreitungsrichtung. Die einfallene Welle sei – ebenfalls zur Vereinfachung – in z-Richtung polarisiert. Der von $\vec{H}_i$ verursachte magnetische Fluss durch die Rahmenfläche bestimmt über das Induktionsgesetz die Leerlaufspannung U_0 an den Klemmen der Rahmenantenne.

Bezeichnen wir mit

$$\vec{H}_0 = \begin{pmatrix} -H_0 \sin\varphi \\ H_0 \cos\varphi \\ 0 \end{pmatrix} \tag{7.55}$$

den Wert von $\vec{H}_\mathrm{i}$ im Koordinatenursprung, dann ist

$$\vec{H}_\mathrm{i} = \vec{H}_0 \cdot e^{j\beta_0(x\cos\varphi + y\sin\varphi)} \tag{7.56}$$

die z-unabhängige magnetische Feldstärke der einfallenden Welle als Funktion des Aufpunktes. In der Rahmenebene $x = 0$ wird daraus

$$\vec{H}_\mathrm{i} = \begin{pmatrix} -H_0 \sin\varphi \\ H_0 \cos\varphi \\ 0 \end{pmatrix} \cdot e^{j\beta_0 y \sin\varphi} \,. \tag{7.57}$$

Zum Rahmenfluss trägt davon nur die x-Komponente bei und damit liefert uns das Induktionsgesetz

$$U_0 = -j\omega\mu_0 \int\limits_{-d/2}^{d/2} \int\limits_{-h/2}^{h/2} -H_0 \sin\varphi \cdot e^{j\beta_0 y \sin\varphi} \mathrm{d}y\mathrm{d}z = 2j\frac{\omega\mu_0}{\beta_0} H_0 \cdot h \cdot \sin\left(\beta_0 \frac{d}{2} \sin\varphi\right) \,, \tag{7.58}$$

wobei zur Auswertung der Stammfunktion noch $e^{jx} - e^{-jx} = 2j\sin x$ eingesetzt wurde. Damit erhalten wir für die Richtfunktion der Rahmenantenne in der H-Ebene

$$F_\mathrm{R}(\vartheta = 90°, \varphi) = \left|\sin\left(\beta_0 \frac{d}{2} \sin\varphi\right)\right| \,. \tag{7.59}$$

Nimmt man an, dass die Rahmenabmessungen klein sind gegen die Wellenlänge, dann vereinfacht sich (7.58) wegen $\beta_0(d/2) \ll 1$ und der damit zulässigen Näherung $\sin x \approx x$ falls $x \ll 1$ zu

$$U_0 \approx j\omega\mu_0 H_0 \cdot d \cdot h \sin\varphi = j\beta_0 E_0 \cdot d \cdot h \sin\varphi \,. \tag{7.60}$$

Dabei ist $E_0 = Z_{\mathrm{F}0} H_0 = (\omega\mu_0/\beta_0) H_0$ die elektrische Feldstärke der einfallenden Welle im Koordinatenursprung. Es ergibt sich daraus die Richtfunktion

$$F_\mathrm{R}(\vartheta = 90°, \varphi) = |\sin\varphi| \tag{7.61}$$

für eine kleine Rahmenantenne. Es ist hier bemerkenswert, dass die Richtfunktion einer sehr kleinen Rahmenantenne in der H-Ebene identisch ist mit der Richtfunktion (7.20) eines hertzschen Dipols in der E-Ebene.

8 Ausbreitung elektromagnetischer Wellen

8.1 Funkfelder im freien Raum

Im freien Raum, damit ist streng genommen das Vakuum aber näherungsweise auch luftgefüllter Raum gemeint, können sich elektromagnetische Wellen ohne Beeinflussung durch Hindernisse ausbreiten. Auch sonstige Erscheinungen durch Wechselwirkung mit einem Ausbreitungsmedium treten im freien Raum nicht auf. Dennoch nimmt auch im freien Raum die Strahlungsleistungsdichte mit wachsendem Abstand zum Sender ab. Der Grund hierfür liegt aber nicht in Verlusten, in dem Sinne dass elektromagnetische Energie im Wärme umgesetzt wird. Die Dichte der Strahlungsleistung nimmt ab, weil die ausgesendete Energie nicht beliebig hoch gebündelt werden kann und daher auseinanderläuft (divergiert) und auf eine mit wachsendem Abstand immer größer werdende Fläche verteilt wird.

Die Auswirkung dieser *Freiraumdämpfung* haben wir bereits in (7.8) formuliert. Für das Verhältnis $P_\mathrm{E}/P_\mathrm{S}$ von Empfangs- und Sendeleistung gilt

$$\frac{P_\mathrm{E}}{P_\mathrm{S}} = \frac{1}{4\pi r^2} \cdot G_\mathrm{S} \cdot \frac{{\lambda_0}^2}{4\pi} \cdot G_\mathrm{E} = \frac{{\lambda_0}^2}{(4\pi r)^2} \cdot G_\mathrm{S} \cdot G_\mathrm{E} \tag{8.1}$$

mit dem Gewinn G_S der Sendeantenne, dem Gewinn G_E der Empfangsantenne und dem Abstand r zwischen Empfänger und Sender. Mit dieser Gleichung können Funkverbindungen zwischen Satelliten behandelt werden und näherungsweise auch Verbindungen von Satelliten zu Erdefunkstationen. Im letzten Fall muss sichergestellt sein, dass die Gültigkeit von (8.1) nicht durch andere atmosphärische Einflüsse verlorengeht (s. Abschn. 8.4). Vorausgesetzt ist, dass die Antennen sich wechselseitig im Fernfeld befinden. Dieses ist gewährleistet, wenn der Abstand r die Bedingung

$$r \geq r_\mathrm{F} = 2\frac{D^2}{\lambda_0} \tag{8.2}$$

erfüllt, wobei D die maximale Abmessung der Antennenapertur ist.

8.2 Brechung in der Atmosphäre

Elektromagnetische Wellen breiten sich sicher dann geradlinig aus, wenn das Medium homogen ist. In Medien, deren elektromagnetische Eigenschaften (ε_r und μ_r) nicht homogen sind, folgt die Strahlungsenergie gekrümmten Bahnen. Wir haben solche Änderungen der Ausbreitungsrichtung bereits an dielektrischen Grenzflächen kennengelernt,

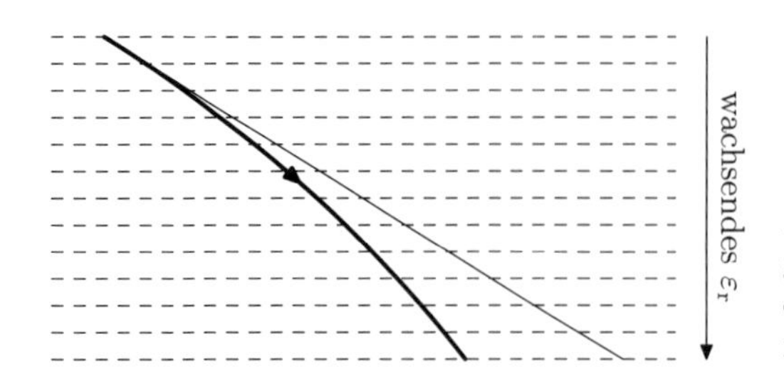

Abb. 8.1: In einem Medium mit ortsabhängiger Brechzahl ist der Ausbreitungspfad elektromagnetischer Wellen in Richtung zunehmender Brechzahl gekrümmt

wo eine sprunghafte Änderung von ε_r eine sprunghafte Änderung der Fortpflanzungsrichtung der Welle bewirkt. Im Allgemeinen bewirkt auch eine stetige Änderung von ε_r und μ_r eine stetige Änderung (Krümmung) der Ausbreitungsrichtung.

Wir wollen diesen allgemeinen Fall hier nicht näher behandeln, sondern uns mit der Aussage begnügen, dass elektromagnetische Wellen in einem Medium mit variabler Dielektrizitätszahl stets in Richtung zunehmender Dielektrizitätszahl abgelenkt (gebrochen) werden. Im Bereich der Optik ist hier eher der Begriff der *Brechzahl* $n = \sqrt{\varepsilon_r}$ verbreitet. Die Brechzahl der Luft nimmt von etwa $n = 1{,}0003$ auf der Erdoberfläche mit zunehmender Höhe und fallendem Druck bis auf $n = 1$ im Weltraum ab. Obgleich diese Änderung sehr gering erscheinen mag, bewirkt sie dennoch eine merkliche Krümmung der Ausbreitungspfade elektromagnetischer Wellen in Richtung Erdoberfläche. Vor allen Dingen wird durch diese Brechung eine Ausbreitung von Funkwellen über den geometrischen Horizont hinaus möglich. Man spricht hier vom *Funkhorizont*, der größer ist, als der geometrische Horizont.

Aus der Geometrie ergibt sich mit dem Erdradius R, der Antennenhöhe h_A und dem geometrischen Horizont d:

$$d^2 + R^2 = (R + h_A)^2 = R^2 + 2Rh_A + {h_A}^2 . \tag{8.3}$$

Wegen ${h_A}^2 \ll 2Rh_A$ gilt für den geometrischen Horizont in guter Näherung

$$d \approx \sqrt{2Rh_A} . \tag{8.4}$$

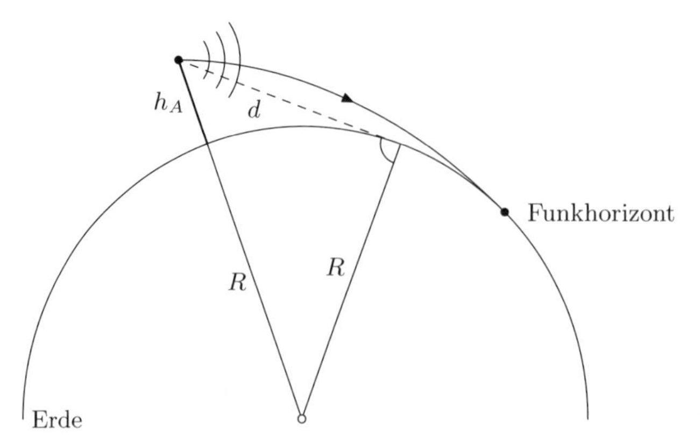

Abb. 8.2: Zur Erläuterung des Funkhorizonts

Die Wirkung der Brechung kann gut durch einen effektiven Erdradius R_{eff} berücksichtigt werden, der gegenüber R um den so genannten *Krümmungsfaktor* k_{E} vergrößert ist:

$$R_{\text{eff}} = k_{\text{E}} \cdot R\,. \tag{8.5}$$

Als Richtwert kann man $k_{\text{E}} = 4/3$ verwenden. Damit berechnet sich der Funkhorizont zu

$$d_{\text{Funk}} = \sqrt{2 \cdot k_{\text{E}} \cdot R \cdot h_{\text{A}}}\,. \tag{8.6}$$

8.3 Reflexion

8.3.1 Erdboden

Beim Betrieb von Funkstrecken mit Ausbreitung entlang der Erdoberfläche spielen verschiedene Einflüsse des Erdbodens auf die elektromagnetische Welle eine Rolle. Dazu gehören u. A. die Führung der Welle entlang der dielektrischen Grenzschicht Boden-Luft und die Dämpfung der Welle durch Wirkverluste, die von Feldanteilen innerhalb des Bodens verursacht werden. Neben diesen vergleichsweise aufwändig zu beschreibenden Vorgängen gibt es einen deutlichen Einfluss auf den Funkkanal durch Reflexion am Erdboden. Der grundsätzliche Effekt wird bei der Annahme eines flachen Geländes deutlich. In diesem Fall ist die Anordnung auch geometrisch noch recht einfach zu behandeln.

Betrachten wir eine einfache Funkstrecke in der Nähe der Erdoberfläche, die durch die Antennenhöhen h_1 und h_2 von Sende- und Empfangsantenne gekennzeichnet ist, so gibt es neben der direkten Sichtverbindung[1] noch einen zweiten Pfad vom Sender zum Empfänger, der über eine Reflexion an der Erdoberfläche führt (Abb. 8.3). Diese Anordung ist z. B. typisch für die Verbindung zwischen einer Mobilfunk-Basisstation und einem mobilen Endgerät. In diesem Fall ist die Antennenhöhe h_2 des Endgerätes typischerweise klein gegen die Antennenhöhe h_1 der Basisstation und gegen den Abstand d zur Basisstation. Diese Anordnung rechtfertigt die Annahme, dass der Einfallswinkel der Bodenreflexion nahe bei 90° liegt. Man spricht in diesem Fall von flachem oder von streifendem Einfall.

Bereits in Abschnitt 6.4.2 haben wir festgestellt, dass bei der Reflexion an dielektrischen Grenzschichten unabhängig von der Größe des ε_{r}-Sprunges bei streifendem Einfall näherungsweise der Reflexionsfaktor $a \approx -1$ auftritt. Dies entspricht einem Phasensprung um ca. 180° bei praktisch unveränderter Amplitude. Die genannte geometrische Konstellation rechtfertigt ferner die Annahme, dass sich beide Ausbreitungspfade nur geringfügig in ihrer Länge unterscheiden. Bei der Überlagerung beider Anteile am Ort der Empfangsantenne wird daher die Gesamtamplitude wesentlich vom Phasenunterschied $\Delta\Phi$ und nicht vom praktisch verschwindenden Amplitudenunterschied beider

[1] engl. line of sight (LOS)

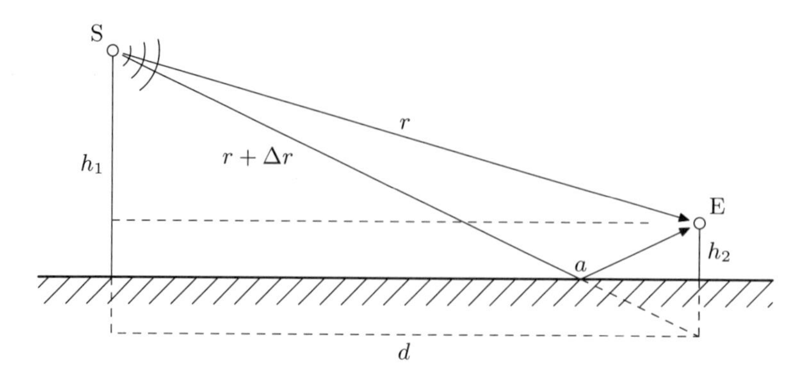

Abb. 8.3: Zweiwegemodell zur Beschreibung der Ausbreitung über flachem Gelände

Anteile bestimmt sein. Die Phasendifferenz ist ihrerseits bestimmt durch den Weglängenunterschied Δr und durch den Reflexionsfaktor a an der Erdoberfläche.

Wenn die Antennenhöhen h_1 und h_2 klein sind gegen den Abstand r, dann ist es für die Berechnung der Strahlungsleistungsdichte an der Empfangsantenne sicher unerheblich, ob der tatsächliche Antennenabstand r oder der Abstand d der Antennenmasten eingesetzt wird. Für das Verhältnis $P_\mathrm{E}/P_\mathrm{S}$ vom Empfangs- zu Sendeleistung ergibt sich damit nach Überlagerung beider Anteile

$$\frac{P_\mathrm{E}}{P_\mathrm{S}} = G_\mathrm{E} G_\mathrm{S} \frac{{\lambda_0}^2}{(4\pi d)^2} \left|1 + a \cdot e^{j\Delta\Phi}\right|^2 \tag{8.7}$$

mit dem Reflexionsfaktor a und der lauflängenbedingten Phasendifferenz $\Delta\Phi = \beta_0 \Delta r$ zwischen dem direkten und dem reflektierten Anteil. Aus der Geometrie ergibt sich

$$\begin{aligned} \Delta r &= \sqrt{(h_1+h_2)^2 + d^2} - \sqrt{(h_1-h_2)^2 + d^2} \\ &= d \cdot \left(\sqrt{1 + \frac{(h_1+h_2)^2}{d^2}} - \sqrt{1 + \frac{(h_1-h_2)^2}{d^2}} \right) . \end{aligned} \tag{8.8}$$

Unter der Voraussetzung $(h_1 \pm h_2)^2 \ll d^2$ kann auf die Wurzelterme die Näherung $\sqrt{1+x} \approx 1 + x/2$ angewendet werden und wir erhalten

$$\Delta r \approx d \left(1 + \frac{(h_1+h_2)^2}{2d^2} - 1 - \frac{(h_1-h_2)^2}{2d^2} \right) = \frac{2h_1h_2}{d} . \tag{8.9}$$

Falls ferner der Gangunterschied Δr so klein gegen die Wellenlänge ist, dass auch $\Delta\Phi \ll 1$, dann sind die Näherungen

$$\sin\Delta\Phi \approx \Delta\Phi = \frac{2\pi}{\lambda_0} \cdot \frac{2h_1h_2}{d} = \frac{4\pi h_1 h_2}{\lambda_0 d} \tag{8.10a}$$

$$\cos\Delta\Phi \approx 1 \tag{8.10b}$$

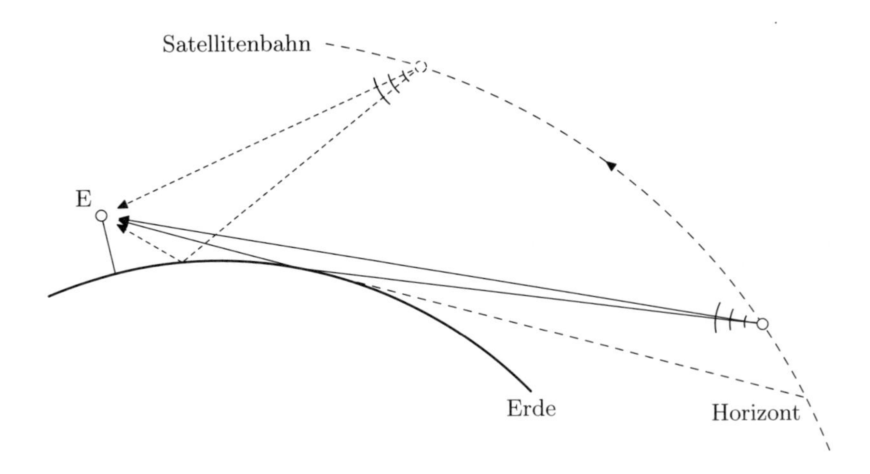

Abb. 8.4: Zweiwegeausbreitung beim Satellitenempfang

zulässig und es ergibt sich aus (8.7) und $a = -1$

$$\frac{P_{\rm E}}{P_{\rm S}} = G_{\rm E} G_{\rm S} \frac{{\lambda_0}^2}{(4\pi d)^2} \left|1 - \cos\Delta\Phi - j\sin\Delta\Phi\right|^2 \approx G_{\rm E} G_{\rm S} \Delta\Phi^2 = G_{\rm E} G_{\rm S} \frac{(h_1 h_2)^2}{d^4} \,. \quad (8.11)$$

Als wesentlichen Unterschied zum Ergebnis (7.8) ist in diesem Fall festzuhalten, dass unter den getroffenen Annahmen $P_{\rm E} \propto d^{-4}$ ist, im Gegensatz zu $P_{\rm E} \propto d^{-2}$ bei völlig hindernisfreier Ausbreitung. In der Planung von erdnahen Funkverbindungen, bei denen Sender und/oder Empfänger beweglich sind, charakterisiert man die Abnahme der Empfangsleistung $P_{\rm E}$ mit zunehmender Entfernung d allgemein durch $P_{\rm E} \propto d^{-\gamma}$. Der Ausbreitungskoeffizient γ ist dabei kennzeichnend für das Gelände und für die Umgebung, in der die Funkstrecke betrieben wird. Der typische Schwankungsbereich ist $\gamma = 2 \ldots 5$, wobei der Maximalwert $\gamma = 5$ meist in städtischem, stark bebautem Gebiet auftritt.

Eine ähnliche Problematik tritt beim Empfang von Satellitensignalen auf, wenn der Satellit nur eine geringe Erhebung über dem Horizont aufweist (Abb. 8.4). Das Signal gelangt auch hier über zwei Pfade zur Empfangsantenne, weil neben der direkten Sichtverbindung noch ein Weg über die Reflexion an der Erdoberfläche besteht. Befindet sich sich der Satellit nur wenig über dem Horizont, dann haben beide Pfade nur einen sehr kleinen Längenunterschied. Die Phasendifferenz bei der Überlagerung an der Empfangsantenne ist daher wesentlich durch den 180°-Phasensprung bei der Reflexion unter großem Einfallswinkel bestimmt. Beide Anteile gleicher Amplitude aber entgegengesetzter Phase löschen sich näherungsweise aus. Aus diesem Grund ist der Empfang eines Satelliten eventuell erst dann möglich, wenn er sich 10°–20° über dem Horizont erhebt. Von diesem Effekt sind besonders Satellitennavigationssysteme aber auch satellitengestützte Mobilfunksysteme betroffen, weil deren Satelliten aus Pegelgründen nicht geostationär angeordnet sind, sondern sich auf erdnahen Bahnen sehr

Tabelle 8.1: Dielektrizitätskonstante und Leitfähigkeit

Untergrund	Dielektrizitätskonstante ε_r	Leitfähigkeit κ (S/m)
Meerwasser	80	1 – 5
Süßwasser	80	10^{-2} – 10^{-3}
Eis	3	10^{-5}
feuchtes Gelände	5 – 15	10^{-2} – 10^{-3}
trockenes Gelände	2 – 6	10^{-3} – $5 \cdot 10^{-5}$

schnell bewegen. Ein Satellit ist daher für ein Endgerät auf der Erde nicht ständig sichtbar. Beim Verbindungsaufbau zu neuen Satelliten muss dabei berücksichtigt werden, dass ein Satellit möglicherweise noch nicht nutzbar ist, obwohl er bereits über dem Horizont aufgegangen ist.

8.3.2 Ionosphäre

In den oberen Schichten der Erdatmosphäre werden durch die Einwirkung hoch energetischer Strahlung von der Sonne die Luftbestandteile ionisiert. Dadurch entstehen relativ hohe Elektronen- und Ionenkonzentrationen von bis zu $10^7\,\mathrm{cm}^{-3}$. Diese stark ionisierte Schicht wird *Ionosphäre* oder auch *Heaviside-Schicht* genannt. Sie wird weiter unterteilt in die D-, E-, F_1- und F_2-Schicht, deren spezielle Eigenschaften jedoch nicht Gegenstand dieses Buches sein sollen. Die Ionisierung hat entscheidenden Einfluss auf die Ausbreitung elektromagnetischer Wellen. Besonders wirksam ist die Ionosphäre im Frequenzbereich 30 MHz … 100 MHz (Kurzwelle). Eine auf die Ionosphäre einfallende Welle wird dabei über einen weiten Bereich des Einfallswinkels total reflektiert. Unterhalb der so genannten *kritischen Frequenz* f_k tritt die Reflexion sogar bei senkrechtem Einfall auf ($\alpha = 0°$). Die kritische Frequenz ist im Wesentlichen durch den Ionisierungsgrad bestimmt. Bei schrägem Einfall unter dem Winkel α gegen die Senkrechte wird die Grenzfrequenz, bis zu der Totalreflexion auftritt, größer als f_k.

Durch die Totalreflexion an der Ionosphäre werden im Lang- und im Kurzwellenbereich weltumspannende Funkverbindungen ermöglicht. Bei Langwellen tritt dabei ein Hohlleitereffekt zwischen Ionosphäre und Erdoberfläche auf. Kurzwellen können sich

Tabelle 8.2: Eindringtiefe δ_0 in m

Frequenz	Seewasser $\varepsilon_r = 80$; $\kappa = 4$ S/m	feuchtes Gelände $\varepsilon_r = 10$; $\kappa = 10^{-2}$ S/m	mittleres Gelände $\varepsilon_r = 5$; $\kappa = 10^{-3}$ S/m
10 kHz	2,5	50	150
100 kHz	0,80	15	50
1 MHz	0,14	5	17
10 MHz	0,08	2	9

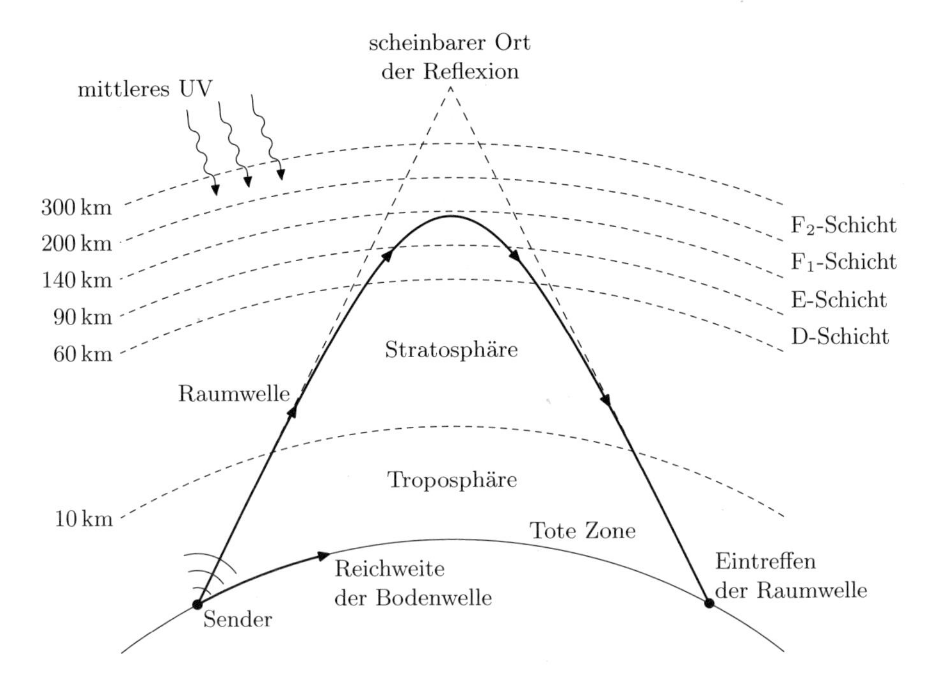

Abb. 8.5: Brechung und Reflexion in den Schichten der Ionosphäre

dagegen durch Mehrfachreflexionen (engl. hops) zwischen Ionosphäre und Erdoberfläche über große Entfernungen ausbreiten. Man bezeichnet daher die Grenzfrequenz der Totalreflexion als *maximum usable frequency* (MUF). Sie steigt mit dem Einfallswinkel und ist gegeben durch

$$\mathrm{MUF} = \frac{f_\mathrm{k}}{\cos\alpha}\,. \tag{8.12}$$

Die von der Erdoberfläche scheinbar beobachtete Reflexion ist in der Realität ein Brechungsvorgang. Wie in einem inhomogenen Dielektrikum wird der Ausbreitungspfad von elektromagnetischen Wellen auch in einem inhomogen ionisiertem Medium gekrümmt. Es tritt also eigentlich keine Reflexion, sondern eine Umlenkung auf. Abbildung 8.5 stellt die Verhältnisse in einer nicht maßstäblichen Skizze dar. Sie verdeutlicht auch das Zustande kommen eines ringförmigen Bereichs um den Sender, in dem kein Empfang möglich ist. Man spricht daher von einer *toten Zone*.

Nimmt man an, dass der Sender mit einer schwach bündelnden Antenne in alle Richtungen abstrahlt, so wird sich eine Welle entlang der Erdoberfläche ausbreiten, die infolge der Bedämpfung durch Verluste im Erdboden nur eine geringe Reichweite aufweist. In relativ kleiner Entfernung vom Sender (ca. 100 km, je nach Sendeleistung) wird die Feldstärke der Bodenwelle so weit abgenommen haben, dass sie für einen Empfang nicht mehr ausreicht. Falls der Sender ebenso nach oben in Richtung der

Ionosphäre abstrahlt, so kann es (je nach Sendefrequenz und Ionisationsgrad) einen kleinsten Einfallswinkel an der Ionosphäre geben, oberhalb dessen alle einfallenden Wellenfronten total reflektiert und zur Erdoberfläche zurückgelenkt werden. Auf diese Weise gibt es eine kleinste Entfernung, ab der diese so genannten Raumwellen wieder an der Erdoberfläche eintreffen. Diese Entfernung ist üblicherweise sehr viel größer, als die Reichweite der Bodenwelle, sodass eine tote Zone um den Sender ensteht, die von der Bodenwelle nicht mehr und von den Raumwellen noch nicht erreicht wird (Abb. 8.5).

8.3.3 Ausbreitung durch Streuung

Wenn eine elektromagnetische Welle auf einen dielektrischen oder leitenden Körper trifft und dieser nicht sehr groß ist gegen die Wellenlänge, dann wird die Welle an diesem Körper *gestreut.* Durch die Beleuchtung mit einer einfallenden Welle fließen an der Oberfläche des Körpers Ladungs- oder Polarisationsströme, die ihrerseits wieder Quellen für das gestreute elektromagnetische Feld darstellen, welches von dem beleuchteten Körper ausgeht. Der Vorgang der Streuung darf auf keinen Fall mit der Reflexion an einer Ebene in Zusammenhang gebracht werden, bei der genauso sekundäre Ströme auf dem Reflektor die reflektierte Welle erzeugen. Im ersten Fall breitet sich gestreute elektromagnetische Leistung in viele Richtungen aus, während bei der Reflexion an einem spiegelähnlichen Objekt die Richtung der reflektierten Welle durch die Richtung der einfallenden Welle festgelegt wird. Dieses hat wesentliche Folgen für die Leistungsbilanz, die im Fall der spiegelnden Reflexion eine $1/d^2$-Abhängigkeit der Leistungsdichte ergibt. Betrachtet man die Strahlungsleistungsdichte, die in einer beliebigen Richtung vom streuenden Körper hervorgerufen wird, so kann man sich diese Leistungsdichte im Fernfeld auch von einem Sender mit der äquivalenten Sendeleistung $P_\mathrm{S}^\mathrm{äqu}$ hervorgerufen denken. Diese äquivalente Sendeleistung ist wegen der Linearität des Streuvorgangs proportional zur Leistungsdichte $P_{*\mathrm{i}}$ der einfallenden Welle. Nimmt man näherungsweise an, dass sich der Streukörper in der Mitte zwischen Sender und Empfänger befindet, deren Abstand mit d bezeichnet wird (Abb. 8.6), dann ist die auf den Streuer einfallende Strahlungsleistungsdichte in bekannter Weise gegeben durch

$$P_{*\mathrm{i}} = \frac{P_\mathrm{S}}{4\pi(d/2)^2} = \frac{P_\mathrm{S}}{\pi d^2}\,, \tag{8.13}$$

wobei P_S die äquivalent isotrop abgestrahlte Leistung des beleuchtenden Senders ist. Für einen Empfänger im Streufeld des Streukörpers erscheint dieser wie ein isotroper Strahler am Ort des Streuers mit der äquivalenten Sendeleistung

$$P_\mathrm{S}^\mathrm{äqu} = P_{*\mathrm{i}} \cdot \sigma = \frac{P_\mathrm{S}}{\pi d^2} \cdot \sigma \qquad ; \qquad [\sigma] = \mathrm{m}^2\,. \tag{8.14}$$

Der Proportionalitätsfaktor σ heißt *Streuquerschnitt.* Er hängt sowohl von der Beleuchtungsrichtung als auch von der Richtung des Empfängers im Koordinatensystem des Streukörpers ab. Der Streuquerschnitt ist eine Größe, die den Streuer eindeutig charakterisiert. Die Beschreibung des Streuvorgangs durch den Streuquerschnitt ist aber nur

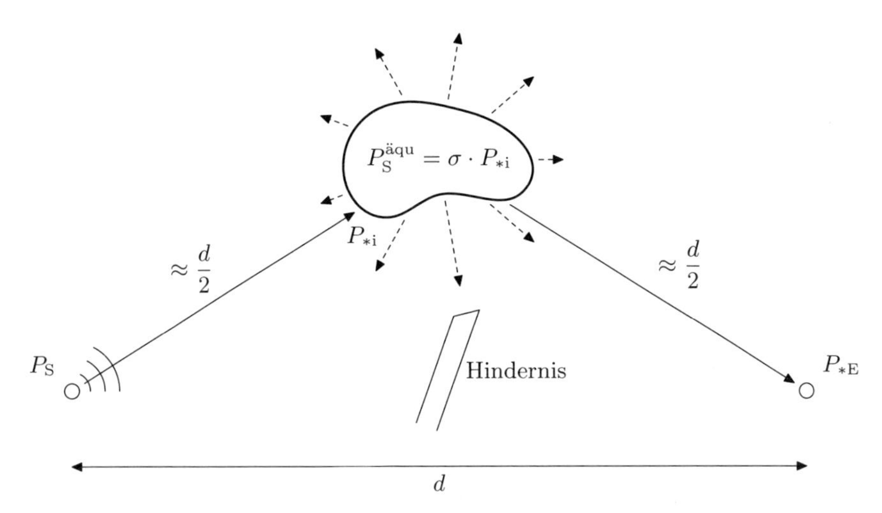

Abb. 8.6: Bei unterbrochener Sichtverbindung kann eine Funkverbindung auch unter Beteiligung eines Streukörpers zustande kommen

zulässig, wenn sich zum einen der Streukörper im Fernfeld des beleuchtenden Senders befindet und wenn zum zweiten auch der Empfänger so weit vom Streuer entfernt ist, dass dort ebenfalls Fernfeldbedingungen vorliegen. Mit der äquivalenten Sendeleistung $P_S^{\text{äqu}}$ ergibt sich dann die Strahlungsleistungsdichte am Ort des Empfängers zu

$$P_{*E} = \frac{P_S^{\text{äqu}}}{4\pi(d/2)^2} = \frac{P_S}{\pi^2 d^4} \cdot \sigma \propto \frac{1}{d^4} \,. \tag{8.15}$$

Wie schon im Fall der Zweiwegeausbreitung (Abschn. 8.3.1) finden wir auch bei der Ausbreitung über einen Streukörper die Abhängigkeit $P_E \propto d^{-4}$. Bedenkt man, dass im terrestrischen Mobilfunk die direkte Sichtverbindung zur Basisstation nur selten besteht und daher die Funkverbindung häufig erst durch Streuung an Gebäuden oder sonstigen Objekten zustande kommt, dann wird auch einsichtig, dass in der Planung von Mobilfunknetzen stets davon auszugehen ist, dass die Empfangsleistung mit zunehmender Entfernung d stärker als mit d^{-2} abnimmt.

8.4 Atmosphärische Dämpfung

Durch die Beziehung (8.1) wird die Abnahme der Empfangsleistung mit zunehmendem Abstand vom Sender beschrieben, wenn sich die vom Sender erzeugte Welle verlustfrei und ohne Hindernisse im Vakuum ausbreiten kann. Die Empfangsleistung nimmt ab, weil die von der Sendeantenne in einen Raumwinkel dΩ in diesem Raumwinkel divergiert und durch die Wirkfläche der Empfangsantenne von dieser Sendeleistung ein immer kleinerer Anteil hindurchtritt, je weiter sich die Empfangsantenne vom Sender entfernt. Bei der Ausbreitung durch die Erdatmosphäre kommen noch zahlreiche weitere Mechanismen hinzu, welche eine zusätzliche Verminderung der Empfangsfeldstärke bedingen. Zum Teil handelt es sich dabei um echte Wirkverlustmechanismen, zum Teil um Abschattung oder Streuung der elektromagnetischen Leistung an Hindernissen.

Der einfachste Fall von Dämpfung in der Atmosphäre durch Hindernisse liegt beim Auftreten von Niederschlägen vor. Regen, Nebel, Wolken oder Schnee bestehen aus einer Vielzahl dielektrischer Teilchen (z. B. Tropfen oder Schneeflocken), welche die Leistung einer elektromagnetischen Welle streuen oder durch eigene Verluste bedämpfen. Die Wirkung von Niederschlägen hängt außer von den Materialeigenschaften entscheidend von der Größe der Teilchen im Vergleich zur Wellenlänge ab. Die Dämpfung durch Niederschläge nimmt zu, je größer die Tropfen bezogen auf die Wellenlänge sind und je dichter diese angeordnet sind. Die streckenbezogene Dämpfung (in dB/km) durch Regen oder Nebel erreicht erst bei Frequenzen oberhalb 10 GHz signifikante Werte.

Eine zusätzliche Frequenzabhängigkeit der Dämpfung ergibt sich durch Molekülresonanzen der verschiedenen Gase und Dämpfe in der Atmosphäre. Die Anregung einer mechanischen Eigenschwingung von Gasmolekülen (Rotationsschwingungen oder elastische Schwingungen) bedeutet ebenfalls eine Zunahme der Wellendämpfung bei dieser Frequenz aufgrund von Reibungsverlusten durch die Bewegung der Gasmoleküle. Solche Resonanzen sind die Ursache für Dämpfungsmaxima, deren Frequenz charakteristisch für die einzelnen Bestandteile unserer Atmosphäre ist. Beispielsweise gibt es ein hohes Dämpfungsmaximum bei 60 GHz, verursacht durch eine Resonanz des Sauerstoffmoleküls. Im Wellenlängenbereich des fernen Infrarot (300 GHz... 3 THz) ist die atmosphärische Dämpfung durch zahlreiche Resonanzen der Gase und Spurengase allgemein sehr hoch. Diese Resonanzen können auch genutzt werden, um durch Resonanzspektroskopie in diesem Frequenzbereich die beteiligten Gase nachzuweisen oder sogar ihre Konzentration messtechnisch zu bestimmen. Der Frequenzgang der Dämpfung ist ein wichtiges Kriterium für die Wahl von Trägerfrequenzen hochfrequenztechnischer Systeme. Eine große Dämpfung kann sowohl unerwünscht wie auch von Nutzen sein. Wegen der relativ hohen atmosphärischen Dämpfung durch eine Sauerstoffresonanz bei 60 GHz eignet sich eben diese Frequenz für abhörsichere Verbindungen zwischen Satelliten.

8.5 Beugungserscheinungen

Wird eine elektromagnetische Welle durch ein Hindernis teilweise abgeschattet, so beobachtet man jenseits des Hindernisses auch eine Strahlungleistung innerhalb des geometrischen Schattenbereichs. Man bezeichnet diese Erscheinung als *Beugung.* Das Wellenfeld nach dem Hindernis geht von dem Bereich der einfallenden Welle aus, der *nicht* abgeschattet ist. Die Berechnung des Beugungsfeldes kann durch Anwendung des *huygensschen Prinzips* erfolgen, welches besagt:

> Jeder Punkt einer Wellenfront kann durch sekundäre Quellen ersetzt werden, die als Ausgangspunkt von sekundären Kugelwellen aufgefasst werden. Das Gesamtfeld entsteht wieder durch Überlagerung aller Sekundärwellen.

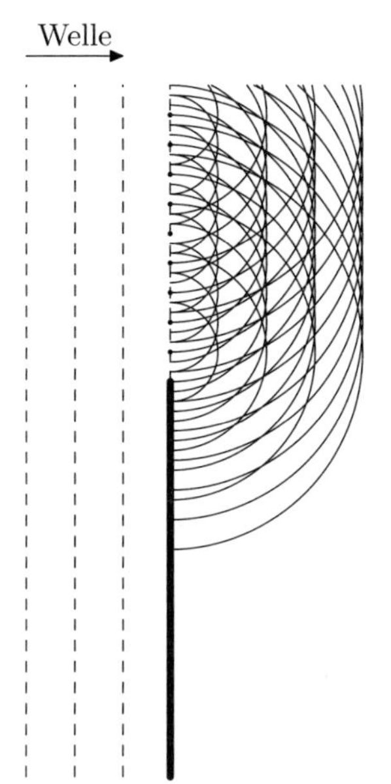

Abb. 8.7: Zur Erläuterung des huygensschen Prinzips

Die Aussage dieses Prinzips ist in Abb. 8.7 illustriert. Dort sind einige kreisförmige Phasenfronten gezeichnet, die von Punkten auf einer Phasenfront der einfallenden Welle ausgehen. Man erkennt, dass sich durch Überlagerung dieser Sekundärwellen im nicht abgeschatteten Bereich wieder die ebenen Phasenfronten der Primärwelle ausbilden und dass auch Energie in den abgeschatteten Bereich gelangt.

Als einfache modellhafte Beugungssituation wollen wir hier die Abschattung einer ebenen Welle durch eine einseitig unendlich ausgedehnte leitende Halbebene betrachten (Abb. 8.8). Es gilt also, das elektromagnetische Feld zu berechnen, welches vom nicht abgeschatteten Bereich $y \geq a$ ausgeht. Dabei soll die in Abb. 8.8 dargestellte Situation auch in Richtung senkrecht zur Zeichenebene unendlich ausgedehnt sein. Es liegt also nahe dieses eigentlich 3-dimensionale Problem auf ein 2-dimensionales zu reduzieren. Die huygensschen Punktquellen sind dann zu ersetzen durch Linienquellen, die senkrecht zur Zeichenebene unendlich ausgedehnt sind.

Die Einführung von Linienquellen hat allerdings Konsequenzen für die Entfernungsabhängigkeit der elektrischen Feldstärke. Von einer Linienquelle geht eine Zylinderwelle aus und die von einem Abschnitt Δx der Linienquelle abgestrahlte Gesamtleistung P_{ges} tritt durch die Mantelfläche eines Zylinders $r = \text{const}$, unabhängig von dessen Radius r. Mit der Strahlungsleistungsdichte $P_*(r)$ im Abstand r ist also aus Gründen der Energieerhaltung

$$P_{\text{ges}} = P_*(r) \cdot 2\pi r \cdot \Delta x = \text{const}\,. \tag{8.16}$$

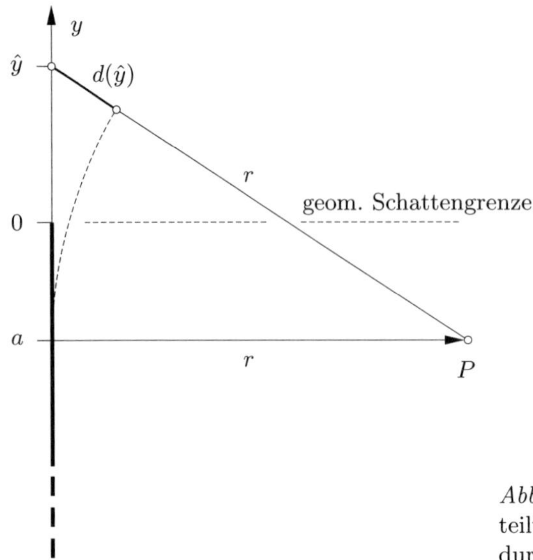

Abb. 8.8: Zur Herleitung der Feldstärke bei teilweiser Abschattung einer ebenen Welle durch eine leitende Halbebene

Hieraus folgt sofort

$$P_* \sim \frac{1}{r} \tag{8.17}$$

und damit

$$E \sim \frac{1}{\sqrt{r}}\,. \tag{8.17'}$$

Den Abstand des Aufpunktes P zum Integrationspunkt $\hat{y}$ denken wir uns nun zusammengesetzt aus dem Abstand r des Punktes P zur leitenden Halbebene und dem $\hat{y}$-abhängigen Anteil $d(\hat{y})$. Man beachte, dass r nun nicht mehr die Bedeutung des Abstandes von der Linienquelle hat, wie er in der vorangegangenen grundsätzlichen Betrachtung eingeführt wurde. Aus der Geometrie ergibt sich

$$d^2(\hat{y}) + 2d(\hat{y})r + r^2 = \hat{y}^2 + r^2\,, \tag{8.18}$$

woraus mit der näherungsweisen Annahme $d^2(\hat{y}) \ll 2d(\hat{y})r$ die einfache Darstellung

$$d(\hat{y}) = \frac{\hat{y}^2}{2r} \tag{8.19}$$

folgt. Wir nehmen ferner an, dass die zum Gesamtfeld in P beitragenden Zylinderwellen näherungsweise gleiche Amplitude besitzen und der wesentliche Einfluss auf die Gesamtfeldstärke von ihrer unterschiedlichen Phasenlage herrührt. Bis auf eine Konstante K, die wir später bestimmen werden, ergibt sich dann die Gesamtfeldstärke E_S

im Aufpunkt P durch Integration aller Zylinderwellen, die vom Bereich $y \geq a$ ausgehen. Wir erhalten

$$E_S = K \cdot \frac{E_0}{\sqrt{r}} \cdot e^{-j\beta_0 r} \cdot \int_a^\infty e^{-j\frac{2\pi}{\lambda_0}d(\hat{y})}\,\mathrm{d}\hat{y}\,. \tag{8.20}$$

Das auftretende Integral lässt sich durch die Substitution $u^2 := 2\hat{y}/(r\lambda_0)$ in die Form

$$\int_a^\infty e^{-j\frac{2\pi\hat{y}^2}{\lambda_0 2r}}\,\mathrm{d}\hat{y} = \int_{a\sqrt{2/(r\lambda_0)}}^\infty e^{-j\frac{\pi}{2}u^2} \cdot \sqrt{\frac{r\lambda_0}{2}}\,\mathrm{d}u \tag{8.21}$$

überführen und wir erhalten

$$E_S = K \cdot \sqrt{\frac{\lambda_0}{2}} \cdot E_0 \cdot \int_{a\sqrt{2/(r\lambda_0)}}^\infty e^{-j\frac{\pi}{2}u^2}\,\mathrm{d}u = K_* \cdot E_0 \cdot \int_{ka}^\infty e^{-j\frac{\pi}{2}u^2}\,\mathrm{d}u\,. \tag{8.22}$$

Das auftretende Fresnel-Integral lässt sich zerlegen in

$$\int_{ka}^\infty e^{-j\frac{\pi}{2}u^2}\,\mathrm{d}u = \int_0^\infty e^{-j\frac{\pi}{2}u^2}\,\mathrm{d}u - \int_0^{ka} e^{-j\frac{\pi}{2}u^2}\,\mathrm{d}u = \frac{1}{2} - j\frac{1}{2} - \big(C(ka) - jS(ka)\big)\,, \tag{8.23}$$

wobei

$$C(ka) = \int_0^{ka} \cos\frac{\pi u^2}{2}\,du \qquad \text{Fresnel-Kosinusintegral} \tag{8.24a}$$

$$S(ka) = \int_0^{ka} \sin\frac{\pi u^2}{2}\,du \qquad \text{Fresnel-Sinusintegral}\,. \tag{8.24b}$$

Beide Integrale können nur numerisch ausgewertet werden. Die Ortskurve von

$$F(ka) = \int_{ka}^\infty e^{-j\frac{\pi}{2}u^2}\,\mathrm{d}u \tag{8.25}$$

in der komplexen Ebene mit ka als Kurvenparameter ist in Abb. 8.9 dargestellt. Aus dem Grenzwert $\lim_{a\to-\infty}|F(ka)| = \sqrt{2}$ können wir nun auch den Wert von K_* in (8.22) bestimmen. Nachdem der Grenzfall $a \to -\infty$ das Fehlen der leitenden Halbebene bedeutet, muss für diesen Fall $E_S = E_0$ und damit $K_* = 1/\sqrt{2}$ sein. Damit erhalten wir aus (8.22) unser endgültiges Ergebnis

$$\frac{E_S}{E_0} = \frac{1}{\sqrt{2}}|F(ka)| \tag{8.26}$$

mit $ka = a\sqrt{2/(r\lambda_0)}$ für die Beugung an einer unendlich ausgedehnten leitenden Halbebene.

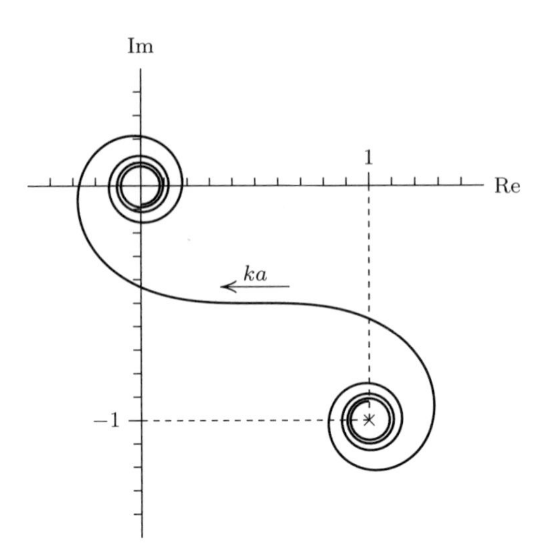

Abb. 8.9: Ortskurve des komplexen Fresnel-Integrals $F(ka)$ nach (8.25)

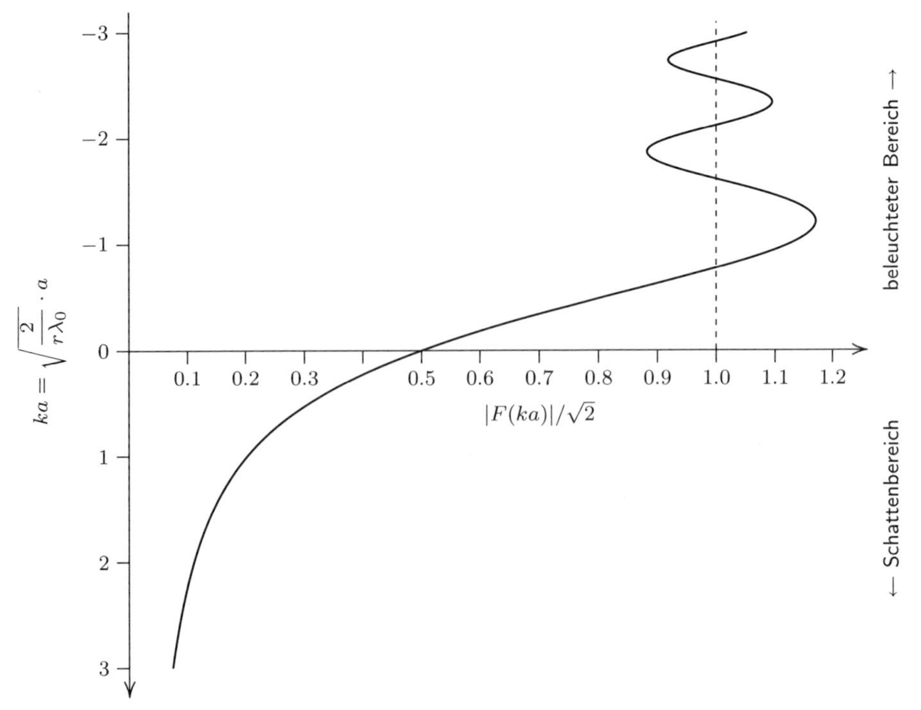

Abb. 8.10: Normierter Verlauf der elektrischen Feldstärke bei Beugung einer ebenen Welle an einer unendlich ausgedehnten leitenden Halbebene

9 Sende- und Empfangstechnik

9.1 Nichtlineare Kennlinien

9.1.1 Bauelemente und Potenzreihenentwicklung

Wegen ihrer zentralen Stellung innerhalb der HF-Übertragungstechnik wollen wir nun Bauelemente oder allgemein Mehrtore behandeln, die nichtlineare Eigenschaften besitzen. Damit sind Bauelemente gemeint, bei denen die Ausgangsgröße (Spannung oder Strom) keine lineare Funktion der Eingangsgröße (Spannung oder Strom) ist. Dabei werden wir zunächst Methoden zur mathematischen Behandlung solcher Bauelemente aufzeigen und anschließend die Konsequenzen des nichtlinearen Verhaltens bei Aussteuerung mit nachrichtentechnischen Signalen untersuchen.

Aus der Vielzahl an nichtlinearen Bauelementen, die in der Elektrotechnik behandelt werden, sind

- Halbleiterdioden
- Transistoren und
- Röhren

in der Hochfrequenztechnik am häufigsten anzutreffen. Die wichtigsten Anwendungen nichtlinearer Eigenschaften sind

- Frequenzumsetzung
- Frequenzvervielfachung
- Detektion und
- Leistungsmessung.

In den folgenden Abschnitten werden wir auf diese Anwendungen zurückkommen.

Der Einfachheit halber beschränken wir unsere Betrachtungen auf nichtlineare Kennlinien *ohne Speichereffekt*. Das heißt, dass der Zusammenhang zwischen Eingangs- und Ausgangsgröße eineindeutig ist und nicht von der Vorgeschichte abhängt. Ein Beispiel hierfür ist die exponentielle $i(u)$-Kennlinie einer Halbleiterdiode, für die gilt:

$$i(u) = I_{\mathrm{S}} \cdot \left(e^{u/U_{\mathrm{T}}} - 1\right) . \tag{9.1}$$

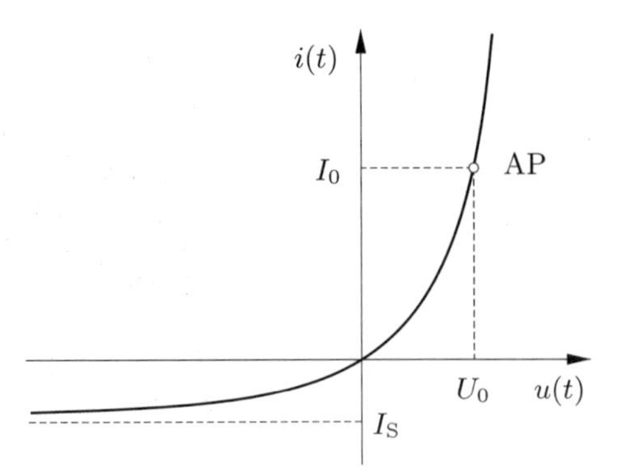

Abb. 9.1: Kennlinie einer Halbleiterdiode als Beispiel für eine nichtlineare Kennlinie

Bei Raumtemperatur ist die Temperaturspannung $U_\mathrm{T} \approx 25\,\mathrm{mV}$ und im Falle einer Silizium-Diode beträgt der Sperrstrom $I_\mathrm{S} = 10^{-8}\,\mathrm{A}$. Der Verlauf dieser Kennlinie ist in Abb. 9.1 skizziert.

In der hochfrequenten Schaltungstechnik werden solche Kennlinien häufig mit kleinen Signalen ausgesteuert (Kleinsignalaussteuerung). Damit ist gemeint, dass die Amplitude des Eingangssignals klein gegen den gesamten Kennlinienbereich ist und nur ein relativ kleiner Bereich in der Umgebung eines Arbeitspunktes ausgesteuert wird. Der Arbeitspunkt (AP) wird von einer eingeprägten Gleichspannung U_0 eingestellt. Gemäß der Kennliniengleichung fließt ein Gleichstrom I_0 (Vorstrom, Bias-Strom). Ein zusätzliches zeitabhängiges Signal $\Delta u(t)$ soll die Kennlinie nur in einer kleinen Umgebung um $\mathrm{AP}(U_0, I_0)$ aussteuern. Die Diodenspannung $u(t)$ und damit auch der Diodenstrom $i(t)$ setzen sich also gemäß

$$u(t) = U_0 + \Delta u(t) \tag{9.2a}$$

$$i(t) = I_0 + \Delta i(t) \tag{9.2b}$$

aus einem Gleichanteil und einem zeitabhängigen Anteil zusammen. Bei eingeprägter Spannung $u(t)$ kann der Strom $i(u)$ im Punkt AP in eine Potenzreihe nach Taylor entwickelt werden:

$$i(t) = i(U_0) + \left.\frac{\mathrm{d}i}{\mathrm{d}u}\right|_{U_0} \cdot \Delta u + \frac{1}{2}\left.\frac{\mathrm{d}^2 i}{\mathrm{d}u^2}\right|_{U_0} \cdot \Delta u^2 + \frac{1}{6}\left.\frac{\mathrm{d}^3 i}{\mathrm{d}u^3}\right|_{U_0} \cdot \Delta u^3 + \ldots \tag{9.3}$$

Hierbei ist $i(U_0) = I_0$ und der Wechselanteil $\Delta i(t)$ besitzt offenbar die Form

$$\Delta i = S \cdot \Delta u + k_2 \cdot \Delta u^2 + k_3 \cdot \Delta u^3 + \ldots \tag{9.4}$$

Man bezeichnet den Proportionalitätsfaktor $S = (\mathrm{d}i/\mathrm{d}u)|_{U_0}$ vor dem linearen Glied als *Steilheit* der Kennlinie im Arbeitspunkt. Offenbar hat S die Dimension eines Leitwertes.

Die Reihenentwicklung (9.3) ist je nach erforderlicher Genauigkeit fortzuführen. In den meisten praktischen Fällen werden die k_ν jedoch mit wachsendem ν so schnell kleiner, dass (9.3) nach der 2. oder 3. Potenz abgebrochen werden kann. Wir werden weiter unten einsehen, dass das quadratische Glied für die meisten technischen Anwendungen am wichtigsten ist und alle anderen Terme dann parasitäre Signale erzeugen.

Für die folgenden Betrachtungen wollen wir ausschließlich die Polynomdarstellung (9.4) benutzen. Die Faktoren S und k_ν sind durch die jeweilige Kennlinie und den Arbeitspunkt festgelegt und daher wollen wir sie als vorgegeben betrachten.

9.1.2 Aussteuerung mit einer Frequenz

Der einfachste Fall ist sicherlich die Aussteuerung mit einem monofrequenten Signal

$$\Delta u(t) = U_1 \cdot \cos(\omega_1 t + \varphi)\,. \tag{9.5}$$

Mit (9.4) und mit $\cos^2 \alpha = (1 + \cos 2\alpha)/2$ ergibt sich für den zeitabhängigen Anteil im Strom des Bauelements:

$$\begin{aligned}\Delta i(t) &= S \cdot U_1 \cdot \cos(\omega_1 t + \varphi) + k_2 \cdot {U_1}^2 \cdot \cos^2(\omega_1 t + \varphi) + \ldots \\ &= S \cdot U_1 \cdot \cos(\omega_1 t + \varphi) + \tfrac{1}{2} k_2 {U_1}^2 + \tfrac{1}{2} k_2 {U_1}^2 \cos(2\omega_1 t + 2\varphi) + \ldots\end{aligned} \tag{9.6}$$

Aus dem linearen und dem quadratischen Glied in (9.4) ergeben sich also im Strom ein (zusätzlicher) Gleichanteil ($\omega = 0$) sowie Anteile bei der Eingangsfrequenz ($\omega = \omega_1$) und ihrer zweiten Harmonischen ($\omega = 2\omega_1$). Von der Berücksichtigung höherer Terme wollen wir hier absehen, weil ihre Beiträge meist deutlich kleiner sind.

Die Amplituden der Stromanteile bei $\omega = 0$ und $\omega = 2\omega_1$ sind proportional zur Leistung von $\Delta u(t)$. Es ergeben sich für diese Aussteuerungsart die Anwendungen Gleichrichtung bzw. Leistungsmessung und Frequenzverdopplung.

Solange die Aussteuerung klein ist ($U_1 \ll U_\mathrm{T}$), gilt für den so genannten Richtstrom

$$\Delta I_0 = \tfrac{1}{2} k_2 {U_1}^2 \sim P_\mathrm{HF}\,. \tag{9.7}$$

In diesem Fall spricht man von einem *quadratischen Gleichrichter*, weil $\Delta I_0 \sim {U_1}^2$. Bei großer Aussteuerung ($U_1 \gg U_\mathrm{T}$) geht dieses dominant quadratische Verhalten verloren, und es wird $\Delta I_0 \sim U_1$. Es handelt sich dann um einen *linearen Gleichrichter*. Die Phase φ des hochfrequenten Signals wirkt sich bei Gleichrichterbetrieb nicht auf die Richtgröße I_0 aus.

9.1.3 Aussteuerung mit zwei Signalen unterschiedlicher Frequenz

Als allgemeinen Fall untersuchen wir die Aussteuerung mit zwei Signalen, die in Amplitude, Phase und Frequenz verschieden sind:

$$\Delta u(t) = U_1 \cdot \cos(\omega_1 t + \varphi_1) + U_2 \cdot \cos(\omega_2 t + \varphi_2)\,. \tag{9.8}$$

Dieses Kleinsignal kann auch durch

$$\Delta u(t) = \mathrm{Re}\left\{\underline{U}_1 e^{j\omega_1 t}\right\} + \mathrm{Re}\left\{\underline{U}_2 e^{j\omega_2 t}\right\} \tag{9.9}$$

mit den komplexen Amplituden

$$\underline{U}_1 = U_1 e^{j\varphi_1} \tag{9.10a}$$
$$\underline{U}_2 = U_2 e^{j\varphi_2} \tag{9.10b}$$

durch komplexe Zeiger dargestellt werden. Die Analyse der Nichtlinearität muss jedoch im Zeitbereich durchgeführt werden, weil die Rechnung nicht monofrequent ist und damit eine notwendige Voraussetzung für die Anwendung der komplexen Wechselstromrechnung nicht mehr gegeben ist. Wir wollen dennoch die Darstellung (9.9) hier einführen, um später die relevanten Ausgangssignale bezüglich ihrer Zeigerdarstellung mit den Eingangssignalen zu vergleichen.

Die Entwicklung des Stromes in eine Potenzreihe (9.4) führt wieder auf Anteile bei den Frequenzen 0, ω_1, ω_2, $2\omega_1$ und $2\omega_2$, die vom linearen Glied und von den quadrierten Kosinustermen im quadratischen Glied herrühren. Wir nehmen die Existenz dieser Anteile zur Kenntnis, betrachten sie aber nicht als Nutzsignale. Durch geeignete Filterung können sie unterdrückt werden. Technisch bedeutsame Signalanteile liefert dagegen der Produktterm

$$\begin{aligned}\Delta i(t) &= \ldots + 2k_2 U_1 U_2 \cos(\omega_1 t + \varphi_1) \cdot \cos(\omega_2 t + \varphi_2) + \ldots \\ &= \ldots + \underbrace{k_2 U_1 U_2 \cos\big((\omega_1 - \omega_2)t + \varphi_1 - \varphi_2\big)}_{\Delta i^-(t)} + \underbrace{k_2 U_1 U_2 \cos\big((\omega_1 + \omega_2)t + \varphi_1 + \varphi_2\big)}_{\Delta i^+(t)} + \ldots\end{aligned} \tag{9.11}$$

des quadratischen Anteils. Dort treten Signale bei der Differenzfrequenz $\omega_1 - \omega_2$ und bei der Summenfrequenz $\omega_1 + \omega_2$ auf , die wir wieder komplex darstellen durch

$$\Delta i^-(t) = k_2 \mathrm{Re}\left\{\underline{U}_1 \underline{U}_2{}^* e^{j(\omega_1 - \omega_2)t}\right\} \tag{9.12a}$$
$$\Delta i^+(t) = k_2 \mathrm{Re}\left\{\underline{U}_1 \underline{U}_2 e^{j(\omega_1 + \omega_2)t}\right\} . \tag{9.12b}$$

Ein Vergleich mit (9.10) zeigt, dass bei dieser Umsetzung die Phaseninformation erhalten bleibt. Man bezeichnet diese Bildung von Summen- und Differenzfrequenz allgemein als *Mischung*. Sie beruht auf der Existenz eines Produkttermes, in dem die zu mischenden Eingangssignale multiplikativ verknüpft auftreten. Nachdem alle übrigen Produkte und Potenzen für die Frequenzumsetzung nutzlos sind, wäre ein Multiplizierer ein idealer Mischer.

Welche störenden Effekte durch unerwünschte höhere Mischprodukte auftreten können, zeigt die folgende Berücksichtigung des kubischen Anteils in einer allgemein nichtlinearen Kennlinie. Dazu entwickeln wir die Kennlinie bis zu ihrem dritten Glied in eine Taylorreihe und nehmen an, dass die höheren Terme entweder gar nicht vorhanden sind oder gegenüber den ersten drei Taylorkoeffizienten keine Rolle mehr spielen. Das betrachtete nichtlineare Element sei also beschreibbar durch seine Ausgangsspannung

Δu_a als Funktion der Eingangsspannung Δu_1, wobei für die Zuordnung der Spannungen die Reihenentwicklung

$$\Delta u_a = k_1 \Delta u_1 + k_2 \Delta {u_1}^2 + k_3 \Delta {u_1}^3 \tag{9.13}$$

mit den Taylorkoeffizienten $k_1 \dots k_3$ gültig ist. Weiterhin wird eine zweifrequente Aussteuerung der Kennlinie mit dem Eingangssignal

$$\Delta u_1 = U_1 \cos \omega_1 t + U_2 \cos \omega_2 t \tag{9.14}$$

betrachtet. Durch Einsetzen in die Reihenentwicklung (9.13) ergibt sich nach Ausmultiplizieren und Zusammenfassen gleichfrequenter Summanden der Ausdruck

$$\begin{aligned}
\Delta u_a = {} & \tfrac{1}{2} k_2 {U_1}^2 + \tfrac{1}{2} k_2 {U_2}^2 && \text{Gleichspannung} \\
& + \left(k_1 U_1 + \tfrac{3}{4} k_3 {U_1}^3 + \tfrac{3}{2} k_3 U_1 {U_2}^2\right) \cos \omega_1 t && \\
& + \left(k_1 U_2 + \tfrac{3}{4} k_3 {U_2}^3 + \tfrac{3}{2} k_3 {U_1}^2 U_2\right) \cos \omega_2 t && \\
& + \tfrac{1}{2} k_2 {U_1}^2 \cos 2\omega_1 t && \\
& + \tfrac{1}{2} k_2 {U_2}^2 \cos 2\omega_2 t && \\
& + k_2 U_1 U_2 \cos(\omega_1 - \omega_2) t && \text{1. Mischglied} \\
& + k_2 U_1 U_2 \cos(\omega_1 + \omega_2) t && \text{2. Mischglied} \\
& + \tfrac{1}{4} k_3 {U_1}^3 \cos 3\omega_1 t && \\
& + \tfrac{1}{4} k_3 {U_2}^3 \cos 3\omega_2 t && \\
& + \tfrac{3}{4} k_3 {U_1}^2 U_2 \cos(2\omega_1 - \omega_2) t && \text{Intermod.-produkt} \\
& + \tfrac{3}{4} k_3 {U_1}^2 U_2 \cos(2\omega_1 + \omega_2) t && \\
& + \tfrac{3}{4} k_3 U_1 {U_2}^2 \cos(2\omega_2 - \omega_1) t && \text{Intermod.-produkt} \\
& + \tfrac{3}{4} k_3 U_1 {U_2}^2 \cos(2\omega_2 + \omega_1) t &&
\end{aligned} \tag{9.15}$$

für die Ausgangsspannung des nichtlinearen Elements. Es wird deutlich, dass wegen des kubischen Anteils neben den Nutzsignalen bei Summen- und Differenzfrequenz erheblich mehr Mischprodukte entstehen. Besonders störend sind dabei die Anteile bei $2\omega_1 - \omega_2$ und $2\omega_2 - \omega_1$, die als Intermodulationsprodukte dritter Ordnung bezeichnet werden. Wenn es sich bei ω_1 und ω_2 um zwei Frequenzen innerhalb der Nutzbandbreite des Eingangssignals handelt, dann liegen deren Intermodulationsprodukte mit großer Wahrscheinlichkeit wieder im Nutzfrequenzbereich. Auf diese Weise können aus zwei Eingangssignalen, die eine nichtlineare Kennlinie aussteuern, weitere Anteile im Nutzfrequenzbereich entstehen, die im Eingangssignal nicht vorhanden sind. Die Leistung dieser Intermodulationen bezogen auf die Leistung des Nutzsignals bezeichnet man als Intermodulationsabstand. Er ist eine wichtige Betriebsgröße von Leistungsverstärkern in Sendeeinrichtungen und von Empfangsmischern, die sehr häufig von mehreren Eingangssignalen mit hohem Pegel ausgesteuert werden.

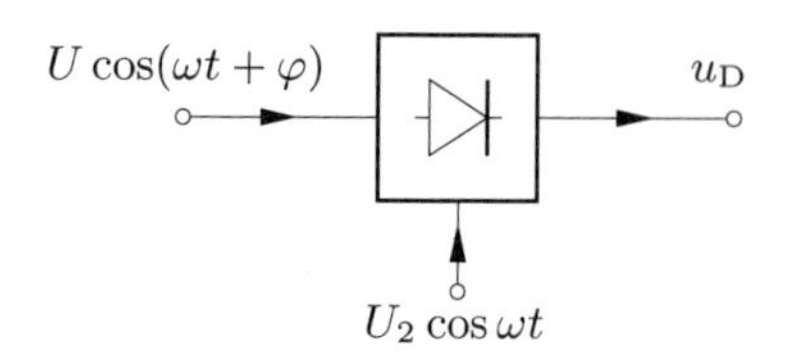

Abb. 9.2: Zur Aussteuerung eines nichtlinearen Bauelements mit zwei Signalen gleicher Frequenz

9.1.4 Aussteuerung mit zwei Signalen gleicher Frequenz

Den einfachen Fall einer monofrequenten Aussteuerung erweitern wir nun dadurch, dass wir die Kennlinie mit einem zweiten gleichfrequenten Signal aussteuern. Die beiden Signale können sich noch in Amplitude und Phase unterscheiden. Die aussteuernde Wechselspannung sei also nun

$$\Delta u(t) = \Delta u_1(t) + \Delta u_2(t) = U_1 \cdot \cos(\omega_1 t + \varphi) + U_2 \cdot \cos\omega_1 t\,, \tag{9.16}$$

wobei die Phasendifferenz beider Anteile in φ zusammengefasst sei. In der Praxis können $\Delta u_1(t)$ und $\Delta u_2(t)$ entweder gemeinsam über ein Tor oder auch über zwei getrennte Tore in das Bauelement eingekoppelt werden (Abb. 9.2). Für die eigentliche Aussteuerung durch $\Delta u(t) = \Delta u_1(t) + \Delta u_2(t)$ ist dieser aufbautechnische Unterschied jedoch belanglos.

Wir betrachten wieder die Stromanteile, die vom quadratischen Glied in (9.4) herrühren:

$$\begin{aligned}\Delta i(t) &= \ldots + k_2\big(U_1\cos(\omega_1 t+\varphi) + U_2\cos\omega_1 t\big)^2 + \ldots\\ &= \ldots + k_2\big({U_1}^2\cos^2(\omega_1 t+\varphi) + 2U_1U_2\cos(\omega_1 t+\varphi)\cos\omega_1 t + {U_2}^2\cos^2\omega_1 t\big) + \ldots\end{aligned} \tag{9.17}$$

Die quadratischen Kosinusterme lassen sich zerlegen in einen Gleichanteil und einen Anteil bei der doppelten Signalfrequenz $\omega = 2\omega_1$, von dem wir annehmen, dass er durch Filterung nicht an den Ausgang gelangt. Es verbleibt der Produktterm

$$\begin{aligned}\Delta i(t) &= \ldots + 2k_2U_1U_2\cos(\omega_1 t+\varphi)\cos\omega_1 t + \ldots\\ &= \ldots + k_2U_1U_2\big(\cos\varphi_1 + \cos(2\omega_1 t + 2\varphi)\big) + \ldots\end{aligned} \tag{9.18}$$

mit einem Gleichanteil

$$u_D = k_2U_1U_2\cos\varphi \sim U_1\cdot\cos\varphi\,, \tag{9.19}$$

der von der Phasendifferenz φ_1 abhängt. Wegen dieser Eigenschaft können nichtlineare Bauelemente in der vorgestellten Betriebsart als *Phasendetektor* eingesetzt werden. Man bezeichnet diese Überlagerung mit einem gleichfrequenten Signal auch als *Synchrondetektion.* Der Anteil Δu_1 ist dann das Messsignal und Δu_2 ist das Überlagerungssignal oder auch Referenzsignal.

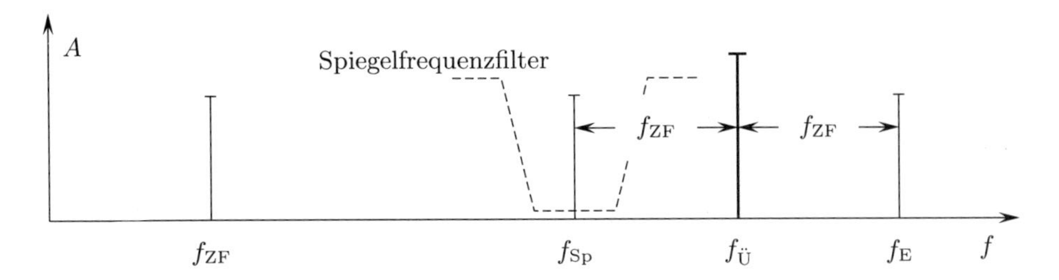

Abb. 9.3: Zur Problematik des Spiegelfrequenzempfangs

9.2 Mischer

9.2.1 Beschreibung

In Abschn. 9.1.3 wurde festgestellt, dass im Ausgangssignal eines nichtlinearen Bauelements Anteile bei der Summen- und bei der Differenzfrequenz enthalten sind, wenn das Bauelement mit zwei Frequenzen gleichzeitig ausgesteuert wird. Weitere Spektralanteile haben wir als parasitär angesehen und durch Filter unterdrückt, sodass sie an den Klemmen nicht auftreten. Allgemein entstehen jedoch Signale bei den Kombinationsfrequenzen

$$f_\nu = |\pm m f_1 \pm n f_2| , \qquad m, n \in \mathbb{N} . \tag{9.20}$$

In Empfängern wird ein Mischprodukt 1. Ordnung verwendet, um das hochfrequente Empfangssignal durch Mischung mit einem ebenfalls hochfrequenten Überlagerungssignal auf eine niedrige Zwischenfrequenz (ZF) umzusetzen:

$$f_{ZF} = |f_E - f_Ü| . \tag{9.21}$$

Ohne weitere Maßnahmen gibt es offenbar zwei Frequenzen, die sich um die Differenz f_{ZF} von $f_Ü$ unterscheiden und daher einen Beitrag bei f_{ZF} liefern würden (Abb. 9.3). In der Regel wird man nur eine der beiden möglichen Frequenzen empfangen, d. h. zur Zwischenfrequenz umsetzen wollen. Die zweite Empfangsfrequenz liegt spiegelbildlich zur Überlagerungsfrequenz (daher der Name *Spiegelfrequenz*). Ein so genanntes Spiegelfrequenzfilter muss daher verhindern, dass Signale dieser Frequenz an den Mischereingang gelangen.

Obwohl das nichtlineare Bauelement als 3-Tor den eigentlichen Mischer darstellt, zählt man den Überlagerungsoszillator und das Spiegelfrequenzfilter oftmals mit zur Mischstufe und betrachtet diese als 2-Tor (Abb. 9.4). Die Mischstufe setzt in dieser Betrachtungsweise ein Signal auf der Empfangsfrequenz f_E zur Zwischenfrequenz f_{ZF} um. Dabei wird ihr am Eingangstor die Leistung P_E bei der Empfangsfrequenz zugeführt und an ihrem Ausgangstor ist die Leistung P_{ZF} auf der Zwischenfrequenz verfügbar.

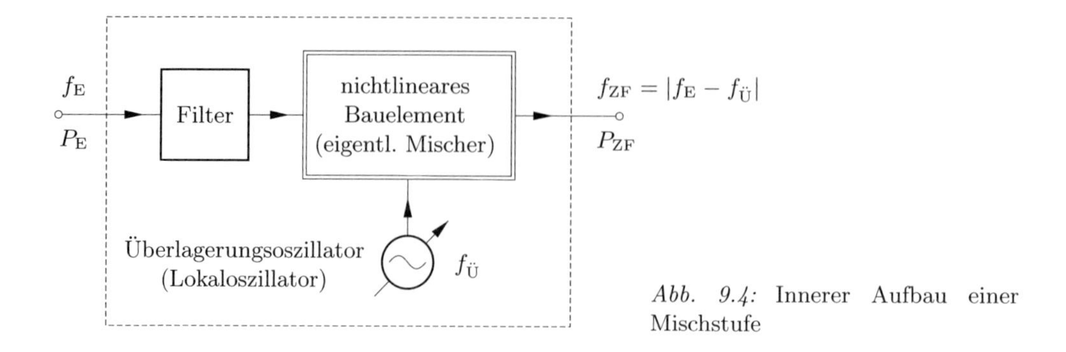

Abb. 9.4: Innerer Aufbau einer Mischstufe

9.2.2 Kenngrößen

Ein idealer Mischer sollte nach den bisher besprochenen Folgen der mehrfrequenten Aussteuerung einer nichtlinearen Kennlinie eine Frequenzumsetzung bewerkstelligen, ohne dabei Pegelverluste oder zusätzliche Störsignale zu erzeugen. Dies würde vor allem bedeuten, dass ein idealer Mischer ausschließlich die gewünschte Kombinationsfrequenz erzeugt. Die vorangegangene Analyse der zweifrequenten Aussteuerung einer Nichtlinearität machte jedoch deutlich, dass in der Realität das Entstehen weiterer unerwünschter Kombinationsfrequenzen nicht vermeidbar ist. Außerdem werden je nach Größe des zuständigen Taylorkoeffizienten die Pegel der erwünschten Mischprodukte kleiner sein, als der des umzusetzenden Eingangssignals. Die Eigenschaften und die Qualität eines realen Mischers werden daher durch charakteristische Kenngrößen beschrieben, die auch messtechnisch bestimmt werden können.

Mischverlust

Der Mischverlust gibt an, um welchen Faktor die verfügbare Zwischenfrequenzleistung P_{ZF} kleiner ist, als die zugeführte Empfangsleistung P_E. Hierbei wird der Mischer wieder als 2-Tor entsprechend Abb. 9.4 betrachtet. Die Leistung des Überlagerungsoszillators geht in die Definition des Mischverlustes nicht ein. Der Mischverlust L_C (engl.: conversion loss) ist definiert durch das Verhältnis

$$\frac{L_C}{\mathrm{dB}} = 10 \cdot \log \frac{P_E}{P_{ZF}} \,. \tag{9.22}$$

Bei einem passiven Mischer, der nur aus einem nichtlinearen Element und den entsprechenden Filtern aufgebaut ist, wird der Mischverlust P_E/P_{ZF} stets größer als 1 sein. Viele im Handel erhältliche Mischer weisen laut Spezifikation jedoch durchaus einen Mischgewinn auf. In diesen Fällen ist in den Mischer entweder noch eine Verstärkerstufe integriert oder das mischende Element hat selbst eine verstärkende Wirkung. Ein Beispiel hierfür ist der Dual-Gate-FET, der wegen der multiplikativen Wirkung seiner beiden Gatespannungen auf den Drainstrom häufig als Mischstufe z. B. in Radio- und Fernsehempfängern eingesetzt wird.

Rauschzahl

Aufgrund statistischer Prozesse durch die thermische Bewegung der Ladungsträger oder durch Eigenschaften des nichtlinearen Elements entstehen in einem Mischer unvermeidbar auch Rauschsignale, deren Folgen und deren Charakterisierung wir im Abschn. 9.7 noch genauer behandeln werden. In Vorgriff auf dieses Kapitel führen wir hier der Vollständigkeit halber den Begriff der Rauschzahl, weil er eine wichtige Kenngröße gerade der vorderen Stufen eines Empfängers darstellt, zu denen prinzipiell auch die Mischer gehören. Weil ein Mischer sowohl den Pegel des Nutzsignals verändert als auch selbst Rauschsignale erzeugt, ist der Abstand zwischen Nutz- und Störpegel an seinem Eingang höher, als an seinem Ausgang. Man definiert daher die Rauschzahl F als den Faktor, um den der Signal-Rausch-Abstand durch den Mischer verkleinert wird. Sie ist gegeben durch

$$F = \frac{P_{\mathrm{E}}/P_{\mathrm{RE}}}{P_{\mathrm{ZF}}/P_{\mathrm{RZF}}}, \tag{9.23}$$

wobei P_{RE} die Rauschleistung am Eingang und P_{RZF} die Rauschleistung am ZF-Tor bezeichnen. Weil die Rauschzahl von der Höhe des Eingangsrauschpegels abhängt, erfordert die Spezifikation der Rauschzahl auch die Vereinbarung der Bezugstemperatur, bei der diese Rauschzahl auftritt (üblicherweise die Umgebungstemperatur $T_0 = 293\,\mathrm{K}$).

Dynamikbereich

Der nutzbare Eingangspegelbereich eines Mischers ist grundsätzlich beschränkt durch die maximal für das Mischelement verträgliche Signalleistung sowie durch den Pegel von Störsignalen, zu denen primär das Rauschen und unerwünschte Mischprodukte gehören. Üblicherweise tritt die Beschränkung durch Störsignale früher ein, als die Zerstörung des Mischelementes durch Überlastung. Zur Bestimmung des nutzbaren Bereichs der Eingangsleistung eines Mischers betrachten wir das typische Übertragungsverhalten und die kennzeichnenden Größen genauer (Abb. 9.5). Wir nehmen dazu an, dass der Mischer außer von seinem Lokaloszillator mit dem Pegel U_1 und dem Nutzsignal noch von *zwei* weiteren (Stör-)Signalen mit den Frequenzen f_1 und f_2 aus dem Empfangsfrequenzbereich ausgesteuert wird. Zur definierten Festlegung der Pegelverhältnisse sei weiter angenommen, dass beide Störsignale gleichen Pegel U_2 haben. Trägt man in einem doppelt-logarithmischen Übertragungsdiagramm die Ausgangsleistung P_{ZF} gegen die Eingangsleistung P_{E} auf (z. B. jeweils in dBm), dann ergibt sich wegen der Amplitude $U_{\mathrm{ZF}} = k_2 U_1 U_2 \propto U_2$ (9.15) für den Pegel des Nutzsignals eine Gerade mit der Steigung 1. Ihr additiver Term ist durch den jeweiligen Mischverlust gegeben. Wegen der begrenzten Aussteuerbarkeit des Mischelementes wird diese Gerade jedoch nicht bis zu beliebig hohen Eingangspegeln P_{E} in dieser Form weiterverlaufen, sondern es wird mit Annäherung an die Aussteuergrenze eine Sättigung der Ausgangsleistung eintreten, die sich in einer stetigen Zunahme des Mischverlustes und damit in einer zunehmenden Abflachung der Übertragungskennlinie äußert. Zur Spezifikation dieser

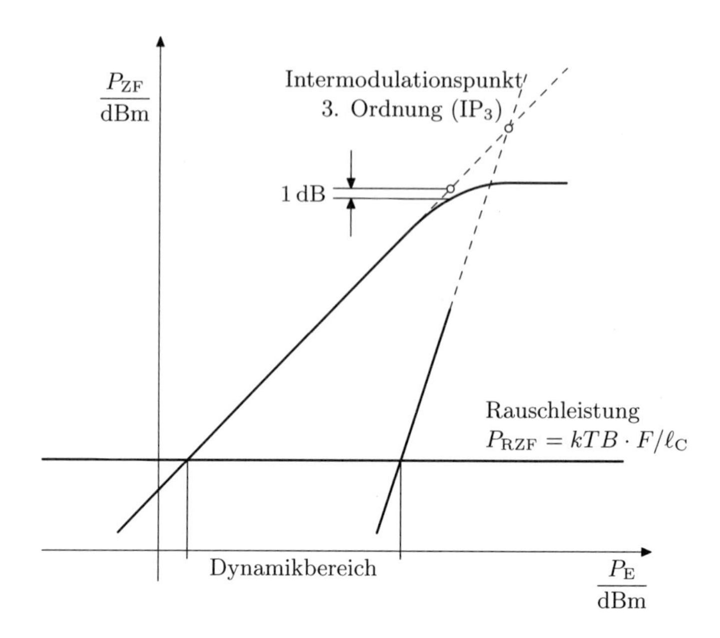

Abb. 9.5: Übertragungsdiagramm eines Mischers

Aussteuergrenze verwendet man diejenige Eingangsleistung, bei der L_C um 1 dB angewachsen ist, d. h. bei der die Übertragungskennlinie um 1 dB unterhalb ihres gedachten proportionalen Verlaufes liegt. Diese erste wichtige Kenngröße bezeichnet man als den 1 dB-Kompressionspunkt des Mischers.

Neben dieser oberen Aussteuergrenze ist der Arbeitsbereich eines Mischers außerdem durch das Auftreten von Störsignalen begrenzt. Die erste wichtige Beschränkung ist dabei durch die Rauschleistung P_{RZF} am ZF-Ausgang des Mischers gegegeben. Diese Rauschleistung ist in Abb. 9.5 als Konstante eingezeichnet. Ihr absoluter Wert ist für diese grundsätzliche Betrachtung ohne Bedeutung. Man führt nun als Beginn des sinnvollen Pegelbereiches denjenigen Eingangspegel ein, bei dem am Ausgang die Nutzleistung größer wird, als die Rauschleistung. Für kleinere Pegel verschwindet das Nutzsignal im Rauschen, weshalb üblicherweise keine befriedigende Weiterverarbeitung mehr möglich ist.

Eine obere Begrenzung ist durch das Auftreten von Mischprodukten aus zwei weiteren Eingangssignalen gegeben, die in einem dicht mit Sendern belegten Frequenzband vorhanden sein können. In (9.15) sind diese Terme als Intermodulationsprodukte bezeichnet. Diese Intermodulationsprodukte sind besonders störend, weil bei ungünstiger Frequenzlage durch Mischung an der nichtlinearen Kennlinie Mischprodukte auf der Nutzfrequenz entstehen können. In diesem Falle liegen die Terme mit den Frequenzen $2\omega_1 - \omega_2$ bzw. $2\omega_2 - \omega_1$ typischerweise wieder im Empfangsfrequenzbereich und können durch Mischung mit dem Lokalozillator in die ZF-Bandbreite fallen. Diese können daher durch Filter nicht beseitigt werden.

Beispiel 9.1 Ein UKW-Rundfunkempfänger ist zum Empfang des Frequenzbereiches von 88 MHz bis 100 MHz ausgelegt. Zwei Sender auf den Frequenzen $f_1 = 96\,\text{MHz}$ und $f_2 = 98\,\text{MHz}$ würden Intermodulationsprodukte 3. Ordnung bei den Frequenzen

$$2f_1 - f_2 = 94\,\text{MHz}$$
$$2f_2 - f_1 = 100\,\text{MHz}$$

erzeugen und damit den möglichen Empfang eines Nutzsignals auf diesen Frequenzen beeinträchtigen. Durch Intermodulation können also Sender, die im HF-Band außerhalb des ZF-Selektionsbereiches liegen, dennoch Störbeiträge liefern.

Nimmt man an, dass die beiden intermodulierenden Signale gleiche Amplitude U_2 haben, dann steigt die Amplitude der Intermodulationsprodukte bei der Zwischenfrequenz proportional zu ${U_2}^3$ (9.15). Im doppelt-logarithmischen P_E-P_ZF-Diagramm ergibt dieses (auch nach anschließender Überlagerung mit dem Lokaloszillatorsignal) eine Gerade mit der Steigung 3. Die flachere Gerade, die bei zunehmendem Eingangspegel den Pegel des umgesetzten Nutzsignals angibt und die steilere Gerade zur Beschreibung des Intermodulationspegels schneiden sich in einem Punkt, dem so genannten Intermodulationspunkt 3. Ordnung, kurz IP_3. Weil die Steigungen der Geraden im Diagramm nach Abb. 9.5 bekannt sind, sind sie durch die Angabe des Mischverlustes L_C und des IP_3 eindeutig festgelegt. Der IP_3 liegt typischerweise weit oberhalb der Aussteuergrenze, die durch den 1 dB-Kompressionspunkt vorgegeben wird. Er dient daher zwar zur eindeutigen Spezifikation der Intermodulationseigenschaften eines Mischers, kann aber messtechnisch nicht direkt erfasst werden. Eine Störung des Nutzsignals tritt auf, wenn die Intermodulationsprodukte größer als der Rauschpegel werden. Dadurch ist der Dynamikbereich nach oben begrenzt.

9.2.3 Konversionsarten

Im Abschn. 9.2.1 wurde die Funktion eines Mischers beim Empfang hochfrequenter Signale beschrieben. Die Ausgangsfrequenz ergab sich dort als Differenz der beiden Eingangsfrequenzen. Ganz allgemein bezeichnet man die Umsetzung zweier Frequenzen zu einem Mischprodukt 1. Ordnung

$$f_\text{aus} = |f_\text{ein,1} \pm f_\text{ein,2}| \tag{9.24}$$

als *Grundwellenmischung*. Die Umsetzung von Signalen zur Informationsübertragung ist stets dadurch gekennzeichnet, dass eines der beiden Eingangssignale monofrequent ist und eine deutliche höhere Leistung besitzt, als das zweite Eingangssignal. Man bezeichnet die zugehörige Frequenz häufig als *Überlagerungsfrequenz*, *Pumpfrequenz* oder *Lokaloszillatorfrequenz*.

Das zweite Eingangssignal ist das Nachrichtensignal, welches in seiner Eigenschaft als Informationsträger nicht monofrequent ist, sondern eine gewisse Bandbreite belegt. Es lassen sich nun vier grundsätzliche Betriebsarten von Mischern unterscheiden. Zum einen kann die Überlagerungsfrequenz größer oder kleiner sein, als die Mittenfrequenz

Tabelle 9.1: Verschiedene Betriebsarten der Frequenzumsetzung

Aufwärts		Abwärts	
Regellage	Kehrlage	Regellage	Kehrlage
$f_{\text{aus}} = f_{\text{T}} + f_{\text{ein}}$	$f_{\text{aus}} = f_{\text{T}} - f_{\text{ein}}$	$f_{\text{ZF}} = f_{\text{ein}} - f_{\text{LO}}$	$f_{\text{ZF}} = f_{\text{LO}} - f_{\text{ein}}$
»oberes Seitenband«	»unteres Seitenband«	$f_{\text{ein}} > f_{\text{LO}}$	$f_{\text{ein}} < f_{\text{LO}}$
f_{ein} f_{aus}	f_{ein} f_{aus}	f_{ZF} f_{ein}	f_{ZF} f_{ein}

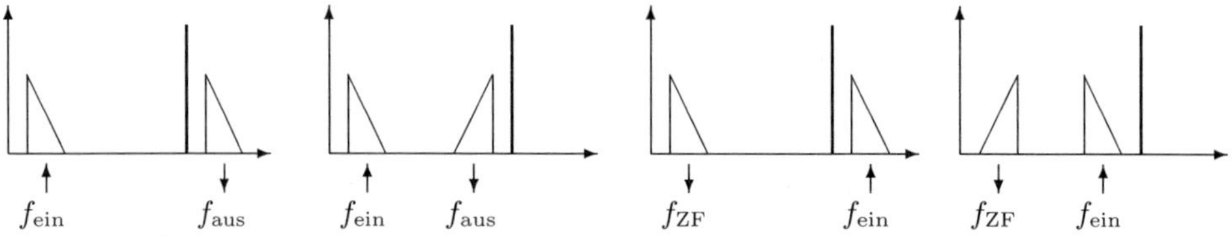

des Nachrichtensignals. Zum anderen kann die Summen- oder die Differenzfrequenz gebildet werden.

Wenn die Ausgangsfrequenz größer ist, als die Eingangsfrequenz, so spricht man von *Aufwärtsmischung*. Den umgekehrten Fall bezeichnet man als *Abwärtsmischung*. Tritt bei Bildung der Differenzfrequenz das Minuszeichen vor der Eingangsfrequenz auf, so liegt eine *Kehrlagemischung* vor. Die Bezeichnung rührt von der gegenläufigen Tendenz von Eingangs- und Ausgangsfrequenz her. Bei wachsender Eingangsfrequenz sinkt die Ausgangsfrequenz und umgekehrt. In diesem Fall tritt das Eingangsspektrum spiegelverkehrt am Ausgang auf, wie man sich leicht anhand der Übertragung der oberen und unteren Grenzfrequenz verdeutlichen kann.

In gleicher Weise spricht man von *Gleichlagemischung* oder *Regellagemischung*, wenn die Eingangsfrequenz mit positivem Vorzeichen in die Ausgangsfrequenz eingeht. Das Eingangsspektrum tritt dann – bis auf die geänderte Mittenfrequenz – ebenso am Ausgang auf. Die vier möglichen Betriebsarten eines Frequenzumsetzers sind in Tabelle 9.1 zusammengestellt. Die auftretenden Signale werden je nach ihrer Funktion verschieden bezeichnet. Die Abwärtmischung findet ihre Anwendung vorrangig in Empfängern. Dort nennt man das Pumpsignal den Lokaloszillator und die Ausgangsfrequenz ist meist die Zwischenfrequenz (ZF). In Sendern werden die Mischer als Aufwärtsmischer betrieben. Dort nennt man das Pumpsignal den *Träger*. Liegt in dieser Betriebsart die Ausgangsfrequenz oberhalb der Trägerfrequenz, spricht man vom oberen Seitenband, im anderen Fall vom unteren Seitenband. Werden aus dem Mischer beide Seitenbänder ausgekoppelt, so liegt der heute selten gewordene Fall eines Zweiseitenband-Modulators vor.

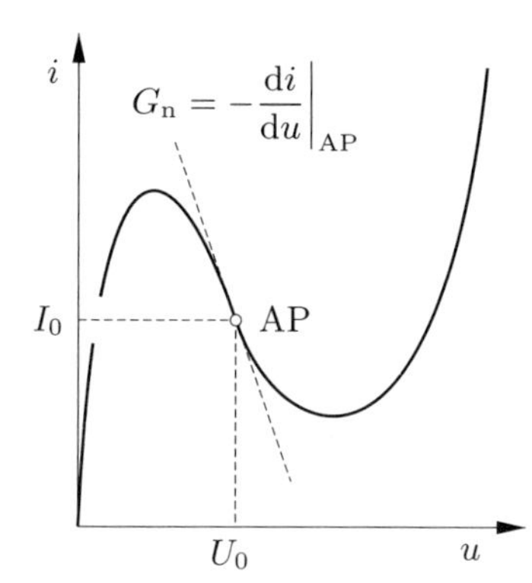

Abb. 9.6: Strom-Spannungs-Kennlinie einer Tunneldiode

9.3 Schwingungserzeugung

Die Erzeugung von periodischen Schwingungen erfordert Schaltkreise, die in der Lage sind, ungedämpfte Schwingungen aufrechtzuerhalten. Hierzu müssen die stets vorhandenen Energieverluste auf irgend eine Weise durch geeignete Zufuhr von Energie ausgeglichen werden. Ohne diese ständige Energiezufuhr würde eine einmalig angeregte Schwingung wieder ausklingen. Schaltungen, die dazu in der Lage sind, bezeichnet man als *Oszillatoren.* Sie wandeln Energie, die ihnen meistens in Form von elektrischer Gleichleistung zugeführt wird, um in hochfrequente Energie. Von der Theorie der Oszillatoren wollen wir die Grundzüge der beiden wichtigsten theoretischen Modelle für Oszillatoren kurz vorstellen.

9.3.1 Entdämpfung eines Schwingkreises

Für die Erhaltung von ansonsten bedämpften Schwingungen benötigen wir negative Kleinsignalleitwerte. Bezüglich positiver Kleinsignalleitwerte erinnern wir uns an das Kleinsignalverhalten von nichtlinearen Kennlinien. Der Arbeitspunkt auf einer Kennlinie $i(u)$ wird durch einen eingeprägten Gleichstrom I_0 festgelegt. Mit einem Ohmmeter würden wir den Leitwert $G_0 = I_0/U_0$ messen und feststellen, dass G_0 mit dem Strom I_0 veränderlich ist. Ein Signal, welches gegenüber I_0 eine kleine zeitveränderliche Aussteuerung der Kennlinie vornimmt, ‚sieht' dagegen den Kleinsignalleitwert

$$G = \frac{di}{du}\bigg|_{AP}, \tag{9.25}$$

der die Steigung der Kennlinie im Arbeitspunkt AP darstellt. Es gibt Halbleiterbauelemente mit abschnittsweise fallender Kennlinie $i(u)$, also mit negativem Kleinsignalleitwert G. Ein Beispiel dafür ist die Tunneldiode (Abb. 9.6). An diesen Stellen nimmt also der Strom zu, wenn die Spannung fällt. Der Kleinsignalleitwert ist in diesen Bereichen negativ. Physikalisch bedeutet dies, dass der Leitwert im Gegensatz zu positiven Leitwerten Wirkleistung abgibt. Der Vorzeichenwechsel des Leitwertes ist gleichbedeutend mit dem Übergang vom Verbraucher- zum Generatorzählpfeilsystem.

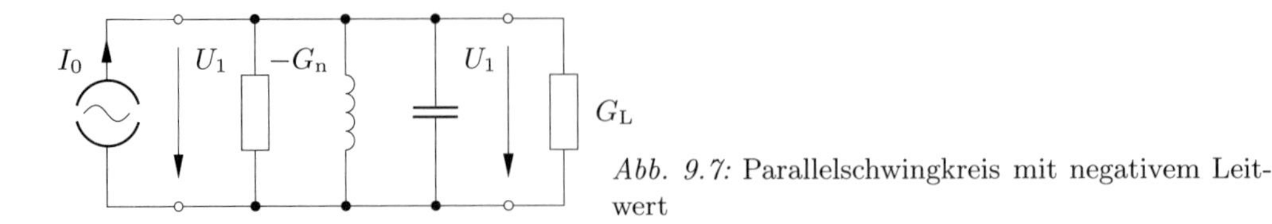

Abb. 9.7: Parallelschwingkreis mit negativem Leitwert

Ein solcher negativer Leitwert $-G_n < 0$ kann dazu benutzt werden, den positiven Wirkleitwert eines Schwingkreises zu kompensieren und so die Dämpfung aufzuheben. Der negative Leitwert liefert die Energie, mit der die Verluste im positiven Leitwert ausgeglichen werden.

Um die Bedingungen für eine ungedämpfte Schwingung zu formulieren, betrachten wir einen Parallelkreis mit Lastleitwert G_L und eingeprägter Stromquelle I_0, dem ein zusätzlicher negativer Leitwert G_n parallel geschaltet ist (Abb. 9.7). Bei Verwendung der Last als Normierungsleitwert ergibt sich der Reflexionsfaktor

$$r = \frac{\frac{1}{-G_n} - \frac{1}{G_L}}{\frac{1}{-G_n} + \frac{1}{G_L}} = \frac{G_n + G_L}{G_n - G_L} \tag{9.26}$$

und wir sehen auch in dieser Betrachtungsweise, dass wegen $|r| > 1$ von einem solchen Element Wirkleistung abgegeben wird.

Der Gesamtleitwert eines Schwingkreises mit zusätzlichem negativen Leitwert ist

$$Y = -G_n + G_L + j\omega C + \frac{1}{j\omega L} \tag{9.27}$$

und der Zusammenhang zwischen Schwingkreisspannung U_1 und Einströmung I_0 ist

$$I_0 = U_1 \cdot Y\,. \tag{9.28}$$

Das System schwingt, wenn $U_1 \neq 0$, obwohl $I_0 = 0$. Dies ist nur möglich, wenn $Y = 0$. Daraus erhalten wir als notwendige Schwingbedingung

$$G_n = G_L \qquad \text{und} \tag{9.29a}$$

$$\omega C = \frac{1}{\omega L}\,. \tag{9.29b}$$

Zur Erregung nach dem Einschalten genügt als einmalige Einströmung der thermische Rauschstrom des Wirkleitwerts G_L. Man sagt, der Oszillator *schwingt aus dem Rauschen heraus an.* Mit wachsender Amplitude nimmt der Betrag G_n des negativen Leitwerts ab. Die Schwingungsamplitude wächst nach dem Einschalten solange an, bis $G_n = G_L$ ist.

Im Kleinsignalersatzschaltbild ist die Energiequelle häufig nicht eingezeichnet. Die durch den negativen Leitwert abgegebene Energie stammt aus der Gleichleistung, die zur Einstellung des Arbeitspunktes notwendig ist. In dem nichtlinearen Bauelement, welches den negativen Leitwert bereitstellt (z. B. eine Tunneldiode), findet also die Umwandlung von Gleichleistung in hochfrequente Leistung statt.

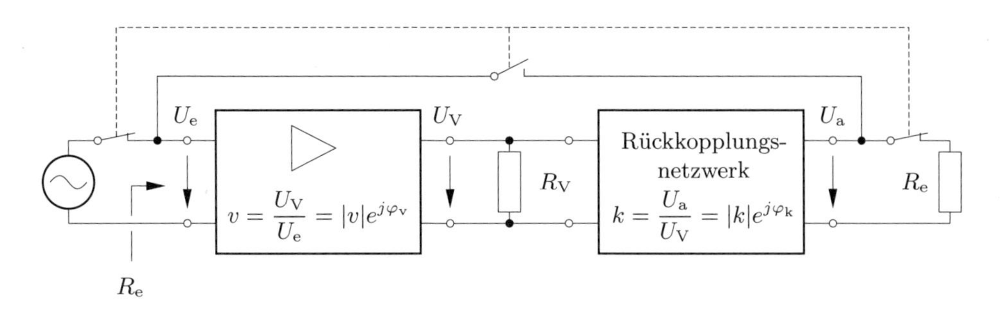

Abb. 9.8: Zur Schwingungserzeugung mit einem rückgekoppelten Verstärker

9.3.2 Rückkopplung eines Verstärkers

Die zweite wichtige Schaltungsstruktur von harmonischen Oszillatoren besteht aus einem Verstärker und einem Rückkopplungsnetzwerk. Dabei ist nach Abb. 9.8 der Verbraucherwiderstand R_V an den Ausgang des Verstärkers geschaltet und das Rückkopplungsnetzwerk koppelt die Ausgangspannung U_V des Verstärkers mit dem komplexen Koppelfaktor k auf den Eingang des Verstärkers zurück.

Um die Schwingfähigkeit dieser Struktur zu verstehen und um die Schwingbedingung herzuleiten betrachten wir zunächst die geöffnete Schleife. Am Verstärkereingang liege die Spannung U_e und das Rückkopplungsnetzwerk sei mit dem Eingangswiderstand R_e des Verstärkers abgeschlossen. In diesem Betriebszustand definieren wir die Übertragungsfunktionen

$$v(\omega) = \frac{U_V}{U_e} = |v(\omega)| \cdot e^{j\varphi_v(\omega)} \tag{9.30a}$$

$$k(\omega) = \frac{U_a}{U_V} = |k(\omega)| \cdot e^{j\varphi_k(\omega)} \tag{9.30b}$$

von Verstärker und Rückkopplungsnetzwerk, die nach Betrag und Phase frequenzabhängig sind.

Die Schalter befinden sich also in der in Abb. 9.8 gezeichneten Stellung. Die Verstärkung der Kettenschaltung sei so eingestellt, dass $U_a = U_e$ ist. Dies kann durch Dimensionierung von k und v oder auch durch die Wahl einer geeigneten Frequenz erreicht werden.

In diesem Fall ist also $v(\omega) \cdot k(\omega) = 1$ oder auch

$$|v| \cdot |k| = 1 \qquad \text{und} \tag{9.31a}$$

$$\varphi_v + \varphi_k = n \cdot 2\pi \qquad n = 0, 1, 2, \ldots. \tag{9.31b}$$

In diesem Betriebszustand können die in Abb. 9.8 eingezeichneten Schalter synchron umgelegt werden, ohne dass sich an den Spannungen U_a und U_V etwas ändert. Der Abschlusswiderstand R_e wird dann durch den Eingangswiderstand des Verstärkers ersetzt, und die Eingangsspannung wird anstatt von der abgetrennten Quelle nun vom

Ausgang des Rückkoppelnetzwerks eingeprägt. Die rückgekoppelte Schaltung schwingt und gibt Leistung an R_V ab. Die Gleichungen (9.31) stellen also die für diese Schaltung hinreichende Schwingbedingung dar.

Bei realen Oszillatoren stammt die Initialerregung auch hier vom Rauschen der aktiven Elemente und der ohmschen Widerstände. Die Schaltung schwingt aus dem Rauschen heraus mit $|v| \cdot |k| > 1$ an, wodurch sich die Schwingungsamplitude selbst aufschaukelt, bis sich ein stabiler Arbeitspunkt einstellt. Bei großen Amplituden nimmt die Verstärkung aufgrund der immer vorhandenen nichtlinearen Eigenschaften des Verstärkers solange ab, bis (9.31a) erfüllt ist. Dieser Punkt bestimmt die sich stabil einstellende Amplitude von U_V.

9.3.3 Einfache Oszillatorschaltungen

In diesem Abschnitt sollen beispielhaft für eine große Anzahl von Oszillator-Grundschaltungen zwei Schaltungen vorgestellt werden, die beide auf dem Prinzip eines geeignet rückgekoppelten Transistorverstärkers beruhen. Zur Dimensionierung aktiver Hochfrequenzschaltungen verwendet man zweckmäßigerweise zwei Ersatzschaltbilder, von denen eines für Gleichstrom ($f = 0$) und eines für die Betriebsfrequenz gültig ist. Das Gleichstrom-Ersatzschaltbild (DC-ESB) ist dadurch gekennzeichnet, dass alle Kapazitäten durch Leerläufe ($j\omega C = 0$) und alle Induktivitäten durch Kurzschlüsse ($j\omega L = 0$) ersetzt werden. Für das Verhalten der Schaltung bei der Betriebsfrequenz ist zwischen Bauelementen zu unterscheiden, die den Frequenzgang bestimmen und solchen, die nur dazu dienen, für Signale bei der Betriebsfrequenz Kurzschluss- oder Leerlaufverhalten zu bewirken. Weil dieses Kurzschluss- bzw. Leerlaufverhalten genau genommen erst für unendlich hohe Frequenzen ($f \to \infty$) erreicht wird, werden Bauelemente mit dieser Funktion durch den Index ∞ charakterisiert. Auch Gleichspannungsquellen stellen wegen ihres idealen Verhaltens ($\mathrm{d}u/\mathrm{d}i = 0$) für zeitveränderliche Anteile einen Kurzschluss dar. Wie wir weiter unten sehen werden, dienen solche Bauelemente dazu, die Gleichstrompfade von den Hochfrequenzpfaden zu entkoppeln. Neben diesen ‚groß' dimensionierten Reaktanzen gibt es aber auch solche, die frequenzgangbestimmend wirken. Diese sind im HF-ESB *nicht* zu ersetzen.

Meissner-Oszillator

Abbildung 9.9a zeigt das Prinzipschaltbild eines Meissner Oszillators. Das verstärkende Element ist in diesem Beispiel ein selbstleitender n-Kanal-FET als gesteuerte Stromquelle. Seine Steuerkennlinie für den Drainstrom I_D ist im Durchlassbereich gegeben durch

$$I_D = I_{DSS} \cdot \left(1 - \frac{U_{GS}}{U_P}\right)^2 \qquad \text{für } U_{GS} > U_P \,, \tag{9.32}$$

mit der Gate-Source-Spannung U_{GS}. I_{DSS} ist der Drainstrom bei $U_{GS} = 0$ und die Abschnürspannung U_P (engl. pinch-off) ist diejenige Gate-Source-Spannung, unterhalb derer der Drainstrom ganz verschwindet.

Zur Festlegung des Arbeitspunktes, der durch einen bestimmten Ruhe-Drainstrom I_{D0} gekennzeichnet ist, benötigt man das DC-ESB des Oszillators, welches in Abb. 9.9b gezeigt ist. Man erkennt, dass die Induktivität unter anderem die Aufgabe hat, den Kurzschluss des hochfrequenten Signals durch die Gleichspannungsquelle zu verhindern. Der Arbeitspunkt wird durch den Sourcewiderstand R_S eingestellt. Solange sich die Drain-Source-Spannung im für den Transistor zulässigen Bereich befindet, hängt er nicht von U_0 ab. Aus (9.32) folgt nämlich

$$U_{GS} = U_P \cdot \left(1 - \sqrt{\frac{I_D}{I_{DSS}}}\right) \tag{9.33}$$

und mit

$$U_{GS} = -R_S I_D \tag{9.34}$$

folgt mit $I_D = I_{D0}$

$$R_S = -\frac{U_P}{I_{D0}} \cdot \left(1 - \sqrt{\frac{I_{D0}}{I_{DSS}}}\right) . \tag{9.35}$$

Zur Sicherstellung der Schwingfähigkeit und zur Festlegung der Schwingfrequenz betrachtet man das HF-ESB, wie es in Abb. 9.9c gezeigt ist. Die Schwingfrequenz ist durch die Resonanz des Ausgangskreises aus L_2 und C festgelegt. Zur Abstimmung verändert man zweckmäßig den Wert von C. Die Rückkopplung ist durch die gekoppelte Induktivität L_1 realisiert. Weil das Gate des FET hochohmig und L_1 daher näherungsweise stromfrei ist, wird der Ausgangskreis durch diese Maßnahme nicht beeinflusst. Die Induktivität L_1 und die Gegeninduktivität M bestimmen aber die Eigenschaften der Rückkopplung und müssen daher geeignet gewählt werden.

Der Wert von L_2 folgt bei gegebenem C zunächst aus der Resonanzbeziehung

$$f_R = \frac{1}{2\pi\sqrt{L_2 C}} . \tag{9.36}$$

Bei dieser Frequenz fließt kein Strom durch den Parallelkreis, es muss also $i_D = -i_V$ gelten. Zunächst gilt[1]

$$i_V = U_V / R_V \tag{9.37a}$$

$$i_D = S \cdot u_{GS} \tag{9.37b}$$

mit der Steilheit

$$S = \frac{\partial I_D}{\partial U_{GS}} = -\frac{2 I_{DSS}}{U_P}\left(1 - \frac{U_{GS}}{U_P}\right) . \tag{9.38}$$

[1] Zur Abgrenzung von den Gleichstromgrößen sind dort wo eine Verwechslung möglich ist, die sinusförmigen Wechselspannungsgrößen mit kleinen Buchstaben gekennzeichnet.

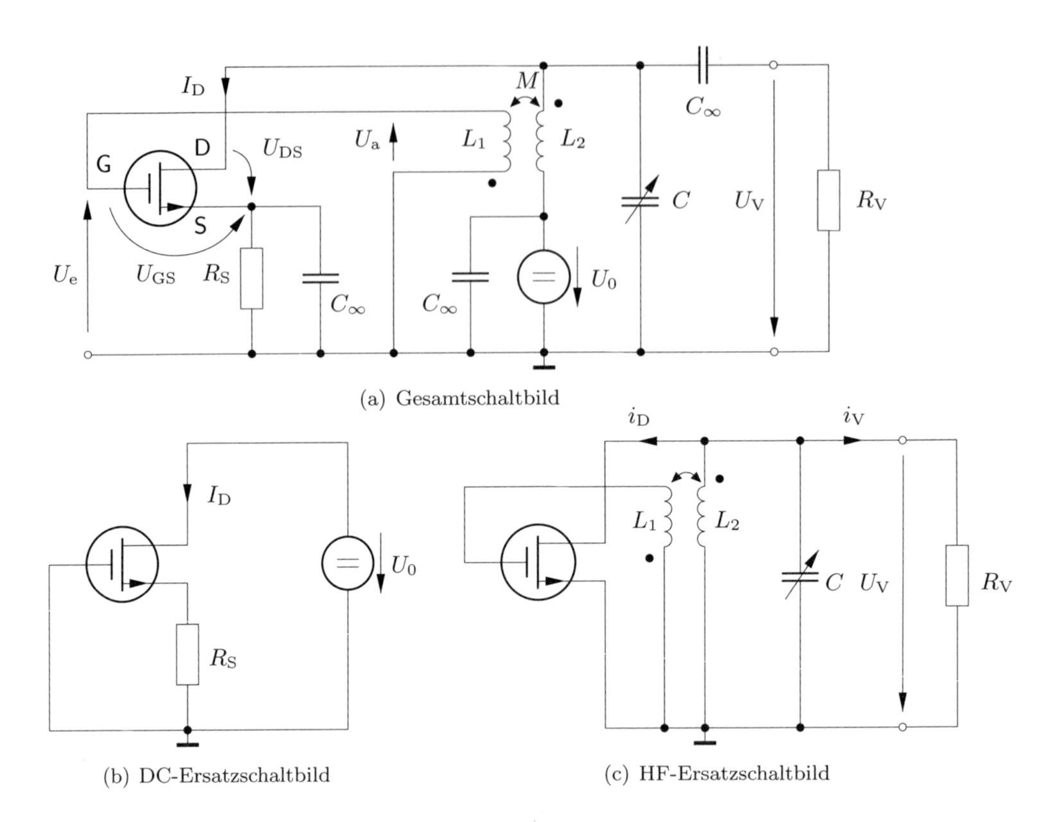

(a) Gesamtschaltbild

(b) DC-Ersatzschaltbild

(c) HF-Ersatzschaltbild

Abb. 9.9: Meissner-Oszillator mit n-Kanal-FET (Verarmungstyp, selbstleitend)

Durch die Rückkopplung wird unter der Annahme verschwindenden Gatestromes der Zusammenhang

$$-\frac{u_{GS}}{U_V} = \frac{j\omega M}{j\omega(L_2 - M + M)} = \frac{M}{L_2} \tag{9.39}$$

erzwungen. Mit $k = M/\sqrt{L_1 L_2}$ folgt hieraus $U_{GS} = -U_V k\sqrt{L_1/L_2}$ und mit der Schwingbedingung $i_D = -i_V$, die sich mit (9.37) auch als $-U_V/R_V = SU_{GS}$ schreiben lässt, folgt schließlich

$$\frac{1}{R_V} = S \cdot k \cdot \sqrt{\frac{L_1}{L_2}} \tag{9.40}$$

und daraus die Bestimmungsgleichungen

$$L_1 = \frac{1}{(S \cdot k \cdot R_V)^2} \cdot L_2 \tag{9.41a}$$

$$M = k \cdot \sqrt{L_1 L_2} \tag{9.41b}$$

für die Werte von L_1 und M bei gegebenen L_2 und k.

Colpitts-Oszillator

Als zweites Beispiel für einen rückgekoppelten Verstärker dient der in Abb. 9.10 gezeigte Colpitts-Oszillator. Um eine weitere Vorgehensweise zur Einstellung des Arbeitspunktes vorzustellen, ist ein Aufbau mit einem bipolaren Transistor gewählt. Dessen Arbeitspunkt ist durch Ruhewerte der Kollektor-Emitter-Spannung U_{CE} und des Kollektorstromes I_{C} gegeben. Das Aufstellen des DC-ESB bleibt zur Übung dem Leser überlassen. Weil der Emitterstrom I_{E} näherungsweise so groß ist, wie der Kollektorstrom, folgt als Wert für den Emitterwiderstand

$$R_1 = \frac{U_0 - U_{\mathrm{CE}}}{I_{\mathrm{C}}} . \tag{9.42}$$

Der Spannungsteiler aus R_2 und R_3 stellt das passende Basispotential ein. Man dimensioniert seinen Querstrom I_{Q} zehnmal so groß wie den Basisstrom $I_{\mathrm{B}} = I_{\mathrm{C}}/\beta$ des Transistors. Dann kann I_{B} für die Dimensionierung des Basisspannungsteilers vernachlässigt und dieser näherungsweise als unbelastet betrachtet werden. Bei gegebener Stromverstärkung β stellt man also den Querstrom

$$I_{\mathrm{Q}} = 10 \cdot I_{\mathrm{B}} = 10 \cdot \frac{I_{\mathrm{C}}}{\beta} \tag{9.43}$$

ein. Bei einem Silizium-Transistor ist $U_{\mathrm{BE}} \approx \mathrm{const} \approx 0{,}7\,\mathrm{V}$. Das einzustellende Basispotential ist damit

$$U_{R2} = 0{,}7\,\mathrm{V} + U_{R1} = 0{,}7\,\mathrm{V} + U_0 - U_{\mathrm{CE}} , \tag{9.44}$$

und es folgen die Werte

$$R_2 = \frac{U_{R2}}{I_{\mathrm{Q}}} \tag{9.45a}$$

$$R_3 = \frac{U_0 - U_{R2}}{I_{\mathrm{Q}}} \tag{9.45b}$$

für die Widerstände des Basisspannungsteilers.

Zur Herleitung der Schwingbedingung des Colpitts-Oszillators in Abb. 9.10 betrachten wir das HF-ESB in Abb. 9.11. Dieses Ersatzschaltbild stellt die Verhältnisse insbesondere beim bipolaren Transistor in stark vereinfachter Weise dar. Um die Dimensionierung der Schaltung grundsätzlich zu verstehen, begnügen wir uns damit, den Transistor in Basisschaltung als stromgesteuerte Stromquelle aufzufassen. Der für die Basisschaltung typische kleine Eingangswiderstand wird durch einen Kurzschluss idealisiert. Dadurch verschwindet auch der Einfluss des Emitterwiderstandes R_1. Die tiefgreifendste Vereinfachung besteht jedoch in der Vernachlässigung jeglicher Streureaktanzen, die zu einem ausgeprägten Frequenzverhalten führen. Die Stromverstärkung α

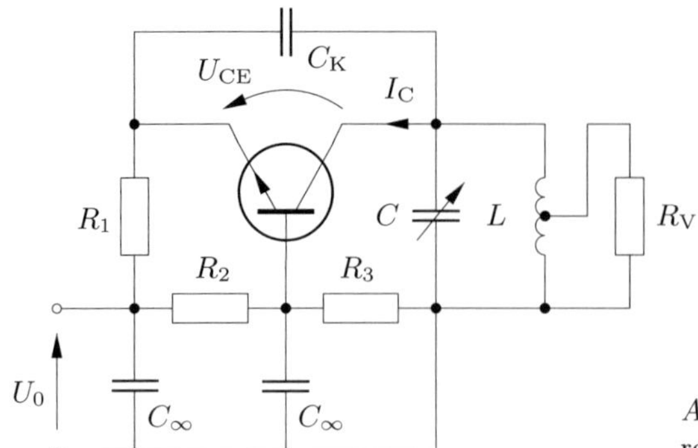

Abb. 9.10: Colpitts-Oszillator mit bipolarem Transistor in Basisschaltung

eines bipolaren Transistors in Basisschaltung ist $\alpha = -jv$, wobei v in der Größenordnung von Eins liegt. Durch Teilankopplung wird der Lastwiderstand R_V entsprechend (5.31) transformiert in $R_V{}'$. Mit dem Leitwert Y_K des Ausgangskreises ist damit die Spannung U_V am Lastwiderstand

$$U_V = \frac{\alpha \cdot I_1}{Y_K} = \frac{-jv \cdot I_1}{Y_K}$$

und im Fall der Resonanz des Ausgangskreises wird $Y_K = 1/R_V{}'$, also

$$U_V = -jv \cdot I_1 \cdot R_V{}' \,. \tag{9.46}$$

Wegen des nahezu verschwindenden Eingangswiderstandes der Basisschaltung liegt die Spannung U_V auch zwischen den Punkten 2 und 1 der Transistor-Ersatzschaltung, also über dem Koppelkondensator C_K. Der Strom I_{CK} durch diesen Kondensator ist aber identisch mit dem Basisstrom I_1, also entsteht mit (9.46) der Zusammenhang

$$I_{CK} = j\omega C_K U_V = j\omega C_K \cdot (-jv \cdot I_1 \cdot R_V{}') = I_1 \tag{9.47}$$

und daraus schließlich die Schwingbedingung

$$v\,\omega C_K R_V{}' = 1 \tag{9.48}$$

für den Colpitts-Oszillator in Abb. 9.10.

9.3.4 Spannungsgesteuerte Oszillatoren

In modernen hochfrequenztechnischen Einrichtungen sind Oszillatoren, die durch eine Steuerspannung in ihrer Schwingfrequenz abgestimmt werden können, von zentraler Bedeutung. Man bezeichnet solche Oszillatoren kurz als VCO's (engl.: voltage controlled oscillator). Ihre Realisierungen sind ebenso vielfältig wie die verwendeten Oszillator-Grundschaltungen. Die gemeinsame Grundidee ist jedoch die Abstimmung des frequenzbestimmenden Resonanzkreises mit Hilfe einer Steuerspannung U_A. Hierzu

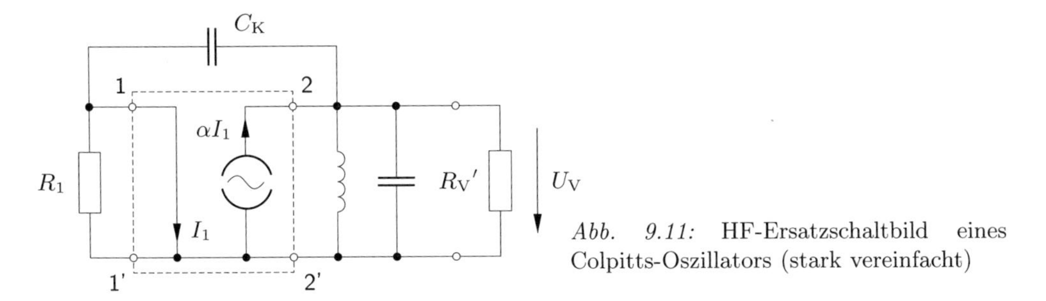

Abb. 9.11: HF-Ersatzschaltbild eines Colpitts-Oszillators (stark vereinfacht)

stehen mit Kapazitätsdioden Bauelemente zur Verfügung, deren Sperrschichtkapazität eine Funktion der angelegten Sperrspannung ist. Als Teilkapazität in einem Resonanzkreis eingebaut, kann mit solchen Varactor-Dioden (engl. variable capacitor) die Resonanzfrequenz durch die angelegte Sperrspannung gesteuert werden. Der Effekt rührt vorherrschend daher, dass die Dicke der Sperrschicht einer Halbleiterdiode im Sperrbetrieb stark von der angelegten Sperr-Gleichspannung abhängt. So kann durch die Sperrspannung die für die Wechslespannung wirksame Kapazität zwischen den angrenzenden hoch dotierten Bereichen gesteuert werden.

Um den Einfluss der zusätzlichen Aussteuerung der Varactor-Diode durch die HF-Spannung zu vermindern, können zwei identische Varactoren entsprechend Abb. 9.12 gegeneinander geschaltet werden. Die Kapazitätsänderungen bei Änderung der HF-Spannung sind dann in beiden Dioden gegenläufig und kompensieren sich näherungsweise. Die Abstimmspannung U_A liegt dagegen durch den Kurzschluss der Schwingkreisinduktivität mit gleicher Polung über beiden Dioden, sodass beide Dioden durch die Abstimmspannung gleichläufig gesteuert werden.

9.3.5 Quarzoszillatoren

Die frequenzbestimmenden Elemente üblicher LC-Oszillatoren besitzen vergleichsweise hohe Temperaturkoeffizienten. Mit ihnen lassen sich Temperaturstabilitäten in der Größenordnung $\Delta f/f_0 \approx {}^{10^{-4}}/\mathrm{K}$ erreichen, was für die meisten Anwendungen nicht ausreichend ist. Eine deutlich bessere Stabilität von $\Delta f/f_0 \approx {}^{10^{-6}}/\mathrm{K} \ldots {}^{10^{-9}}/\mathrm{K}$ weisen Oszillatoren mit elektrisch angeregten mechanischen Resonatoren auf. Es handelt sich dabei um piezoelektrische Kristalle (Quarz), die durch ein elektrisches Feld zu Verformungsschwingungen angeregt werden. Um die Stabilität um eine weitere Größen-

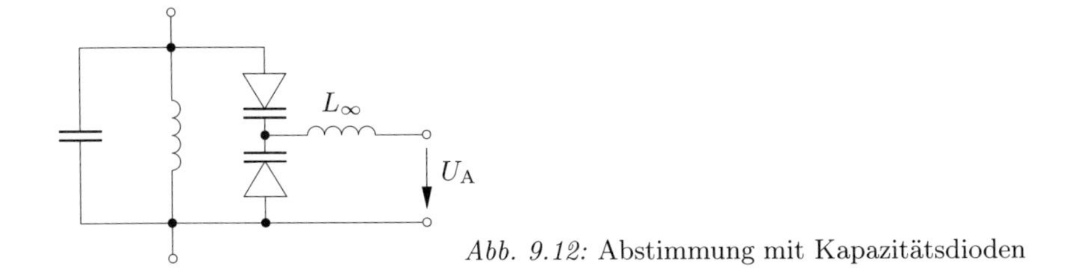

Abb. 9.12: Abstimmung mit Kapazitätsdioden

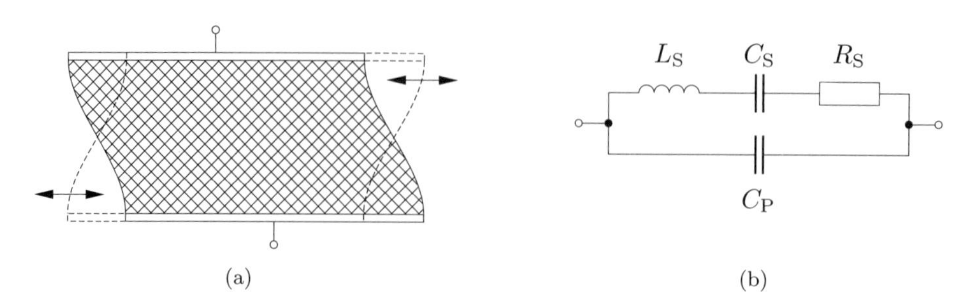

Abb. 9.13: Elektrisch angeregte Dickenscherungsschwingung eines piezoelektrischen Kristalls. Mechanische Schwingungsform (a) und Ersatzschaltbild (b)

ordnung zu verbesseren, werden Quarze durch Regelung auf konstanter Temperatur gehalten. Man spricht dann von ofenstabilisierten Quarzoszillatoren. Nach dem Einschalten benötigen solche Oszillatoren eine gewisse Zeit, bis sich ihre Endtemperatur eingestellt hat.

Ein häufig eingesetzter Schwingungsmode ist die Dickenscherungsschwingung. Sie ist in Abb. 9.13a stark übertrieben dargestellt. Solche mechanischen Schwinger verhalten sich wie Schwingkreise mit extrem hoher Güte. Erreichbar sind Werte bis zu $Q > 10^6$. Abbildung 9.13b zeigt das elektrische Ersatzschaltbild eines Schwingquarzes. Wegen der unvermeidlichen Kapazität C_P der Elektroden und des Gehäuses existiert neben der Serienresonanz auch eine Parallelresonanz. Diese wird aber weit weniger genutzt, weil in die Parallelresonanzfrequenz die nur mäßig definierte Elektroden- und Gehäusekapazität C_P mit eingeht.

Die in Abb. 9.13a dargestellte Grundschwingung kann für Schwingfrequenzen im Bereich 1,6 MHz ... 20 MHz genutzt werden. Zur Abdeckung des anschließenden Bereichs von 20 MHz ... 100 MHz werden Dickenscherungsschwinger aber auch auf Oberschwingungen angeregt.

9.3.6 Frequenzvervielfachung

Die Schwingfrequenz von Oszillatoren ist durch den Nutzfrequenzbereich der verwendeten Verstärkerelemente grundsätzlich nach oben begrenzt. Halbleiterbauelemente, wie sie zum Einsatz für eine integrierte Bauweise geeignet sind, können mit zunehmender Betriebsfrequenz eine immer kleinere Verstärkung oder Ausgangsleistung bereitstellen. Dementsprechend wachsen Aufwand und Kosten für den Aufbau von Oszillatoren mit zunehmender Schwingfrequenz. Um dennoch kostengünstig hochfrequente Leistung erzeugen zu können, bedient man sich des Prinzips der Frequenzvervielfachung. Bei Aussteuerung einer Nichtlinearität mit einer Eingangsfrequenz f_e entstehen je nach der Größe ihrer Taylorkoeffizienten Stromkomponenten bei ganzzahligen Vielfachen der Eingangsfrequenz. Diese können durch geeignete Filterung abgetrennt und einem Ausgangsklemmenpaar zugeführt werden. Abbildung 9.14 zeigt das Prinzip in vereinfachter und beispielhafter Form. Ein Parallelkreis, der auf die Eingangsfrequenz f_e abgestimmt

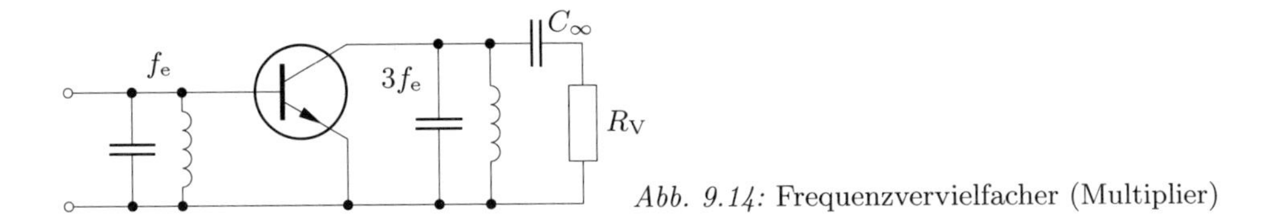

Abb. 9.14: Frequenzvervielfacher (Multiplier)

ist, lässt nur diese Frequenz zur Ansteuerung der BE-Strecke eines Transistors zu. Alle übrigen Frequenzen schließt er (näherungsweise) kurz. In gleicher Weise wird ein Parallelkreis, der auf $3f_e$ abgestimmt ist, für die dritte Oberschwingung im Kollektorstrom eine große Impedanz darstellen. Deshalb fließt der $3f_e$-Anteil des Kollektorstromes über den Verbraucherwiderstand R_V, während andere spektrale Anteile des Kollektorstromes nur über die Blindelemente des Ausgangskreises fließen.

Abhängig von der Art der Kennlinie kann dieses Verfahren für hohe Vervielfachungen eingesetzt werden. Die verfügbare Leistung nimmt jedoch entsprechend den Entwicklungskoeffizienten nach Taylor mit wachsender Ordnung n der Oberschwingung ab, wodurch in der Praxis eine Beschränkung des Verfielfachungsgrades gegeben ist. Frequenzvervielfachung wird auf diese Weise typisch bis zum Faktor acht betrieben.

9.3.7 Frequenzteilung

In Umkehrung zur Frequenzvervielfachung ist es auch notwendig, niedrigere Frequenzen von einer höheren durch ganzzahlige Teilung abzuleiten. Zur Teilung bedient man sich dabei digitaler Grundschaltungen, im einfachsten Fall eines flankengetriggerten Flip-Flops. Ein solches Element ändert seinen Ausgangszustand mit jeder steigenden oder jeder fallenden Flanke des Eingangssignals. Auf diese Weise ergibt sich eine Halbierung der Grundfrequenz. Andere ganzzahlige Teilerfaktoren können durch den Einsatz von digitalen Zählern erreicht werden, die den Zustand des Ausgangs-Flip-Flops nach einer (meist einstellbaren) Anzahl von Perioden des Eingangssignals ändern.

Um digitale Komponenten mit analogen Signalen definiert ansteuern zu können, werden diese beispielsweise durch Amplitudenbegrenzung in Rechtecksignale gewandelt. Nach der digitalen Teilung müssen umgekehrt die störenden Oberschwingungen des Rechtecksignals durch Filterung von der Nutzfrequenz (meist der Grundwellenanteil) abgetrennt werden (Abb. 9.15).

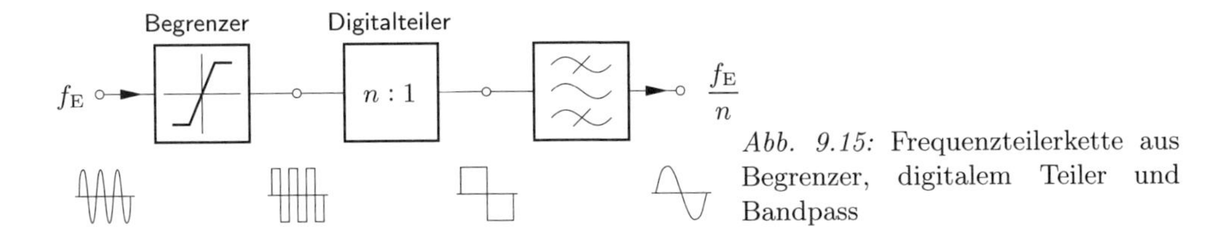

Abb. 9.15: Frequenzteilerkette aus Begrenzer, digitalem Teiler und Bandpass

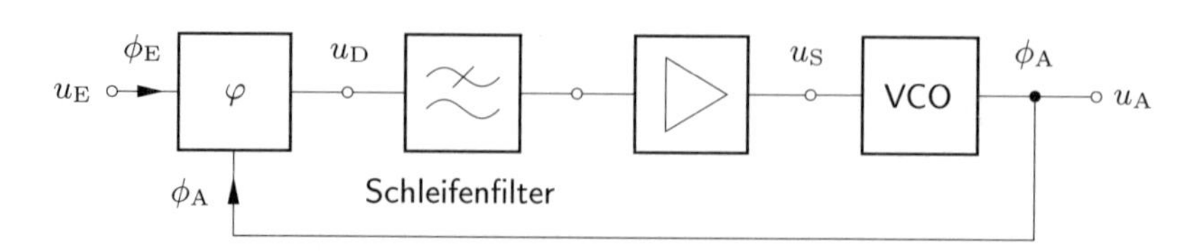

Abb. 9.16: Blockschaltbild einer PLL (Phase-locked loop)

9.3.8 Frequenzaufbereitung

Unter Frequenzaufbereitung versteht man die Ableitung eines monofrequenten Signals von einem stabilen Referenzsignal. Zweck dieses Vorgehens ist die Erzeugung von sinusförmigen Signalen mit einstellbarer Frequenz und mit besonders guten Phasenrauscheigenschaften. Durch das Prinzip der Frequenzaufbereitung können die Phasenrauscheigenschaften eines hochwertigen Referenzoszillators auf einen oder mehrere steuerbare Oszillatoren übertragen werden, deren Ausgangssignale bedingt durch die Frequenzaufbereitung in fester Phasenbeziehung stehen, d. h. kohärent sind. Die Frequenzaufbereitung ist heute aus der Übertragungstechnik und aus der Radarsensorik nicht mehr wegzudenken.

Der wichtigste Baustein der Frequenzaufbereitung ist die so genannte *Phasenregelung*. Die zugehörige Schaltung nennt man *Phasenregelschleife* oder kurz PLL (engl. phase-locked loop). Das Blockschaltbild einer PLL ist in Abb. 9.16 gezeigt. Ihre wichtigsten Elemente sind der Phasendiskriminator und ein spannungsgesteuerter Oszillator (VCO). Die Ausgangsspannung u_D des Phasendiskriminators ist ein Maß für die momentane Phasendifferenz $\phi_E - \phi_A$ seiner beiden Eingangssignale. Für einfache Betrachtungen wird angenommen, dass der Phasendiskriminator zumindest in einer Umgebung seines Arbeitspunktes linearisiert werden kann. Die an seinem Ausgang liegende Diskriminatorspannung ist also gegeben durch

$$u_D = K_D \cdot (\phi_E - \phi_A)\,, \tag{9.49}$$

wobei K_D die Diskriminatorsteilheit in $^{V}/_{rad}$ darstellt. Die meisten Schaltungen zur Realisierung eines Phasendiskriminators besitzen die Eigenschaft, dass $u_D = 0$, wenn $\phi_E - \phi_A = 90°$. Dieser Zahlenwert ist aber ausschließlich durch die Realisierung bedingt und besitzt keine Bedeutung für die Funktion der Regelschleife. Die Steuerkennlinie des VCO's sei ebenfalls linear, seine Ausgangsfrequenz ω_A ergebe sich also aus der Steuerspannung u_S durch

$$\omega_A = \omega_0 + K_{VCO} u_S\,. \tag{9.50}$$

ω_0 ist die Freilauffrequenz des VCO's und K_{VCO} ist seine Steilheit in $^{Hz}/_{V}$.

Um die grundsätzliche Funktionsweise der Phasenregelung im eingeschwungenen Zustand zu erläutern, nehmen wir willkürlich $u_S = 0$ als Anfangszustand an. Der VCO schwinge dann ebenso wie der Referenzoszillator mit seiner Mittenfrequenz ω_0. Tritt nun – bedingt durch Instabilität des VCO – eine Abweichung von dieser Phasendifferenz

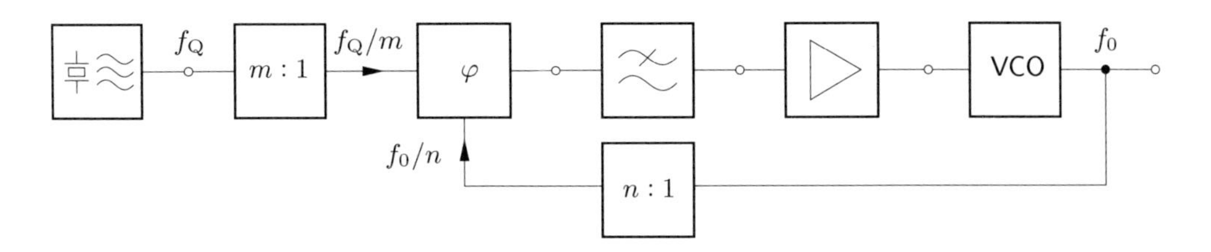

Abb. 9.17: Blockschaltbild eines PLL-Synthesizers

zwischen VCO und Referenzoszillator auf, so wird die sich nun einstellende Diskriminatorspannung $u_D \neq 0$ dafür sorgen, dass der VCO kurzfristig schneller oder langsamer schwingt, bis er wieder mit 90° Phasendifferenz zum Referenzsignal schwingt. Dann geht u_D wieder auf Null zurück und die Nachführung des VCO ist beendet. Ein „Davonlaufen" der VCO-Frequenz z. B. durch thermische Einflüsse, führt zu einer permanenten Änderung der Steuerspannung, die dafür sorgt, dass die Schwingfrequenz gleich der Referenzfrequenz bleibt. In diesem Fall wird sich die Phasendifferenz auf Dauer geringfügig ändern, weil die in diesem Fall ständig wachsende Diskriminatorspannung ebenfalls eine Nachstimmung des VCO bewirkt. Die so realisierte Phasenregelung impliziert also auch eine Frequenzregelung.

Eine PLL regelt einen abstimmbaren Oszillator (VCO) in der Weise, dass sich an einem Phasendiskriminator eine feste, konstante Phasendifferenz einstellt. Werden die Vergleichssignale an den Phasendiskriminator nicht direkt, sondern über einstellbare Frequenzteiler geführt, erhält man damit die Möglichkeit, diejenige VCO-Frequenz, bei der $u_D = 0$ wird, über die Teilverhältnisse einzustellen. Die entsprechende Erweiterung ist in Abb. 9.17 gezeigt. Konstante Phasendifferenz am Diskriminator impliziert, dass seine beiden Eingangsfrequenzen gleich sind. Die Regelung erzwingt damit, dass sich $f_0/n = f_Q/m$ einstellt. Im eingeschwungenen Zustand gilt also

$$f_0 = \frac{n}{m} f_Q \,. \tag{9.51}$$

Durch Einstellung des Teilers n lässt sich die Schwingfrequenz f_0 des VCO in ganzzahligen Vielfachen von f_Q/m einstellen. Man nennt diese Erweiterung einer Phasenregelung einen PLL-Synthesizer. Die Verfügbarkeit digital einstellbarer Frequenzteiler ermöglicht so den Aufbau digital abstimmbarer Oszillatoren mit Stabilitätseigenschaften, die sonst nur mit festfrequenten Schwingern (z. B. Quarzen) erreichbar sind. Letztere werden in einem PLL-Synthesizer als Referenzoszillator eingesetzt und brauchen daher selbst nicht abstimmbar zu sein.

Wichtige Anwendungen von PLL-Synthesizern ergeben sich zum einen in der gesamten Empfängertechnik zur Realisierung hochgenau abstimmbarer Lokaloszillatoren, zum anderen im weiten Feld der hochfrequenten Messtechnik und Sensorik.

9.4 Hochfrequenzverstärker

9.4.1 Vorverstärkung

Die Vorverstärkung ist dem Bereich der Kleinsignalverstärkung zuzuordnen, in dem typischerweise niedrige Signalleistungen von der Größenordnung 1 pW... 100 mW auftreten. Bei Kleinsignalverstärkern interessieren besonders die Leistungsverstärkung, ihr Frequenz- und Impedanzverhalten und die Rauscheigenschaften, auf deren Bedeutung wir noch in Abschn. 9.7 näher eingehen werden. Voraussetzung für eine brauchbare Analyse von Verstärkerschaltungen ist ein hinreichend genaues Modell des aktiven Elementes, also des Transistors oder der Röhre. Es gibt unterschiedliche Modelle für das Großsignal- und für das Kleinsignalverhalten.

Wir beschränken uns im Folgenden auf die Angabe einiger stark vereinfachter Kleinsignalmodelle von Transistoren, um die wesentlichen Effekte deutlich zu machen. Für weiterführende Untersuchungen und insbesondere für Rauschanalysen sind komplexere Modelle mit einer erheblich größeren Anzahl von Netzwerkelementen erforderlich, deren Behandlung in diesem Rahmen zu weit führen würde.

Grundsätzlich zu unterscheiden sind *Feldeffekttransistoren* (FET's) von *bipolaren Transistoren.* Bei FET's ist an der elektrischen Strömung nur eine Ladungsträgerart beteiligt, bei bipolaren Transistoren setzt sich der Strom aus Elektronen und Löchern zusammen. Die Steuerelektrode heißt beim FET *Gate*, beim bipolaren Transistor ist das die *Basis.* Die beiden übrigen FET-Elektroden nennt man *Drain* und *Source*, die mit *Kollektor* und *Emitter* bei bipolaren Transistoren korrespondieren.

Feldeffekttransistoren

Als Beispiel für einen FET wählen wir einen selbstleitenden n-Kanal-MOSFET vom Verarmungstyp. Der Zusammenhang zwischen Drainstrom I_D und Gate-Source-Spannung U_GS ist bei diesen Bauelementen in guter Näherung quadratisch. Ihre *Steuerkennlinie* ist gegeben durch

$$I_\mathrm{D} = \begin{cases} I_\mathrm{DSS}\left(1-\dfrac{U_\mathrm{GS}}{U_\mathrm{P}}\right)^2 & \text{für } U_\mathrm{GS} \geq -U_\mathrm{P} \\ 0 & \text{sonst} \end{cases} \tag{9.52}$$

Sie ist in Abb. 9.18a als durchgezogene Linie skizziert. Unterhalb der *Abschnürspannung* $-U_\mathrm{P}$ ist der Kanal zugeschnürt, es fließt kein Drainstrom mehr (engl. pinch-off). Bei selbstleitenden Typen fließt auch dann schon ein Drainstrom I_DSS, wenn $U_\mathrm{GS} = 0$ ist. Zum Vergleich ist in Abb. 9.18a gestrichelt die Steuerkennlinie eines selbstsperrenden FET's eingezeichnet.

Kleinsignalbetrieb bedeutet, dass die Steuerkennlinie durch das hochfrequente Signal nur in einem kleinen Bereich um einen Arbeitspunkt (AP) ausgesteuert wird, der durch ein externes Gleichstromnetzwerk festgelegt wird. Innerhalb dieses kleinen Aussteuerbereichs kann die nichtlineare Kennlinie durch ihre Tangente angenähert werden.

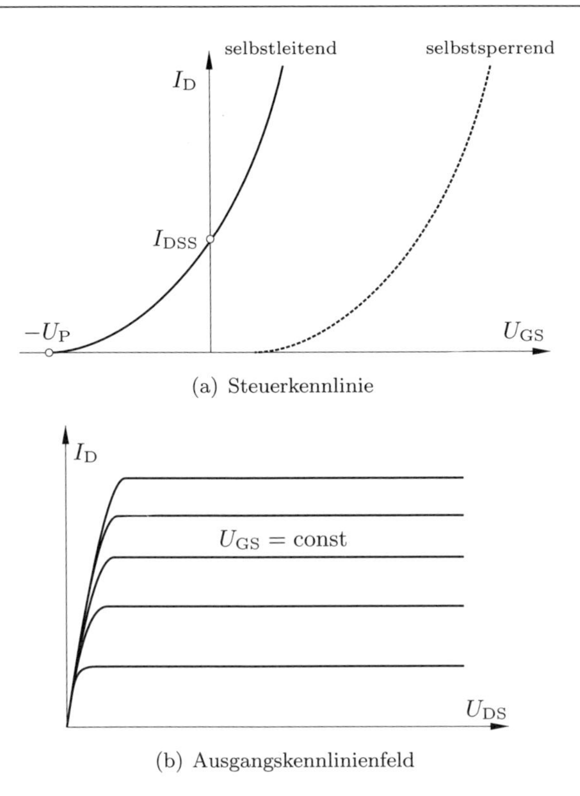

Abb. 9.18: Kennlinien eines Feldeffekttransistors

Entscheidend für die Wechselstromamplitude I_D bei fester Aussteuerung mit der Wechselspannung U_{GS} ist dann die Steigung

$$S = \left.\frac{\partial I_D}{\partial U_{GS}}\right|_{U_{DS}=\text{const}} = \frac{2}{|U_P|}\sqrt{I_{DSS} I_D} \tag{9.53}$$

der Kennlinie im Arbeitspunkt, die auch *Steilheit* genannt wird. Aufgrund dieses Verhaltens kann ein FET für Kleinsignale im Wesentlichen als gesteuerte Stromquelle betrachtet werden. Ein einfaches Kleinsignal-Ersatzschaltbild eines FET's zusammen mit Signalquelle und Lastwiderstand R_L zeigt Abb. 9.19. Am Eingangswiderstand R_e liegt die Eingangsspannung U_1. Diese steuert eine Stromquelle am Ausgang, die den Strom SU_1 liefert. Der Eingangswiderstand R_e ist bei FET's wegen der vollständig isolierenden Gateelektrode sehr hoch, sodass er in einer weiteren Vereinfachung als unendlich groß angesehen werden könnte.

Mit dem Ausgangsleitwert $G_a = 1/R_a$ und dem Lastleitwert $G_L = 1/R_L$ ist die Ausgangsspannung

$$U_2 = -\frac{1}{G_a + G_L} \cdot S \cdot U_1 \tag{9.54}$$

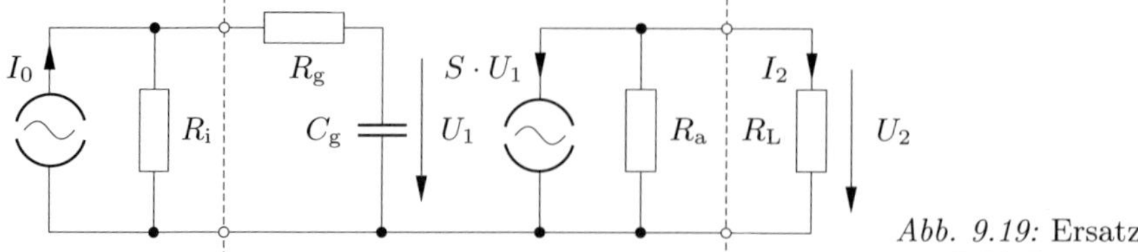

Abb. 9.19: Ersatzschaltbild eines Feldeffekttransistors

und wenn $R_a \gg R_L$ gilt, vereinfacht sich diese Beziehung zu

$$U_2 = -S \cdot R_L \cdot U_1 \,. \tag{9.55}$$

Bemerkenswert ist, dass zwischen Ausgangs- und Eingangsspannung eine Phasenverschiebung von 180° besteht.

Die Angabe der Leistungsverstärkung wird üblicherweise auf die verfügbare Leistung

$$P_{1V} = \frac{|I_0|^2}{8} R_i$$

der Signalquelle bezogen, nicht auf die tatsächlich in die Eingangsklemmen fließende Leistung. Auf diese Weise vermeidet man das unphysikalische Ergebnis einer unendlich großen Leistungsverstärkung dann, wenn der Eingangswiderstand unendlich groß ist und daher die Eingangsleistung verschwindet. Für hochohmige Eingangswiderstände $(1/(\omega C_g) \gg R_i)$ ergibt sich mit $U_1 = R_i I_0$ die Ausgangsleistung

$$P_2 = \frac{|I_2|^2}{2} R_L = \frac{1}{2} |S \cdot R_i \cdot I_0|^2 R_L \tag{9.56}$$

und damit die Leistungsverstärkung

$$\frac{P_2}{P_{1V}} = 4S^2 \cdot R_i \cdot R_L \,. \tag{9.57}$$

Für Analysen im hochfrequenten Bereich ist das einfache Ersatzschaltbild in Abb. 9.19 nicht mehr ausreichend. Es bedarf einer Verfeinerung bezüglich parasitärer reaktiver Elemente, deren Blindleitwerte bei hohen Frequenzen nicht mehr vernachlässigt werden können und die das Frequenzverhalten des Transistors maßgeblich mitbestimmen. Es handelt sich dabei vorherrschend um Streukapazitäten, die in dem erweiterten Ersatzschaltbild in Abb. 9.20 zusätzlich eingezeichnet sind.

Der im niederfrequenten Bereich sehr hohe Gatewiderstand wird mit wachsender Frequenz durch die kapazitive Wirkung zwischen der Gateelektrode und dem Substrat reduziert. Die für die Steuerung der Stromquelle entscheidende Spannung U_g liegt nicht mehr über den äußeren Anschlussklemmen G und S, sondern über der Gatekapazität C_g. Ferner wird eine Rückwirkung durch die Kapazität C_{gd} zwischen Drain und Gate bemerkbar, deren Einfluss aber meist durch eine äußere Beschaltung, hier repräsentiert durch L_P, kompensiert werden kann. Die Kapazität C_D zwischen Drain und Source

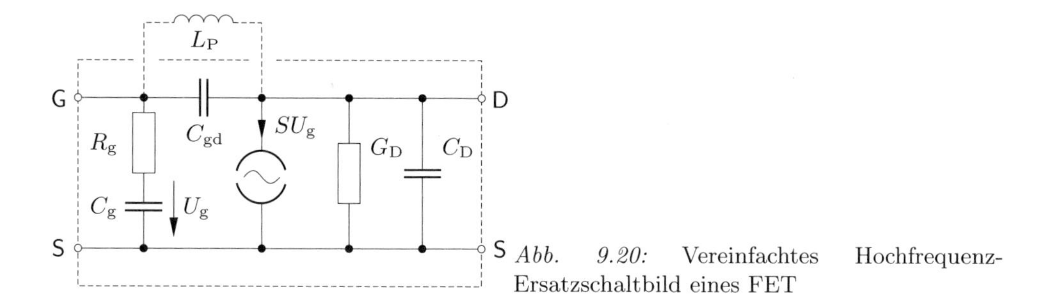

Abb. 9.20: Vereinfachtes Hochfrequenz-Ersatzschaltbild eines FET

muss der äußeren Beschaltung zugeschlagen werden, etwa einem Schwingkreis oder einer anderen Filterschaltung, die am Ausgang des Transistors folgt. Sie ist dann bei der Dimensionierung der Bauelemente zu berücksichtigen.

Als Beispiel für eine Verstärkerschaltung mit einem FET sei noch die Schaltung in Abb. 9.21 angeführt. Die Bezeichnungen C_∞ und L_∞ sollen wieder darauf hindeuten, dass diese Bauelemente so groß dimensioniert sind, dass sie für die Betriebsfrequenz als Kurzschluss oder Leerlauf wirken. Sie dienen dazu, das Gleichstromnetzwerk zur Arbeitspunkteinstellung von den Pfaden der HF-Ströme zu entkoppeln. Bei der Gleichspannungsanalyse sind umgekehrt sämtliche Induktivitäten als Kurzschlüsse und sämtliche Kapazitäten als Leerläufe zu betrachten. So liegt etwa die Versorgungsspannung U_B über L_2 direkt am Drainanschluss des FET und die Drossel L_∞ erzwingt, dass das Gate gleichspannungsmäßig auf Bezugspotential bleibt. Eine kapazitive Abkopplung des Lastwiderstandes R ist ebenfalls erforderlich, weil dieser ansonsten Gleichstromleistung aus der Versorgungsspannungsquelle beziehen würde. Die Frequenz größter Verstärkung wird durch die Resonanzfrequenz des Parallelkreises aus C_2 und L_2 bestimmt.

Bipolare Transistoren

Im Gegensatz zu Feldeffekttransistoren sind bei bipolaren Transistoren sowohl Elektronen als auch Löcher am Ladungstransport beteiligt, daher die Bezeichnung. Die Steuerung des Kollektorstromes erfolgt durch die Basis-Emitterspannung. Ist sie so groß, dass ein Strom durch die Basis-Emitter-Diode fließt, werden vom Emitter (E) Majoritätsladungsträger in die Basisschicht (B) gespült, die zum großen Teil zum Kollektor (C) diffundieren. Es fließt ein vergleichsweise hoher Kollektorstrom und nur ein kleiner Teil der Majoritätsladungsträger fließt als Basisstrom ab. Die wesentlichen Kennlinien eines bipolaren Transistors sind seine Steuer- oder Übertragungskennlinie $I_C = f(U_{BE})$ und das Ausgangskennlinienfeld $I_C = f(U_{CE})$ mit U_{BE} als Scharparameter. Beide Diagramme sind qualitativ in Abb. 9.22 skizziert. Neben der Steuerkennlinie gibt es noch die Eingangskennlinie $I_B = f(U_{BE})$. Sie verläuft ähnlich der Steuerkennlinie, sodass in der Praxis ein proportionaler Zusammenhang zwischen I_C und I_B besteht. Der Faktor

$$\beta_0 = \frac{I_C}{I_B} \tag{9.58}$$

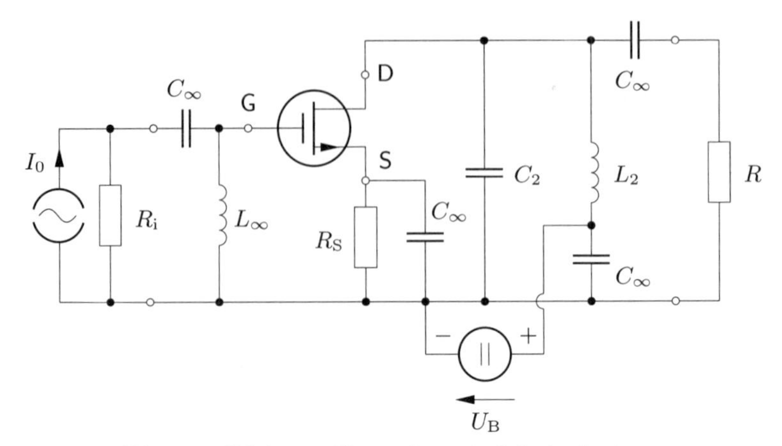

Abb. 9.21: Selektiver Verstärker mit Schwingkreis

heißt Gleichstromverstärkung. Die Aussteuerung des Transistors durch Großsignale wird vorherrschend begrenzt durch die maximale Kollektorsperrspannung, die höchste zulässige Verlustleistung $P_V \approx U_{CE} I_C$ und den maximalen Kollektorstrom.

Um den Transistor bei Kleinsignalaussteuerung durch ein lineares Netzwerk beschreiben zu können, linearisiert man die Kennlinien im Arbeitspunkt (AP). Es ergeben sich als kennzeichnende Größen die Steilheit

$$S = \left.\frac{\partial I_C}{\partial U_{BE}}\right|_{AP} \tag{9.59}$$

und die Wechselstromverstärkung

$$\beta = \left.\frac{\partial I_C}{\partial I_B}\right|_{AP} . \tag{9.60}$$

Zur Bewertung der HF-Tauglichkeit eines Transistors eignet sich die Transitfrequenz f_T. Dies ist diejenige Frequenz, bei der $|\beta| = 1$ ist. Bei dieser Frequenz benötigen die Ladungsträger zum Durchlaufen der Basisschicht gerade eine halbe Signalperiode. Um eine möglichst hohe Transitfrequenz zu erhalten, versucht man, die Basisschicht möglichst dünn zu gestalten. Ein zusätzliches Gefälle im Dotierungsgrad der Basis erzeugt ein elektrisches Feld, welches die Ladungsträger beschleunigt. Weil für HF-Anwendungen eine hohe Ladungsträgerbeweglichkeit erforderlich ist, werden Mikrowellentransistoren aus den Halbleitern Si und GaAs hergestellt. Bei Si ist die Elektronenbeweglichkeit deutlich höher als die der Löcher. Deshalb sind Si-Mikrowellentransistoren stets vom Typ npn.

Das Ersatzschaltbild für einen Bipolar-Transistor bei hohen Frequenzen zeigt Abb. 9.23. Es führt eine innere Basis B' ein, deren Spannung $U_{b'e}$ die Ausgangsstromquelle über die Steilheit S steuert. Von außen zugänglich ist dieser innere Basisknoten nur über den Basisbahnwiderstand $r_{bb'}$. Die wesentliche Frequenzabhängigkeit entsteht durch

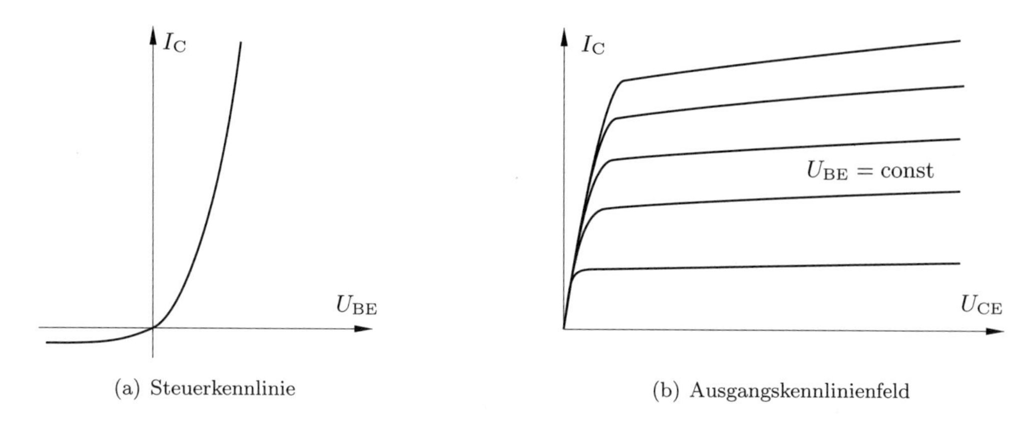

(a) Steuerkennlinie

(b) Ausgangskennlinienfeld

Abb. 9.22: Kennlinien eines bipolaren Transistors

die Kapazität $C_{b'e}$. Wegen der Zunahme ihres Blindleitwertes mit der Frequenz ergibt sich durch den Spannungsteiler aus $r_{bb'}$ und $C_{b'e}$ eine entsprechende Abnahme der Verstärkung. Einige Elemente des Ersatzschaltbildes nach Giacoletto lassen sich durch einfache Formeln näherungsweise berechnen. Es gilt bei bekanntem Arbeitspunkt (I_E und β_0), gegebener Transitfrequenz f_T und bei Raumtemperatur

$$r_e = \frac{1}{S} = \frac{U_T = 25\,\text{mV}}{I_E} \tag{9.61a}$$

$$g_{b'e} = \frac{1}{\beta_0 r_e} \tag{9.61b}$$

$$C_{b'e} = \frac{1}{2\pi f_T r_e}\,. \tag{9.61c}$$

Eine mögliche Vereinfachung des Ersatzschaltbildes in Abb. 9.23 zeigt Abb. 9.24. Es geht davon aus, dass die Rückwirkung des Kollektors aus die Basis durch eine Neutralisationsbeschaltung kompensiert ist und dass die Leitwerte $g_{b'e}$ und g_{ce} gegen

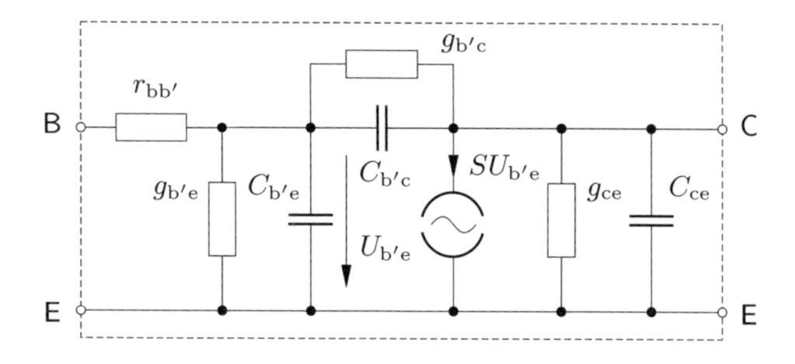

Abb. 9.23: Ersatzschaltbild eines bipolaren Transistors (nach Giacoletto)

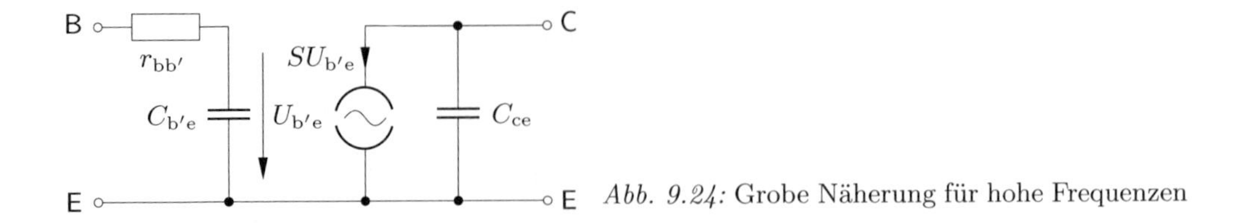

Abb. 9.24: Grobe Näherung für hohe Frequenzen

die Leitwerte der Kapazitäten $C_{b'e}$ und C_{ce} vernachlässigt werden können.

Selektion in mehrstufigen Verstärkern

Die in einem Empfänger erforderliche Gesamtverstärkung wird meist nicht durch nur eine einzelne Transistorstufe erzielt. In der Regel sind mehrere Stufen in Kette zu schalten. Jede Stufe besitzt – gewollt oder ungewollt – eine beschränkte Bandbreite b_k. Sie entsteht durch die Frequenzabhängigkeit der Transistoreigenschaften und durch die externe Beschaltung. Vor allem zur Impedanzanpassung sind zwischen den einzelnen Stufen Transformationsglieder notwendig, die als Resonanztransformator oder als überkritisch gekoppeltes, transformierendes Bandfilter ausgeführt werden. Bei der Verstärkung der Zwischenfrequenz in einem Heterodynempfänger kann der ZF-Verstärker durch gezielten Aufbau mit Bandpasscharakteristik die gewollte Selektion durchführen. Verwendet man eine Kettenschaltung von n Verstärkerstufen, von denen alle die gleiche Bandbreite b_k besitzen, dann ist die Bandbreite der gesamten Kette

$$B = b_k \sqrt{\sqrt[n]{2} - 1}\,, \tag{9.62}$$

wobei zusätzlich gleiche Mittenfrequenzen vorausgesetzt sind. In Abb. 9.25 ist die Frequenzabhängigkeit jeder einzelnen Stufe einer Verstärkerkette durch einen Parallelkreis am Ausgang der Stufe repräsentiert.

9.4.2 Leistungsverstärkung

Es macht Sinn, grundsätzlich zwischen Kleinsignalverstärkern (Vorverstärkung) und Leistungsverstärkern zu unterscheiden, weil die Anforderungen und damit der Entwurf und die Dimensionierung der Verstärkerstufen sehr unterschiedlich sind. Leistungsverstärker sind typischerweise die letzte Stufe in einer Signalverarbeitungskette. Sie

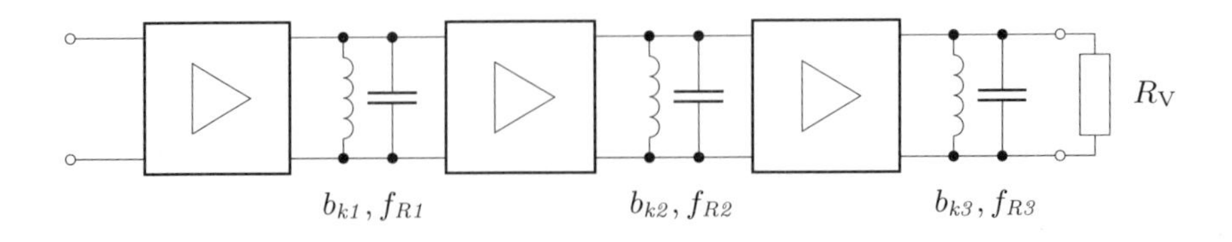

Abb. 9.25: Kettenschaltung von selektiven Verstärkern

erzeugen die hohe Signalleistung, um den Verbraucher (meist eine Sendeantenne oder eine lange Hochfrequenzleitung) mit dem notwendigen Pegel zu versorgen. Man spricht daher auch häufig von der Leistungsendstufe oder kurz der Endstufe. Das Sendesignal ist an der Endstufe in aller Regel schon fertig aufbereitet, d. h. es ist moduliert und transportiert bereits die zu übertragende Nachricht. Die Endstufe muss also Sorge tragen, dass trotz größtmöglicher Ausgangsleistung nichtlineare Verzerrungen auf ein tolerierbares Maß reduziert bleiben.

Mit zunehmender Ausgangsleistung steigt auch die von der Stufe umgesetzte Verlustleistung. Die beschreibende Kenngröße ist der Wirkungsgrad

$$\eta = \frac{P_{\mathrm{A}}}{P_{\mathrm{E}} + P_0} \tag{9.63a}$$

mit der zugeführten Gleichleistung P_0, der Eingangsleistung P_{E} und der am Ausgang verfügbaren Leistung P_{A}. In den meisten Fällen ist $P_{\mathrm{E}} \ll P_0$, sodass der Wirkungsgrad hinreichend genau gegeben ist durch

$$\eta = \frac{P_{\mathrm{A}}}{P_0}\,. \tag{9.63b}$$

Dem Wirkungsgrad gilt besonderes Augenmerk zum einen bei Endstufen mit einer mittleren Ausgangsleistung im kW-Bereich, weil die entstehende Verlustleistung thermisch abgeführt werden muss, zum anderen bei Kleinstendstufen in akkubetriebenen mobilen Geräten, weil er dort wesentlich die mit einer Akkuladung erreichbare Betriebsdauer bestimmt. Zudem muss beim Entwurf von Endstufen auf die Einhaltung der Grenzwerte von Strom, Spannung und Temperatur geachtet werden, um eine Zerstörung durch Überschreitung dieser Grenzen zu verhindern. Wegen der erhöhten Anforderungen in diesen Bereichen sind daher für den Aufbau von Leistungsverstärkern speziell dimensionierte aktive Bauelemente (bipolare Transistoren, GaAs-FET und Röhren) erforderlich.

Neben der abgegebenen Ausgangs-Nutzleistung ist ein wesentlicher Anteil der zugeführten Leistung P_0 die zur Aufrechterhaltung des Arbeitspunktes aufgebrachte Gleichleistung. Sie wird ganz in Wärme umgesetzt und ist daher nicht von primärem Nutzen. Es gibt daher drei grundlegende Betriebsarten von Leistungsverstärkern, die sich sowohl in der Linearität wie auch im Wirkungsgrad erheblich unterscheiden. Abbildung 9.26 zeigt schematisch die u-i-Übertragungskennlinie eines beliebigen aktiven Bauelementes. Um die Verzerrungsleistung klein zu halten, wird man versuchen, den Arbeitspunkt in einen möglichst linearen Abschnitt der Kennlinie zu legen. Man spricht in diesem Fall vom A-Betrieb, der durch bestmögliche Linearität gekennzeichnet ist. Es wird aber auch deutlich, dass die Verlustleistung $U \cdot I$ zur Einstellung des Arbeitspunktes zu allen Zeiten aufzubringen ist, also auch dann, wenn das Eingangssignal verschwindet und die Endstufe gerade nicht ausgesteuert wird. Hinsichtlich des Wirkungsgrades hat der A-Betrieb daher die ungünstigsten Eigenschaften.

Der Ruhestrom verschwindet mit fehlender Aussteuerung ganz, wenn der Arbeitspunkt auf den (hier als scharf lokalisiert angenommenen) Kennlinienknick gelegt wird.

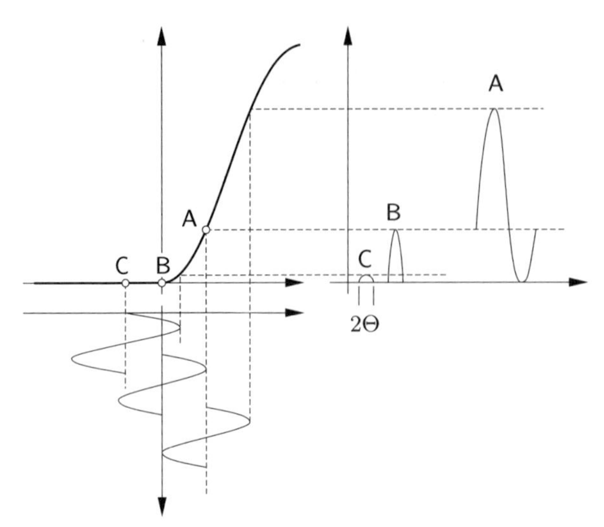

Abb. 9.26: Steuerkennlinie und verschiedene Betriebsarten von Leistungsverstärkern

Diese Dimensionierung heißt B-Betrieb. Sie bedingt aber auch, dass nur noch die positive Halbwelle eines aussteuernden Signals zu einem Stromfluss führt, der Oberwellengehalt des Ausgangsstromes ist also in der Betriebsart B deutlich höher. Neben den parasitär entstehenden Oberschwingungen enthält der Ausgangsstrom aber immer noch einen Grundwellenanteil. Durch geeignete Beschaltung lässt sich erreichen, dass die Ausgangsspannung im wesentlichen nur Grundwellenanteile enthält. Um den Wirkungsgrad einer Leistungsstufe noch weiter zu steigern, kann der Arbeitspunkt sogar in den Sperrbereich der Kennlinie gelegt werden. Diese Dimensionierung wird als C-Betrieb bezeichnet. Zur genaueren Beschreibung der jeweiligen Dimensionierung führt man den Stromflusswinkel

$$\Theta = \frac{\omega T_0}{2} = \pi \cdot \frac{T_0}{T} \tag{9.64}$$

ein. Mit der Zeitdauer T_0 innerhalb einer Periode, während der ein Stromfluss stattfindet, kennzeichnet der Stromflusswinkel Θ den Anteil einer Periodendauer des Eingangssignals, der zu einem Strom im Ausgangskreis des Verstärkers führt. Wenn zu allen Zeiten ein Ausgangsstrom fließt (A-Betrieb), ist $\Theta = \pi$, im B-Betrieb ist $\Theta = \pi/2$, beim C-Betrieb ist $\Theta < \pi/2$.

Im C-Betrieb kann theoretisch ein Wirkungsgrad bis zu $\eta = 1$ erzielt werden. Für diesen Grenzfall wird allerdings Θ und die abgegebene Wirkleistung null. Praktisch wird der C-Betrieb dort eingesetzt, wo ein hoher Wirkungsgrad erforderlich ist. Die Sendeendstufen in akkubetriebenen Mobiltelefonen arbeiten daher ausschließlich im C-Betrieb.

Abbildung 9.27 zeigt ein Schaltungsbeispiel eines Leistungsverstärkers im C-Betrieb. Als aktives Element ist eine Triode eingesetzt. Sie erhält ihre Anodenvorspannung U_{a0} über die Induktivität des Ausgangskreises, die gleichzeitig verhindert, dass das hochfrequente Ausgangssignal von der Versorgungsquelle kurzgeschlossen wird. Das Gitter

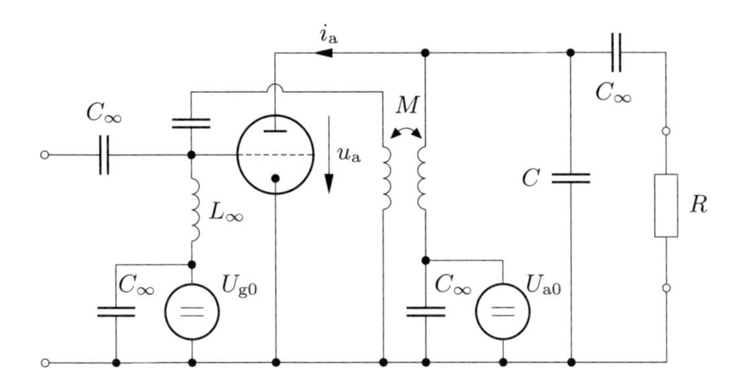

Abb. 9.27: Triodenverstärker mit Neutralisationsschaltung

wird auf ähnliche Weise mit U_{g0} vorgespannt. Die eingezeichnete Rückkopplung vom Ausgangskreis auf die Gitterelektrode ist eine so genannte Neutralisationsschaltung. Sie kompensiert die Anoden-Gitter-Rückwirkung der Triode. Durch den Schwingkreis am Ausgang – bestehend aus dem Übertrager und der Kapazität C – kann nur auf der Grundwelle eine Spannung am Verbraucherwiderstand R entstehen. Für die im C-Betrieb entstehenden Oberschwingungen stellt er zumindest näherungsweise einen Kurzschluss dar.

Eine Möglichkeit, die Linearität bei B-Betrieb deutlich zu verbessern, stellt das Prinzip der Gegentaktendstufe dar, welches in Abb. 9.28 dargestellt ist. Dabei betreibt man zwei Transistoren im B-Betrieb derart, dass ein npn-Transistor bei $U_E > 0$ leitend wird, während ein pnp-Transistor bei $U_E < 0$ aufsteuert. Auf diese Weise ergibt sich eine Gesamt-Übertragungskennlinie, wie sie in Abb. 9.29a dargestellt ist. Die gestrichelt eingezeichneten Funktionen sind die (exponentiellen) Kennlinien der beiden im Gegentakt arbeitenden Transistoren. Der Strom durch den Lastwiderstand R_L ist die Summe beider Emitterströme, sodass sich als Gesamtkennlinie die durchgezogen gezeichnete Kennlinie ergibt. In Abb. 9.29b ist das Ausgangssignal bei kosinusförmiger Ansteuerung und angenommener exponentieller Übertragung der Einzeltransistoren im stark übertriebenen Maßstab dargestellt. Gestrichelt sind hier die Emitterströme der Einzeltransistoren gezeichnet, die entsprechend der eingestellten B-Betriebsart nur bei jeweils einer Halbwelle fließen. Die durchgezogene Linie zeigt den Gesamtstrom, der durch den Lastwiderstand fließt.

Es wurde schon angesprochen, dass die Ausgangsleistung einer Endstufe durch elektrische und thermische Grenzen der Bauelemente grundsätzlich nicht beliebig groß werden kann. Um dennoch hohe Leistungen mit Transistoren bis in den kW-Bereich erzeugen zu können, verwendet man Glieder zur Addition der Ausgangsleistungen mehrerer Einzelstufen (engl. power combining). Dazu wird das Eingangssignal zunächst auf die Eingänge vieler einzelner Transistoren aufgeteilt, dort verstärkt und danach wieder zusammengeführt. Auf diese Weise werden heute transistorbestückte Sendeendstufen mit mehreren hundert Einzeltransistoren realisiert. Ein anderer großer Vorteil dieser

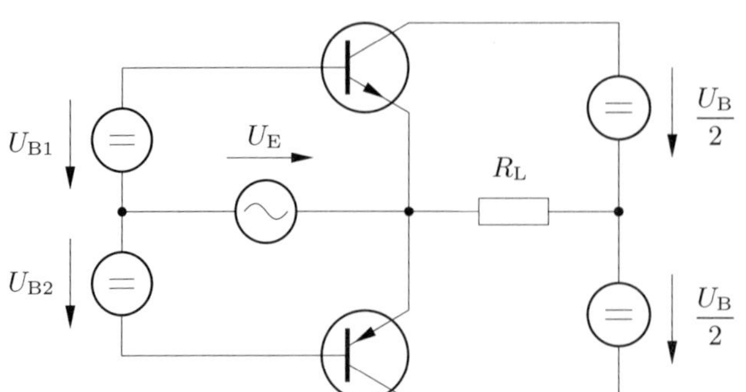

Abb. 9.28: Prinzip einer Gegentaktendstufe

Bauweise ist die hohe Ausfallsicherheit und Wartungsfreundlichkeit. Durch den Ausfall eines einzelnen Transistors sinkt die gesamte Ausgangsleistung nur um den Anteil, den dieser Transistor dazu beiträgt. Ein Tausch defekter Transistoren muss also nicht augenblicklich sondern kann im Rahmen größerer Wartungsintervalle erfolgen.

Durch das Parallelschalten von N Transistoren sinkt auch das Impedanzniveau um den Faktor N. Zur Anpassung an nachfolgende Schaltungen muss daher durch Transformation die Impedanz um den Faktor N angehoben werden. Es gibt viele Möglichkeiten, eine solche Transformation durchzuführen. Als Beispiel ist in Abb. 9.30a der Transformationspfad für eine zweistufige Impedanzanhebung durch abwechselnde Serieninduktivitäten und Parallelkapazitäten in skizziert. Eine Stufe aus Serieninduktivität und Parallelkapazität kann dabei so dimensioniert werden, dass sie eine rein relle Eingangsimpedanz in eine größere reelle Ausgangsimpedanz transformiert.

Falls wegen der Höhe der Signalfrequenz Schaltungen aus konzentrierten Elementen nicht mehr realisiert werden können, eignen sich Richtkoppler sowohl zur Teilung wie auch zur Zusammenführung von Signalleistungen. Richtkoppler sind Bauelemente, bei denen zwei Leitungen geeignet miteinander gekoppelt sind. Wenn man eine dieser Leitungen als Hauptleitung betrachtet, so entstehen an den Ausgängen der gekoppelten Nebenleitung Spannungen, die jeweils zur Amplitude der hin- und rücklaufenden Welle auf der Hauptleitung proportional sind. In einfachsten Fall besteht ein Richtkoppler aus zwei Hochfrequenzleitungen, die über eine Länge in der Größenordnung einer viertel Wellenlänge miteinander verkoppelt sind. Die Signalleistung P_1 koppelt von der Hauptleitung auf die Nebenleitung über. Die Ausführung der Koppelstrecke bestimmt dabei die Höhe und den Frequenzgang der Koppeldämpfung, die auch so gewählt werden kann, dass gerade die halbe Leistung (3 dB Koppeldämpfung) übergekoppelt wird. Ein solcher verlustfreier, symmetrisch aufgebauter Leistungsteiler, der eine eingehende Leistung gerade im Verhältnis 1 : 1 teilt, erzeugt notwendigerweise eine Phasendifferenz von 90° zwischen den auslaufenden Signalen. Wegen des Reziprozitätsgesetzes kann ein solcher Teiler auch umgekehrt als Leistungsaddierer verwendet werden, wenn zwischen den zugeführten Signalen diese Phasendifferenz von 90° besteht. Das Symbol für einen Richtkoppler und eine mögliche Realisierung in koaxialer Technik sind in Abb. 9.31 skizziert.

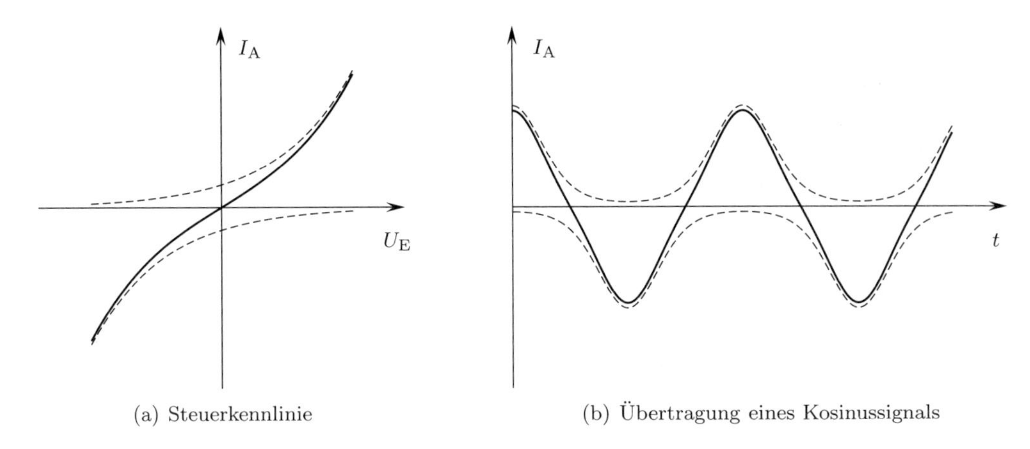

(a) Steuerkennlinie (b) Übertragung eines Kosinussignals

Abb. 9.29: Gegentaktschaltung

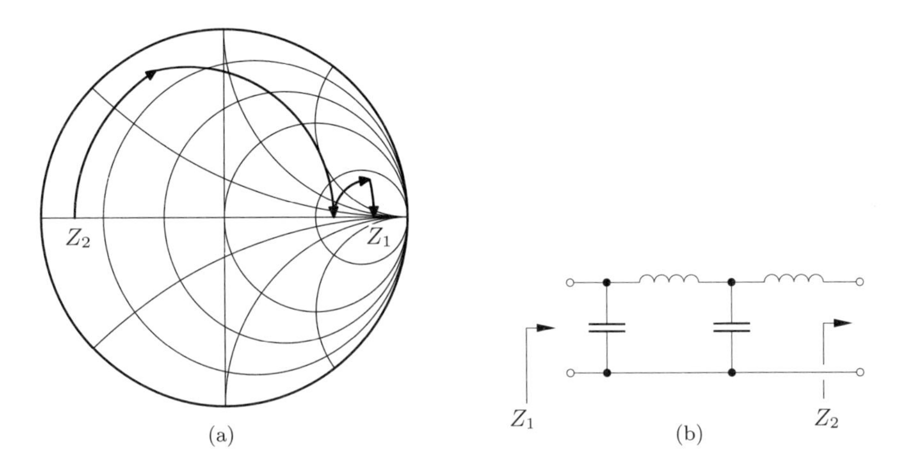

(a) (b)

Abb. 9.30: Impedanztransformation durch eine LC-Abzweigschaltung

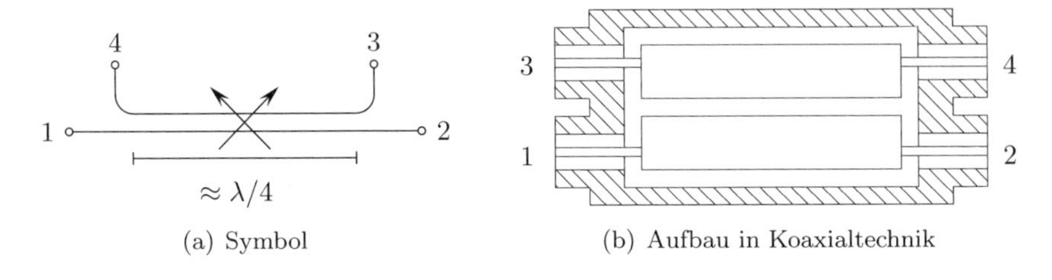

(a) Symbol (b) Aufbau in Koaxialtechnik

Abb. 9.31: Leitungskoppler

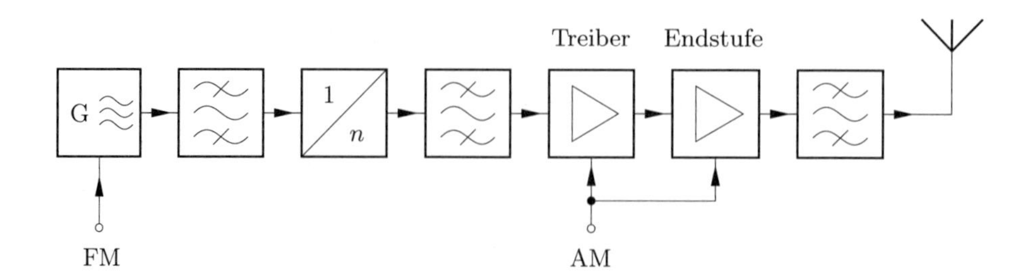

Abb. 9.32: Blockschaltbild eines Senders mit Endstufenmodulation

9.5 Aufbau von Sendern und Empfängern

Im folgenden Abschnitt sollen in Form von Blockschaltbildern die wichtigsten Aufbaukonzepte von Sendern und Empfängern vorgestellt und diskutiert werden. Zu diesem Zweck sind die aufgeführten Blockschaltbilder stark vereinfacht, sodass technische Realisierungen insbesondere bei Verwendung verschiedener Modulationsformen in Details davon abweichen können. Zur Erläuterung der unterschiedlichen Vorgehensweisen und ihrer Eigenschaften sind sie jedoch hinreichend.

9.5.1 Endstufenmodulation

Der einfachste Aufbau eines Senders entsteht durch die Verwendung eines Frequenzvervielfachers zur Gewinnung des hochfrequenten Sendesignals (Abb. 9.32). Ein Bandpass sorgt für die notwendige spektrale Reinheit des Generatorsignales. Nach der Vervielfachung der Frequenz durch eine nichtlineare Stufe filtert ein weiterer Bandpass die gewünschte n-te Harmonische aus und unterdrückt alle anderen Spektrallinien, die in der nichtlinearen Stufe ebenfalls entstehen, aber nicht zur Abstrahlung gelangen sollen.

Die Leistungsendstufe ist meist zweistufig als Treiberstufe und Leistungsstufe ausgeführt. Leistungsverstärker erzeugen ebenfalls unvermeidbar nichtlineare Verzerrungen, die von einem nachgeschalteten Bandpass unterdrückt werden müssen.

Zur Aufbringung einer Frequenzmodulation (FM) kann der Generator selbst moduliert werden. Der hier erzeugte Frequenzhub Δf wird durch den Frequenzvervielfacher um den Faktor n vergrößert. Der Frequenzhub des Sendesignals beträgt bei diesem Sendertyp also $n\Delta f$. Eine Amplitudenmodulation (AM) muss durch Steuerung der Verstärkung der Leistungsendstufen erzeugt werden. Eine Amplitudenmodulation des Generators würde durch die nichtlinearen Verzerrungen eines Frequenzvervielfachers unbrauchbar.

9.5.2 Zwischenfrequenzmodulation

Eine einfachere Erzeugung der Modulation ermöglicht die so genannte Zwischenfrequenzmodulation, bei der die Modulationsschaltung bei der niedrigen Zwischenfrequenz

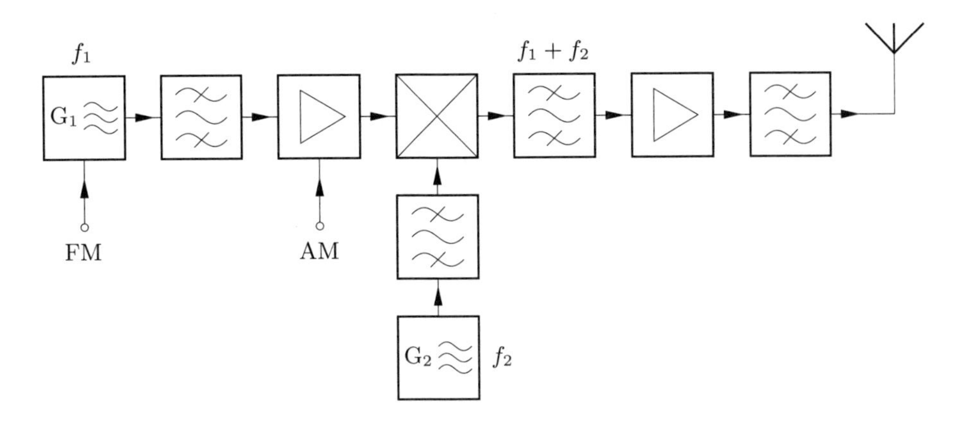

Abb. 9.33: Blockschaltbild eines Senders mit Zwischenfrequenzmodulation

und kleinen Signalleistungen arbeiten kann. Amplitudenmodulation kann in einer gesteuerten Verstärkerstufe erzeugt werden, die das Zwischenfrequenzsignal verstärkt und die nicht die hohe Sendeleistung erbringen muss. Anschließend wird das modulierte Signal durch Mischung mit dem hochfrequenten Signal eines zweiten Generators G_2 auf die Sendefrequenz $f_1 + f_2$ umgesetzt.

Dem Vorteil einer einfacheren Modulationserzeugung steht allerdings die Forderung nach einer hohen Linearität der Leistungsendstufen gegenüber. Jede Verzerrung, die nach dem Modulator entsteht, muss als Kanalverzerrung in Kauf genommen werden und ist daher möglichst zu vermeiden.

9.5.3 Geradeausempfänger

Obwohl der Geradeausempfänger heute als technisch überholt bezeichnet werden muss, ist die Kenntnis seiner Nachteile für das Verständnis der Anforderungen an moderne Empfänger hilfreich. Das vereinfachte Blockschaltbild eines Geradeausempfängers ist in Abb. 9.34 dargestellt. Die Selektion des gewünschten Empfangsbereiches geschieht durch ein abstimmbares Bandpassfilter unmittelbar nach der Antenne. Wegen der Nichtlinearität des folgenden Verstärkers ist zur Vermeidung von unerwünschten Mischprodukten die Selektion vorzunehmen, *bevor* das Empfangssignal verstärkt wird. Aus dem gleichen Grund ist eine spektrale Begrenzung auf den Nutzbereich vor jeder folgenden Verstärkerstufe notwendig. Wenn die Verstärkung des Empfangssignals zur Ansteuerung des Demodulators ausreichend ist, wird es diesem zugeführt. Das entstehende demodulierte Niederfrequenz-(NF-)Signal kann dann weiter verarbeitet werden. Im Fall einer Amplitudenmodulation ist der Demodulator ein Amplitudendetektor, dessen Ausgangssignal direkt das übertragene Tonsignal darstellt.

Im Allgemeinen ist von der Antenne bis zur Demodulation eine hohe Verstärkung von 80 dB oder mehr erforderlich. Beim Geradeausempfänger geschieht diese Verstärkung auf einer Frequenz, weshalb der Geradeausempfänger auch als Homodynempfänger be-

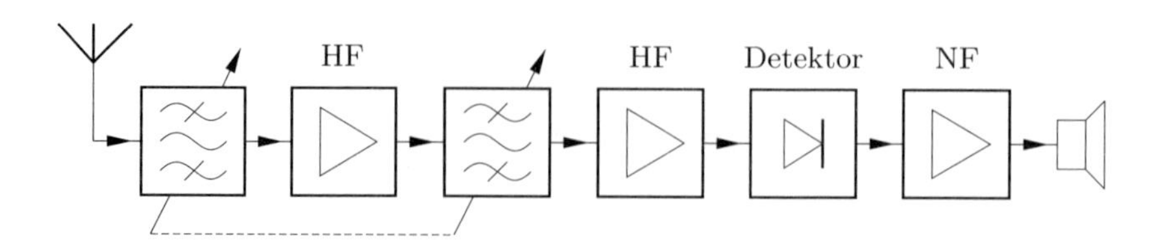

Abb. 9.34: Blockschaltbild eines Geradeausempfängers

zeichnet wird. Schon geringe Rückwirkungen der letzten Verstärkerstufe auf die erste können zum Schwingen der Verstärkungskette führen. Durch die endliche Entkopplung von Antenneneingang und letzter Verstärkerstufe ist also die Maximalverstärkung und damit die Empfindlichkeit eines solchen Empfängers grundsätzlich begrenzt. Zudem müssen sämtliche Bandpässe gleichlaufend und über den gesamten Empfangsfrequenzbereich abstimmbar sein, was schaltungstechnisch einen erheblichen Aufwand bedeutet. Dabei muss auch in Kauf genommen werden, dass sich bei Abstimmung nicht nur die Mittenfrequenz, sondern auch der Gesamtverlauf des Frequenzganges der Filter ändert. Wegen dieser Unzulänglichkeiten wird das Prinzip des Geradeausempfangs in modernen Empfängern nicht mehr verwendet.

9.5.4 Überlagerungsempfänger

Die beschriebenen Nachteile des Geradeausempfangs – in erster Linie die aufwändige Selektion durch abstimmbare Filter und die begrenzte Verstärkung aufgrund der Schwingneigung – werden durch das Prinzip des Überlagerungsempfanges vermieden. Aus diesem Grund arbeiten die meisten modernen Empfänger nach diesem Prinzip, das auch als Heterodynprinzip bezeichnet wird. Dem entsprechend heißt der Überlagerungsempfänger auch Heterodynempfänger. Die Grundidee hierbei ist, die Verstärkung nicht nur auf einer einzigen Frequenz vorzunehmen und die Kanalselektion mit Hilfe eines fest abgestimmten Filters durchzuführen. Zu diesem Zweck wird die Empfangsfrequenz durch Abwärtsmischung (Tabelle 9.1) in eine Zwischenfrequenzlage (ZF) umgesetzt (Abb. 9.35). Falls nötig, kann bereits vor dieser Mischstufe eine Verstärkung erfolgen. Jede weitere Verstärkung und Filterung kann dann bei signalangepasster Übertragungsfunktion in der ZF-Lage vorgenommen werden. Eine Rückkopplung von der ZF auf den Empfängereingang kann nun nicht mehr zu einem Schwingen der Verstärkerkette führen, weil das auf den Antenneneingang koppelnde zwischenfrequente Signal durch den Mischer nicht wieder auf die ZF umgesetzt wird.

Durch entsprechende Wahl der Überlagerungsfrequenz ist es zudem möglich, verschiedene Empfangsfrequenzen auf die gleiche ZF umzusetzen. Das Heterodynprinzip erlaubt daher, die Selektion des Empfangskanals durch ein Filter in der ZF-Ebene vorzunehmen. Welches Empfangsband in den Durchlassbereich dieses ZF-Filters umgesetzt wird, ist dann alleine durch die Frequenz des Überlagerungsozillators bestimmt. Damit vermeidet man die Kanalselektion durch ein abstimmbares Filter, welches durch die Abstimmung obendrein seine Eigenschaften (Bandbreite, Flankensteilheit, Wellig-

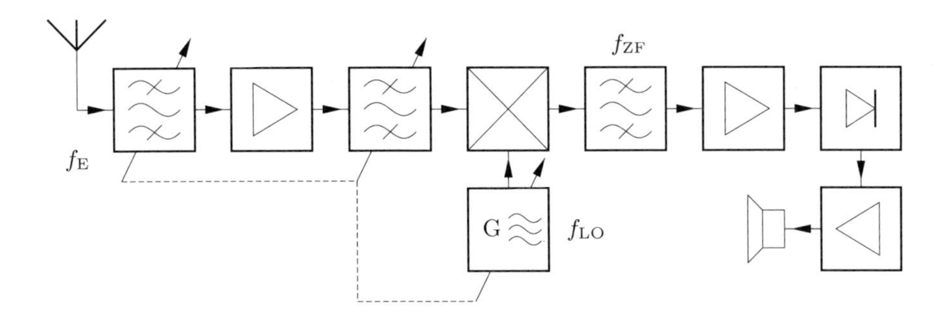

Abb. 9.35: Blockschaltbild eines Überlagerungsempfängers

keit, Sperrdämpfung, usw.) ändern würde. Das Selektionsfilter kann als ZF-Filter mit festen, definierten und nicht veränderlichen Eigenschaften aufgebaut werden und die Auswahl der Empfangsfrequenz geschieht durch Frequenzabstimmung eines Oszillators. Bei Einsatz von Techniken zur Frequenzsynthese (Abschn. 9.3.8) kann dieser Vorgang mit hoher Genauigkeit, Stabilität und Reproduzierbarkeit sowie – falls erwünscht – in einem festen Frequenzraster erfolgen.

Bei Heterodynempfängern ist jedoch noch vor der ersten Mischstufe durch Filter der gleichzeitige Empfang der Spiegelfrequenz zu verhindern. Falls der Abstimmbereich des Empfängers in der Größenordnung der ZF oder größer ist, muss dieses Spiegelfrequenzfilter ebenfalls abstimmbar sein. Die damit verbundene Variation der Filtereigenschaften ist in diesem Fall aber erheblich unkritischer, weil es dabei nur auf die Sperrdämpfung bei der Spiegelfrequenz ankommt, die ja im Abstand von $2f_{ZF}$ vom Empfangsband liegt. Bei geschickter Dimensionierung kommt auch der Übergangsbereich (Flanke) des Spiegelfrequenzfilters dabei nicht in die Nähe des Empfangsbandes, sodass auch eventuelle Variationen des Frequenzganges im Bereich der Filterflanke keinen Einfluss haben. Der Bereich des Übergangs vom Durchlass- zum Sperrbereich kann beim Spiegelfrequenzfilter maximal $2f_{ZF}$ breit sein (s. auch Abb. 9.3), das Filter muss also auch nicht besonders steilflankig sein. Aus der Dimensionierung von Spiegelfrequenz- und ZF-Filter ergeben sich auch Kriterien für die Wahl der ZF. Je höher die ZF gewählt wird, desto einfacher wird es, ein hohe Spiegelfrequenzunterdrückung zu erzielen. Andererseits lassen sich bei niedriger ZF kleine Kanalbandbreiten leichter realisieren, weil die relative Bandbreite des ZF-Filters bei festgelegter Bandbreite mit abnehmender ZF größer wird.

Hochwertige Empfänger mit großer Verstärkung und damit hoher Empfindlichkeit verwenden zwei Zwischenfrequenzen. Empfänger mit einer derartigen Architektur heißen dementsprechend Doppel-Superheterodyn-Empfänger, kurz auch Doppel-Super[2]. Aus Kostengründen wird in neuerer Zeit unter Vermeidung der ZF-Stufe direkt ins Basisband umgesetzt. Man vermeidet damit die Probleme der Spiegelfrequenz.

[2]In der Literatur wird der Heterodynempfänger mit einer ZF bisweilen auch als Super-Heterodyn-Empfänger, kurz Superhet bezeichnet.

9.6 Modulation und Demodulation

Die bisher behandelten Signale waren stets harmonische Schwingungen mit konstanter Frequenz und Amplitude. Mit solchen Testsignalen können zwar die Eigenschaften von Systemen gut analysiert werden, doch sind sie nicht geeignet, um eine Nachricht zu übertragen. Der einleuchtende Grund dafür ist, dass ein Signal, bei dem sich ‚nichts ändert', auch keine Information, keine Nachricht beinhaltet. Um einem Empfänger etwas mitzuteilen, muss man ‚etwas verändern'. Ein weiterer Umstand, der die Bearbeitung von Signalen einer Nachrichtenquelle vor einer Übertragung notwendig macht, ist, dass Nachrichtensignale spektral meist im Basisbandbereich liegen. Die meisten Übertragungskanäle haben jedoch Bandpasscharakter und funktionieren auch erst bei einer entsprechend hohen Frequenz. Als Beispiel mag hier die Abstrahlung des Signals von einer Antenne dienen.

Sowohl die Aufprägung der Nachricht wie auch die Anpassung an einen nutzbaren Bandpasskanal wird durch die Modulation eines meist sinusförmigen Trägersignals erreicht. Mit Modulation bezeichnet man eine zeitliche Veränderung von Amplitude, Frequenz und/oder Phase eines harmonischen Signals in einer Weise, die geeignet ist, die zu transportierende Nachricht zu repräsentieren. Durch Modulation des Trägers entstehen zusätzliche spektrale Anteile in der Nachbarschaft des modulierten Trägers, welche den Inhalt der Nachricht repräsentieren. Man sagt, das Nachrichtensignal wird aus dem Basisband an den Ort des Trägers verschoben. Damit wird die Übertragung im zugeordneten Frequenzband erreicht. Bei ausreichender Bandbreite kann ein Kanal durch durch so genannten Frequenzmultiplex zur Übertragung mehrerer Nachrichtensignale genutzt werden. Dazu werden Einzelsignale spektral so angeordnet, dass sie sich innerhalb des Frequenzbandes nicht überlappen und daher durch Filterung wieder zurückgewonnen werden können.

Im Folgenden sollen stellvertretend für zahlreiche klassische und moderne Modulationstechniken ausgewählte Beispiele besprochen werden, wobei der Schwerpunkt auf den zugehörigen Verfahren zur Demodulation, also zur Rekonstruktion der Nachricht im Empfänger liegt.

9.6.1 Amplitudenmodulation

Die einfachste und daher auch die am frühesten untersuchte und eingesetzte Technik zur Übertragung eines Nachrichtensignals $v(t)$ ist die Veränderung der Trägeramplitude proportional zu $v(t)$. Ohne die Allgemeingültigkeit zu beschränken, nehmen wir im Folgenden an, dass die Nachricht in ihrer Amplitude normiert ist, d. h. es ist $|v(t)| \leq 1$. Durch Skalierung mit dem Faktor m und anschließende Mittelwertverschiebung um 1 erhält man das Signal

$$\tilde{v}(t) = 1 + mv(t)\,, \tag{9.65}$$

welches sicher nur positive Werte annimmt, falls $0 \leq m \leq 1$ gilt. Der Skalierungsfaktor m heißt Modulationsgrad. Er ist ein Maß für die Aussteuerung des Modulators. Das Signal $\tilde{v}(t)$ wird direkt zur Steuerung der Sendeamplitude verwendet. Das entsprechende amplitudenmodulierte Sendesignal ist daher

$$u_\mathrm{m}(t) = u_0 \tilde{v}(t) \cos \omega_\mathrm{T} t = u_0 \big(1 + m v(t)\big) \cos \omega_\mathrm{T} t = u_\mathrm{H}(t) \cos \omega_\mathrm{T} t\,. \tag{9.66}$$

Zur Erläuterung der spektralen Eigenschaften dieses Signals betrachten wir als einfaches Beispiel ein monofrequentes Nachrichtensignal $v(t) = \cos \omega_\mathrm{S} t$. Das Sendesignal ist in diesem Fall

$$\begin{aligned} u_\mathrm{m}(t) &= u_0 \big(1 + m \cos \omega_\mathrm{S} t\big) \cos \omega_\mathrm{T} t \\ &= u_0 \cos \omega_\mathrm{T} t + \frac{1}{2} u_0 m \cos(\omega_\mathrm{T} - \omega_\mathrm{S}) t + \frac{1}{2} u_0 m \cos(\omega_\mathrm{T} + \omega_\mathrm{S}) t\,. \end{aligned} \tag{9.67}$$

Das gesendete Signal enthält also neben dem Träger zwei weitere Frequenzen, die im Abstand ω_S oberhalb und unterhalb des Trägers liegen. Diese Anteile heißen oberes und unteres Seitenband. Im Fall allgemeiner Nachrichtensignale stellen diese Bänder zwei identische Abbilder[3] des Spektrums des Nachrichtensignals dar. Wenn $f_\mathrm{S,max}$ die größte im Nachrichtensignal enthaltene Frequenz ist, dann ist die Bandbreite B des amplitudenmodulierten Sendesignals doppelt so groß, also

$$B = 2 f_\mathrm{S,max}\,. \tag{9.68}$$

Zur Erzeugung einer Amplitudenmodulation ist nach (9.66) die Multiplikation zwischen Träger- und Nachrichtensignal zu realisieren. Eine Möglichkeit ist daher die Aussteuerung einer nichtlinearen Kennlinie (Diode, Transistor) unter ausschließlicher Nutzung des quadratischen Anteils. Jede Ausprägung eines multiplikativen Mischers ist auf diese Weise als Amplitudenmodulator geeignet. Die für eine Amplitudenmodulation kennzeichnenden Spektralanteile entstehen aber auch durch Aussteuerung einer Knickkennlinie, sodass auch schaltende Elemente als Amplitudenmodulator einsetzbar sind. Die wichtigsten Realisierungen nach diesem Prinzip sind der Dioden-Eintaktmodulator, der Dioden-Gegentaktmodulator und der Ringmischer.

Weil bei der Amplitudenmodulation die ganze Information in der Hüllkurve des Signals steckt, ist sie besonders empfindlich gegen additives Rauschen und Störträger. Dieser Nachteil ließ ihre technische Bedeutung zu Gunsten höherer Modulationsarten schwinden, sodass die AM heute eher geringe Verbreitung hat. Ihre wichtigsten noch bestehenden Einsatzgebiete sind die Übertragung des Luminanzsignals beim Fernsehsystem PAL sowie die Erzeugung des Stereo-Multiplexsignals beim UKW-Rundfunk.

Hüllkurvendetektion

Eine Möglichkeit, die Hüllkurve eines amplitudenmodulierten Signals zu detektieren, besteht darin, das modulierte Hochfrequenzsignal über eine Diode zur Ladung einer Kapazität C zu verwenden (Abb. 9.36). Immer dann, wenn $u_\mathrm{m}(t) > u_C(t)$ ist, wird die Diode leitend und der Kondensator wird auf den jeweiligen Momentanwert von

[3] abgesehen von unterschiedlichen Vorzeichen des Imaginärteils

$u_{\mathrm{m}}(t)$ aufgeladen. Damit die Kondensatorspannung nicht auf dem höchsten aufgetretenen Spitzenwert verbleibt, ist zur Entladung zusätzlich der Arbeitswiderstand R erforderlich. Der Kondensator lädt sich also in jeder Periode des HF-Signals auf dessen momentanen Spitzenwert $u_0\big(1 + mv(t)\big)$ auf. Der anschließende exponentielle Abfall von $u_C(t)$, der auftritt, wenn die Spannung $u_{\mathrm{m}}(t)$ wieder kleiner als $u_C(t)$ wird, soll gerade so schnell erfolgen, dass $u_C(t)$ der Hüllkurve optimal folgen kann.

Wenn das Nachrichtensignal $v(t)$ ein Tiefpasssignal mit der Grenzfrequenz f_{g} ist, dann tritt seine größte Änderung $\max\{\mathrm{d}v/\mathrm{d}t\}$ auf, wenn $v(t) = \cos\omega_{\mathrm{g}}t$. Die momentane Steigung der Hüllkurve ist in diesem Fall

$$\frac{\mathrm{d}u_{\mathrm{H}}}{\mathrm{d}t} = u_0 \cdot m \cdot \frac{\mathrm{d}}{\mathrm{d}t}\cos\omega_{\mathrm{g}}t = -u_0 \cdot m \cdot \omega_{\mathrm{g}} \cdot \sin\omega_{\mathrm{g}}t\,. \tag{9.69}$$

Die größte Steigung tritt auf, wenn $\omega_{\mathrm{g}}t = (2n+1)\pi/2$. Damit ist

$$\max\left\{\left|\frac{\mathrm{d}u_{\mathrm{H}}}{\mathrm{d}t}\right|\right\} = u_0 \cdot m \cdot \omega_{\mathrm{g}} \tag{9.70}$$

die größte Änderung der Hüllkurve, die bei einem bandbegrenzten Signal mit der Grenzfrequenz f_{g} auftreten kann. Der exponentielle Abfall

$$u_C(t) = u_C(t_0) \cdot e^{-\frac{t-t_0}{\tau}} \tag{9.71}$$

innerhalb einer Trägerperiode $t_0 \le t \le t_0 + T_0$ soll der Hüllkurve folgen können. Zur Bestimmung der optimalen Zeitkonstante τ_{opt} nähern wir den Verlauf von $u_C(t)$ durch eine Gerade

$$u_C(t) \approx u_C(t_0) \cdot \left(1 - \frac{t-t_0}{\tau}\right) \tag{9.72}$$

an. Dieses entspricht der Tangente an die Exponentialfunktion in ihrem Startpunkt. Die Näherung ist sicher zulässig, solange die Zeitkonstante τ größer ist, als drei Trägerperioden. In technischen Nachrichtensystemen ist dieses wegen des großen Verhältnisses $f_{\mathrm{T}}/f_{\mathrm{g}}$ praktisch immer gegeben. Aus der Forderung, die Steigung dieser Geraden solle stets kleiner sein, als die Steigung der Hüllkurve, ergibt sich die maximale und optimale Zeitkonstante

$$\tau < \frac{1}{m \cdot 2\pi f_{\mathrm{g}}} = \tau_{\mathrm{max}} \approx \tau_{\mathrm{opt}}\,. \tag{9.73}$$

Wird diese Zeitkonstante von der Dimensionierung weit unterschritten, so sind die Einbrüche der detektierten Hüllkurve zwischen den Trägermaxima sehr tief. Das demodulierte Signal wird dadurch stark oberwellenbehaftet, es entstehen starke Klirrverzerrungen. Bei einer zu kleinen Wahl von τ wird der Spannungsabfall von Spitzenwerten so langsam erfolgen, dass die detektierte Spannung der Hüllkurve praktisch nicht mehr folgt. Die Bandbreite des Detektors ist dann nicht mehr ausreichend, um das Nachrichtensignal zu übertragen. In Abb. 9.37 ist die NF-Ausgangsspannung eines Hüllkurvendetektors bei monofrequenter Amplitudenmodulation des Trägers dargestellt. Bei technischen AM-Systemen ist die Trägerfrequenz bezogen auf die Signalfrequenz sehr viel größer, als in dieser Darstellung.

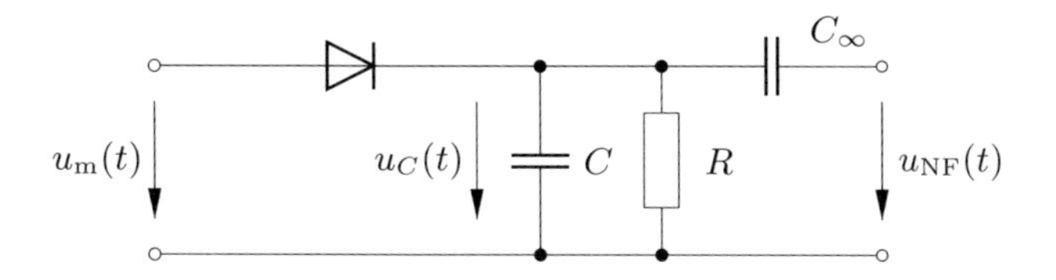

Abb. 9.36: Schaltbild eines Hüllkurvendetektors

9.6.2 Einseitenbandmodulation

Bei der oben beschriebenen einfachen AM entstehen im Spektralbereich oberhalb und unterhalb der Trägerfrequenz symmetrisch zwei identische Seitenbänder, von denen jedes die gleiche Information beinhaltet. Obwohl dadurch die Demodulation sehr einfach wird, ist diese zweifache Beanspruchung von Frequenzbereichen in dieser Hinsicht nicht effizient. Bei Unterdrückung eines der Seitenbänder geht keinerlei Nachrichteninhalt verloren. Durch dieses Vorgehen gelangt man zur Einseitenbandmodulation (ESB), die eine besondere Ausprägung der AM darstellt. Je nachdem welches Seitenband unterdrückt wird, spricht man von einer OSB- (oberes Seitenband, engl. upper sideband) oder von einer USB-Modulation (unteres Seitenband, engl. lower sideband). Die Bandbreite eines Seitenbandes ist identisch mit der Bandbreite des Nachrichtensignals. Die ESB ist daher die Modulationsart mit der höchsten Bandbreiteneffizienz. Die Demodulation geschieht durch einen Produktdetektor, der das übertragene Seitenband aus der ZF-Lage in die NF-Originallage umsetzt. Hierzu ist der Träger notwendig, der aus diesem Grund entweder mit übertragen oder aufwändig rekonstruiert werden muss.

Bei Nachrichtensignalen mit sehr niederfrequenten Anteilen ist die verzerrungsfreie Filterung eines Seitenbandes sehr anspruchsvoll, wenn nicht gar unmöglich. In solchen Fällen wird der Träger und ein Rest des zweiten Seitenbandes mitübertragen, man spricht dann von einer Restseitenbandmodulation. Auf diese Art wird beispielsweise das Luminanzsignal beim Fernsehsystem PAL übertragen. Um bei der Demodulation eine korrekte Bewertung aller spektralen Anteile aus Nutz- und Restseitenband zu erreichen, verwendet man ZF-Filter mit einer geeigneten Übertragungsfunktion (z. B. Nyquistflanke des Fernseh-ZF-Verstärkers).

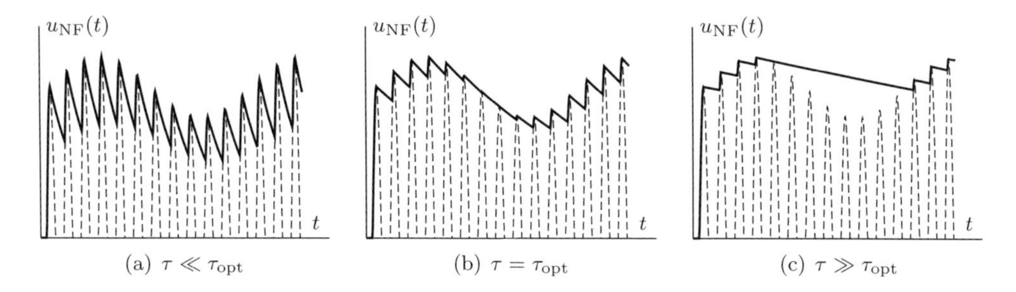

Abb. 9.37: Ausgangsspannung des Hüllkurvendetektors in Abb. 9.36 bei verschiedenen Dimensionierungen der Zeitkonstante $\tau = RC$

9.6.3 Frequenzmodulation

Bei der Frequenzmodulation (FM) wird einem Trägersignal das Nachrichtensignal dadurch aufmoduliert, dass die Momentanfrequenz proportional zum Wert des Nachrichtensignals verändert wird. Die naheliegende Realisierung eines solchen Modulators ist ein VCO, der als Abstimmspannung das Nachrichtensignal erhält. Die FM zählt zu den nichtlinearen Modulationsformen, weil durch FM auch Spektralanteile von höherer als von erster Ordnung entstehen. Ein Vorteil von Frequenz- und Phasenmodulationsverfahren liegt in ihrer geringeren Empfindlichkeit gegen additive Störungen auf dem Kanal. Auch zusätzliches Rauschen zählt zu den additiven Störungen. Verglichen mit AM erzielt die FM bei gleichem HF-Störabstand am Empfängereingang nach der Demodulation einen deutlich höheren NF-Störabstand. Dafür wird aber eine größere Bandbreite benötigt. Weil die Information bei FM nicht in der Signalamplitude, sondern in den Nulldurchgängen liegt, können überlagerte Störungen durch Amplitudenbegrenzung weitgehend wirkungslos gemacht werden. Die Demodulation von FM-Signalen läuft häufig in drei Stufen ab:

1. Amplitudenbegrenzung
2. FM/AM-Wandlung
3. AM-Demodulation

Wir wollen die bedeutendsten FM-Demodulationsprinzipien vorstellen und ihre Vor- und Nachteile kurz erörtern.

Eintakt-Flankendemodulator

Prinzipiell würde zur FM/AM-Wandlung eine Spule ausreichen. Entsprechend $U = j\omega LI$ ist ihre Klemmenspannung proportional zur Frequenz ω des ihr eingeprägten Stromes I. Die erzielbare Amplitude des demodulierten Signals ist aber entsprechend dem kleinen relativen Frequenzhub Δf sehr klein. Besser geeignet ist hier eine steile f-U-Kennlinie, wie sie z. B. im Bereich der steigenden Frequenzgangflanke eines Schwingkreises vorliegt. Das Prinzip wird von Abb. 9.38 verdeutlicht. Das zu demodulierende FM-Signal wird als Strom $i(t)$ einem Parallelschwingkreis eingeprägt, dessen Resonanzfrequenz größer ist, als die Mittenfrequenz f_0 von $i(t)$. Verändert sich die Frequenz von $i(t)$, so wird die Schwingkreisspannung entsprechend dem Frequenzgang des Kreises ebenfalls kleiner oder größer werden.

Wegen des nichtlinearen Kennlinienverlaufs ist ein entscheidender Nachteil dieses Verfahrens der sehr kleine Aussteuerbereich. Für eine akzeptable Signaltreue ist der nutzbare Linearitätsbereich des Schwingkreis-Frequenzgangs sehr klein. Wünschenwert ist also ein FM/AM-Wandler mit einer über einen möglichst großen Frequenzbereich linearen f-U-Kennlinie. Eine Verbesserung in diese Richtung stellt hier das Prinzip des Gegentakt-Flankendemodulators dar.

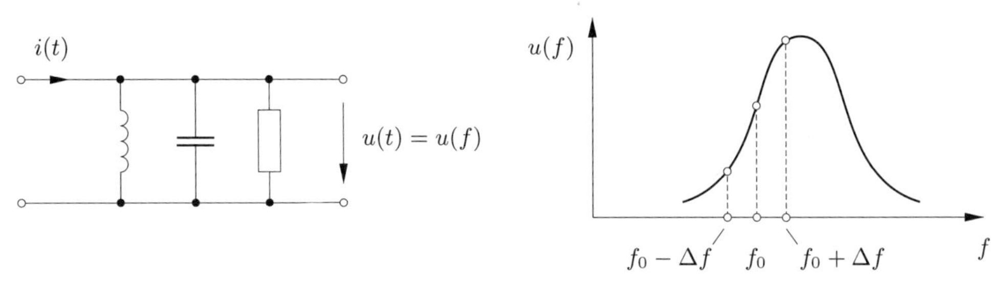

Abb. 9.38: FM/AM-Wandlung an der Frequenzgangflanke eines Parallelschwingkreises

Gegentakt-Flankendemodulator

Beim Gegentakt-Flankendemodulator wird ebenfalls der Frequenzgang von Schwingkreisen zur FM/AM-Wandlung genutzt. Allerdings wird die modulierte HF-Spannung $u_{\mathrm{m}}(t)$ zwei Schwingkreisen zugeführt, die im Gegentakt arbeiten. Abbildung 9.39 zeigt die Prinzipschaltung. Anschließend erfolgt jeweils eine Detektion der Hüllkurve. Die Ausgangsspannung wird von der Differenz der beiden Detektorspannungen gebildet.

Wenn die beiden Schwingkreise so gegeneinander verstimmt sind, dass

$$f_{\mathrm{R1}} > f_0 + \Delta f \qquad \text{und} \tag{9.74a}$$

$$f_{\mathrm{R2}} > f_0 - \Delta f \tag{9.74b}$$

gilt, so ergibt sich für die Differenzspannung $u_1 - u_2$ eine f-U-Kennlinie, die einen großen linearen Aussteuerbereich aufweist. Die Kennlinie ist näherungsweise symmetrisch bezüglich ihres Nullpunktes $u(f_0) = 0$. Wenn der Gegentakt-Flankendemodulator so eingestellt ist, dass seine Ausgangsspannung dann Null ist, wenn $u_{\mathrm{m}}(t)$ genau die Zwischenfrequenz besitzt, dann kann der Mittelwert (Tiefpassfilterung) der Ausgangsspannung auch direkt zur Frequenznachführung des Überlagerungsoszillators herangezogen werden. Auf diese Weise ermöglicht dieses Prinzip auch eine Regelung der Abstimmfrequenz und damit einen stabilen Empfang auch bei ungenauer manueller Abstimmung oder Temperaturdrift des Oszillators.

Koinzidenzdetektor

Der Koinzidenzdetektor erzielt einen großen linearen Aussteuerbereich unter Verwendung eines einzigen Parallelschwingkreises. Außerdem liefert er ohne Einsatz eines Hüllkurvendetektors direkt das demodulierte NF-Signal. Die notwendigen Komponenten sind zudem besonders gut für den Aufbau in Form einer integrierten Schaltung (IC) geeignet. Unter der Typenbezeichnung TBA 810 ist ein solcher FM-Demodulator preisgünstig im Handel erhältlich.

Das Blockschaltbild ist in Abb. 9.40 gezeigt. Durch eine Begrenzerstufe werden zunächst wieder unerwünschte Amplitudenschwankungen beseitigt. Das begrenzte Signal wird anschließend auf zwei Pfaden einem Phasendiskriminator zugeführt, der bei den meisten Realisierungen eine Kosinuscharakteristik besitzt. Bei einer Phasendifferenz

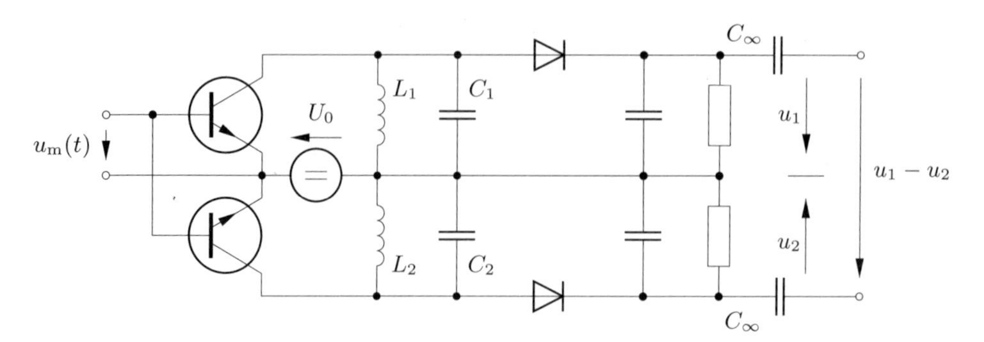

Abb. 9.39: Gegentakt-Flankendemodulator

von $\pm 90°$ ist seine Ausgangsspannung also Null. An einem seiner Eingänge liegt das begrenzte Signal direkt an, während an seinem zweiten Eingang die Spannung eines Schwingkreises liegt, dem das Signal über die Induktivität L_S zugeführt wird. Wenn L_S so groß dimensioniert wird, dass die Einspeisung in den Schwingkreis näherungsweise wie eine Stromquelle mit dem Innenwiderstand $j\omega L_S$ wirkt, dann gilt für die Spannungen U_1 und U_2 das Zeigerdiagramm in Abb. 9.41.

Als Phasenreferenz dient in dieser Darstellung das begrenzte Signal U_1. Wenn U_1 gerade die Resonanzfrequenz des Schwingkreises besitzt, wird die Spannung U_2 wegen der Einspeisung über L_S um $90°$ gegenüber U_1 nacheilen. Solange die Speisung über L_S als Stromquelle wirkt, stellt der gestrichelt eingezeichnete Kreis die Ortskurve für die Schwingkreisspannung U_2 mit der Frequenz f als Parameter dar. Dies gilt, solange der induktive Innenwiderstand der speisenden Stromquelle genügend hochohmig ist. Bei den praktisch eingesetzten Frequenzhüben kann diese Forderung erfüllt werden.

Weicht nun U_1 von der Resonanzfrequenz des Kreises ab, so ergibt sich eine mit der Frequenz monoton wachsende zusätzliche Phasenverschiebung von U_2 gegenüber U_1. Diese wird durch die Kosinuscharakteristik des Phasendetektors, die in dem Bereich um $\varphi = 90°$ genügend linear ist, in eine Spannung gewandelt, die der Frequenzablage Δf näherungsweise proportional ist. Nach Tiefpassfilterung zur Beseitung eventueller Klirrverzerrungen liegt ohne weitere Detektion direkt das demodulierte Signal vor.

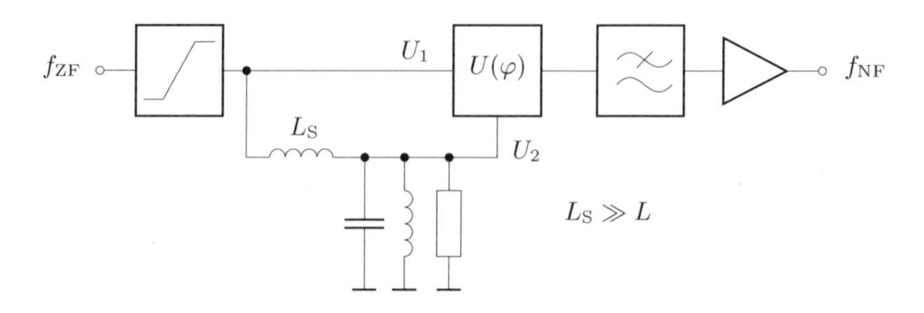

Abb. 9.40: Koinzidenzdetektor

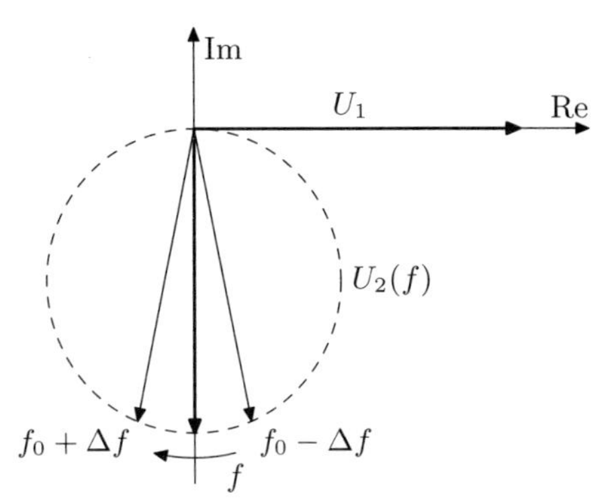

Abb. 9.41: Zeigerdiagramm der Spannungen an den Eingängen des Phasendetektors bei einem Koinzidenzdetektor

9.6.4 Grundzüge digitaler Modulationsverfahren

Digitale Modulationsformen bedienen sich genauso wie die analogen Verfahren einer zeitlichen Änderung von Trägeramplitude, Trägerphase und/oder Trägerfrequenz zur Übermittlung der Nachricht. Sie unterscheiden sich von den analogen im Wesentlichen dadurch, dass sie nur eine endliche Anzahl von diskreten Trägerzuständen als *Symbole* verwenden. Im Zuge der Demodulation ist dann zu entscheiden, welcher Trägerzustand und damit welches Symbol zum jeweiligen Abtastzeitpunkt vorliegt. Die Gesamtheit der verwendeten Zustände bezeichnet man *Signalraumkonstellation.* Sie ist kennzeichnend für das jeweilige Modulationsverfahren. Grundlagen für die Beschreibung digital modulierter Nachrichtensignale sind die *komplexe Einhüllende* sowie die *Normal-* und die *Quadraturkomponente.* Ihre Bedeutungen wollen wir zunächst erläutern.

Normal- und Quadraturkomponente

Zur Einführung von Normal- und Quadraturkomponente betrachten wir einen Träger der Frequenz f_T, der im allgemeinen Fall in Amplitude und Phase moduliert sein kann. Das Signal besitzt die Darstellung

$$v(t) = \hat{v}(t) \cdot \cos\bigl(\omega_\mathrm{T} t + \varphi_\mathrm{T} + \varphi(t)\bigr) \tag{9.75}$$

mit der Trägerphase φ_T, der zeitveränderlichen Amplitude $\hat{v}(t)$ und der zeitveränderlichen Phase $\varphi(t)$. Wegen des Zusammenhangs

$$\omega_\mathrm{m}(t) = \frac{\mathrm{d}\varphi_\mathrm{m}}{\mathrm{d}t} \tag{9.76}$$

zwischen der Momentanfrequenz $\omega_\mathrm{m}(t)$ und der momentanen Phase $\varphi_\mathrm{m}(t)$ kann eine Änderung der Frequenz allgemein auch in die Funktion $\varphi(t)$ einbezogen werden. Mit Hilfe des Additionstheorems

$$\cos(x \pm y) = \cos x \cos y \mp \sin x \sin y$$

kann (9.75) zerlegt werden in der Form

$$\begin{aligned} v(t) &= \hat{v}(t)\cos\varphi(t)\cos(\omega_\mathrm{T}t+\varphi_\mathrm{T}) - \hat{v}(t)\sin\varphi(t)\sin(\omega_\mathrm{T}t+\varphi_\mathrm{T}) \\ &= n(t)\cdot\cos(\omega_\mathrm{T}t+\varphi_\mathrm{T}) - q(t)\cdot\sin(\omega_\mathrm{T}t+\varphi_\mathrm{T}) \end{aligned} \tag{9.77}$$

mit der Normalkomponente $n(t) = \hat{v}(t)\cos\varphi(t)$ und der Quadraturkomponente $q(t) = \hat{v}(t)\sin\varphi(t)$. Durch Einsetzen bestätigt man leicht, dass (9.75) auch in der Form

$$v(t) = \mathrm{Re}\{\hat{V}(t)e^{j(\omega_\mathrm{T}t+\varphi_\mathrm{T})}\} = \mathrm{Re}\{\hat{v}(t)e^{j\varphi(t)}e^{j(\omega_\mathrm{T}t+\varphi_\mathrm{T})}\} \tag{9.78}$$

mit der komplexen Einhüllenden

$$\hat{V}(t) = \hat{v}(t)e^{j\varphi(t)} = n(t) + jq(t)\,. \tag{9.79}$$

Damit ergibt sich der Zusammenhang

$$|\hat{V}(t)| = \hat{v}(t) = \sqrt{n^2(t)+q^2(t)} \tag{9.80a}$$

$$\varphi(t) = \arctan\frac{q(t)}{n(t)} \tag{9.80b}$$

zwischen der Normalkomponente $n(t) = \mathrm{Re}\{\hat{V}(t)\}$, der Quadraturkomponente $q(t) = \mathrm{Im}\{\hat{V}(t)\}$ und den Modulationsgrößen $\hat{v}(t)$ und $\varphi(t)$.

Quadraturamplitudenmodulation (QAM)

Falls beim Empfang von $v(t)$ das Trägersignal $\cos(\omega_\mathrm{T}t+\varphi_\mathrm{T})$ zur Verfügung steht, so ist eine Zerlegung von $v(t)$ in die Komponenten $n(t)$ und $q(t)$ möglich. Auf diese Weise ist die entkoppelte Übertragung zweier Signale mit einem einzigen Träger möglich. Das zugehörige Verfahren bezeichnet man als *Quadraturamplitudenmodulation*, kurz QAM. Es bildet die Grundlage für das Verständnis der digitalen Modulationsverfahren. Die sendeseitige Modulation ist bereits durch (9.77) beschrieben. Zwei orthogonale Trägersignale $\cos(\omega_\mathrm{T}t+\varphi_\mathrm{T})$ und $-\sin(\omega_\mathrm{T}t+\varphi_\mathrm{T})$ sind mit den Signalen $n(t)$ und $q(t)$ zu multiplizieren und anschließend additiv zu überlagern (Abb. 9.42). Wegen $-\sin x = \cos(x+\pi/2)$ können die beiden orthogonalen Trägersignale durch eine 90°-Phasenverschiebung von einem einzigen Oszillator abgeleitet werden.

Zur Herleitung der Demodulation verwenden wir die Additionstheoreme

$$\begin{aligned} \cos x\cos y &= \frac{1}{2}\big(\cos(x-y)+\cos(x+y)\big) \\ \cos x\sin y &= \frac{1}{2}\big(\sin(x+y)-\sin(x-y)\big)\,. \end{aligned}$$

Multipliziert man im Empfänger das Sendesignal mit den Trägersignalen $\cos(\omega_\mathrm{T}t+\varphi_\mathrm{T})$ und $-\sin(\omega_\mathrm{T}t+\varphi_\mathrm{T})$ so ergibt sich

$$2\cos(\omega_\mathrm{T}t+\varphi_\mathrm{T})\cdot v(t) = \hat{v}(t)\cdot\Big(+\cos\big(2\omega_\mathrm{T}t+2\varphi_\mathrm{T}+\varphi(t)\big)+\cos\varphi(t)\Big) \tag{9.81a}$$

$$-2\sin(\omega_\mathrm{T}t+\varphi_\mathrm{T})\cdot v(t) = \hat{v}(t)\cdot\Big(-\sin\big(2\omega_\mathrm{T}t+2\varphi_\mathrm{T}+\varphi(t)\big)+\sin\varphi(t)\Big)\,, \tag{9.81b}$$

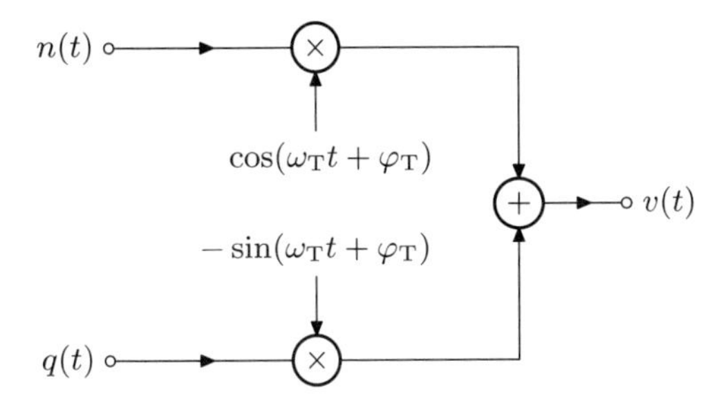

Abb. 9.42: Quadraturamplitudenmodulator

wobei der Faktor 2 eingeführt wurde, um den Faktor 1/2 aus den Additionstheoremen zu kompensieren. Werden hier die Anteile bei der doppelten Trägerfrequenz $2f_T$ durch Tiefpassfilter abgetrennt, so verbleiben offenbar die Normal- und die Quadraturkomponente an den Ausgängen der Filter. Das entsprechende Blockschaltbild zeigt Abb. 9.43. Diese in der Empfangstechnik häufig verwendete Struktur bezeichnet man als *Quadraturmischer* oder auch als *IQ-Demodulator*. Letztere Namensgebung entstammt den englischen Bezeichnungen *inphase component* und *quadrature component* für $n(t)$ und $q(t)$.

Die Beziehung (9.79) bedeutet auch, dass mit einem Modulator nach Abb. 9.42 mit den Eingängen $n(t)$ und $q(t)$ direkt der Real- und Imaginärteil des komplexen Trägerzeigers gesteuert und damit jeder beliebige Trägerzustand eingestellt werden kann. Die Bezeichnung der digitalen Modulationsverfahren richtet sich nach der Anzahl der verwendeten Trägerzustände und nach den umgetasteten Parametern. Die Kurzbezeichnungen sind

- ASK, Amplitudenumtastung (engl. *amplitude shift keying*)
- PSK, Phasenumtastung (engl. *phase shift keying*)
- FSK, Frequenzumtastung (engl. *frequency shift keying*)

wobei auch Kombinationen dieser Tastarten auftreten können. Abbildung 9.44 zeigt eine Auswahl möglicher Signalraumkonstellationen und die zugehörigen Namen des Modulationsverfahrens. Jedem verwendeten Trägerzustand wird als Nachricht ein Symbol zugeordnet, das seinerseits ein Binärwort repräsentiert. Werden beispielsweise acht Symbole (Trägerzustände) verwendet, so kann mit jedem Symbol ein 3 Bit-Wort über-

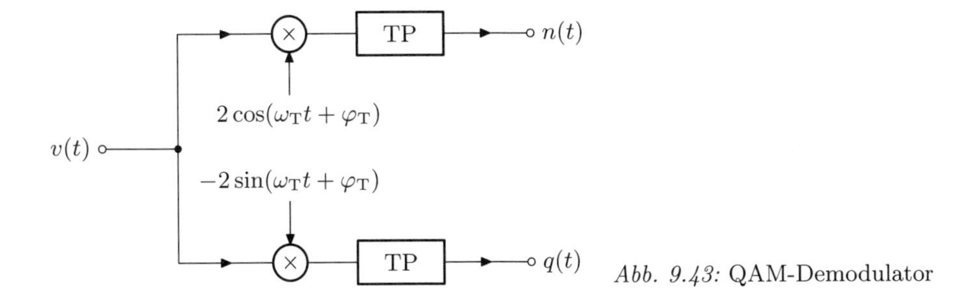

Abb. 9.43: QAM-Demodulator

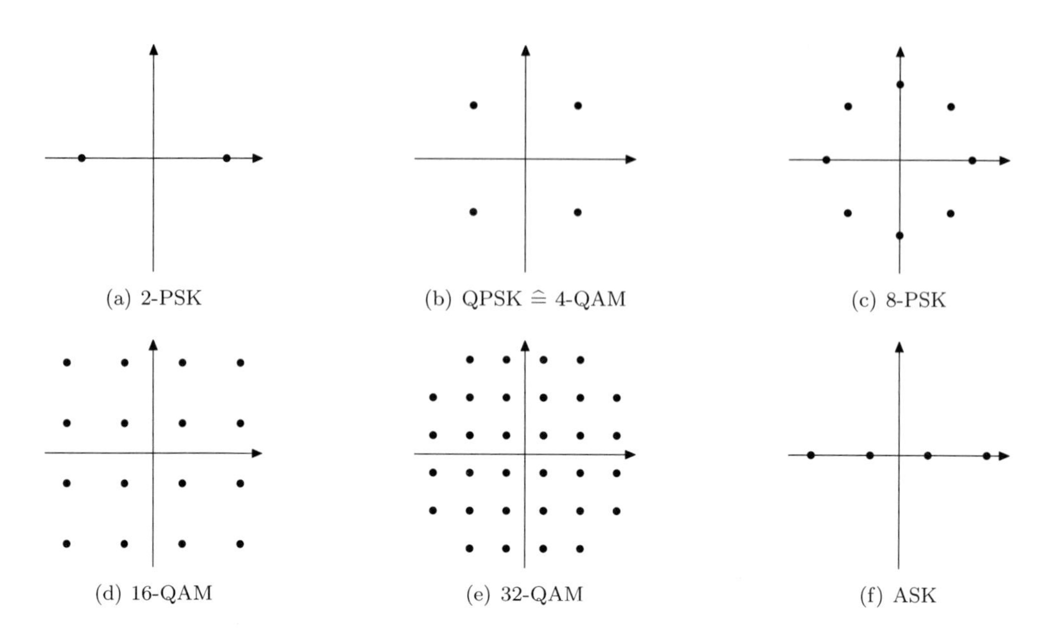

Abb. 9.44: Verschiedene Signalraumkonstellationen

tragen werden. In realen Übertragungssystemen ist die Anzahl der verwendbaren Trägerzustände prinzipiell durch Rauschen begrenzt (s. Abschn. 9.7). Wegen statistischer Störungen werden die Ausgänge $n(t)$ und $q(t)$ zum Abtastzeitpunkt nicht exakt den Trägerzustand anzeigen, der dem gesendeten Symbol entspricht. Im Empfänger muss daher mit geeigneten Kriterien entschieden werden, welches Symbol gesendet wurde. Die Fehlerwahrscheinlichkeit ist dabei umso größer, je höher die Störleistung ist oder je enger die Symbole im Signalraum angeordnet sind. Es kann also zumindest die qualitative Aussage gemacht werden, dass eine Modulation mit hoher Ordnung (64 oder gar 128 Symbole) zwar pro Symbol eine große Informationsmenge übertragen kann, dafür aber auch einen höheren Störabstand am Demodulatoreingang erfordert.

Impulsformung

Bisher haben wir nur über die Zuordnung von Symbolen zu Trägerzuständen gesprochen und haben die Art und Weise des Übergangs zwischen den Symbolen gänzlich unbeachtet gelassen. Tatsächlich ist aber noch ein Zusammenhang festzulegen zwischen zwei zu übertragenden binären Datenfolgen $d_1[k]$ und $d_2[k]$ und den zeitkontinuierlichen Funktionen $n(t)$ und $q(t)$ zur Modulation des QAM-Senders. Zur Beschreibung der Verhältnisse führen wir daher das in Abb. 9.45 gezeigte Blockschaltbild eines QAM-Senders mit Impulsformung ein. Es entspricht zunächst dem QAM-Modulator aus Abb. 9.42, wobei die modulierenden Signale $n(t)$ und $q(t)$ nun die Ausgangssignale zweier identischer Filter mit der Impulsantwort $g(t)$ sind. Diese Filter werden angeregt durch eine

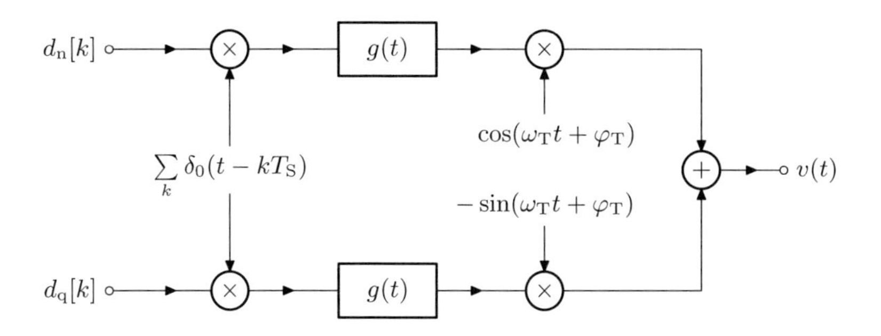

Abb. 9.45: Blockschaltbild eines QAM-Senders mit Impulsformung

Folge von Diracimpulsen im zeitlichen Abstand einer Symboldauer T_S. Diese wiederum sind mit den Gliedern der Datenfolgen gewichtet, sodass am Ausgang der Filter die Überlagerung unendlich vieler Impulsantworten anliegt. Sie sind jeweils gewichtet mit einem Glied der Datenfolge $d_{1,2}[k]$ und treten zeitlich versetzt im Symboltakt T_S auf. Die komplexe Amplitude des auf diese Weise modulierten Trägers kann also durch

$$A(t) = \sum_{k=-\infty}^{+\infty} \big(d_1[k] + jd_2[k]\big) \cdot g(t - kT_S) \tag{9.82}$$

dargestellt werden.

Der einfachste und zunächst naheliegende Fall eines Überganges zwischen den Symbolen ist eine harte Umschaltung nach jeweils einer Symboldauer T_S. Der Wert eines Datums $d_{1,2}[k]$ liegt in diesem Fall während der ganzen Symboldauer konstant an den Eingängen des Modulators und wird nach Ablauf von T_S ersetzt durch den Wert des nachfolgenden Datums. In der Darstellung nach Abb. 9.45 bedeutet dies, dass die Impulsantwort $g(t)$ ein Rechteckimpuls mit der Amplitude 1 und der Dauer T_S ist (Abb. 9.46a). Dieses Vorgehen ist deshalb nicht praktikabel, weil gezeigt werden kann, dass die spektrale Amplitudendichte des modulierten Trägers gleich dem Amplitudengang des Impulsformerfilters ist, falls die binären Werte von $d_{1,2}[k]$ gleich wahrscheinlich sind. Den Betrag der Fouriertransformierten eines Rechteckimpulses ist in Abb. 9.46b gezeigt. Es wird deutlich, dass der Betrag des Spektrums auch bei größeren Abständen als $f = \pm 1/T_S$ vom Träger nur langsam kleiner wird. Durch die harte Umtastung wird also der vom Sendespektrum belegte Bereich unnötig groß. Die harte Phasenumtastung besitzt wegen ihrer spektralen Ineffizienz praktisch keine Bedeutung.

Weil sich der Frequenzgang des Impulsformers auf das Sendespektrum abbildet, erreicht man eine spektrale Begrenzung des Sendesignals durch Einsatz von Impulsformern mit Tiefpasscharakter und ausgeprägtem Sperrverhalten. Eine wichtige Rolle spielen dabei Filter mit Kosinus-Roll-Off-Frequenzgang. Die Realisierung eines idealen Tiefpasses führt ist aus Gründen, die noch erläutert werden, ebenfalls zu sehr ungünstigen Eigenschaften. Der Frequenzgang $G_0(j\omega)$ eines Kosinus-Roll-Off-Filter ist in Abb. 9.47 dargestellt. Der Übergang vom Durchlass- in den Sperrbereich erfolgt über

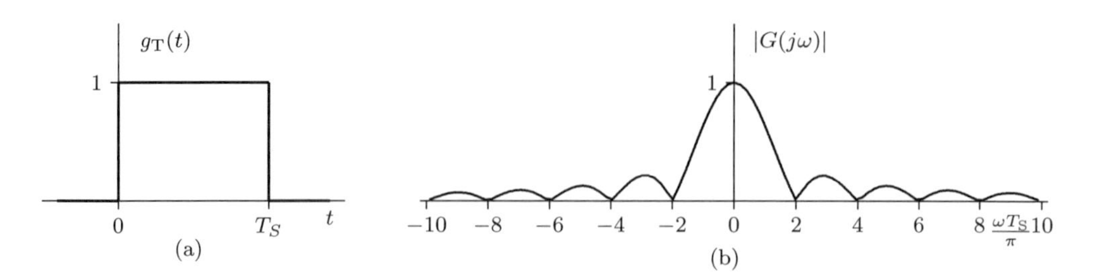

Abb. 9.46: Rechteckimpuls und sein Amplitudenspektrum

eine kosinusförmige Flanke. Die Breite des Übergangs wird durch den Roll-Off-Faktor $0 \leq r \leq 1$ beschrieben. Analytisch lässt sich $G_0(j\omega)$ in der Form

$$G_0(j\omega) = \begin{cases} 1 & \text{für } \dfrac{|\omega|}{\omega_\mathrm{N}} \leq 1 - r\,, \\ \dfrac{1}{2}\left[1 + \cos\Big(\dfrac{\pi}{2r}\big(\dfrac{|\omega|}{\omega_\mathrm{N}} - (1-r)\big)\Big)\right] & \text{für } 1 - r < \dfrac{|\omega|}{\omega_\mathrm{N}} < 1 + r,\ 0 \leq r \leq 1\,, \\ 0 & \text{für } \dfrac{|\omega|}{\omega_\mathrm{N}} \geq 1 + r\,. \end{cases} \tag{9.83}$$

darstellen. Der Wert, bei dem $G_0(j\omega)$ auf den Wert 0,5 abgefallen ist, heißt Nyquist-Frequenz ω_N. Sie hat bei digitaler Modulation eine besondere Bedeutung, die aus den folgenden Überlegungen hervorgeht. Zur Berechnung der Impulsantwort eines Kosinus-Roll-Off-Filters stellt man den Frequenzgang zweckmäßig dar als Faltung zwischen einer Rechteckfunktion $G_1(j\omega)$ der Breite $2\omega_\mathrm{N}$ und einem Kosinus-Verlauf $G_2(j\omega)$ der Fußweite $2r\omega_N$ und der Höhe $\pi/(4r\omega_N)$ (Abb. 9.47). Die analytische Darstellung der Kosinushalbwelle ist

$$G_2(j\omega) = \begin{cases} \dfrac{\pi}{4r\omega_\mathrm{N}} \cdot \cos\dfrac{\pi}{2r}\dfrac{|\omega|}{\omega_\mathrm{N}} & \text{für } \dfrac{|\omega|}{\omega_\mathrm{N}} \leq 1\,, \\ 0 & \text{für } \dfrac{|\omega|}{\omega_\mathrm{N}} > 1\,. \end{cases} \tag{9.84}$$

Nach dem Multiplikationssatz der Fouriertransformation ergibt sich die gesuchte Impulsantwort des Sendefilters durch

$$g_0(t) = 2\pi g_1(t) \cdot g_2(t)\,, \tag{9.85}$$

wobei $g_1(t)$ und $g_2(t)$ die Fourierrücktransformierten der Rechteckfunktion und der Kosinushalbwelle sind. Unabhängig vom Roll-Off-Faktor ist also in der Impulsantwort die multiplikative Komponente

$$g_1(t) = \frac{\omega_\mathrm{N}}{\pi} \cdot \frac{\sin\omega_\mathrm{N}t}{\omega_\mathrm{N}t} \tag{9.86}$$

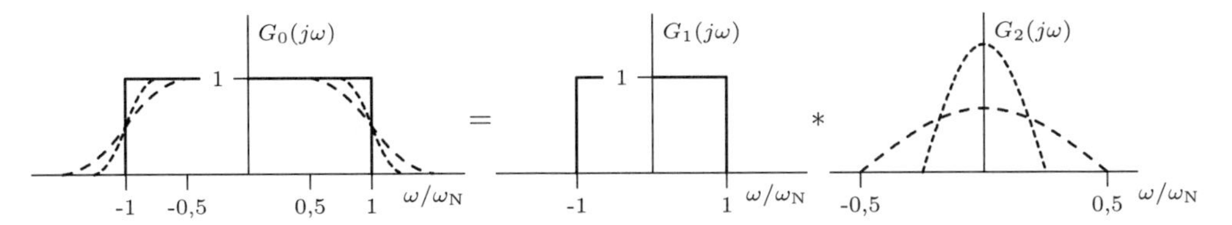

Abb. 9.47: Darstellung eines Kosinus-Roll-Off-Frequenzganges als Faltung einer Rechteckfunktion mit einer Kosinushalbwelle

enthalten. Sie (und damit auch $g_0(t)$) besitzt Nullstellen im Abstand $\pm\nu/(2f_N)$. Systeme mit dieser Eigenschaft heißen Nyquist-Systeme. Ihr Frequenzgang ist darstellbar als Faltung des Frequenzganges eines idealen Tiefpasses mit einer beliebigen zweiten Funktion. Wählt man die Abstände der Nullstellen genauso groß wie den zeitlichen Symbolabstand, dann sind zum Zeitpunkt des Maximums eines beliebigen Impulses alle anderen Impulse gerade Null. Wird im Empfänger zu diesen Zeitpunkten abgetastet, beeinflussen sich also die einzelnen Symbole nicht, es gibt keine Intersymbolinterferenz.

Die Fourierrücktransformation von $G_2(j\omega)$ ergibt schließlich

$$g_2(t) = \frac{1}{2\pi} \cdot \frac{\cos(r\omega_N t)}{1-(4rf_N t)^2}, \tag{9.87}$$

sodass mit (9.85) die Impulsantwort des Sendefilters

$$g_0(t) = 2f_N \cdot \frac{\sin\omega_N t}{\omega_N t} \cdot \frac{\cos(r\omega_N t)}{1-(4rf_N t)^2} \tag{9.88}$$

ist. Die Intersymbolinterferenz verschwindet wenn

$$\pm\frac{\nu}{2f_N} = \pm T_S\,,$$

also

$$f_N = \frac{1}{2T_S} \tag{9.89}$$

ist. Die Nyquist-Frequenz der Sendefilter wird also aus diesem Grund halb so groß gewählt, wie die Symbolfrequenz. In Abb. 9.48 sind der Frequenzgang des Impulsformers und seine Impulsantwort nach (9.88) für verschiedene Roll-Off-Faktoren dargestellt.

Für $r \to 0$ geht das Kosinus-Roll-Off-Filter in einen idealen Tiefpass über. Ein idealer Tiefpass wäre zwar der Impulsformer mit der geringsten Bandbreite, dennoch wäre er (selbst wenn er realisiert werden könnte) für praktische Systeme ungeeignet. Weil seine Impulsantwort nur so stark wie $1/x$ abklingt, konvergiert eine Reihe aus Abtastwerten der Impulsantwort nicht. Falls also im Empfänger der Abtastzeitpunkt nicht unendlich genau bestimmt wird (wovon in der Praxis sicher auszugehen ist), dann kann durch die Überlagerung unendlich vieler Sendeimpulse der Abtastfehler beliebig groß werden.

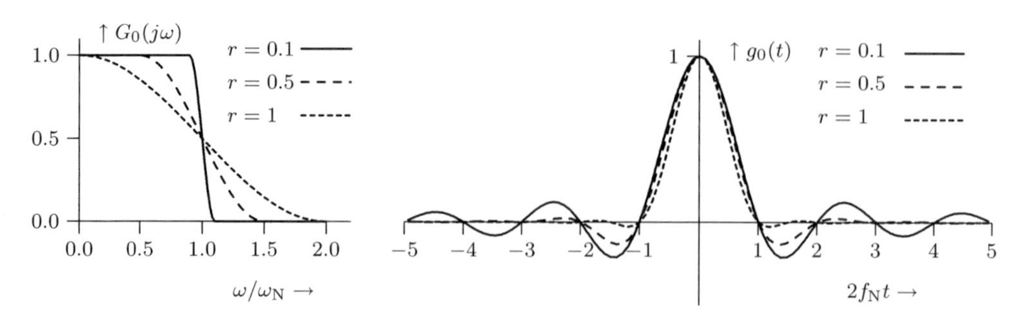

Abb. 9.48: Kosinus-roll-off-Impulse für verschiedene roll-off-Faktoren

Untersucht man hingegen die Konvergenz für $r > 0$, so ergeben sich endliche Werte. Beispielsweise kann für $r = 1$ und eine Fehlabtastung von 10 % der Symboldauer höchstens ein Fehler von 7,7 % des ungestörten Datenwerts auftreten.

Zur Veranschaulichung sind in Abb. 9.49 die Kosinus-Roll-Off-Impulse der Normalkomponente für die Datenfolge $d_1[k] = \{1, 1, -1, 1, -1, -1\}$ dargestellt. Zu einem Zeitpunkt $t = kT_S$ liegt stets nur das Maximum eines Impulse vor, während alle anderen gerade den Wert Null besitzen. Bei einer Abtastung zu anderen Zeitpunkten ergibt die Überlagerung der Nachbarimpulse endliche Werte, weil sie stärker als $1/x$ abklingen.

In Abb. 9.50a ist ein QPSK-Sendesignal mit harter Phasenumtastung für die Dauer von sechs Symbolen dargestellt. Um eine anschauliche Abbildung zu erhalten, ist in diesem Fall das Verhältnis von Symbolfrequenz zur Trägerfrequenz übertrieben groß, sodass ein Symbol nur zwei Trägerperioden dauert. Obwohl es sehr bandbreitenineffizient ist, besitzt ein solch hart getastetes Signal den Vorteil einer konstanten Einhüllenden. Für die Dimensionierung und die Kosten von Sendeanlagen ist dies insofern wichtig, als dadurch die Spitzenleistung von Endverstärkern nicht höher sein muss, als die mittlere abgestrahlte Leistung. Diese Eigenschaft des Sendesignals geht durch den Einsatz von Kosinus-Roll-Off-Impulsen zunächst verloren, wie Abb. 9.50b verdeutlicht. Beim Übergang zwischen Trägerzuständen auf gegenüber liegenden Ecken der Signalkonstellation (siehe Abb. 9.44b) passiert der Trägerzeiger den Nullpunkt, wodurch besonders tiefe Einbrüche der Einhüllenden entstehen. Dieser Nachteil lässt sich dadurch vermeiden, dass Normal- und Quadraturkomponente nicht gleichzeitig sondern zeitlich nacheinander umgeschaltet werden. Dadurch werden Übergänge in der Nähe des Nullpunktes vermieden. Bei der so genannten Offset-QPSK werden die Impulse der Normal- und Quadraturkomponente um $T_S/2$ versetzt. Den glättenden Effekt auf die Hüllkurve verdeutlicht Abb. 9.44c. Durch den Zeitversatz entsteht ein anlagentechnisch deutlich günstigeres Sendesignal.

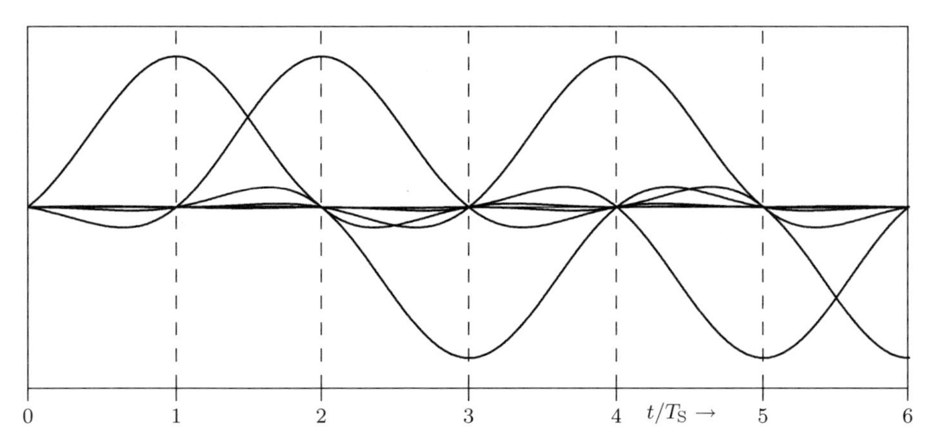

Abb. 9.49: Kosinus-roll-off-Impulse der Normalkomponente (roll-off-Faktor: 0,5)

9.7 Rauschen

9.7.1 Grundbegriffe des elektrischen Rauschens

Mit dem Begriff des Rauschens bezeichnet man statistische Prozesse oder Signale, deren Verlauf nicht vorhersagbar ist und die dennoch keine nutzbare Information beinhalten. Rauschsignale sind im gesamten Universum und insbesondere in Nachrichtensystemen und elektronischen Systemen stets vorhanden und können auch nicht vermieden werden. Sie haben ihre Ursachen in vielfältigen statistischen Vorgängen und stellen eine grundsätzliche Begrenzung für die Empfindlichkeit von Empfängern und für die übertragbare Information pro Zeiteinheit dar. Ohne Rauschen könnten kleinste Signale beliebig hoch verstärkt werden und daher ohne gestört zu werden, über beliebig große Entfernungen übertragen werden. Das Rauschen ist jedoch eine Störgröße, die einen immer größeren Anteil der Nutzinformation verfälscht, je größer sie in Bezug auf die Nutzgröße ist. Es ist daher eine sehr grundsätzliche und wichtige Aufgabe der Nachrichtentechnik, den Einfluss des Rauschens möglichst gering zu halten.

Die physikalischen Ursachen des Rauschens sind vielfältig und zum Teil auch noch nicht vollständig verstanden. Wir wollen die wichtigsten Rauschmechanismen hier kurz ansprechen. Durch die statistische Bewegung der Ladungsträger und durch unregelmäßige Gitterschwingungen, die durch Stöße auf die Ladungsträger übertragen werden, entsteht das *thermische Rauschen*. Es äußert sich durch eine Rauschspannung an den Enden von elektrischen Leitern, wenn sich diese auf endlichen Temperaturen befinden. Ein elektrischer Leiter kann nur dann thermisch rauschen, wenn er selbst Wirkverluste aufweist. Ein ideales, verlustloses Bauelement rauscht auch dann nicht thermisch, wenn es sich auf einer endlichen Temperatur befindet. In der Netzwerktheorie sind daher Netzwerke aus idealen Reaktanzen als rauschfrei zu betrachten. Thermische Rauschspannungen treten grundsätzlich nur bei ohmschen Widerständen auf, die bekanntlich Wirkverluste jeglicher Art repräsentieren können. Ein rauschender Widerstand R kann

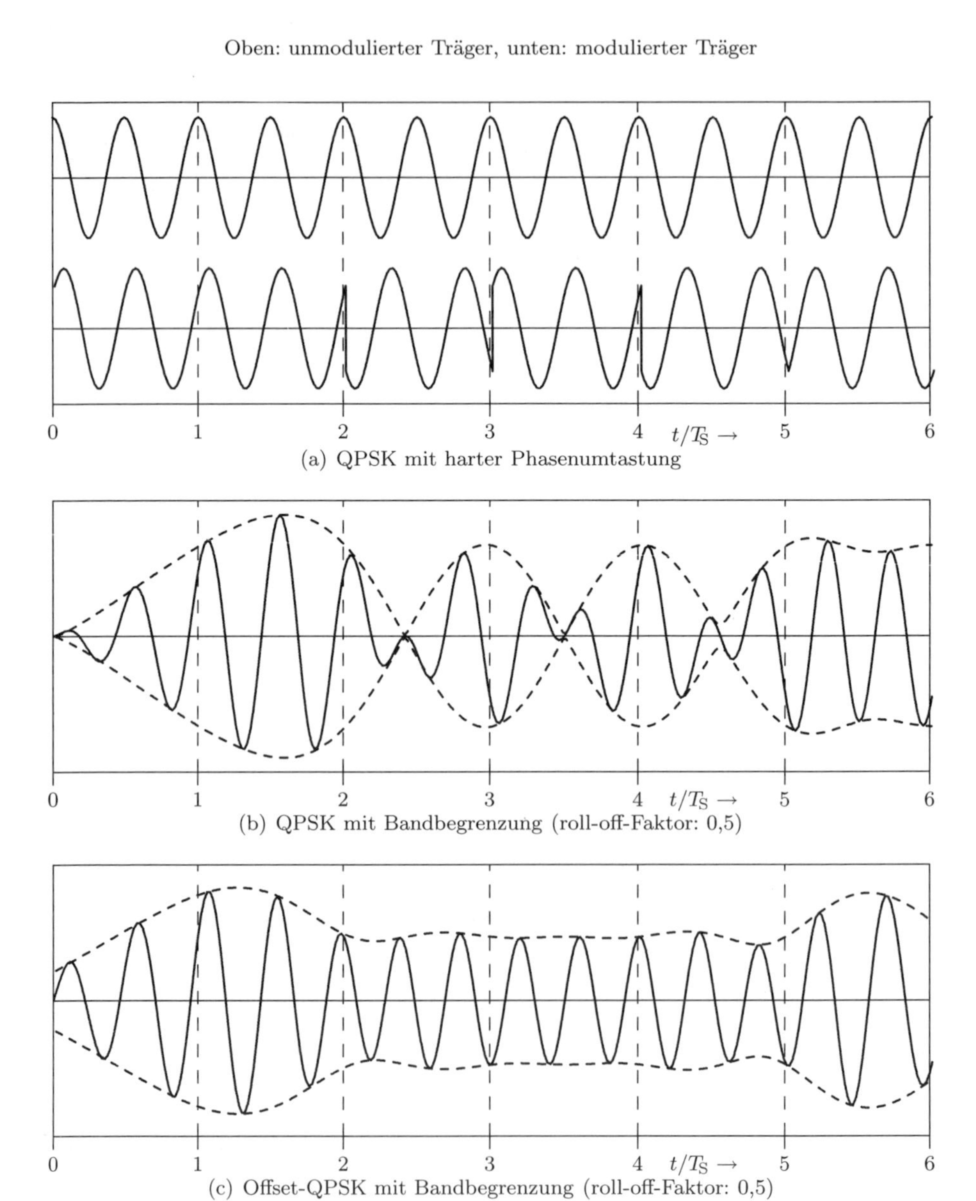

Abb. 9.50: Sendesignal bei verschiedenen Ausprägungen der QPSK

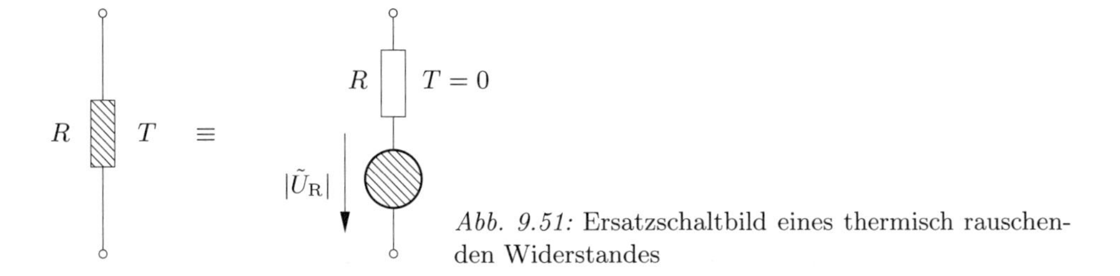

Abb. 9.51: Ersatzschaltbild eines thermisch rauschenden Widerstandes

im Ersatzschaltbild als Serienschaltung einer Rauschspannungsquelle und eines nicht rauschenden Widerstandes, der sich (rechnerisch) auf dem absoluten thermischen Nullpunkt $T = 0$ befindet, beschrieben werden (Abb. 9.51).

Die spektrale Leistungsdichte eines thermischen Rauschprozesses können wir als konstant ansehen. Die aufgenommene Rauschleistung ist daher proportional zur Bandbreite Δf. Die Leerlauf-Rauschspannung eines ohmschen Widerstandes R, der sich auf der Temperatur T befindet ist

$$|\tilde{U}_\mathrm{R}| = \sqrt{4kTR \cdot \Delta f} \tag{9.90}$$

mit der Boltzmann-Konstante

$$k = 1{,}38 \cdot 10^{-23}\,\mathrm{Ws/K}\,.$$

Damit bestätigt man leicht, dass die verfügbare Rauschleistung, die an einen Widerstand gleichen Widerstandswerts abgegeben werden kann,

$$P_\mathrm{RV} = kT \cdot \Delta f \tag{9.91}$$

ist. Diese hängt also von der Bandbreite und von der Temperatur des Widerstandes ab, nicht aber von seinem Wert R. Zur Charakterisisierung eines thermischen Rauschsignals verwendet man daher häufig anstatt seiner Rauschleistung die Temperatur eines Widerstandes, der diese Rauschleistung abgeben würde. In diesem Sinne spricht man von der *Rauschtemperatur* einer Rauschquelle.

Ein weiterer Rauschtypus ist das *Schrotrauschen.* Es entsteht, wenn ein Strom über eine Potentialbarriere fließt. Dies ist in Halbleiterbauelementen und beim Elektronenaustritt aus Glühkathoden der Fall. Weil der Strom in Elementarladungen gequantelt ist und der Zeitpunkt des Übertritts einzelner Ladungsträger statistisch schwankt, entsteht ein Rauschstrom, der um den Mittelwert des Gesamtstromes schwankt und zu diesem proportinal ist.

Sowohl bei Röhren, als auch bei Halbleitern und Kohlewiderständen tritt im Frequenzbereich unterhalb von etwa 100 kHz eine hohe Rauschleistung auf, deren spektrale Dichte näherungsweise proportional zu $1/f$ ist. Man bezeichnet diese Erscheinung daher als $1/f$*-Rauschen.* Die Ursachen für das $1/f$-Rauschen sind noch nicht vollständig aufgeklärt. In Oszillatoren ist es besonders störend, weil es durch die Nichtlinearität der Bauelemente dem hochfrequenten Nutzsignal aufmoduliert wird. In Vakuumröhren tritt

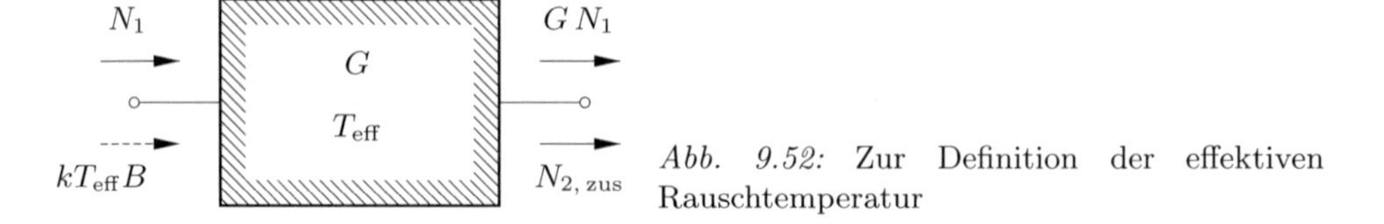

Abb. 9.52: Zur Definition der effektiven Rauschtemperatur

das *Funkelrauschen* auf, welches ebenfalls ein $1/f$-Spektrum besitzt. Es entsteht durch statistische Veränderungen der Austrittsenergie auf der Kathodenoberfläche, welche unter dem Mikroskop als Funkeln beobachtet werden können.

In einem realen Übertragungszweitor sind sicher Rauschquellen vorhanden, sodass die am Ausgang auftretende Rauschleistung unvermeidbar größer ist, als die am Eingang eingespeiste Rauschleistung. In einem passiven Zweitor sind dies ausschließlich thermische Rauschquellen durch stets vorhandene Wirkverluste. Bei aktiven Zweitoren entsteht Rauschleistung auch in Halbleitern oder in Röhren. Der folgende Abschnitt soll zeigen, wie die Rauscheigenschaften von Zweitoren beschrieben werden können.

9.7.2 Effektive Rauschtemperatur

Zur Definition der effektiven Rauschtemperatur eines Zweitors wird die gesamte Ausgangsrauschleistung N_2 aufgespalten in die um den Faktor G verstärkte Eingangsrauschleistung N_1 und in die zusätzliche Rauschleistung $N_{2,\,\text{zus}}$, die von inneren Rauschquellen des Zweitors erzeugt wird und zusätzlich zum verstärkten Eingangsrauschen GN_1 am Ausgang auftritt. Wird das Zweitor als rauschfrei angenommen, dann kann man sich $N_{2,\,\text{zus}}$ auch durch eine zusätzliche Rauschquelle am Eingang verursacht denken, die mit der Temperatur T_{eff} rauscht. Mit der Boltzmann-Konstante k und der Bandbreite Δf ist die Rauschleistung am Ausgang

$$N_2 = G\,N_1 + N_{2,\,\text{zus}} = G\,k\,T_1\,\Delta f + G\,k\,T_{\text{eff}}\,\Delta f = k\,T_2\,\Delta f\ . \tag{9.92}$$

Die so eingeführte effektive Rauschtemperatur T_{eff} beschreibt das zusätzliche Rauschen, welches von dem rauschenden Zweitor hinzugefügt wird. Sie ist damit eine eindeutige Kenngröße zur Beschreibung der Rauscheigenschaften eines Zweitors. Bei gegebener Rauschtemperatur T_1 des Generators ergibt sich die Rauschtemperatur T_2 am Ausgang des Zweitors zu

$$T_2 = G\,(T_1 + T_{\text{eff}})\,. \tag{9.93}$$

9.7.3 Rauschzahl

Die Rauschzahl F eines Zweitors ist der Faktor, um den der Signal-Rausch-Abstand S/N durch das Zweitor vermindert wird. Mit $S_1/S_2 = 1/G$ ergibt sich

$$F = \frac{S_1/N_1}{S_2/N_2} = \frac{N_2}{G\,N_1} = \frac{G\,N_1 + N_{2,\,\text{zus}}}{G\,N_1} = 1 + \frac{N_{2,\,\text{zus}}}{G\,N_1} = 1 + F_\text{Z}\ . \tag{9.94}$$

Die Größe $F_Z = F - 1 = N_{2,\,\mathrm{zus}}/GN_1$ nennt man die *zusätzliche Rauschzahl* des Zweitors. Unter Verwendung der Rauschtemperaturen T_1 und T_{eff} ergibt sich die Rauschzahl zu

$$F = \frac{N_2}{G\,N_1} = \frac{G\,k\,T_1\,\Delta f + G\,k\,T_{\mathrm{eff}}\,\Delta f}{G\,k\,T_1\,\Delta f} = 1 + \frac{T_{\mathrm{eff}}}{T_1} = 1 + F_Z \tag{9.95}$$

mit der Eingangsrauschtemperatur T_1 als Bezugstemperatur. Aus (9.94) und (9.95) ergibt sich für die zusätzliche Rauschzahl

$$F_Z = F - 1 = \frac{N_{2,\,\mathrm{zus}}}{G\,N_1} = \frac{T_{\mathrm{eff}}}{T_1}\,. \tag{9.96}$$

Die Rauschzahl hängt offenbar von der Eingangsrauschleistung N_1 bzw. von der Generatorrauschtemperatur T_1 ab. Sie ist alleine keine hinreichende Beschreibungsgröße für ein rauschendes Zweitor. Die Angabe der Rauschzahl F erfordert auch die Angabe der zugehörigen Eingangsrauschleistung N_1 oder der Generatorrauschtemperatur T_1 als *Bezugstemperatur*.

Üblicherweise wird die Temperatur $T_0 = 290\,\mathrm{K}$ als Bezugstemperatur gewählt. Die zugehörige Rauschzahl heißt *Standard-Rauschzahl* F_0. Falls eine andere Eingangsrauschtemperatur als T_0 vorliegt (etwa $T_1 \neq T_0$), so ist F_0 auf diese andere Bezugstemperatur umzurechnen. Aus (9.95) folgt

$$T_{\mathrm{eff}} = T_0(F_0 - 1) = T_1\left(F\Big|_{T_1} - 1\right) \tag{9.97}$$

und hieraus die Formel

$$F\Big|_{T_1} = \frac{T_0}{T_1}(F_0 - 1) + 1 \tag{9.98}$$

zur Umrechnung von F_0 auf eine andere Bezugstemperatur T_1, welche bei Verwendung der zusätzlichen Rauschzahl F_Z die einfachere Form

$$F_Z\Big|_{T_1} = \frac{T_0}{T_1} \cdot F_Z\Big|_{T_0} \tag{9.99}$$

annimmt. Aus (9.93) und (9.96) folgt außerdem für die Ausgangsrauschtemperatur

$$T_2 = GT_1(1 + F_Z) \tag{9.100}$$

und damit die Darstellung

$$N_2 = k\Delta f T_2 = k\Delta f G T_1 + k\Delta f G T_1 F_Z = GN_1 + N_{2,\,\mathrm{zus}} \tag{9.101}$$

für die verfügbare Ausgangsrauschleistung. Wird also die aufgrund innerer Rauschquellen zusätzlich verfügbare Rauschleistung $N_{2,\,\mathrm{zus}}$ durch Rauschquellen am Eingang des Zweitors modelliert, dann haben diese Quellen eine verfügbare Rauschleistung von

$$P_{\mathrm{RV}} = k \cdot \Delta f \cdot T_1 \cdot F_Z\,, \tag{9.102}$$

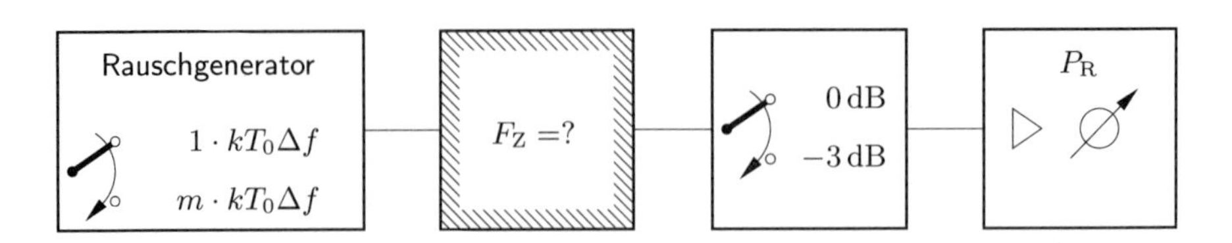

Abb. 9.53: Messung der zusätzlichen Rauschzahl

wobei die zusätzliche Rauschzahl F_Z bezogen auf T_1 einzusetzen ist.

Ein Verfahren, die zusätzliche Rauschzahl F_Z messtechnisch zu bestimmen, ist in Abb. 9.53 dargestellt. Benötigt wird ein Leistungsmessgerät zur Messung der Ausgangsrauschleistung P_R sowie ein Rauschgenerator, dessen Rauschtemperatur einstellbar und auch ablesbar ist. Wir gehen für die Rechnung davon aus, dass die Rauschtemperatur des Generators in Form eines Faktors m bezogen auf die Raumtemperatur T_0 angegeben wird. Weil die zusätzliche Rauschleistung des zu vermessenden Zweitors nicht vom Eingangsrauschen abhängt, kann diese additive Konstante durch Messung der Ausgangsrauschleistung bei zwei bekannten Eingangsrauschtemperaturen bestimmt werden. Geht man beispielsweise so vor, dass man zunächst die Ausgangsrauschleistung bei der Generatortemperatur T_0 misst und anschließend die Generatortemperatur soweit erhöht, dass am Ausgang gerade die doppelte Rauschleistung auftritt, dann gelten für diese beiden Einstellungen jeweils die Beziehungen

$$P_R = G\,k\,T_0\,\Delta f \quad + G\,k\,T_0 F_Z\,\Delta f \tag{9.103a}$$

$$2P_R = G\,k\,mT_0\,\Delta f + G\,k\,T_0 F_Z\,\Delta f\,. \tag{9.103b}$$

Um Ablesefehler zu vermeiden, kann der Faktor 2 in der Ausgangsleistung auch durch Zwischenschalten eines 3-dB-Dämpfungsgliedes und anschließendes Einstellen der gleichen Anzeige bestimmt werden. Bei diesem Vorgehen ist jedoch sicherzustellen, dass das Rauschen des Dämpfungsgliedes die Gesamtrauschzahl nicht wesentlich beeinflusst. Dies ist der Fall, wenn die Verstärkung des Prüfobjektes ausreichend hoch ist. Teilt man nun (9.103a) durch (9.103b) so erhält man

$$\frac{1}{2} = \frac{1 + F_Z}{m + F_Z}$$

und daraus schließlich die Zusatzrauschzahl

$$F_Z = m - 2\,. \tag{9.104}$$

9.7.4 Kettenrauschzahl

Bei der Berechnung der jeweiligen Rauschleistung an den Ausgängen einer Kettenanordnung von Zweitoren ist die effektive Rauschtemperatur eine hilfreiche Größe. Zur

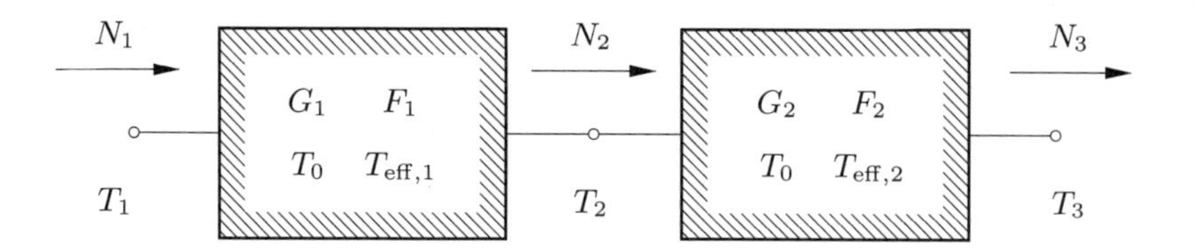

Abb. 9.54: Kettenschaltung von rauschenden Zweitoren

Erläuterung betrachten wir eine Kettenschaltung aus zwei rauschenden Zweitoren. Die Zweitore sind beschrieben durch ihre Verstärkungen G_1 und G_2 und durch ihre Rauschzahlen F_1 und F_2, die bei der Bezugstemperatur T_0 gegeben sind. Nach (9.95) können die zugehörigen effektiven Rauschtemperaturen $T_{\mathrm{eff},1}$ und $T_{\mathrm{eff},2}$ mit

$$T_{\mathrm{eff}} = T_0 \cdot (F - 1) = T_0 \cdot F_{\mathrm{Z}} \tag{9.105}$$

berechnet werden. Durch fortgesetzte Anwendung von (9.93) und unter der Voraussetzung, dass alle Tore angepasst sind, ergeben sich die Rauschtemperaturen T_2 und T_3 zu

$$T_2 = G_1 \cdot (T_1 + T_{\mathrm{eff},1}) \tag{9.106a}$$

$$T_3 = G_2 \cdot \big(G_1 \cdot (T_1 + T_{\mathrm{eff},1}) + T_{\mathrm{eff},2}\big) \; . \tag{9.106b}$$

Diese Vorgehensweise kann auf die Kettenschaltung von n Zweitoren ausgedehnt werden, und wir erhalten die Rauschtemperatur T_{n+1} nach dem n-ten Glied zu

$$T_{n+1} = G_n \Bigg(\cdots G_3 \Big(G_2 \big(G_1 (T_1 + T_{\mathrm{eff},1}) + T_{\mathrm{eff},2} \big) + T_{\mathrm{eff},3} \Big) \cdots + T_{\mathrm{eff},\,n} \Bigg) \tag{9.107}$$

und hiermit die Rauschleistung

$$N_{n+1} = k\, T_{n+1}\, \Delta f \; . \tag{9.108}$$

Mit der Gesamtverstärkung $G = G_1 \cdot \ldots \cdot G_n$ erhält man durch sinngemäße Anwendung von (9.93) die Rauschtemperatur T_{n+1} am Ausgang zu

$$T_{n+1} = G(T_1 + T_{\mathrm{eff,\,ges}}) = G(T_1 + T_0 \cdot F_{\mathrm{Z,\,ges}}) = G\, T_{\mathrm{S}} \; , \tag{9.109}$$

mit der sogenannten *Systemrauschtemperatur*

$$T_{\mathrm{S}} = T_1 + T_0 \cdot F_{\mathrm{Z,\,ges}} \tag{9.110}$$

und der zusätzlichen Rauschzahl der gesamten Zweitorkette

$$F_{\mathrm{Z,\,ges}} = \frac{T_{n+1} - G\, T_1}{G\, T_0} \; . \tag{9.111}$$

Mit (9.111) und durch Einsetzen aller effektiven Rauschtemperaturen nach (9.105) in (9.107) ergibt sich unter der Voraussetzung, dass alle Rauschzahlen auf die gleiche Temperatur T_0 bezogen sind, die zusätzliche Rauschzahl der Kettenschaltung zu

$$F_{\mathrm{Z,\,ges}} = F_{Z,1} + \frac{F_{Z,2}}{G_1} + \frac{F_{Z,3}}{G_1\,G_2} + \cdots + \frac{F_{Z,n}}{G_1\,G_2 \cdots G_{n-1}}\,. \tag{9.112}$$

Wenn die Einzelverstärkungen also nicht zu klein sind ($G_\nu > 10$), dann wird die Rauschzahl der gesamten Kette im Wesentlichen von der Rauschzahl des ersten Gliedes bestimmt.

9.7.5 Rauschpegel

Durch die thermische Bewegung der Ladungsträger in Leitern oder Halbleitern ist an den Klemmen des Bauelementes eine Rauschleistung verfügbar, die durch (9.91) gegeben ist. Dabei ist $k = 1{,}38 \cdot 10^{-23}\,\mathrm{J/K}$ die Boltzmann-Konstante, T die Temperatur in Kelvin und Δf die Rauschbandbreite. Weil die Raumtemperatur $T = 300\,\mathrm{K}$ sehr häufig als Rauschtemperatur auftritt, ist es sinnvoll, die Rauschleistung bei dieser Temperatur und $\Delta f = 1\,\mathrm{Hz}$ zu kennen. Dabei ergibt sich

$$10 \cdot \log\left(\frac{1{,}38 \cdot 10^{-23}\,\mathrm{J/K} \cdot 300\,\mathrm{K} \cdot 1\,\mathrm{Hz}}{1\,\mathrm{mW}}\right)\,\mathrm{dBm} = -173{,}83\,\mathrm{dBm} \approx -174\,\mathrm{dBm}\,.$$

Es lohnt sich, diesen Zahlenwert zu kennen, weil damit sehr schnell die Rauschleistung bei Raumtemperatur auch für andere Bandbreiten bestimmt werden kann. Nachdem die Bandbreite Δf in (9.91) als Faktor auftritt, kann die Erhöhung der Bandbreite wie eine Verstärkung behandelt werden, sodass zum Zahlenwert -174 lediglich der Wert von

$$10 \cdot \log\left(\frac{\Delta f}{\mathrm{Hz}}\right)$$

hinzuzuaddieren ist.

Beispiel 9.2 Die verfügbare thermische Rauschleistung eines Widerstandes auf Raumtemperatur ($T = 300\,\mathrm{K}$) bei einer Rauschbandbreite von 10 MHz ist

$$n_{\mathrm{N}} = (-174 + 70)\,\mathrm{dBm} = -104\,\mathrm{dBm}\,,$$

weil

$$10 \cdot \log\left(\frac{10\,\mathrm{MHz}}{1\,\mathrm{Hz}}\right) = 10 \cdot \log\left(\frac{10^7\,\mathrm{Hz}}{1\,\mathrm{Hz}}\right) = 70\,.$$

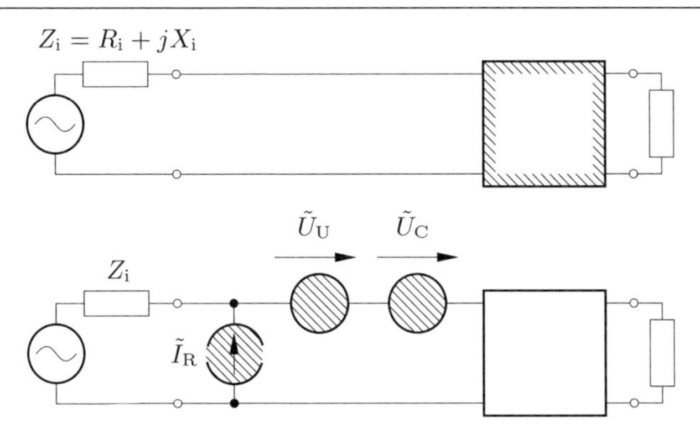

Abb. 9.55: Vierpol mit korrelierten Rauschquellen

9.7.6 Rauschanpassung

Die Beziehung (9.102) kennzeichnet die Rauscheigenschaften eines Vierpols in einem umgebenden Netzwerk eindeutig. Falls der Vierpol korrelierte Rauschquellen enthält, kann aber die Zusatzrauschzahl F_Z eine Funktion der Generatorimpedanz Z_i sein. Es gibt dann meist eine optimale Generatorimpedanz, bei der die Rauschzahl minimal wird. Das Einstellen der in diesem Sinne optimalen Generatorimpedanz bezeichnet man als Rauschanpassung. Sie ist i. A. nicht identisch mit der Leistungsanpassung, sodass beim Entwurf von Hochfrequenzverstärkern insbesondere am Empfängereingang ein Kompromiss zwischen beiden Optimierungsansätzen zu suchen ist.

Zur Herleitung der Rauschanpassung beschreiben wir einen rauschenden Vierpol wieder durch einen rauschfrei gedachten Vierpol mit zusätzlichen Rauschquellen am Eingang (Abb. 9.55). In diesem Beispiel gibt es eine Rauschpannungsquelle, die vollkommen unkorreliert zu anderen Rauschprozessen sei. Ihre Rauschspannung wird mit $\tilde{U}_U$ bezeichnet. Zusätzlich gibt es korrelierte Rauschbeiträge, die in diesem Beispiel durch eine Rauschspannungs- und eine Rauschstromquelle mit der Spannung $\tilde{U}_C$ und der Einströmung $\tilde{I}_R$ repräsentiert werden. Der Grad ihrer Korrelation kann durch die Korrelationsimpedanz

$$Z_{cor} = \frac{\tilde{U}_C}{\tilde{I}_R} = R_{cor} + jX_{cor} \tag{9.113}$$

beschrieben werden. Sie ist eine für den Vierpol kennzeichnende Größe und spielt daher für die Bestimmung der Rauschanpassung eine entscheidende Rolle.

Das Betragsquadrat $|\tilde{U}_G|^2$ der Leerlaufrauschpannung am Eingang des rauschfreien Vierpols erhalten wir durch Addition der Spannungen korrelierter Quellen und durch Addition der Leistungen unkorrelierter Quellen. Es ergibt sich

$$|\tilde{U}_G|^2 = |\tilde{I}_R Z_i + \tilde{U}_C|^2 + |\tilde{U}_U|^2 = |\tilde{I}_R|^2 |Z_i + Z_{cor}|^2 + |\tilde{U}_U|^2 \,. \tag{9.114}$$

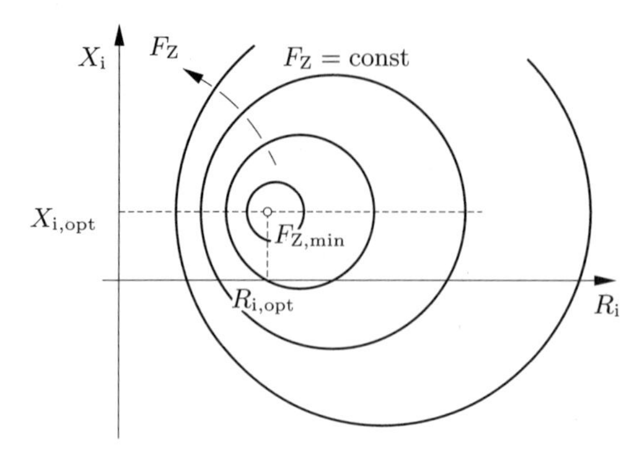

Abb. 9.56: Rauschkreise

Damit ist die am Eingang des Vierpols verfügbare Rauschleistung

$$P_{RV} = \frac{|\tilde{U}_G|^2}{4R_i} = \frac{|\tilde{I}_R|^2|Z_i + Z_{cor}|^2 + |\tilde{U}_U|^2}{4R_i} = F_Z k T_0 \Delta f\,, \tag{9.115}$$

die in der in (9.115) angegebenen Weise durch die Standard-Rauschzahl F_Z repräsentiert wird. Wir lösen (9.115) nach F_Z auf und erhalten

$$F_Z = \frac{|\tilde{U}_U|^2}{4R_i k T_0 \Delta f} + \frac{|\tilde{I}_R|^2}{4R_i k T_0 \Delta f}|Z_i + Z_{cor}|^2 = \frac{r_U}{R_i} + \frac{g_N}{R_i}|Z_i + Z_{cor}|^2\,. \tag{9.116}$$

Dabei wurden zur Abkürzung der Schreibweise die Größen $r_U = |\tilde{U}_U|^2/(4kT_0\Delta f)$ und $g_N = |\tilde{I}_R|^2/(4kT_0\Delta f)$ eingeführt. Sie besitzen die Dimension eines Widerstandes bzw. eines Leitwertes. Für $F_Z = \text{const}$ beschreibt (9.116) Kreise in der Z_i-Ebene, die so genannten Rauschkreise (Abb. 9.56). Es gibt eine optimale Generatorimpedanz $Z_{i,opt} = R_{i,opt} + jX_{i,opt}$, für die F_Z kleinstmöglich wird. Sie ist gegeben durch

$$R_{i,opt} = \sqrt{\frac{r_U}{g_N} + R_{cor}^2} \tag{9.117a}$$

$$X_{i,opt} = -X_{cor} \tag{9.117b}$$

und der Wert der minimalen Zusatzrauschzahl ist

$$F_{Z,min} = 2\left(g_N R_{cor} + \sqrt{g_N r_U + (g_N R_{cor})^2}\right)\,. \tag{9.118}$$

9.7.7 Antennenrauschen

Die bisherigen Betrachtungen gehen davon aus, dass die Rauschleistung in einer Übertragungskette ihre Ursache in statistischen Prozessen der Ladungsströmung in Bauelementen hat. Das plancksche Strahlungsgesetz lehrt jedoch, dass ein idealer schwarzer

Körper, der sich auf einer Temperatur über dem absoluten Nullpunkt befindet, elektromagnetische Strahlung mit einer sehr breiten spektralen Leistungsdichte aussendet. Diese Strahlung ist nicht determiniert und daher ebenfalls ein statistischer Rauschprozess. Im Mikrowellenbereich ist die von einem schwarzen Strahler erzeugte Strahlungsleistungsdichte nach der Näherung

$$E_{\mathrm{S}} = \frac{8\pi}{c_0{}^2} \cdot f^2 \cdot kT \tag{9.119}$$

von Rayleigh-Jeans in etwa proportional zu f^2. Dabei ist E_{S} das Emissionsvermögen des schwarzen Strahlers, gemessen in abgestrahlter Leistung pro Flächeneinheit und Frequenzeinheit. Befindet sich eine Antenne mit beliebiger Richtfunktion $F_{\mathrm{R}}(\vartheta, \varphi)$ in einem ideal absorbierenden Hohlraum, der sich auf der Temperatur T befindet, so kann mit Hilfe einer thermodynamischen Leistungsbilanz gezeigt werden, dass die an den Antennenklemmen verfügbare Rauschleistung durch (9.91) gegeben ist [25]. Es handelt sich dabei um Rauschleistung, die der Antenne von ihrer Umgebung zugestrahlt und von ihr empfangen wird.

In der Realität existieren schwarze Strahler höchstens näherungsweise, wobei die nahezu ideale Absorption nur in einem begrenzten Frequenzbereich vorliegt. Obwohl die Ausdehnung der Rauschquelle zusammen mit der Richtfunktion der Antenne einen Einfluss auf die empfangene Rauschleistung hat, kann man sich in der Praxis häufig mit der Aussage begnügen, dass eine Antenne mit der Temperatur des mit der Hauptkeule betrachteten Hintergrundes rauscht. Diese Aussage gilt unter der Voraussetzung, dass die über Nebenkeulen empfangene Rauschleistung keine Rolle spielt und dass die Abmessungen des betrachteten rauschenden Objektes die Ausdehnung des Antennenstrahles übersteigen.

Außer dem thermischen Rauschen existieren noch weitere Rauschquellen, deren Leistung von Empfangseinrichtungen meist unerwünschterweise aufgenommen wird. Die wichtigsten sind die kosmische Hintergrundstrahlung mit einer äquivalenten Temperatur von etwa 3 K, das atmosphärische Rauschen und Störsignale der vielfältigen elektrotechnischen Einrichtungen, der so genannte *man-made noise*[4]. Das atmosphärische Rauschen setzt sich zusammen aus Anteilen der Eigenstrahlung der Gase, Blitzentladungen und vielfältigen Ionisationsvorgängen. Man-made noise entsteht beispielsweise durch Schaltvorgänge in den Energieverteilungsnetzen, durch Antriebe und Stromrichter sowie durch das ganze Spektrum unerwünschter Abstrahlungen von elektronischen Schaltungen.

Maßgeblich für eine Bewertung der Empfindlichkeit eines Empfängers ist neben der Antennenrauschtemperatur T_{A} auch die Rauschzahl F_{Z} des Gesamtsystems. Die anzunehmende Eingangsrauschleistung des äquivalenten nichtrauschenden Systems setzt sich zusammen aus der empfangenen Rauschleistung und der dazu unkorrelierten äquivalenten Rauschquellen am Eingang, also

$$kT_{\mathrm{S}}\Delta f = kT_{\mathrm{A}}\Delta f + kF_{\mathrm{Z}}T_0\Delta f\,.$$

[4]Durch den Menschen selbst hervorgerufenes Rauschen

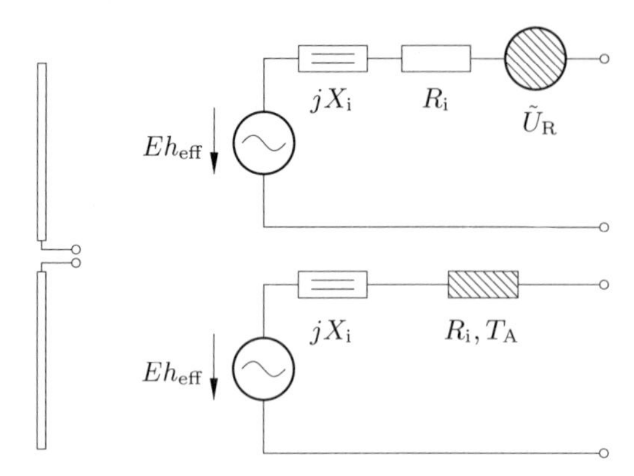

Abb. 9.57: Ersatzschaltbild einer rauschenden Antenne

Durch die Leistungsaddition ergibt sich am Empfängereingang die Gesamtrauschtemperatur

$$T_S = T_A + F_Z T_0 \,, \tag{9.120}$$

die auch Systemrauschtemperatur genannt wird. Von ihr wird die Grenzfeldstärke E_G abgeleitet. Das ist die kleinste elektrische Feldstärke, die vom Empfänger noch jenseits des Rauschens detektiert werden kann. Sie wird dadurch abgeschätzt, dass man die am Eingang des nichtrauschenden Empfängers anliegende Rauschspannung U_{RA} gleichsetzt mit der durch die Grenzfeldstärke hervorgerufenen Leerlaufspannung an den Antennenklemmen:

$$\tilde{U}_{RA} = \sqrt{4kT_S R_i \Delta f} = E_G h_{eff} \,.$$

Bei gegebener Systemrauschtemperatur T_S und effektiver Antennenlänge h_{eff} ist daher die kleinste zu empfangende elektrische Feldstärke

$$E_G = \frac{\sqrt{4kT_S R_i \Delta f}}{h_{eff}} \,. \tag{9.121}$$

A Mathematische Grundlagen und Hilfsmittel

A.1 Der Feldbegriff

In der Physik nennen wir eine Eigenschaft des Raumes, welche jedem Raumpunkt P gesondert zugeordnet werden kann, ein *Feld*. Im mathematischen Sinn ist ein Feld eine Funktion des Punktes P. Wird durch diese Funktion jedem Punkt P ein Zahlenwert oder eine physikalische Größe U zugeordnet, sprechen wir von einem *skalaren Feld* oder einem *Skalarfeld*. Ebenso kann durch die Feldfunktion jedem Punkt ein Vektor $\vec{F}$ zugeordnet werden. Wir sprechen dann von einem *vektoriellen Feld* oder einem *Vektorfeld*.

Entsprechend wollen wir für diese Feldtypen die Schreibweisen

$$U(P) \quad \text{Skalarfeld} \qquad\qquad \vec{F}(P) \quad \text{Vektorfeld}$$

verwenden.

Nachdem wir im Rahmen dieses Buches ausschließlich elektromagnetische Phänomene betrachten wollen, beschränken wir uns auf den dreidimensionalen Raum. Wir wollen also stets implizit voraussetzen, dass $P \in \mathbb{R}^3$ und $\vec{F}(P) \in \mathbb{R}^3$. In diesem Anhang wird daher bewusst auf die verallgemeinerte Darstellung in $\mathbb{R}^n$ verzichtet, obwohl dieses an den meisten Stellen möglich wäre.

Die Elektrotechnik – und die Hochfrequenztechnik im Besonderen – gründet auf der physikalischen Erscheinung, dass ruhende und bewegte Ladungen Kräfte aufeinander ausüben. Bei gegebener Ladungsverteilung sind diese Kräfte eine vektorielle Funktion des Ortes. Sie können durch zwei sich überlagernde Vektorfelder beschrieben werden, das *elektrische* Feld und das *magnetische* Feld. Beide Felder haben unterschiedliche Ursachen und beschreiben unterschiedliche Kraftwirkungen. Allgemein kann man sagen, dass elektrische Felder von Ladungen und zeitveränderlichen Strömen erzeugt werden, während die physikalische Ursache für magnetische Felder ausschließlich Ströme sind.

Elektrische Felder bezeichnen wir mit $\vec{E}(P)$ und magnetische Felder mit $\vec{H}(P)$. Zur anschaulichen Darstellung von Vektorfeldern verwendet man üblicherweise Feldlinien. Das sind gerichtete Kurven, zu denen der Feldvektor tangential verläuft. Eine einzelne Feldlinie liefert damit eine Aussage über die Richtung des Feldes, nicht jedoch über dessen Betrag. Um dennoch die Feldstärke grafisch zu veranschaulichen, bedient man sich zweckmäßig der Feldliniendichte. Die Verwendung der Linienstärke oder sogar der Linienlänge zur Darstellung der Feldstärke ist vereinzelt anzutreffen, aber dennoch nicht empfehlenswert. Zum einen ist die Feldstärke entlang einer Feldlinie i. A. nicht konstant, zum anderen suggeriert die Darstellung durch verschiedene Linienlängen ungewollt den Anfang oder das Ende einer Feldlinie.

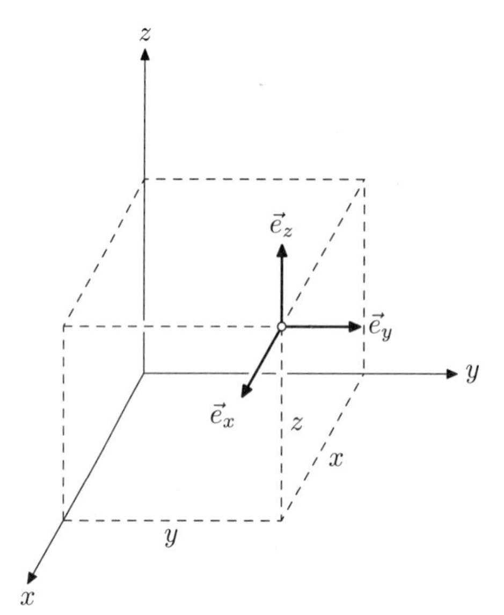

Abb. A.1: Kartesische Koordinaten

A.2 Koordinatensysteme

A.2.1 Kartesische Koordinaten

Ein räumliches kartesisches Koordinatensystem wird durch drei aufeinander senkrecht stehende Achsen festgelegt, welche gleichzeitig die Koordinatenrichtungen einführen. Der gemeinsame Schnittpunkt stellt den Ursprung des Koordinatensystems dar. Die Koordinaten (x, y, z) eines Punktes P erhält man durch senkrechte Projektion von P auf die drei Koordinatenachsen. Diese heißen dementsprechend x-Achse, y-Achse und z-Achse. Wir wollen fortan voraussetzen, dass die drei Achsen in dieser Reihenfolge ein rechtshändiges System bilden. Weiterhin führen wir Vektoren der Länge 1 ein, die im jeweils betrachteten Raumpunkt in die Richtung der wachsenden Koordinaten i, j und k zeigen. Sie heißen *Koordinateneinheitsvektoren* $\vec{e}_i$, $\vec{e}_j$ und $\vec{e}_k$. In kartesischen Koordinaten sind dies die Vektoren

$$\vec{e}_x = \begin{pmatrix} 1 \\ 0 \\ 0 \end{pmatrix} \qquad \vec{e}_y = \begin{pmatrix} 0 \\ 1 \\ 0 \end{pmatrix} \qquad \vec{e}_z = \begin{pmatrix} 0 \\ 0 \\ 1 \end{pmatrix}. \tag{A.1}$$

Ein Skalarfeld $U(P)$ kann damit als Funktion der Koordinaten dargestellt werden:

$$U(P) = U(x, y, z) \tag{A.2}$$

Vektorfelder $\vec{F}(P)$ lassen sich dagegen in ihre Komponenten entlang der Koordinatenrichtungen zerlegen, welche ihrerseits Funktionen der Koordinaten (also des Aufpunktes P) sind. In kartesischen Koordinaten ergibt sich die Form

$$\vec{F}(P) = \vec{F}(x, y, z) = F_x(x, y, z) \cdot \vec{e}_x + F_y(x, y, z) \cdot \vec{e}_y + F_z(x, y, z) \cdot \vec{e}_z. \tag{A.3}$$

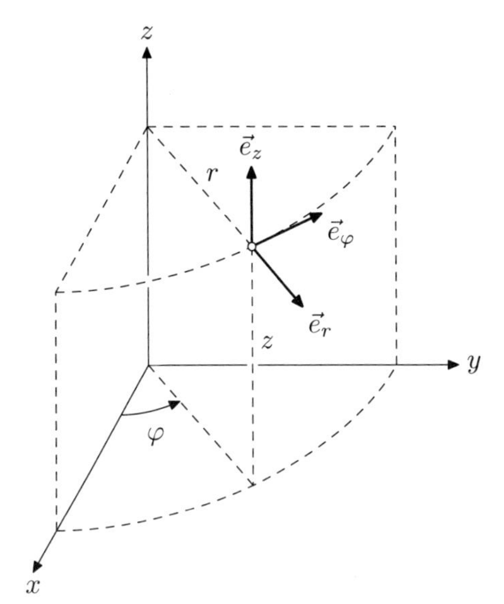

Abb. A.2: Zylinderkoordinaten

In einem kartesischen (oder allgemein in einem geradlinigen) Koordinatensystem sind die Koordinateneinheitsvektoren in allen Punkten des Raumes gleich, sie sind also keine Funktion des Ortes. Allgemein dürfen aber diese Einheitsvektoren auch von Punkt zu Punkt anders gerichtet sein, so wie dies in krummlinigen Koordinatensystemen der Fall ist. Diese Tatsache mag zunächst abschrecken, weil sie einen deutlich erhöhten mathematischen Aufwand vermuten lässt. Dennoch verwendet man in zahlreichen Fällen vorteilhaft krummlinige Koordinaten, nämlich dann, wenn die Koordinatenlinien dem zu behandelnden Problem besonders gut angepasst sind. Die folgenden Abschnitte zeigen Beispiele für die gebräuchlichsten krummlinigen Koordinatensysteme.

A.2.2 Zylinderkoordinaten

Die Verwendung von Zylinderkoordinaten setzt implizit die Einführung eines kartesischen Koordinatensystems voraus. Der Aufpunkt P wird dabei beschrieben durch seine z-Koordinate, durch seinen senkrechten Abstand r von der z-Achse und durch den Winkel φ, den die senkrechte Projektion der Ursprungsgeraden OP in die xy-Ebene mit der x-Achse einschließt. Die Koordinateneinheitsvektoren sind damit offensichtlich ortsabhängig. Sie lassen sich in kartesischen Koordinaten ausdrücken durch

$$\vec{e}_r = \cos\varphi \cdot \vec{e}_x + \sin\varphi \cdot \vec{e}_y \tag{A.4a}$$

$$\vec{e}_\varphi = -\sin\varphi \cdot \vec{e}_x + \cos\varphi \cdot \vec{e}_y \tag{A.4b}$$

$$\vec{e}_z = \vec{e}_z . \tag{A.4c}$$

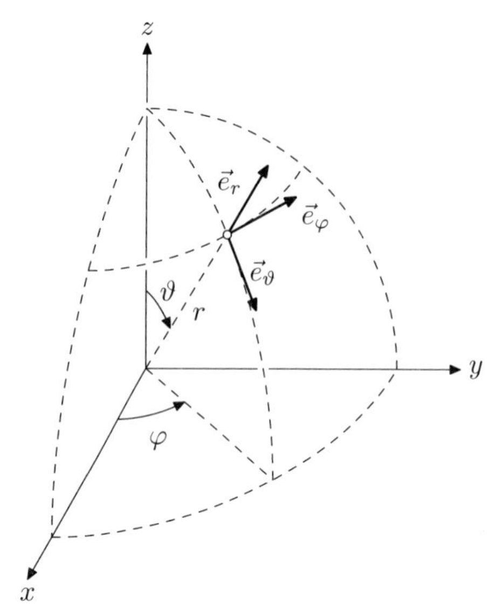

Abb. A.3: Kugelkoordinaten

Umgekehrt können die kartesischen Koordinaten (x, y, z) eines Aufpunktes P aus seinen Zylinderkoordinaten (r, φ, z) durch die Beziehungen

$$x = r\cos\varphi \tag{A.5a}$$
$$y = r\sin\varphi \tag{A.5b}$$
$$z = z \tag{A.5c}$$

ermittelt werden. Die Umkehrung dieser Koordinatentransformation lautet

$$r = \sqrt{x^2 + y^2} \tag{A.6a}$$
$$\varphi = \arctan\left(\frac{y}{x}\right) \tag{A.6b}$$
$$z = z. \tag{A.6c}$$

A.2.3 Kugelkoordinaten

Schließlich definieren wir noch Kugelkoordinaten (r, φ, ϑ), deren Bedeutung in Abb. A.3 dargestellt ist. Die ortsabhängigen Koordinateneinheitsvektoren $\vec{e}_r$, $\vec{e}_\varphi$ und $\vec{e}_\vartheta$ können durch

$$\vec{e}_r = \sin\vartheta\,(\cos\varphi\cdot\vec{e}_x + \sin\varphi\cdot\vec{e}_y) + \cos\vartheta\cdot\vec{e}_z \tag{A.7a}$$
$$\vec{e}_\vartheta = \cos\vartheta\,(\cos\varphi\cdot\vec{e}_x + \sin\varphi\cdot\vec{e}_y) - \sin\vartheta\cdot\vec{e}_z \tag{A.7b}$$
$$\vec{e}_\varphi = -\sin\varphi\cdot\vec{e}_x + \cos\varphi\cdot\vec{e}_y \tag{A.7c}$$

in ihre kartesischen Komponenten zerlegt werden. Damit ergeben sich die kartesischen Koordinaten des Aufpunktes P aus den Kugelkoordinaten mit

$$x = r \sin\vartheta \cos\varphi \tag{A.8a}$$
$$y = r \sin\vartheta \sin\varphi \tag{A.8b}$$
$$z = r \cos\vartheta \tag{A.8c}$$

und umgekehrt können die Kugelkoordinaten aus den kartesischen Koordinaten mit

$$r = \sqrt{x^2 + y^2 + z^2} \tag{A.9a}$$
$$\varphi = \arctan\left(\frac{y}{x}\right) \tag{A.9b}$$
$$\vartheta = \arctan\left(\frac{\sqrt{x^2 + y^2}}{z}\right) \tag{A.9c}$$

bestimmt werden.

Der Winkel φ wird als *Azimutalwinkel* oder auch kurz als *Azimut* bezeichnet. Für den Winkel ϑ ist die Bezeichnung *Polwinkel* üblich. Gelegentlich ist eine abweichende Definition der Kugelkoordinaten zu finden, in der ϑ von der xy-Ebene aus gezählt wird. In diesem Fall nennt man ϑ den *Erhebungswinkel* oder auch die *Elevation*. Die oben angegebenen Umrechnungsbeziehungen sind diesem Fall entsprechend abzuwandeln.

A.3 Vektoranalytische Operationen

A.3.1 Skalarprodukt

In kartesischen Koordinaten ist das (kanonische) *Skalarprodukt* zweier Vektoren $\vec{A} = A_x\vec{e}_x + A_y\vec{e}_y + A_z\vec{e}_z$ und $\vec{B} = B_x\vec{e}_x + B_y\vec{e}_y + B_z\vec{e}_z$ definiert als

$$\vec{A} \cdot \vec{B} = A_x B_x + A_y B_y + A_z B_z \; . \tag{A.10}$$

Für diese Vektormultiplikation findet man häufig auch die Bezeichnung *inneres Produkt*. Mit Hilfe der Schreibweise $\vec{A} = (A_x \;\, A_y \;\, A_z)^{\mathrm{T}}$ und $\vec{B} = (B_x \;\, B_y \;\, B_z)^{\mathrm{T}}$ ergibt sich bezüglich einer kartesischen Koordinatenbasis auch die Darstellung

$$\vec{A} \cdot \vec{B} = \vec{A}^{\mathrm{T}} \vec{B} \tag{A.11}$$

und insbesondere gilt

$$\vec{A} \cdot \vec{A} = \vec{A}^{\mathrm{T}} \vec{A} = |\vec{A}|^2 \; . \tag{A.12}$$

Der Winkel α zwischen zwei Vektoren ist durch die Beziehung

$$\vec{A} \cdot \vec{B} = |\vec{A}| \cdot |\vec{B}| \cdot \cos\alpha \tag{A.13}$$

festgelegt. Dem entsprechend heißen zwei Vektoren *zueinander orthogonal*, wenn $\vec{A}\cdot\vec{B} = 0$. Der Wert des Skalarprodukts ist dann maximal, wenn die beiden beteiligten Vektoren gleich orientiert sind. Das innere Produkt zweier orthogonaler Vektoren ist dagegen Null, unabhängig vom Betrag der Vektoren.

A.3.2 Kreuzprodukt

Eine andere wichtige Operation der Vektoranalysis ist das *Kreuzprodukt* oder auch *Vektorprodukt*. In kartesischen Koordinaten ist das Kreuzprodukt definiert durch

$$\vec{A} \times \vec{B} = \begin{pmatrix} A_x \\ A_y \\ A_z \end{pmatrix} \times \begin{pmatrix} B_x \\ B_y \\ B_z \end{pmatrix} = \begin{vmatrix} \vec{e}_x & \vec{e}_y & \vec{e}_z \\ A_x & A_y & A_z \\ B_x & B_y & B_z \end{vmatrix} = \begin{pmatrix} A_y B_z - A_z B_y \\ A_z B_x - A_x B_z \\ A_x B_y - A_y B_x \end{pmatrix} . \tag{A.14}$$

Die Determinate ist hierbei nur formal zu verstehen. Im Vergleich zur Eigenschaft (A.13) des Skalarprodukts gilt für den Betrag des Kreuzprodukts

$$|\vec{A} \times \vec{B}| = |\vec{A}| \cdot |\vec{B}| \cdot \sin\alpha . \tag{A.15}$$

Damit ist der Betrag des Kreuzprodukts maximal, wenn die beteiligten Vektoren aufeinander senkrecht stehen. Es ist zu beachten, dass $\vec{A}\times\vec{B}$ wieder ein Vektor ist, während das innere Produkt eine Zahl (ein *Skalar*) zum Ergebnis hat. Zur besseren Anschauung vergegenwärtige man sich folgende Eigenschaften des Kreuzprodukts:

1. $\vec{A} \times \vec{B}$ steht senkrecht auf der von $\vec{A}$ und $\vec{B}$ aufgespannten Ebene.
2. $|\vec{A} \times \vec{B}|$ ist gleich dem Flächeninhalt des von $\vec{A}$ und $\vec{B}$ aufgespannten Parallelogramms.
3. Die Vektoren $(\vec{A}, \vec{B}, \vec{A} \times \vec{B})$ bilden ein Rechtssystem (Rechte-Hand-Regel).

A.3.3 Der Gradient eines skalaren Feldes

Wir betrachten ein skalares Feld $U(P) = U(x, y, z)$. Den *Gradienten* von U an der Stelle P erhält man durch

$$\operatorname{grad} U(P) = \begin{pmatrix} \frac{\partial U}{\partial x} \\ \frac{\partial U}{\partial y} \\ \frac{\partial U}{\partial z} \end{pmatrix} = \frac{\partial U}{\partial x}\vec{e}_x + \frac{\partial U}{\partial y}\vec{e}_y + \frac{\partial U}{\partial z}\vec{e}_z . \tag{A.16}$$

Die Gradientenbildung ergibt ein Vektorfeld, welches an jedem Punkt P die Richtung und den Betrag der größten Änderung von $U(P)$ angibt. Geht das Vektorfeld $\vec{E}(P)$ durch Gradientenbildung aus dem skalaren Feld $U(P)$ hervor, dann nennt man $U(P)$ ein *skalares Potential* zu $\vec{E}(P)$. Die Definition (A.16) verdeutlicht auch, dass skalare Potentialfelder ohne weitere Randbedingungen nur bis auf eine additive Konstante festgelegt sein können.

A.3.4 Die Divergenz eines Vektorfeldes

In Anlehnung an die Strömungsmechanik kann einer (orientierbaren) Fläche ein *Fluss* zugeordnet werden, den ein gegebenes Vektorfeld durch diese Fläche hindurch transportiert. Als Anschauungshilfe denke man sich das Vektorfeld $\vec{F}(P)$ als Geschwindigkeitsfeld einer Flüssigkeitsströmung. Der Fluss Φ durch die Fläche A ist dann gegeben durch das Integral

$$\Phi = \iint\limits_{A} \vec{F}(P) \cdot \mathrm{d}\vec{A}$$

von $\vec{F}(P)$ über die Fläche A. Der Begriff des Flächenintegrals sei hier vorweggenommen. Wir werden ihn in Abschnitt A.5 noch näher erläutern.

Wenn A eine geschlossene Fläche (also der Rand ∂V eines Volumens V oder auch eine *Hülle*) ist, und der Fluss durch A einen von Null verschiedenen Wert hat, dann sagt man, das Feld $\vec{F}$ habe innerhalb der Hülle ∂V *Quellen*. Lässt man die Hülle A stetig auf einen Punkt P zusammenschrumpfen, dann nennt man den sich ergebenden Grenzwert

$$\operatorname{div} \vec{F}(P) = \lim_{V \to 0} \overset{\circ}{\Phi} = \lim_{V \to 0} \iint\limits_{\partial V} \vec{F}(P) \cdot \mathrm{d}\vec{A}$$

des Hüllenflusses die örtliche *Quellendichte* oder auch die *Divergenz* von $\vec{F}$ an der Stelle P. Wir bezeichnen hier die Hülle A, welche die *Berandung* des Volumens V darstellt, mit ∂V. Das Symbol $\overset{\circ}{\Phi}$ soll verdeutlichen, dass es sich hier um den magnetischen Fluss Φ durch eine geschlossene Hülle handelt. Die Divergenz ist gegeben durch

$$\operatorname{div} \vec{F}(P) = \lim_{V \to 0} \overset{\circ}{\Phi} = \frac{\partial F_x}{\partial x} + \frac{\partial F_y}{\partial y} + \frac{\partial F_z}{\partial z} \,. \tag{A.17}$$

Die Divergenzbildung ordnet also einem Vektorfeld $\vec{F}$ das skalare Feld $\operatorname{div} \vec{F}$ seiner lokalen Quellendichte zu.

A.3.5 Die Rotation eines Vektorfeldes

Zur Erläuterung der Rotation führen wir zunächst das Wegintegral

$$\int\limits_{P_1}^{P_2} \vec{F}(P) \cdot \mathrm{d}\vec{s}$$

des Vektorfeldes $\vec{F}(P)$ entlang einer Kurve vom Punkt P_1 zum Punkt P_2 ein. Falls $\vec{F}(P)$ ein Kraftfeld bezeichnet, dann beschreiben Kurvenintegrale die Arbeit, die bei

Bewegung entlang eines Weges verrichtet wird. Wir werden aber auch in der Hochfrequenztechnik eine weitere wichtige Bedeutung solcher Integrale finden.

Wenn der Integrationsweg in sich geschlossen ist, dann nennt man den Wert des Kurvenintegrals auch die *Zirkulation* von $\vec{F}(P)$ entlang der Kurve. Zieht man eine solche geschlossene Kurve stetig auf einen Punkt P zusammen, sodass die von der Kurve berandete Fläche gegen Null strebt, dann nennt man den Grenzwert

$$\operatorname{rot}\vec{F} = \lim_{A\to 0} \oint\limits_{\partial A} \vec{F}(P)\cdot \mathrm{d}\vec{s}$$

die örtliche *Wirbeldichte* oder auch die *Rotation* von $\vec{F}$ an der Stelle P. Ebenso wie oben kennzeichnen wir eine geschlossene Kurve mit ∂A, um anzudeuten, dass es sich um die Berandung der Fläche A handelt. Die Rotation eines Vektorfeldes ergibt sich zu

$$\operatorname{rot}\vec{F} = \begin{pmatrix} \frac{\partial}{\partial x} \\ \frac{\partial}{\partial y} \\ \frac{\partial}{\partial z} \end{pmatrix} \times \begin{pmatrix} F_x \\ F_y \\ F_z \end{pmatrix} = \begin{vmatrix} \vec{e}_x & \vec{e}_y & \vec{e}_z \\ \frac{\partial}{\partial x} & \frac{\partial}{\partial y} & \frac{\partial}{\partial z} \\ F_x & F_y & F_z \end{vmatrix} = \begin{pmatrix} \frac{\partial F_z}{\partial y} - \frac{\partial F_y}{\partial z} \\ \frac{\partial F_x}{\partial z} - \frac{\partial F_z}{\partial x} \\ \frac{\partial F_y}{\partial x} - \frac{\partial F_x}{\partial y} \end{pmatrix}. \tag{A.18}$$

Ein Vektorfeld, welches durch Rotationsbildung aus einem anderen hervorgeht, nennt man häufig auch ein *Wirbelfeld*. Wir werden später noch auf besondere Eigenschaften von Wirbelfeldern und wirbelfreien Feldern eingehen. An dieser Stelle kann aber bereits festgehalten werden, dass

$$\operatorname{rot}\operatorname{grad} U(P) \equiv \vec{0}, \tag{A.19}$$

wie man leicht unter Verwendung von (A.18) und (A.16) zeigen kann. Das bedeutet, dass Vektorfelder, welche durch Gradientenbildung aus einem skalaren Potential hervorgehen, keine Wirbel haben können.

Abschließend seien noch die Abbildungseigenschaften der wichtigen Vektoroperationen grad, div und rot bezüglich ihrer Wertigkeit zusammengestellt:

$$\begin{array}{lll} \text{grad:} & \text{Skalarfeld} \longmapsto & \text{Vektorfeld} \\ \text{div:} & \text{Vektorfeld} \longmapsto & \text{Skalarfeld} \\ \text{rot:} & \text{Vektorfeld} \longmapsto & \text{Vektorfeld} \end{array}$$

Die Wertigkeiten sind auch durch die verschiedenen Schreibweisen verdeutlicht.

A.4 Kurven-, Flächen- und Volumenelemente

In der elektromagnetischen Theorie treten wie auch in vielen anderen Disziplinen der Ingenieurwissenschaften häufig Integrationen entlang von Kurven oder über gekrümmte Flächen auf. Bevor wir diese Arten von Integralen näher beschreiben, wollen wir zunächst klären, wie die infinitesimalen Inkremente auf Kurven oder Flächen zu verstehen

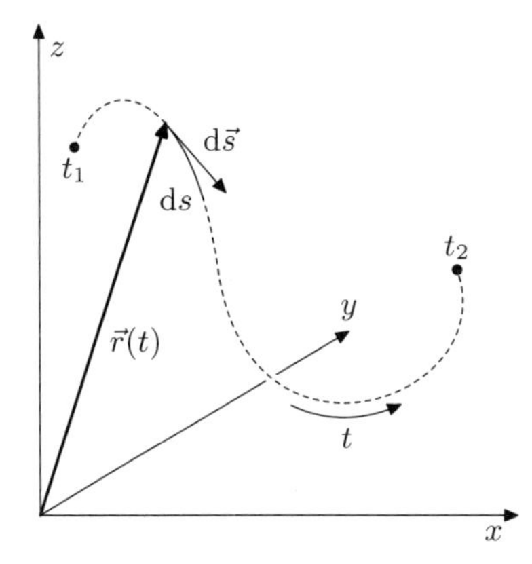

Abb. A.4: Zur Erläuterung des infinitesimalen Kurvenelementes

sind. Dabei wollen wir davon ausgehen, dass die Kurven und Flächen in einer *Parameterform* beschrieben sind. Es liege also eine vektorwertige Funktion vor, die einen Parameterbereich eineindeutig auf die Ortsvektoren $\vec{r}$ abbildet, die zu den Punkten auf der Kurve oder Fläche gehören.

Eine Kurve ist ein eindimensionales Gebilde, selbst dann, wenn sie nicht gerade oder eben ist. Zu ihrer Beschreibung ist daher auch *ein* Parameter t ausreichend. Eine Kurve kann also durch den Ortsvektor

$$\vec{r}(t) = \begin{pmatrix} x(t) \\ y(t) \\ z(t) \end{pmatrix} \tag{A.20}$$

beschrieben werden. Seine Spitze wandert mit zunehmenden Parameter t auf der Kurve entlang. Die gesamte Kurve oder auch ein Teilausschnitt wird dann durch ein Intervall $t \in [t_1, t_2]$ festgelegt, welches durch die Funktion (A.20) auf das Kurvenstück abgebildet wird. Dabei ist die Abbildung eines Parameterintervalls auf die zugehörige durchlaufene Bogenlänge im allgemeinen nichtlinear. Es tritt eine örtliche Stauchung oder Dehnung auf.

In jedem Punkt der Kurve ist $\mathrm{d}\vec{r}(t)/\mathrm{d}t$ ein Tangentenvektor an die Kurve, der in die Richtung des zunehmenden Parameters t weist. Durch Erhöhen des Parameters um $\mathrm{d}t$ bewegt sich der Aufpunkt $\vec{r}$ um die Wegelemente

$$\mathrm{d}s = \left|\frac{\mathrm{d}\vec{r}(t)}{\mathrm{d}t}\right| \mathrm{d}t \qquad \text{skalar} \tag{A.21a}$$

$$\mathrm{d}\vec{s} = \frac{\mathrm{d}\vec{r}(t)}{\mathrm{d}t}\,\mathrm{d}t \qquad \text{vektoriell} \tag{A.21b}$$

entlang der Kurve weiter. Das skalare Wegelement $\mathrm{d}s$ gibt die infinitesimale Bogenlänge an während das vektorielle Wegelement $\mathrm{d}\vec{s}$ zusätzlich tangential gerichtet das räumliche Fortschreiten beschreibt.

Die Parameterform einer Fläche benötigt dem gegenüber *zwei* Parameter u und v zur Beschreibung einer zweidimensionalen Menge. Der Ortsvektor $\vec{r}$, dessen Spitze die

Fläche überstreicht, sei also durch die Abbildung

$$\vec{r}(u,v) = \begin{pmatrix} x(u,v) \\ y(u,v) \\ z(u,v) \end{pmatrix} \tag{A.22}$$

beschrieben. Durch (A.22) wird ein Gebiet aus dem Parameterraum auf die parametrisierte Fläche abgebildet. Die Koordinatenlinien des Parameterraums werden gemäß

$$u \mapsto \vec{r}(u,v) \qquad v = \text{const} \tag{A.23a}$$

$$v \mapsto \vec{r}(u,v) \qquad u = \text{const} \tag{A.23b}$$

auf ein Netz von Koordinatenlinien in der Fläche abgebildet. Im Allgemeinen findet auch hier eine örtliche Dehnung oder Stauchung statt. In jedem Punkt der Fläche sind die Tangentialvektoren $\vec{r}_u$ und $\vec{r}_v$ in die Richtungen der abgebildeten Koordinatenlinien $u = \text{const}$ und $v = \text{const}$ durch

$$\vec{r}_u(u,v) = \frac{\partial \vec{r}(u,v)}{\partial u} \tag{A.24a}$$

$$\vec{r}_v(u,v) = \frac{\partial \vec{r}(u,v)}{\partial v} \tag{A.24b}$$

gegeben. Da beide Vektoren tangential zur Fläche gerichtet sind, erhält man den Normalen-Einheitsvektor in jedem Punkt der Fläche durch

$$\vec{n} = \frac{\vec{r}_u \times \vec{r}_v}{|\vec{r}_u \times \vec{r}_v|} \,. \tag{A.25}$$

Der Betrag von $\vec{r}_u \times \vec{r}_v$ entspricht dem örtlichen Dehnungsfaktor, sodass die skalaren und vektoriellen Flächenelemente durch

$$\mathrm{d}A = |\vec{r}_u \times \vec{r}_v| \, \mathrm{d}u \, \mathrm{d}v \tag{A.26a}$$

$$\mathrm{d}\vec{A} = (\vec{r}_u \times \vec{r}_v) \, \mathrm{d}u \, \mathrm{d}v = \vec{n} \cdot \mathrm{d}A \tag{A.26b}$$

gegeben sind. Die Orientierung von vektoriellen Flächenelementen wird senkrecht zur Fläche gewählt. Auf diese Weise erhält man durch Bildung des Skalarproduktes zwischen den Flächenelementen und einem Vektorfeld gerade den Betrag der Komponente des Vektorfeldes, die in jedem Punkt der Fläche auf dieser senkrecht steht, multipliziert mit dem Inhalt $\mathrm{d}A$ des lokalen Flächenelements.

Ebenso treten allgemein bei der Parametrisierung von Volumenbereichen lokale Dehnungen oder Stauchungen auf, falls es sich nicht um den Sonderfall eines achsparallelen, kartesischen Volumenquaders handelt. Zur vollständigen Parametrisierung eines Raumvolumens werden nun drei Parameter (u, v, w) benötigt. Der Ortsvektor, dessen Spitze alle Punkte des Volumens durchläuft, sei daher gegeben durch

$$\vec{r}(u,v,w) = \begin{pmatrix} x(u,v,w) \\ y(u,v,w) \\ z(u,v,w) \end{pmatrix} \,. \tag{A.27}$$

Die lokale Dehnung wird durch den Betrag der Jacobi-Determinate

$$\frac{\partial\vec{r}(u,v,w)}{\partial(u,v,w)} = \begin{vmatrix} \frac{\partial x}{\partial u} & \frac{\partial x}{\partial v} & \frac{\partial x}{\partial w} \\ \frac{\partial y}{\partial u} & \frac{\partial y}{\partial v} & \frac{\partial y}{\partial w} \\ \frac{\partial z}{\partial u} & \frac{\partial z}{\partial v} & \frac{\partial z}{\partial w} \end{vmatrix} \tag{A.28}$$

angegeben, sodass sich das Volumenelement $\mathrm{d}V$ von einer Parametrisierung durch

$$\mathrm{d}V = \left|\frac{\partial\vec{r}(u,v,w)}{\partial(u,v,w)}\right| \mathrm{d}u\,\mathrm{d}v\,\mathrm{d}w \tag{A.29}$$

ableitet.

Im Folgenden wollen wir diese allgemeine Betrachtungsweise am Beispiel von technisch bedeutsamen Koordinatensystemen erläutern. Wichtige Kurven oder Flächen sind hier die Koordinantenlinien oder -flächen, auf denen jeweils eine oder zwei Koordinaten konstant sind.

Kartesische Koordinaten

Kartesische Koordinaten stellen den Bezug für Längen- und Flächeneinheiten dar. Deshalb tritt bei der Parametrisierung von Koordinatenlinien oder -flächen hier auch keine Dehnung auf, und die infinitesimalen Inkremente ergeben sich direkt aus den Inkrementen in den Koordinaten. Für Linien, auf denen nur eine kartesische Koordinate veränderlich ist, gilt daher für die vektoriellen Wegelemente

$$\mathrm{d}\vec{s} = \mathrm{d}x\,\vec{e}_x \qquad y = \text{const}, z = \text{const} \tag{A.30a}$$

$$\mathrm{d}\vec{s} = \mathrm{d}y\,\vec{e}_y \qquad z = \text{const}, x = \text{const} \tag{A.30b}$$

$$\mathrm{d}\vec{s} = \mathrm{d}z\,\vec{e}_z \qquad x = \text{const}, y = \text{const}\,, \tag{A.30c}$$

für die vektoriellen Flächenelemente

$$\mathrm{d}\vec{A} = \mathrm{d}x\,\mathrm{d}y\,\vec{e}_z \qquad z = \text{const} \tag{A.31a}$$

$$\mathrm{d}\vec{A} = \mathrm{d}y\,\mathrm{d}z\,\vec{e}_x \qquad x = \text{const} \tag{A.31b}$$

$$\mathrm{d}\vec{A} = \mathrm{d}x\,\mathrm{d}z\,\vec{e}_y \qquad y = \text{const} \tag{A.31c}$$

und für das Volumenelement

$$\mathrm{d}V = \mathrm{d}x\,\mathrm{d}y\,\mathrm{d}z \tag{A.32}$$

Die Orientierung von Flächen ist zunächst willkürlich. Allerdings gilt in den Formulierungen von Integralgleichungen, in denen Flächenintegrale auftreten, die Vereinbarung, dass geschlossene Flächen (Hüllen) von innen nach außen orientiert werden. Ferner ist bei endlichen Flächen mit orientierter Randkurve die Orientierung der Fläche so zu wählen, dass der Umlaufsinn des Flächenrandes und die Orientierung der Fläche eine Rechtsschraube bilden. Diese Vereinbarungen sind für die jeweiligen Vorzeichen der Integrale von Bedeutung.

Zylinderkoordinaten

Zylinderkoordinanten sind bezüglich kartesischer Koordinaten krummlinig. Es ist daher möglich, dass bei Integration entlang von Koordinatenlinien das Weginkrement ds nicht genauso groß ist wie das Inkrement in der entsprechenden Koordinate. Der auftretende Dehnungsfaktor kann sogar ortsabhängig, also eine Funktion der übrigen Koordinaten sein. Um die formale Bestimmung der Dehungsfaktoren am Beispiel aufzuzeigen, wollen wir die Parametrisierung hier einmal ausführlich vorstellen. Bei allen folgenden Beispielen möge sich der Leser zur Übung die Gültigkeit der entsprechenden Formeln selbst überlegen.

Die Koordinatenlinien der Zylinderkoordinaten besitzen die Parameterformen

$$\vec{r}(r) = r\cos\varphi\,\vec{e}_x + r\sin\varphi\,\vec{e}_y + z\vec{e}_z \qquad \varphi = \text{const}, z = \text{const} \tag{A.33a}$$

$$\vec{r}(\varphi) = r\cos\varphi\,\vec{e}_x + r\sin\varphi\,\vec{e}_y + z\vec{e}_z \qquad z = \text{const}, r = \text{const} \tag{A.33b}$$

$$\vec{r}(z) = r\cos\varphi\,\vec{e}_x + r\sin\varphi\,\vec{e}_y + z\vec{e}_z \qquad r = \text{const}, \varphi = \text{const} \tag{A.33c}$$

wobei die jeweils veränderliche Koordinate die Aufgabe des Parameters übernimmt. Durch Bildung der Ableitungen

$$\mathrm{d}\vec{s} = \frac{\mathrm{d}\vec{r}}{\mathrm{d}r}\,\mathrm{d}r \qquad \mathrm{d}\vec{s} = \frac{\mathrm{d}\vec{r}}{\mathrm{d}\varphi}\,\mathrm{d}\varphi \qquad \mathrm{d}\vec{s} = \frac{\mathrm{d}\vec{r}}{\mathrm{d}z}\,\mathrm{d}z$$

und durch Verwendung der Koordinateneinheitsvektoren (A.4) erhält man die vektoriellen Kurvenelemente

$$\mathrm{d}\vec{s} = \mathrm{d}r\,\vec{e}_r \qquad \varphi = \text{const}, z = \text{const} \tag{A.34a}$$

$$\mathrm{d}\vec{s} = (r\,\mathrm{d}\varphi)\,\vec{e}_\varphi \qquad z = \text{const}, r = \text{const} \tag{A.34b}$$

$$\mathrm{d}\vec{s} = \mathrm{d}z\,\vec{e}_z \qquad r = \text{const}, \varphi = \text{const} \tag{A.34c}$$

entlang der Koordinatenlinien bei Zylinderkoordinaten. In der gleichen Weise – die schrittweise Durchführung sei nun dem Leser überlassen – leiten sich die vektoriellen Flächenelemente in Koordinatenflächen ab. Koordinatenflächen sind dadurch ausgezeichnet, dass auf ihnen eine der drei Koordinaten konstant ist, und die Fläche daher durch die verbleibenden beiden Koordinaten parametrisiert wird. Bei orthonormalen Koordinatensystemen folgt daraus ferner, dass der Flächennormalenvektor gerade der Einheitsvektor in Richtung der konstanten Koordinate ist. Wegen dieser Besonderheit ist die Integration über Koordinatenflächen relativ einfach. Die vektoriellen Flächenelemente der Zylinderkoordinatenflächen sind

$$\mathrm{d}\vec{A} = r\,\mathrm{d}\varphi\,\mathrm{d}z\,\vec{e}_r \qquad r = \text{const} \tag{A.35a}$$

$$\mathrm{d}\vec{A} = \mathrm{d}r\,\mathrm{d}z\,\vec{e}_\varphi \qquad \varphi = \text{const} \tag{A.35b}$$

$$\mathrm{d}\vec{A} = r\,\mathrm{d}r\,\mathrm{d}\varphi\,\vec{e}_z \qquad z = \text{const} \tag{A.35c}$$

und das Volumenelement ist gegeben durch

$$\mathrm{d}V = r\mathrm{d}r\,\mathrm{d}\varphi\,\mathrm{d}z\,. \tag{A.36}$$

Kugelkoordinaten

Als drittes wichtiges Koordinatensystem werden hier noch die Elemente in Kugelkoordinaten angegeben. Sie ergeben sich aus der Parameterdarstellung (A.8) der Koordinatenlinien. Die Wegelemente entlang von Koordinatenlinien sind

$$\mathrm{d}\vec{s} = \mathrm{d}r\,\vec{e}_r \qquad \vartheta = \text{const}, \varphi = \text{const} \tag{A.37a}$$

$$\mathrm{d}\vec{s} = (r\,\mathrm{d}\vartheta)\,\vec{e}_\vartheta \qquad r = \text{const}, \varphi = \text{const} \tag{A.37b}$$

$$\mathrm{d}\vec{s} = (r\sin\vartheta\,\mathrm{d}\varphi)\,\vec{e}_\varphi \qquad r = \text{const}, \vartheta = \text{const}\,, \tag{A.37c}$$

die Flächenelemente in den Koordinatenflächen

$$\mathrm{d}\vec{A} = r^2\sin\vartheta\,\mathrm{d}\vartheta\,\mathrm{d}\varphi\,\vec{e}_r \qquad r = \text{const} \tag{A.38a}$$

$$\mathrm{d}\vec{A} = r\,\sin\vartheta\,\mathrm{d}r\,\mathrm{d}\varphi\,\vec{e}_\vartheta \qquad \vartheta = \text{const} \tag{A.38b}$$

$$\mathrm{d}\vec{A} = r\,\mathrm{d}r\,\mathrm{d}\vartheta\,\vec{e}_\varphi \qquad \varphi = \text{const} \tag{A.38c}$$

und das Volumenelement ist

$$\mathrm{d}V = r^2\sin\vartheta\,\mathrm{d}r\,\mathrm{d}\varphi\,\mathrm{d}\vartheta\,. \tag{A.39}$$

A.5 Kurven-, Flächen- und Volumenintegrale

Allgemein sind Kurven-, Flächen- und Volumenintegrale sowohl von Skalaren wie auch von Vektorfeldern definiert. Wir beschränken uns hier auf eine kurze Erläuterung der für uns wichtigsten Integraltypen. Es sind dies

- die Integration eines Vektorfeldes entlang einer Kurve,
- die Integration eines Vektorfeldes über eine Fläche und
- die Integration eines Skalars über ein Volumen.

Integration eines Vektorfeldes $\vec{e}$ entlang einer Kurve bedeutet in Worten: Man berechne in jedem Punkt der Kurve die Komponente von $\vec{e}$ in Richtung der Kurventangente, multipliziere diese Tangentialkomponente mit der Länge des lokalen Wegstücks $\mathrm{d}s$ und addiere alle diese infinitesimalen Beiträge zum Gesamtintegral auf. Das Durchlaufen der Kurve geschieht dabei über das Durchlaufen des Kurvenparameters $t \in [a, b]$ und die Multiplikation der Tangentialkomponente mit dem infinitesimalen Wegelement wird durch das Skalarprodukt $\vec{e}\mathrm{d}\vec{s}$ erledigt. Die Kurzschreibweise eines solchen Integrals ist daher

$$\int\limits_{t=a}^{t=b} \vec{e}\cdot\mathrm{d}\vec{s}\,. \tag{A.40}$$

In ähnlicher Weise ist das Integral eines Vektorfeldes $\vec{b}$ über eine Fläche erklärt. In jedem Punkt der Fläche berechne man die zur Fläche senkrecht stehende Feldkomponente und multipliziere sie mit dem lokalen Flächenelement $\mathrm{d}A$. Das Integral bedeutet

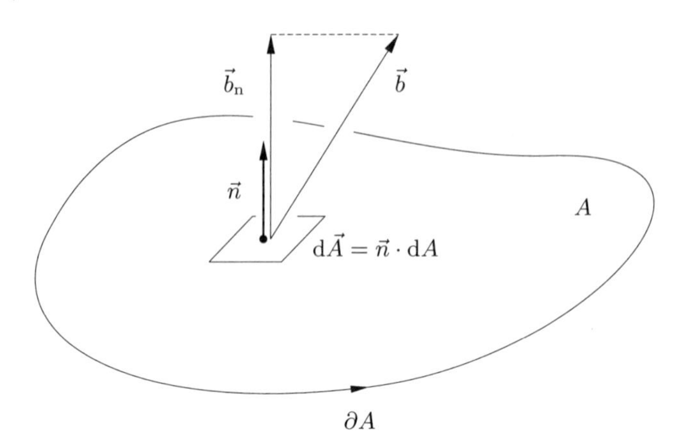

Abb. A.5: Zur Erläuterung des Flussintegrals

die Summation aller dieser Beiträge über die gesamte Fläche. Führt man ein vektorielles Flächenelement $\mathrm{d}\vec{A} = \vec{n}\,\mathrm{d}A$ mit dem Normaleneinheitsvektor $\vec{n}$ ein, so wird die Bildung der Normalkomponente wieder durch das Skalarprodukt $\vec{b}\mathrm{d}\,\vec{A}$ erledigt. Die so berechnete Größe bezeichnet man als den *Fluss* des Vektorfeldes $\vec{b}$ durch die Fläche A. Die Schreibweise ist

$$\iint\limits_{u,v} \vec{b} \cdot \mathrm{d}\vec{A}\,. \tag{A.41}$$

Abbildung A.5 erläutert die Bedeutung des Flussintegrals. Falls A eine geschlossene Hülle darstellt, bezeichnet man das Flussintegral auch als Hüllenintegral und seinen Wert als die *Ergiebigkeit* des Vektorfeldes in dem eingeschlossenen Volumen.

Schließlich bedeutet die Integration eines Skalarfeldes Φ über ein Volumen V die Multiplikation des Skalar mit der Größe $\mathrm{d}V$ des lokalen Volumenelements und die anschließende Summation aller Beiträge. Die Kurzschreibweise eines solchen Volumenintegrals ist

$$\iiint\limits_{u,v,w} \Phi\,\mathrm{d}V\,. \tag{A.42}$$

A.6 Sätze und Korrespondenzen der Fouriertransformation

Definition

$$G(j\omega) = \mathcal{F}\{g(t)\} = \int_{-\infty}^{+\infty} g(t)e^{-j\omega t}\,\mathrm{d}t$$

$$g(t) = \mathcal{F}^{-1}\{G(j\omega)\} = \frac{1}{2\pi}\int_{-\infty}^{+\infty} G(j\omega)e^{j\omega t}\,\mathrm{d}\omega$$

Sätze

Linearität	$\sum_\nu a_\nu g_\nu(t)$	$\circ\!\!-\!\!\bullet$	$\sum_\nu a_\nu G_\nu(j\omega)$
Verschiebung	$g(t-t_0)$	$\circ\!\!-\!\!\bullet$	$e^{-j\omega t_0}G(j\omega)$
Modulation	$e^{j\omega_0 t}g(t)$	$\circ\!\!-\!\!\bullet$	$G[j(\omega-\omega_0)]$
Symmetrie	$G(jt)$	$\circ\!\!-\!\!\bullet$	$2\pi g(-\omega)$
Faltung	$g_1(t) * g_2(t)$	$\circ\!\!-\!\!\bullet$	$G_1(j\omega)\cdot G_2(j\omega)$
Multiplikation	$2\pi g_1(t)\cdot g_2(t)$	$\circ\!\!-\!\!\bullet$	$G_1(j\omega) * G_2(j\omega) = \int_{-\infty}^{-\infty} G_1(j\eta)\cdot G_2[j(\omega-\eta)]\,\mathrm{d}\eta$

Korrespondenzen

Zeitfunktion		Spektrum
$e^{j\omega_0 t}$	$\circ\!\!-\!\!\bullet$	$2\pi\cdot\delta_0(\omega-\omega_0)$
$\cos\omega_0 t$	$\circ\!\!-\!\!\bullet$	$\pi[\delta_0(\omega-\omega_0)+\delta_0(\omega+\omega_0)]$
$\sin\omega_0 t$	$\circ\!\!-\!\!\bullet$	$-j\pi[\delta_0(\omega-\omega_0)-\delta_0(\omega+\omega_0)]$
$g(t) = \frac{\omega_N}{\pi}\cdot\frac{\sin\omega_N t}{\omega_N t}$	$\circ\!\!-\!\!\bullet$	$G(j\omega) = \begin{cases} 1 & \text{für } \lvert\omega\rvert \le \omega_N \\ 0 & \text{sonst} \end{cases}$

B Elektrotechnische Grundlagen und Hilfsmittel

B.1 Komplexe Zeiger

In den allermeisten Betrachtungen dieses Buches werden wir uns darauf beschränken, dass die auftretenden Zeitfunktionen eine rein harmonische Zeitabhängigkeit besitzen. Bei der Analyse linearer Vorgänge ist dies unter anderem deshalb möglich, weil sich jede beliebige Zeitfunktion aus (im allgemeinen unendlich vielen) harmonischen Zeitfunktionen durch Überlagerung darstellen lässt. Vor allem gewinnt man dadurch eine sehr einfache Möglichkeit der Signalbeschreibung, die Darstellung durch *komplexe Zeiger.*

Betrachten wir hierzu die harmonische Zeitfunktion

$$u(t) = U \cdot \cos(\omega t + \varphi) \tag{B.1}$$

mit dem Scheitelwert U, der Frequenz $f = \omega/(2\pi)$ und der Nullphase φ. Wegen des Zusammenhangs $e^{jx} = \cos x + j \sin x$ können wir $u(t)$ auch schreiben als

$$u(t) = \mathrm{Re}\left\{U \cdot e^{j\omega t} \cdot e^{j\varphi}\right\} = \mathrm{Re}\left\{\underline{U} \cdot e^{j\omega t}\right\} \tag{B.2}$$

mit $\underline{U} = Ue^{j\varphi}$. Die Größe $\underline{U}$ nennt man die komplexe Amplitude von $u(t)$. Der Leser möge sich selbst davon überzeugen, dass die komplexe Amplitude der Überlagerung zweier gleichfrequenter harmonischer Zeitfunktionen gleich der Summe der komplexen Amplituden der Einzelfunktionen ist.

Wir wollen an dieser Stelle zeigen, dass sich die Operation der zeitlichen Ableitung mit Hilfe der Zeigerdarstellung sehr einfach gestaltet. Hierzu betrachten wir

$$\frac{\mathrm{d}u(t)}{\mathrm{d}t} = -U\omega \sin(\omega t + \varphi) \, .$$

Wir können dieses auch schreiben als

$$\frac{\mathrm{d}u(t)}{\mathrm{d}t} = \mathrm{Re}\left\{j\omega U e^{j\varphi} e^{j\omega t}\right\} = \mathrm{Re}\left\{j\omega \underline{U} e^{j\omega t}\right\} .$$

Offensichtlich erhält man die komplexe Amplitude der zeitlichen Ableitung einer zeitharmonischen Funktion $u(t)$ durch Multiplikation mit $j\omega$. Wir können also die Korrespondenzen

$$\frac{\mathrm{d}}{\mathrm{d}t} \circ\!\!-\!\!\bullet \cdot j\omega \qquad \text{und} \qquad \int \mathrm{d}t \circ\!\!-\!\!\bullet \cdot \frac{1}{j\omega}$$

zwischen den Operationen im Zeit- und im Zeigerbereich festhalten.

Die Zeigerdarstellung lässt sich auch auf Vektorfelder mit sinusförmiger Zeitabhängigkeit übertragen. Hierzu betrachten wir ein Vektorfeld $\vec{e}(P,t)$, dessen Komponenten zwar gleiche Frequenz besitzen sollen, die Amplituden und Nullphasen aber durchaus verschieden und auch ortsabhängig sein können. In kartesischen Koordinaten schreiben wir also

$$\vec{e}(t) = \begin{pmatrix} e_x(t) \\ e_y(t) \\ e_z(t) \end{pmatrix} = \begin{pmatrix} E_x \cos\big(\omega t + \varphi_x\big) \\ E_y \cos\big(\omega t + \varphi_y\big) \\ E_z \cos\big(\omega t + \varphi_z\big) \end{pmatrix} . \tag{B.3}$$

Die Einzelkomponenten können wie in (B.2) als Realteile komplexer Schwingungen dargestellt werden:

$$\vec{e}(t) = \begin{pmatrix} \mathrm{Re}\left\{ E_x e^{j(\omega t + \varphi_x)} \right\} \\ \mathrm{Re}\left\{ E_y e^{j(\omega t + \varphi_y)} \right\} \\ \mathrm{Re}\left\{ E_z e^{j(\omega t + \varphi_z)} \right\} \end{pmatrix} = \mathrm{Re}\left\{ \underline{\vec{E}} \cdot e^{j\omega t} \right\} \tag{B.4}$$

Hierbei bezeichnet

$$\underline{\vec{E}} = \begin{pmatrix} \underline{E}_x \\ \underline{E}_y \\ \underline{E}_z \end{pmatrix} = \begin{pmatrix} E_x e^{j\varphi_x} \\ E_y e^{j\varphi_y} \\ E_z e^{j\varphi_z} \end{pmatrix} \tag{B.5}$$

die komplexe Zeigerdarstellung von $\vec{e}(t)$.

Die Rechnung mit komplexen Zeigern ermöglicht es also, die bekannte harmonische Zeitabhängigkeit zu eliminieren und statt dessen nur mit Betrag und Phase der Schwingung in komplexer Darstellung zu rechnen. Die Überlagerung gleichfrequenter Spannungen, Ströme oder Felder kann dabei in sehr einfacher Weise als Summe ihrer komplexen Zeiger erfasst werden. Erst bei der Umrechnung in die entsprechenden zeitabhängigen Größen wird der Term $e^{j\omega t}$ wieder eingeführt. Komplexe Zeiger sind dagegen zeitunabhängig, falls Betrag und Phase der dargestellten Größe zeitunabhängig sind.

Nachdem wir fortan in Zeigerdarstellung rechnen werden, wollen wir auch auf die gesonderte Kennzeichnung komplexer Zeiger durch die Unterstreichung verzichten. Wir vereinbaren, dass Großbuchstaben – sofern nichts anderes gesagt wird – komplexe Zeiger bezeichnen. Die entsprechenden zeitabhängigen Größen werden durch Kleinbuchstaben gekennzeichnet.

B.2 Leistung im Netzwerk

Betrachtet wird ein allgemeiner linearer Zweipol von beliebigem inneren Aufbau (Abb. B.1). An seinen Klemmen liege die zeitharmonische Spannung $u(t)$ und es fließe der Strom $i(t)$ von der Form

$$u(t) = |U| \cdot \cos(\omega t + \varphi_u) = \mathrm{Re}\left\{ |U| e^{j\varphi_u} e^{j\omega t} \right\} = \mathrm{Re}\left\{ U e^{j\omega t} \right\} \tag{B.6a}$$

$$i(t) = |I| \cdot \cos(\omega t + \varphi_i) = \mathrm{Re}\left\{ |I| e^{j\varphi_i} e^{j\omega t} \right\} = \mathrm{Re}\left\{ I e^{j\omega t} \right\} . \tag{B.6b}$$

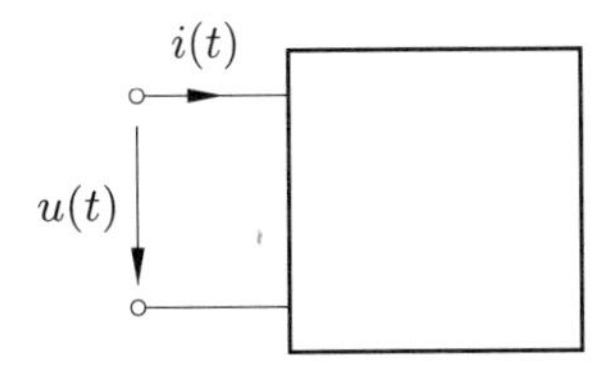

Abb. B.1: Zur Einführung von Wirk- und Blindleistung

Dabei wird ein Verbraucherzählpfeilsystem angenommen. Die momentane Leistung $p(t)$ ist dann

$$\begin{aligned} p(t) &= u(t) \cdot i(t) \\ &= |U| \cdot |I| \cdot \cos(\omega t + \varphi_u) \cdot \cos(\omega t + \varphi_i) \\ &= \frac{1}{2}|U||I| \cdot \big[\cos(\varphi_u - \varphi_i) + \cos(2\omega t + \varphi_u + \varphi_i)\big] \;. \end{aligned} \tag{B.7}$$

Entsprechend den Zählrichtungen von $u(t)$ und $i(t)$ nimmt der Zweipol im Fall $p(t) > 0$ Leistung auf, im Fall $p(t) < 0$ gibt er Leistung ab. Wir schreiben den Term $\cos(2\omega t + \varphi_u + \varphi_i)$ in der Form

$$\begin{aligned} \cos(2\omega t + \varphi_u + \varphi_i) &= \cos\big(2(\omega t + \varphi_u) - (\varphi_u - \varphi_i)\big) \\ &= \cos 2(\omega t + \varphi_u)\cos(\varphi_u - \varphi_i) + \sin 2(\omega t + \varphi_u)\sin(\varphi_u - \varphi_i) \end{aligned} \tag{B.8}$$

um und können damit $p(t)$ schreiben als

$$p(t) = \frac{1}{2}|U||I| \cdot \Big\{ \big(1 + \cos 2(\omega t + \varphi_u)\big)\cos(\varphi_u - \varphi_i) + \sin 2(\omega t + \varphi_u)\sin(\varphi_u - \varphi_i) \Big\} \;. \tag{B.9}$$

Offenbar besitzt der Term $1+\cos 2(\omega t+\varphi_u)$ den Mittelwert 1 und der Term $\sin 2(\omega t+\varphi_u)$ den Mittelwert 0. Man bezeichnet die Leistung, die im zeitlichen Mittel vom Zweipol aufgenommen wird, als *Wirkleistung* P_W. Dem gegenüber steht ein Anteil, der im zeitlichen Mittel 0 ist, also eine Leistung, die vom Zweipol aufgenommen und zu anderen Zeiten wieder abgegeben wird. Diesen Anteil bezeichnet man als *Blindleistung* P_B und man schreibt

$$P_\mathrm{W} = \overline{p(t)} = \frac{1}{2}|U||I| \cdot \cos(\varphi_u - \varphi_i) = u_\mathrm{eff} \cdot i_\mathrm{eff} \cdot \cos(\varphi_u - \varphi_i) \tag{B.10a}$$

$$P_\mathrm{B} = \frac{1}{2}|U||I| \cdot \sin(\varphi_u - \varphi_i) = u_\mathrm{eff} \cdot i_\mathrm{eff} \cdot \sin(\varphi_u - \varphi_i) \;. \tag{B.10b}$$

Mit der Zerlegung (B.10a,b) in Wirk- und Blindleistung kann die Momentanleistung (B.9) auch geschrieben werden als

$$p(t) = P_\mathrm{W} \cdot \big(1 + \cos 2(\omega t + \varphi_u)\big) + P_\mathrm{B} \cdot \sin 2(\omega t + \varphi_u) \;. \tag{B.11}$$

In dieser Form erkennt man die Bedeutung der Wirkleistung P_W als den zeitlichen Mittelwert der Momentanleistung sowie der Blindleistung P_B als der Amplitude des mittelwertfreien und zeitlich schwankenden Anteils der Momentanleistung $p(t)$.

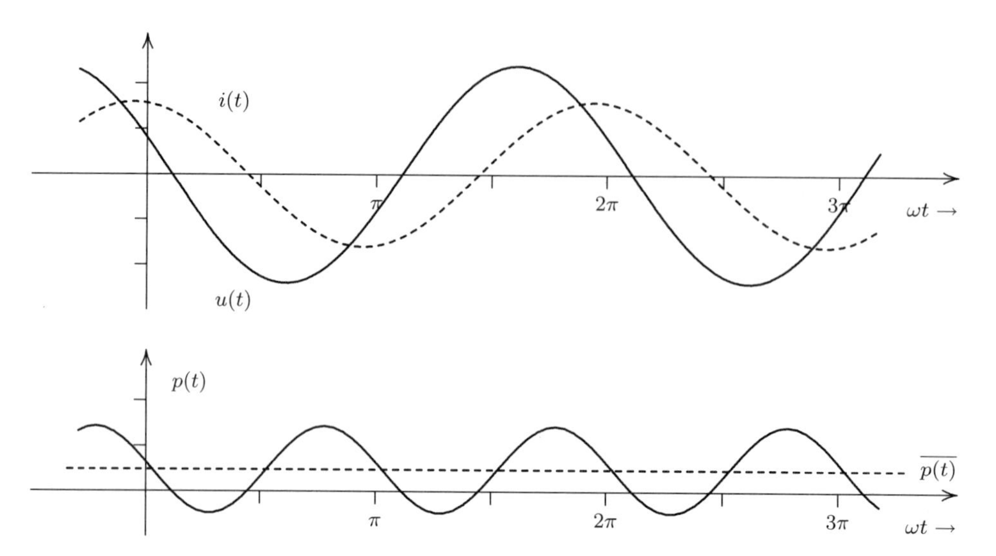

Abb. B.2: Die harmonischen Zeitunktionen $u(t)$ und $i(t)$ mit $\varphi_u - \varphi_i = 60°$ und der entstehende Verlauf der Momentanleistung $p(t)$

In Abb. B.2 sind beispielhaft die Funktionen $u(t)$, $i(t)$, $p(t)$ sowie der zeitliche Mittelwert von $p(t)$ für $\varphi_u - \varphi_i = 60°$ dargestellt.

Ein weiterer Weg zur Definition (B.10) von Wirk- und Blindleistung ist der Folgende. Offenbar ist $p(t)$ zu allen Zeiten positiv, wenn $u(t)$ und $i(t)$ in Phase sind, also wenn $\varphi_i = \varphi_u$. In diesem Fall wird nur Wirkleistung aufgenommen. Andererseits ist $p(t)$ mittelwertfrei, wenn zwischen $u(t)$ und $i(t)$ eine Phasendifferenz von $\pi/2$ besteht. Der Zweipol nimmt dann keine Wirkleistung auf, es liegt ausschließlich Blindleistung vor. Man erkennt dieses anhand der Beziehungen

$$\cos(\omega t + \varphi_u) \cdot \cos(\omega t + \varphi_u) = \frac{1}{2} + \frac{1}{2}\cos(2\omega t + 2\varphi_u) \tag{B.12a}$$

$$\cos(\omega t + \varphi_u) \cdot \cos(\omega t + \varphi_u \pm \frac{\pi}{2}) = \mp\frac{1}{2}\sin(2\omega t + 2\varphi_u)\,. \tag{B.12b}$$

Aufgrund dieser Erkenntnis zerlegen wir den Strom (B.6b) in einen Anteil, der mit $u(t)$ in Phase ist und in einen Anteil, der $u(t)$ um $\pi/2$ nacheilt. Wir erhalten

$$i(t) = |I| \cdot \left\{\cos(\varphi_u - \varphi_i)\cos(\omega t + \varphi_u) + \sin(\varphi_u - \varphi_i)\cos(\omega t + \varphi_u - \frac{\pi}{2})\right\} \tag{B.13}$$

und hieraus durch Produktbildung mit (B.6a) aus dem gleichphasigen Stromanteil und dem der Spannung um $\pi/2$ nacheilenden Stromanteil die Werte (B.10a,b) für Wirk- und Blindleistung.

Unter Verwendung der komplexen Schreibweise können wir die *komplexe Scheinleis-*

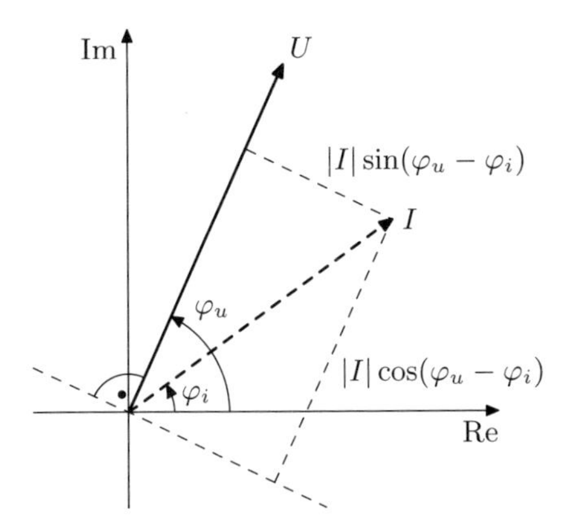

Abb. B.3: Zerlegung des Stromes I in einen Wirk- und einen Blindanteil

tung

$$S = P_{\mathrm{W}} + jP_{\mathrm{B}} = \frac{1}{2}|U||I|e^{j(\varphi_u - \varphi_i)} = \frac{1}{2} \cdot U \cdot I^* \tag{B.14}$$

definieren, sodass $P_{\mathrm{W}} = \mathrm{Re}\{S\}$ und $P_{\mathrm{B}} = \mathrm{Im}\{S\}$ ist.

Jeder Zweipol kann an seinen Klemmen durch seine Impedanz Z bzw. durch seine Admittanz $Y = 1/Z$ beschrieben werden. Verwendet man die Zusammenhänge $U = ZI$ und $I^* = Y^*U^*$, so ergeben sich aus (B.14) die Formeln

$$S = \frac{1}{2}\, U\, I^* = \frac{1}{2}\, |I|^2 Z = \frac{1}{2}\, |U|^2\, Y^* \tag{B.15a}$$

$$P_{\mathrm{W}} = \mathrm{Re}\left\{\frac{1}{2}\, U\, I^*\right\} = \frac{1}{2}\, |I|^2\, \mathrm{Re}\{Z\} = \frac{1}{2}\, |U|^2\, \mathrm{Re}\{Y\} \tag{B.15b}$$

$$P_{\mathrm{B}} = \mathrm{Im}\left\{\frac{1}{2}\, U\, I^*\right\} = \frac{1}{2}\, |I|^2\, \mathrm{Im}\{Z\} = -\frac{1}{2}\, |U|^2\, \mathrm{Im}\{Y\} \tag{B.15c}$$

für Wirk- und Blindleistung.

Der Betrag der Scheinleistung errechnet sich mit

$$|S| = \sqrt{{P_{\mathrm{W}}}^2 + {P_{\mathrm{B}}}^2} = \frac{|U|}{\sqrt{2}} \cdot \frac{|I|}{\sqrt{2}} = u_{\mathrm{eff}} \cdot i_{\mathrm{eff}} \tag{B.16}$$

als das Produkt der Effektivwerte von Spannung und Strom. An dieser Stelle sei betont, dass die Beträge von komplexen Zeigern in der Hochfrequenztechnik stets *Scheitelwerte* sind, während im Bereich der Energietechnik hier üblicherweise mit Effektivwerten gerechnet wird.

Effektivwert

Der Effektivwert u_{eff} einer Spannung $u(t)$ ist diejenige Gleichspannung, die an einem ohmschen Widerstand R im zeitlichen Mittel die gleiche Wirkleistung P_{W} umsetzt wie die Spannung $u(t)$. Der Effektivwert eines Stromes ist in gleicher Weise festgelegt. Zur Herleitung betrachten wir die Wirkleistung

$$P_\mathrm{W} = \overline{p(t)} = \lim_{T\to\infty} \frac{1}{2T} \int\limits_{-T}^{+T} p(t)\,\mathrm{d}t \tag{B.17}$$

als den zeitlichen Mittelwert $\overline{p(t)}$ der Leistung $p(t)$. Die Momentanleistung an einem Wirkwiderstand R mit der Spannung $u(t)$ ist

$$p(t) = \frac{u^2(t)}{R}\,. \tag{B.18}$$

Die in Wärme umgesetzte mittlere Leistung ist dann

$$P_\mathrm{W} = \overline{p(t)} = \frac{\overline{u^2(t)}}{R} = \frac{u_\mathrm{eff}^2}{R}\,, \tag{B.19}$$

wodurch sich der Effektivwert von $u(t)$ ergibt als

$$u_\mathrm{eff} = \sqrt{\overline{u^2(t)}}\,. \tag{B.20}$$

Im Fall einer periodischen Funktion $u(t)$ ist die Mittelung über den Zeitraum T einer Periode ausreichend. Sie liefert den selben Mittelwert, wie eine Mittelung über alle Zeiten. Wir betrachten den Sonderfall einer harmonischen Zeitabhängigkeit mit beliebiger Nullphase φ_u entsprechend (B.6a) und erhalten dann für den Effektivwert

$$u_\mathrm{eff} = \sqrt{\lim_{T\to\infty} \frac{1}{2T} \int\limits_{-T}^{+T} \left[|U| \cdot \cos(\omega t + \varphi_u)\right]^2 \mathrm{d}t} = |U| \cdot \sqrt{\frac{1}{T} \int\limits_{t_1}^{t_1+T} \cos^2(\omega t + \varphi_u)\,\mathrm{d}t}\,. \tag{B.21}$$

Mit der Periodendauer $T = 2\pi/\omega$ ergibt sich der Mittelwert der $\cos^2$-Funktion zu

$$\sqrt{\frac{1}{T} \int\limits_{t_1}^{t_1+T} \cos^2(\omega t + \varphi_u)\,\mathrm{d}t = \frac{1}{T}\left[\frac{1}{2}t + \frac{1}{4\omega}\sin 2(\omega t + \varphi_u)\right]_{t_1}^{t_1+T}} = \frac{1}{\sqrt{2}}\,. \tag{B.22}$$

Dieser Wert ist erwartungsgemäß unabhängig von der Wahl von t_1 und von φ_u. Mit (B.21) und (B.22) ergibt sich der Effektivwert einer zeitharmonischen Spannung

$$u_\mathrm{eff} = \frac{|U|}{\sqrt{2}}\,. \tag{B.23}$$

B.3 Leistungstransport auf Hochfrequenzleitungen

Auf einer Hochfrequenzleitung, die unter anderem dadurch gekennzeichnet ist, dass sie nicht kurz ist gegenüber der Signalwellenlänge, sind Spannung und Strom nicht mehr auf der ganzen Leitung konstant. Der Gehalt an Wirk- und Blindleistung ist daher eine Funktion der Längenkoordinate z entlang der Leitung. Zur Beschreibung der Verhältnisse auf HF-Leitungen verwendet man vorteilhaft Spannungs- und Stromwellen, die sich auf der Leitung ausbreiten. Im Fall des Einwellenbetriebs[1] gibt es auf einer Leitung allgemein zwei Wellen des gleichen Typs, die sich jeweils in $+z$- und in $-z$-Richtung ausbreiten. Die Gesamtspannung $U(z)$ und der Gesamtstrom $I(z)$ ergeben sich aus der Überlagerung dieser beiden Wellen und man erhält für eine verlustfreie Leitung

$$U(z) = U_\mathrm{h} \cdot e^{-j\beta z} + U_\mathrm{r} \cdot e^{+j\beta z} \tag{B.24a}$$

$$I(z) = I_\mathrm{h} \cdot e^{-j\beta z} - I_\mathrm{r} \cdot e^{+j\beta z}\,, \tag{B.24b}$$

wobei U_h die Amplitude der in $+z$-Richtung laufenden Welle und U_r die Amplitude der in $-z$-Richtung laufenden Welle jeweils an der Stelle $z = 0$ darstellen. Spannung und Strom jeder Teilwelle sind durch $I_\mathrm{h} = U_\mathrm{h}/Z_\mathrm{L}$ bzw. $I_\mathrm{r} = U_\mathrm{r}/Z_\mathrm{L}$ über den Leitungswellenwiderstand Z_L miteinander verknüpft. Das Phasenmaß $\beta = 2\pi/\lambda$ beschreibt die Phasenänderung der Teilwellen bei ihrer Ausbreitung entlang der Leitung.

Im Falle einer Leistungsanpassung existiert nur die hinlaufende Welle. Das Auftreten einer reflektierten, rücklaufenden Welle kann mit dem Auftreten von Blindleistung in Verbindung gebracht werden. Führt man den Reflexionsfaktor $r = U_\mathrm{r}/U_\mathrm{h}$ ein und bildet dann die komplexe Scheinleistung an der Stelle z, so ergibt sich

$$\begin{aligned} S = \frac{1}{2}U(z)I^*(z) &= \frac{1}{2Z_\mathrm{L}}(U_\mathrm{h} \cdot e^{-j\beta z} + U_\mathrm{r} \cdot e^{+j\beta z})(U_\mathrm{h} \cdot e^{-j\beta z} - U_\mathrm{r} \cdot e^{+j\beta z})^* \\ &= \frac{1}{2Z_\mathrm{L}}(U_\mathrm{h} \cdot e^{-j\beta z} + U_\mathrm{r} \cdot e^{+j\beta z})(U_\mathrm{h}{}^* \cdot e^{+j\beta z} - r^* U_\mathrm{h}{}^* \cdot e^{-j\beta z}) \\ &= \frac{|U_\mathrm{h}|^2}{2Z_\mathrm{L}}(1 - |r|^2 + re^{j2\beta z} - r^* e^{-j2\beta z})\,. \end{aligned} \tag{B.25}$$

Dabei ist der Ausdruck $re^{j2\beta z} - r^* e^{-j2\beta z}$ als Differenz zweier zueinander konjugiert komplexer Zahlen rein imaginär und die Zerlegung von (B.25) in Wirk- und Blindleistung ergibt mit $a - a^* = 2j\mathrm{Im}\{a\}$ und Anwendung von (B.14) die Ausdrücke

$$P_\mathrm{W} = \frac{|U_\mathrm{h}|^2}{2Z_\mathrm{L}}(1 - |r|^2) = \frac{|U_\mathrm{h}|^2}{2Z_\mathrm{L}} - \frac{|U_\mathrm{r}|^2}{2Z_\mathrm{L}} \tag{B.26a}$$

$$P_\mathrm{B} = \frac{|U_\mathrm{h}|^2}{Z_\mathrm{L}} \cdot \mathrm{Im}\{re^{j2\beta z}\} \tag{B.26b}$$

[1] Damit ist gemeint, dass auf der Leitung nur ein einziger Wellentyp vorkommt. Bei praktisch allen Wellenleiterstrukturen existieren oberhalb charakteristischer Grenzfrequenzen, die von der Wellenleitergeometrie und dem Wellentyp abhängen, beliebig viele weitere Wellentypen. Der Einwellenbetrieb muss daher durch eine ausreichend niedrige Signalfrequenz sichergestellt werden.

für Wirk- und Blindleistung auf einer Hochfrequenzleitung. Erwartungsgemäß ergibt sich P_W als Differenz der von hin- und rücklaufender Welle transportierten Wirkleistungen und ist auf einer verlustfreien Leitung nicht abhängig vom Ort z auf der Leitung. Die Blindleistung hängt dagegen vom Imaginärteil des örtlichen Reflexionsfaktors ab. Sie verschwindet nur an den Stellen, an denen $r(z) = re^{j2\beta z}$ und damit auch die Impedanz rein reell ist.

Eine äquivalente Darstellung erhält man bei Einführung von Wellengrößen. Es sind hier verschiedene Vorgehensweisen möglich [3, 21, 24]. Wir wählen

$$a = \frac{U_\mathrm{h}}{\sqrt{Z_\mathrm{L}}} = \sqrt{Z_\mathrm{L}} I_\mathrm{h} \tag{B.27a}$$

$$b = \frac{U_\mathrm{r}}{\sqrt{Z_\mathrm{L}}} = \sqrt{Z_\mathrm{L}} I_\mathrm{r} \tag{B.27b}$$

als Wellengrößen für die hin- und die rücklaufende Welle an der Stelle $z = 0$. Drückt man nun die Spannungen in (B.24) durch die Wellengrößen (B.27) aus und bildet wieder die komplexe Scheinleistung, so ergibt sich

$$\begin{aligned} S &= \frac{1}{2}(a \cdot e^{-j\beta z} + b \cdot e^{+j\beta z})(a^* \cdot e^{+j\beta z} - b^* \cdot e^{-j\beta z}) \\ &= \frac{1}{2}(|a|^2 - |b|^2 + ba^* \cdot e^{+j2\beta z} - b^* a \cdot e^{-j2\beta z}) \end{aligned} \tag{B.28}$$

und damit

$$P_\mathrm{W} = \frac{1}{2}|a|^2 - \frac{1}{2}|b|^2 \tag{B.29a}$$

$$P_\mathrm{B} = \frac{1}{2}\mathrm{Im}\{ba^* \cdot e^{+j2\beta z} - b^* a \cdot e^{-j2\beta z}\} = |a||b| \sin(2\beta z + \arg b - \arg a)\,. \tag{B.29b}$$

Verwendet man wieder den Reflexionsfaktor r, um den Zusammenhang $b = ra$ zwischen hinlaufender und rücklaufender Welle zu beschreiben, so ensteht mit $\arg b = \arg a + \arg r$ die Darstellung

$$P_\mathrm{W} = \frac{1}{2}|a|^2(1 - |r|^2) \tag{B.30a}$$

$$P_\mathrm{B} = |a|^2 |r| \cdot \sin(2\beta z + \arg r)\,. \tag{B.30b}$$

B.4 Das Dezibel

In der Hochfrequenz- und Nachrichtentechnik hat sich zur Behandlung von Signalpegeln, Verstärkungen und Dämpfungen die Quasi-Einheit *Dezibel* (dB) als nützliches Hilfsmittel erwiesen. Die Grundidee ist hierbei, Verstärkungen (oder allgemein Verhältnisse von Leistungen oder Spannungen) nicht direkt, sondern logarithmiert anzugeben. Das Dezibel ist keine echte Einheit, sondern vielmehr nur der Hinweis, dass der angegebene

Zahlenwert der dekadische Logarithmus eines Verhältnisses ist. Das Dezibel kann aber dann zur echten Einheit werden, wenn ein Bezugswert fest vereinbart wird und eine physikalische Größe in Vielfachen dieses Bezugswertes angegeben wird. Wir kommen unten darauf zurück.

Die Einführung der Logarithmierung hat mehrere Vorteile. In Nachrichtensystemen bewegen sich die Signalpegel in der Regel über viele Größenordnungen. Durch die Logarithmierung werden diese weiten Schwankungsbereiche auf Zahlenwerte abgebildet, die wesentlich einfacher zu handhaben sind. Außerdem können allgemeine Nachrichtensysteme stets als Kettenanordnung mehrerer Teilsysteme verstanden werden. Dazu gehören schaltungstechnische Komponenten, also Verarbeitungs- und Verstärkerstufen, ebenso wie Leitungen und Funkstrecken. Beim Durchlaufen der einzelnen Stufen erfährt das Nachrichtensignal jeweils eine Änderung seiner Leistung. Bei der Berechnung der gesamten Leistungsänderung sind die Verstärkungen der an der Kette beteiligten Einzelstufen zu multiplizieren. Wegen der Eigenschaft

$$\log_n(x \cdot y) = \log_n x + \log_n y \tag{B.31}$$

des Logarithmus kann diese Multiplikation jedoch durch eine einfache Addition ersetzt werden, falls die Verstärkungen nicht direkt, sondern deren Logarithmen verwendet werden. Ebenso kann eine Division wegen

$$\log_n\left(\frac{1}{y}\right) = -\log_n y \tag{B.32}$$

durch eine Subtraktion ersetzt werden, sodass

$$\log_n\left(\frac{x}{y}\right) = \log_n x - \log_n y\,. \tag{B.33}$$

B.4.1 Definition

Zur Erläuterung der Vorgehensweise ist in Abb. B.4 ein einzelner Vierpol als Mitglied einer Übertragungskette zusammen mit den Spannungen, Leistungen und Widerständen an seinen beiden Toren dargestellt. Wir setzen voraus, dass an beiden Toren ausschließlich Wirkleistungsfluss vorliegt. Mit der Eingangsleistung P_1 und der Ausgangsleistung P_2 lassen sich dann die Größen

$$G = \frac{P_2}{P_1} \qquad \text{Gewinn} \tag{B.34a}$$

$$a = \frac{P_1}{P_2} = \frac{1}{G} \qquad \text{Dämpfung} \tag{B.34b}$$

definieren. Wir wollen an dieser Stelle auch deutlich die Begriffe *Gewinn* und *Dämpfung* unterscheiden. Mit Gewinn oder Verstärkung verbindet man allgemein die Vorstellung, dass $P_2 > P_1$ sei. Formal darf aber auch $G < 1$ sein. In diesem Fall spricht man jedoch

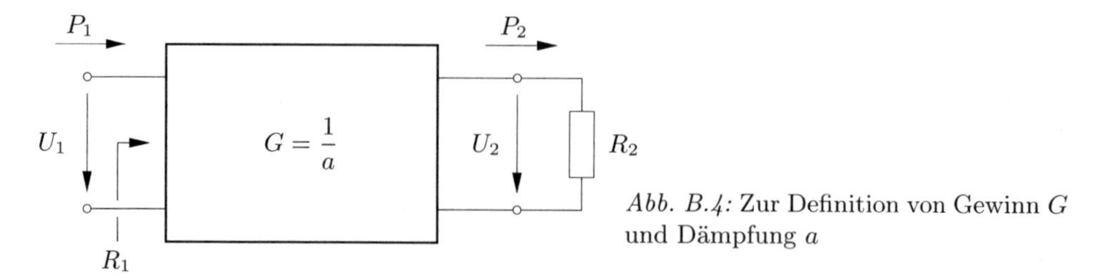

Abb. B.4: Zur Definition von Gewinn G und Dämpfung a

häufiger von einer Dämpfung. Deshalb führen wir zusätzlich die Dämpfung $a = 1/G$ ein.

Um nun einerseits große Pegelbereiche und andererseits die Kettenschaltung einfacher behandeln zu können, arbeitet man seltener mit den direkten Verhältnissen (B.34) sondern mit deren Zehnerlogarithmen und man definiert

$$\frac{G}{\text{dB}} = 10 \cdot \log_{10} \frac{P_2}{P_1} \tag{B.35a}$$

$$\frac{a}{\text{dB}} = 10 \cdot \log_{10} \frac{P_1}{P_2} = -\frac{G}{\text{dB}} . \tag{B.35b}$$

Um zu verdeutlichen, dass es sich um die logarithmierten Verhältnisse handelt, führt man den Zusatz *Dezibel* (dB) ein. Aus der Definition (B.35) wird jedoch sofort klar, dass es sich nicht um eine echte Dimension handelt.

Wir wollen nun voraussetzen, dass in einer gegebenen Kettenschaltung alle Tore angepasst sind, weil nur dann eine Multiplikation der Einzelverstärkungen zulässig ist. Liegt zusätzlich am Eingang und am Ausgang des betrachteten Systems das gleiche Impedanzniveau $R_2 = R_1$ vor, kann der Leistungsgewinn auch durch das Spannungsverhältnis berechnet werden, und es ergibt sich

$$\begin{aligned} \frac{G}{\text{dB}} &= 10 \cdot \log_{10} \frac{P_2}{P_1} = 10 \cdot \log_{10} \frac{{U_2}^2/R_2}{{U_1}^2/R_1} \\ &= 10 \cdot \log_{10} \left(\frac{U_2}{U_1}\right)^2_{R_1=R_2} = 20 \cdot \log_{10} \left(\frac{U_2}{U_1}\right)_{R_1=R_2} . \end{aligned} \tag{B.36}$$

Man beachte, dass bei Berechnung des Gewinns in dB aus dem Spannungsverhältnis U_2/U_1 vor dem Logarithmus der Faktor 20 notwendig ist, im Gegensatz zum Faktor 10 bei Berechnung aus dem Leistungsverhältnis P_2/P_1. Dieser Unterschied rührt aber nur daher, dass die Leistung proportional zum Quadrat der Spannung ist. Die Berechnung von G aus U_2/U_1 oder aus P_2/P_1 führt also *nicht* zu unterschiedlichen dB-Werten. Es gibt somit auch keinen Grund zur Unterscheidung zwischen ‚Spannungs-dB' und ‚Leistungs-dB', wie häufig zu hören ist. Die Angabe von G oder a in Dezibel ist eindeutig. Ein Unterschied ergibt sich lediglich bei der Berechnung von Spannungsverstärkung $G_U = U_2/U_1$ und Leistungsverstärkung $G_P = P_2/P_1$ aus der Verstärkung in Dezibel. Wegen $G_P = {G_U}^2$ ergeben sich hier verschiedene Werte. Die Umkehrung von (B.36)

Tabelle B.1: Einige ausgewählte Verstärkungswerte in Dezibel. Aus ihnen können weitere Werte durch Multiplikation abgeleitet werden.

G (dB)	0	−3	−4,77	−7	−10	−20	3	4,77	7	10	20
a (dB)	0	3	4,77	7	10	20	−3	−4,77	−7	−10	−20
G_P	1	0,5	$0,\overline{3}$	0,2	0,1	0,01	2	3	5	10	100
a_P	1	2	3	5	10	100	0,5	$0,\overline{3}$	0,2	0,1	0,01

lautet

$$G_U = \frac{U_2}{U_1} = 10^{G/20\,\mathrm{dB}} \qquad \text{Spannungsverstärkung} \tag{B.37a}$$

$$G_P = \frac{P_2}{P_1} = 10^{G/10\,\mathrm{dB}} \qquad \text{Leistungsverstärkung}\,. \tag{B.37b}$$

Für den praktischen Umgang mit logarithmischen Verstärkungen ist es nützlich, einige Werte auswendig zu kennen (Tabelle B.1). Aus diesen lassen sich dann andere Werte durch Multiplikation der linearen Werte und durch korrespondierende Addition der logarithmierten Werte ableiten.

Beispiel B.1 Gesucht wird der zur Leistungsverstärkung $G_P = 30$ gehörende Wert in dB. Es ist

$$G_P = 30 = 3 \cdot 10\,,$$

also

$$\frac{G_P}{\mathrm{dB}} = 4{,}77 + 10 = 14{,}77\,.$$

Beispiel B.2 Welche Spannungsverstärkung G_U hat ein Verstärker mit 20 dB Verstärkung? Zur Beantwortung dieser Frage ist – entgegen einer weit verbreiteten Meinung – *keine* Zusatzangabe darüber notwendig, ob die Angabe „20 dB“ von der Spannungsverstärkung G_U oder von der Leistungsverstärkung G_P abgeleitet ist. Vielmehr ist zu beachten, dass $G_U = \sqrt{G_P}$ (bei gleichem Impedanzniveau) ist. Mit etwas Übung identifiziert man sofort die Leistungsverstärkung zu $G_P = 100$ (wegen $10 \log(100) = 20$) und damit die Spannungsverstärkung zu $G_U = 10$. Es sei nocheinmal betont, dass beide Werte $G_U = 10$ und $G_P = 100$ über das Impedanzniveau fest zusammenhängen. Beide Werte ergeben bei Auswertung von (B.36) den gleichen Wert $G = 20\,\mathrm{dB}$.

B.4.2 Pegelrechnung

Das Dezibel gibt das Verhältnis zweier Größen an und ist daher ohne Dimension. Wenn jedoch eine feste Bezugsgröße vereinbart wird, können auf diese Weise auch dimensionsbehaftete Größen logarithmisch angegeben werden. Häufige Bezugswerte sind 1 µV für Spannungspegel und 1 mW für Leistungspegel. Die Bezugsgröße deutet man durch einen Zusatz an und verwendet die Einheit dBµV für Spannungen, bezogen auf 1 µV und die Einheit dBm für Leistungen, bezogen auf 1 mW. Im Gegensatz zum Dezibel handelt es sich bei dBµV und dBm um *echte* Einheiten, die einen Spannungswert bzw. eine Leistung bezeichnen. Wir definieren also den Spannungspegel n_U und den Leistungspegel n_P wie folgt:

$$\frac{n_U}{\mathrm{dB\mu V}} = 20 \cdot \log_{10} \frac{U}{1\,\mu\mathrm{V}} \qquad \text{Spannungspegel} \tag{B.38a}$$

$$\frac{n_P}{\mathrm{dBm}} = 10 \cdot \log_{10} \frac{P}{1\,\mathrm{mW}} \qquad \text{Leistungspegel}\,. \tag{B.38b}$$

Die unterschiedlichen Vorfaktoren 10 und 20 bewirken wieder, dass sich bei gegebener Verstärkung sowohl der Spannungspegel wie auch der Leistungspegel um den selben Wert ändern. Dadurch wird der Zusammenhang $P \sim U^2$ (bei festem Impedanzniveau) berücksichtigt. Bei der Umrechnung der logarithmischen Pegel (B.38) sind die verschiedenen Vorfaktoren richtig einzusetzen, und es ergibt sich

$$U = 1\,\mu\mathrm{V} \cdot 10^{n_U/20\,\mathrm{dB\mu V}} \tag{B.39a}$$

$$P = 1\,\mathrm{mW} \cdot 10^{n_P/10\,\mathrm{dBm}}\,. \tag{B.39b}$$

Ein Vorteil der Einführung von logarithmischen Pegeln ist die einfache Berechnung von absoluten Pegeln in Übertragungsketten. Dem Zahlenwert des Eingangspegels ist lediglich der Zahlenwert der Verstärkung (in dB) hinzuzuaddieren. Dabei ist es wegen der Definition (B.38) gleichgültig, ob mit Spannungs- oder Leistungspegeln gerechnet wird. Wir wollen dies am Beispiel des Spannungspegels zeigen.

Die Ausgangsspannung U_2 eines Vierpols ist mit der Spannungsverstärkung nach (B.37a) gegeben durch

$$U_2 = U_1 \cdot 10^{G/20\,\mathrm{dB}} = 1\,\mu\mathrm{V} \cdot 10^{n_{U1}/20\,\mathrm{dB\mu V}} \cdot 10^{G/20\,\mathrm{dB}}\,, \tag{B.40}$$

wobei noch der Ausdruck (B.39a) zur Umrechnung des Eingangsspannungspegels n_{U1} in die Eingangsspannung U_1 verwendet wurde. Die Anwendung von (B.38a) zur Berechnung des Ausgangsspannungspegels n_{U2} ergibt schließlich

$$\begin{aligned}\frac{n_{U2}}{\mathrm{dB\mu V}} &= 20 \cdot \log_{10} \frac{U_2}{1\,\mu\mathrm{V}} = 20 \cdot \log_{10} \left(10^{n_{U1}/20\,\mathrm{dB\mu V}} \cdot 10^{G/20\,\mathrm{dB}}\right) \\ &= 20 \cdot \log_{10} \left(10^{n_{U1}/20\,\mathrm{dB\mu V}}\right) + 20 \cdot \log_{10} \left(10^{G/20\,\mathrm{dB}}\right) = \frac{n_{U1}}{\mathrm{dB\mu V}} + \frac{G}{\mathrm{dB}}\,,\end{aligned} \tag{B.41}$$

womit die oben gemachte Behauptung bewiesen ist. Die Rechnung mit dem Leistungspegel ist äquivalent und wird hier nicht gesondert durchgeführt. Es ergeben sich die

Zahlenwertgleichungen

$$\frac{n_{U2}}{\text{dBµV}} = \frac{n_{U1}}{\text{dBµV}} + \frac{G}{\text{dB}} \tag{B.42a}$$

$$\frac{n_{P2}}{\text{dBm}} = \frac{n_{P1}}{\text{dBm}} + \frac{G}{\text{dB}} \tag{B.42b}$$

zur Berechnung der Pegel am Ausgang einer Übertragungskette. Hier wird noch einmal deutlich, dass durch die Einführung des Dezibel die Pegelberechnung in Übertragungsketten auf einfache Additionen oder Subtraktionen zurückgeführt wird. Solange das Impedanzniveau gleich bleibt, erfahren die Zahlenwerte für n_U und n_P entlang einer Vierpolkette stets die gleichen Änderungen. Falls die Impedanz bekannt ist, kann zwischen Spannung und Leistung direkt umgerechnet werden. In der Praxis ist es daher üblich, in diesem Fall die Unterscheidung zwischen Spannungs- und Leistungspegel fallen zu lassen und statt dessen nur vom Signalpegel schlechthin zu sprechen. Eine häufige Bezugsimpedanz im Bereich häuslicher Rundfunkempfangsanlagen ist $Z_L = 75\,\Omega$. Unter dieser Vorgabe kann mit $P = U_{\text{eff}}^2/Z_L$ die Entsprechung

$$1\,\text{µV}\big|_{75\,\Omega} = 0\,\text{dBµV}\big|_{75\,\Omega} \mathrel{\hat{=}} -\,108{,}7506\,\text{dBm}$$

gefunden werden. Bei anderen Impedanzen ergeben sich entprechend andere Umrechnungen. Weil sich – wie oben gezeigt – der Zahlenwert von Spannungs- und Leistungspegel stets um den gleichen Wert ändern, genügt es, die (feste) Differenz zwischen beiden Werten nur einmal zu berechnen. Zweckmäßigerweise wählt man dabei einen der beiden Werte zu Null. In Abb. B.5 ist der Zusammenhang zwischen Spannungs- und Leistungspegel für ausgewählte Impedanzniveaus in Form eines Nomogramms gezeigt.

Beispiel B.3 Wir haben oben bereits gefunden, dass bei 75 Ω dem Spannungspegel 0 dBµV ein Leistungspegel von −108,7506 dBm entspricht. Daraus folgt nun der feste Zusammenhang

$$\frac{n_P}{\text{dBm}} = \frac{n_U}{\text{dBµV}} - 108{,}7506\,,$$

falls das Impedanzniveau 75 Ω beträgt. Beträgt der Spannungspegel auf einer 75 Ω-Leitung also beispielsweise 100 dBµV, so hat das Signal eine Leistung von (100 − 108,7506) dBm = −8,7506 dBm. Mit dieser Eigenschaft erweist sich das Dezibel auch bei der Berechnung von Rauschpegeln als besonders nützlich (s. Abschn. 9.7.5).

Beispiel B.4 Welchen Spannungspegel n_U und welchen Leistungspegel n_P liefert ein 75 Ω-Antennenverstärker, der eine Verstärkung von 17 dB hat, wenn er am Eingang einen Spannungspegel von 40 dBµV erhält?

Laut (B.42) werden durch den Verstärker sowohl Spannungs- als auch Leistungspegel um 17 dB erhöht. Zur Übung sei hier kurz der entsprechende lineare Verstärkungswert berechnet. Wenn man die Entsprechungen

$$G = 20\,\text{dB} \quad \hat{=} \quad G_P = 100$$

$$G = -3\,\text{dB} \quad \hat{=} \quad G_P = 0{,}5$$

kennt, so kann man wegen $17\,\mathrm{dB} = 20\,\mathrm{dB} - 3\,\mathrm{dB}$ sehr leicht auch die Entsprechung

$$G = 17\,\mathrm{dB} \qquad \widehat{=} \qquad G_P = 100 \cdot 0{,}5$$

finden. Der Verstärker hat also eine Leistungsverstärkung von $G_P = 50$ oder eben eine Spannungsverstärkung von $G_U = \sqrt{50}$. Mit Hilfe der logarithmischen Pegeleinheiten ergibt sich für den Ausgangsspannungspegel

$$n_U = (40 + 17)\,\mathrm{dB\mu V} = 57\,\mathrm{dB\mu V}\,,$$

was bei $75\,\Omega$ einem Leistungspegel von

$$n_P = (57 - 108{,}7506)\,\mathrm{dBm} = -51{,}7506\,\mathrm{dBm}$$

entspricht. Der zur Spannung $40\,\mathrm{dB\mu V}$ gehörende Eingangsleistungspegel ist um $17\,\mathrm{dB}$ kleiner, als der Ausgangsleistungspegel und beträgt daher $-68{,}7506\,\mathrm{dBm}$.

B.5 Grafische Auswertung der Richtcharakteristik

Die in diesem Abschnitt aufzuzeigende Methode bezieht sich auf die Auswertung der in Abschn. 7.5.1 gefundenen Funktion (7.47) zur Darstellung der Gruppencharakteristik einer Antennenanordnung aus zwei Strahlern. Der gesamte Fernfeld-Gangunterschied δ enthält stets einen richtungsabhängigen Anteil von der Form $\beta_0\, d \cos\varphi$ und einen festen Anteil ψ, der eine eventuelle Phasendifferenz in der Speisung der Strahler darstellt. Der richtungsabhängige Anteil kann auch von der Form $\beta_0\, d \sin\vartheta$ sein, wenn als Nullpunkt für den Winkel ϑ nicht die Verbindungsgerade der Strahler, sondern die dazu senkrechte (Quer-)Richtung gewählt wird. Auf die Vorgehensweise bei der Auswertung hat dieses aber keinen Einfluss.

Die auszuwertende Funktion hat damit stets die Form

$$F_\mathrm{R}(\varphi) = |\cos(m \cos\varphi + \psi/2)| \tag{B.43a}$$

beziehungsweise

$$F_\mathrm{R}(\vartheta) = |\cos(m \sin\vartheta + \psi/2)|\,. \tag{B.43b}$$

Dabei hängt der Faktor $m = \beta_0\, d/2 = \pi\, d/\lambda_0$ vom wellenlängenbezogenen Abstand der Strahler ab und ψ ist die Phasendifferenz der Speiseströme. Substituiert man in (B.43ba) $m \cos\varphi := x$ so ist eine Funktion der Form $F_\mathrm{R}(\varphi) = |\cos(x + \psi/2)|$ auszuwerten. Den Wert $x(\varphi)$ kann man aber leicht grafisch bestimmen, wenn man in einem Kreis mit Radius m eine Mittelpunktsgerade mit Anstellwinkel φ einzeichnet und den Schnittpunkt dieser Geraden mit dem Kreis auf die x-Achse projiziert. Sodann ist über der x-Achse nur die Funktion $|\cos(x + \psi/2)|$ aufzutragen und der zu φ gehörende Wert abzulesen. Die folgenden Beispiele sollen das Vorgehen verdeutlichen.

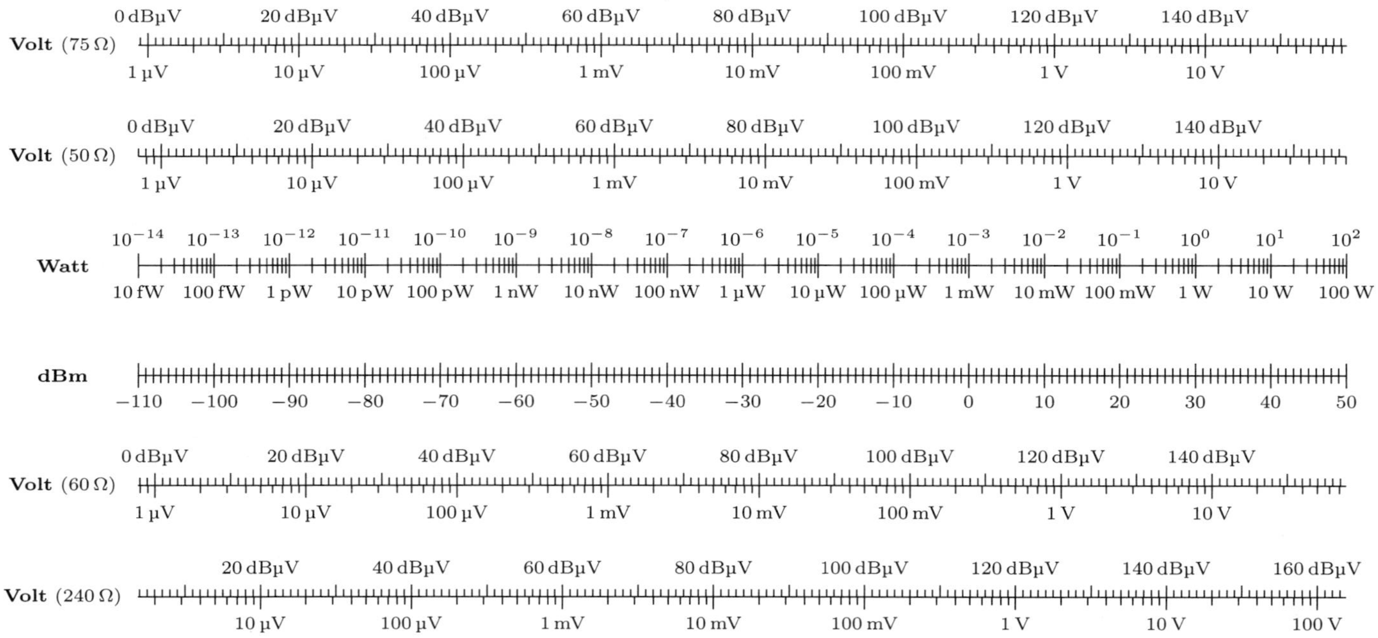

Volt (75 Ω)
0 dBµV 20 dBµV 40 dBµV 60 dBµV 80 dBµV 100 dBµV 120 dBµV 140 dBµV
1 µV 10 µV 100 µV 1 mV 10 mV 100 mV 1 V 10 V

Volt (50 Ω)
0 dBµV 20 dBµV 40 dBµV 60 dBµV 80 dBµV 100 dBµV 120 dBµV 140 dBµV
1 µV 10 µV 100 µV 1 mV 10 mV 100 mV 1 V 10 V

Watt
10^{-14} 10^{-13} 10^{-12} 10^{-11} 10^{-10} 10^{-9} 10^{-8} 10^{-7} 10^{-6} 10^{-5} 10^{-4} 10^{-3} 10^{-2} 10^{-1} 10^{0} 10^{1} 10^{2}
10 fW 100 fW 1 pW 10 pW 100 pW 1 nW 10 nW 100 nW 1 µW 10 µW 100 µW 1 mW 10 mW 100 mW 1 W 10 W 100 W

dBm
−110 −100 −90 −80 −70 −60 −50 −40 −30 −20 −10 0 10 20 30 40 50

Volt (60 Ω)
0 dBµV 20 dBµV 40 dBµV 60 dBµV 80 dBµV 100 dBµV 120 dBµV 140 dBµV
1 µV 10 µV 100 µV 1 mV 10 mV 100 mV 1 V 10 V

Volt (240 Ω)
20 dBµV 40 dBµV 60 dBµV 80 dBµV 100 dBµV 120 dBµV 140 dBµV 160 dBµV
10 µV 100 µV 1 mV 10 mV 100 mV 1 V 10 V 100 V

Abb. B.5: Nomogramme zur Umrechnung zwischen Spannungspegel (Effektivwert) und Leistungspegel. Auf den beiden mittleren Skalen ist der Leistungspegel in Watt und in dBm aufgetragen. Die übrigen Skalen zeigen die zugehörigen Spannungspegel in Volt und in dBµV bei verschiedenen Impedanzniveaus. Die Leistungsskalen können für sich alleine auch zur Umrechnung zwischen Watt und dBm benutzt werden. Ebenso ist jede Spannungsskala ein Nomogramm zur Umrechnung zwischen Volt und dBµV, wobei das Impedanzniveau irrelevant ist.

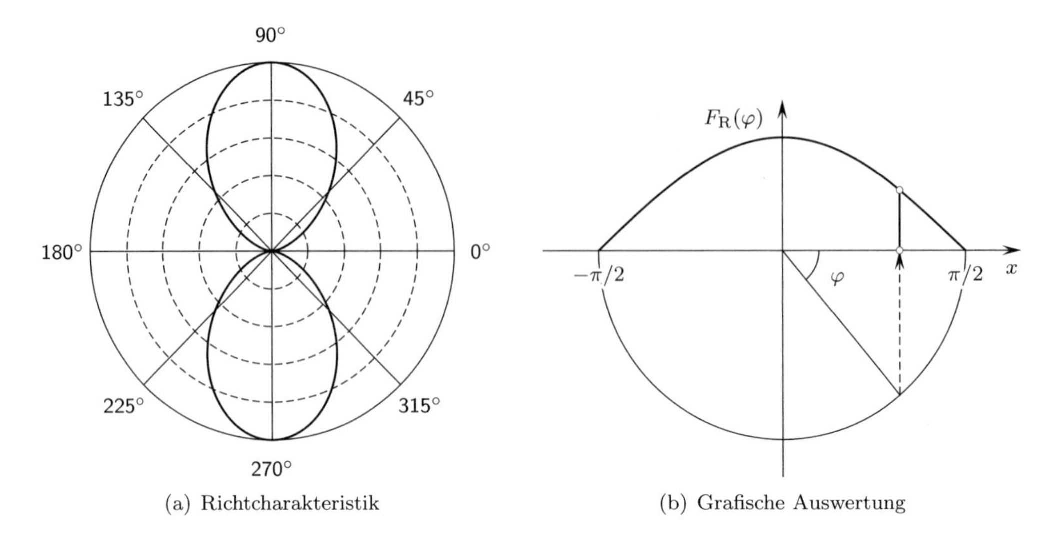

(a) Richtcharakteristik

(b) Grafische Auswertung

Abb. B.6: Zu Beispiel B.5

Beispiel B.5 Zwei Antennenelemente mit identischen Speiseströmen $I_2 = I_1$ seien im Abstand $d = \lambda_0/2$ angeordnet. Mit (7.40) und $\beta_0 = 2\pi/\lambda_0$ ergibt sich der winkelabhängige Gangunterschied

$$\delta = \pi \cdot \cos\varphi .$$

Dabei ist der Nullpunkt $\varphi = 0$ in Richtung der Verbindungsgeraden beider Strahler. Für die Gruppencharakteristik ergibt sich damit

$$F_{\mathrm{R}}(\varphi) = \left|\cos\left(\frac{\pi}{2} \cdot \cos\varphi\right)\right| .$$

Zur Erläuterung einer grafischen Auswertung dieser Funktion betrachten wir Abb. B.6b. Der Vorfaktor der inneren Kosinusfunktion ist hier $m = \pi/2$. Wir wählen daher einen Kreis mit Radius $\pi/2$, um den Wert $(\pi/2) \cdot \cos\varphi$ grafisch zu bestimmen. Dies geschieht in der in Abb. B.6b gezeigten Weise durch Projektion auf die x-Achse. Der gesuchte Wert von $F_{\mathrm{R}}(\varphi)$ ergibt sich nun durch Ablesen des Funktionswertes $F_{\mathrm{R}}(\varphi) = \cos|x|$ im Bereich $-\pi/2 \leq x \leq \pi/2$. Der von dem Halbkreis abgedeckte Bereich der x-Achse ist gleichzeitig der gesamte Wertebereich, den die innere Funktion $x = (\pi/2)\cos\varphi$ annehmen kann. Errichtet man also über dem Kreisdurchmesser (der mit der x-Achse zusammenfällt) den Graphen der Funktion $F_{\mathrm{R}}(\varphi) = \cos|x|$, so kann F_{R} sofort als Funktionswert abgelesen werden.

In Abb. B.6a ist die sich ergebende Gruppencharakteristik in Polarkoordinaten aufgetragen. Sie beginnt mit einer Nullstelle bei $\varphi = 0$ um dann kontinuierlich bis auf den Wert 1 bei $\varphi = 90°$ anzusteigen. In Richtung $\varphi = 180°$ ergibt sich wieder eine Nullstelle und im Bereich $180° \leq \varphi \leq 360°$ wird die gleiche Funktion rückwärts durchlaufen.

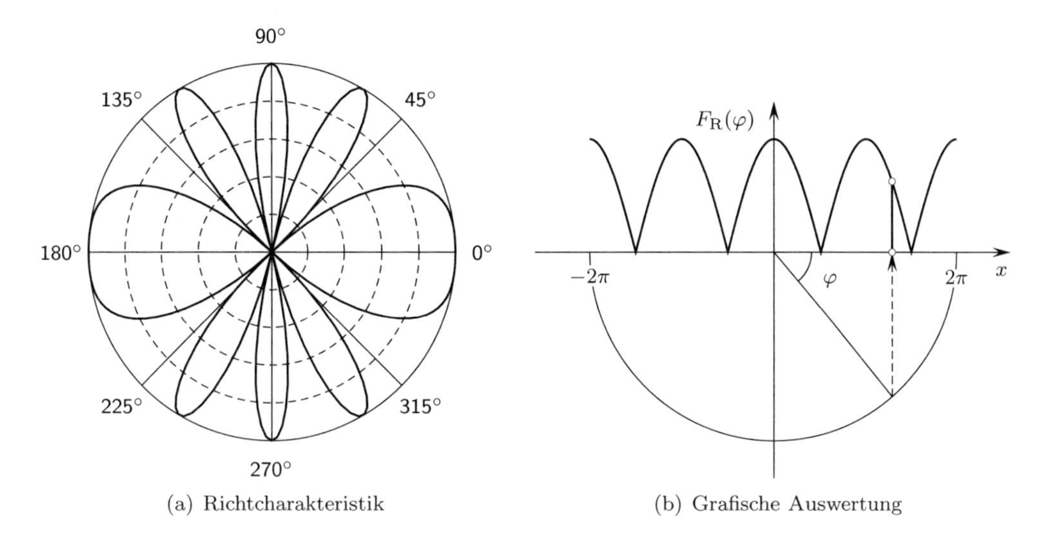

(a) Richtcharakteristik

(b) Grafische Auswertung

Abb. B.7: Zu Beispiel B.6

Beispiel B.6 Um das Ergebnis einer extremen Dimensionierung aufzuzeigen, wählen wir als weiteres Beispiel den Strahlerabstand $d = 2\lambda_0$. Es ergibt sich der Gangunterschied

$$\delta = 4\pi \cdot \cos\varphi$$

und die Gruppencharakteristik

$$F_R(\varphi) = |\cos(2\pi \cdot \cos\varphi)| \; .$$

Entsprechend dem Vorfaktor $m = 2\pi$ besitzt der Halbkreis in Abb. B.7b nun den Radius 2π. Die äußere Funktion $F_R(\varphi) = |\cos x|$ durchläuft in diesem Wertebereich $-2\pi \leq x \leq 2\pi$ nun mehrere Perioden und hat damit mehrere Maxima und Nullstellen. Das Richtdiagramm (Abb. B.7a) zeigt nun acht verschiedene Hauptstrahlrichtungen mit gleicher Amplitude und ebenso viele Nullstellen. Diese so genannte Aufzipfelung ist ganz allgemein bei Strahlerabständen zu beobachten, die deutlich größer sind als $\lambda_0/2$. In der Regel ist dieses unerwünscht. Große Zwischenabstände in Antennengruppen sind daher selten sinnvoll.

An diesem Beispiel wird deutlich, dass dieses grafische Verfahren auch in umgekehrter Weise zur Bestimmung der Richtungen von Strahlungsnullstellen und -maxima verwendet werden kann. Dazu fällt man von den Nullstellen (Maxima) des Funktionsgrafen das Lot auf die $x - Achse$ und von dort weiter auf den Halbkreis. Die zugehörige Richtung kann als Winkel zwischen der x-Achse und der Verbindung vom Ursprung zu jenem Punkt auf dem Kreis abgelesen werden.

Beispiel B.7 Ein weiteres Beispiel soll die Behandlung einer zusätzlichen Speisephase ψ erläutern. Zwei Strahler im Abstand $d = \lambda_0/4$ seien dazu mit eingeprägten Strömen der Phasendifferenz $\psi = -\pi/2$ erregt. Die Richtcharakteristik ist

$$F_R(\varphi) = \left|\cos\left(\frac{\pi}{4} \cdot \cos\varphi - \frac{\pi}{4}\right)\right| \; .$$

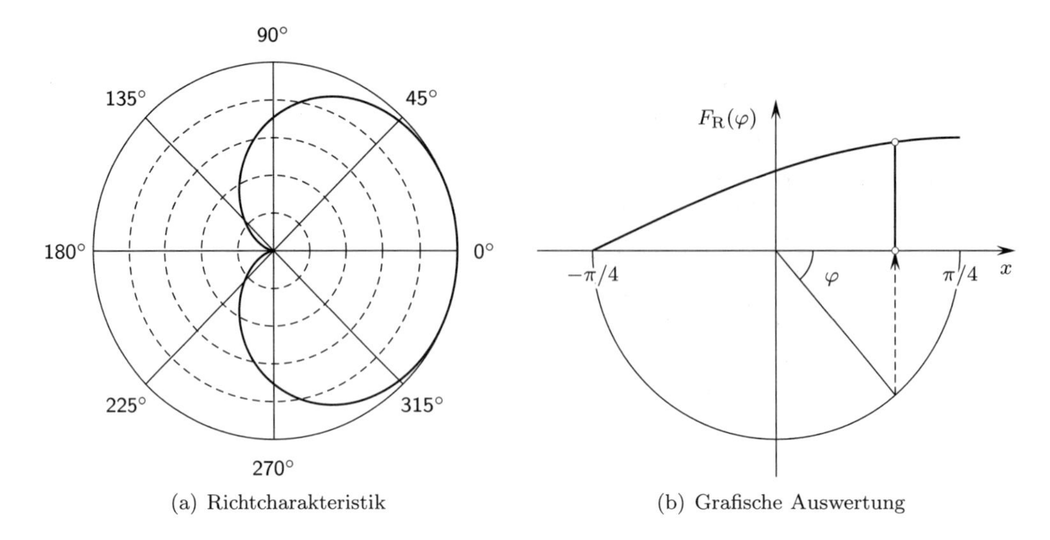

(a) Richtcharakteristik

(b) Grafische Auswertung

Abb. B.8: Zu Beispiel B.7

Durch Konstruktion an einem Kreis mit Radius $\pi/4$ erhalten wir wieder den Wert $x = (\pi/4) \cdot \cos\varphi$, sodass über der x-Achse nun der Graph der Funktion $F_R(\varphi) = |\cos x - \pi/4|$ zu errichten ist. Der mögliche Wertebereich für x ist $-\pi/4 \leq x \leq \pi/4$ und die zusätzliche Phase der Speiseströme wird durch eine Verschiebung der Kosinusfunktion berücksichtigt (Abb. B.8b).

Durch die angegebene Dimensionierung ergibt sich die Gruppencharakteristik in Abb. B.8a, die wegen ihrer Form auch Nierencharakteristik heißt. Ein solches Empfangsdiagramm ist zur Peilung – also zur Bestimmung der Einfallsrichtung einer ebenen Welle – geeignet. Weil die Nullstelle sehr viel ausgeprägter und damit schärfer ist als das relativ breite Maximum, wird man mit hier mit einer Minimumpeilung die größere Genauigkeit erreichen.

Literaturverzeichnis

[1] Bächtold, W.: *Mikrowellentechnik.* Braunschweig : Vieweg, 1999

[2] Bartsch, H.-J.: *Mathematische Formeln.* 22. Aufl. Leipzig : Fachbuchverlag, 1989

[3] Brand, H.: *Schaltungslehre linearer Mikrowellennetze.* Stuttgart : Hirzel-Verlag, 1970

[4] Bronstein, I. N. ; Semendjajew, K. A.: *Taschenbuch der Mathematik.* 24. Aufl. Frankfurt/M. : Verlag Harri Deutsch, 1989

[5] Burg, K. ; Haf, H. ; Wille, F.: *Höhere Mathematik für Ingenieure.* Bd. 4: *Vektoranalysis und Funktionentheorie.* Stuttgart : Teubner, 1990

[6] Ishimaru, A.: *Electromagnetic Wave Propagation, Radiation, and Scattering.* Englewood Cliffs : Prentice Hall, 1991

[7] Johann, J. ; Marko, H. (Hrsg.): *Modulationsverfahren.* Berlin : Springer, 1992 (Nachrichtentechnik 22)

[8] Jung, P.: *Analyse und Entwurf digitaler Mobilfunksysteme.* Stuttgart : Teubner, 1997

[9] Kammeyer, Karl D.: *Nachrichtenübertragung.* Stuttgart : Teubner, 1992

[10] Kröger, R. ; Unbehauen, R.: *Elektrodynamik.* 3. Aufl. Stuttgart : Teubner, 1993

[11] Lehner, G.: *Elektromagnetische Feldtheorie für Ingenieure und Physiker.* Berlin : Springer, 1990

[12] Löcherer, K.-H.: *Halbleiterbauelemente.* Stuttgart : Teubner, 1992

[13] Mäusl, Rudolf: *Digitale Modulationsverfahren.* 3. Aufl. Heidelberg : Hüthig, 1991

[14] Mäusl, Rudolf: *Analoge Modulationsverfahren.* 2. Aufl. Heidelberg : Hüthig, 1992

[15] Meinke, H. ; Gundlach, F. W. ; Lange, K. (Hrsg.) ; Löcherer, K.-H. (Hrsg.): *Taschenbuch der Hochfrequenztechnik.* 5. Aufl. Berlin : Springer, 1992

[16] Meyberg, K. ; Vachenauer, P.: *Höhere Mathematik 1.* Berlin : Springer, 1990

[17] MEYBERG, K. ; VACHENAUER, P.: *Höhere Mathematik 2.* Berlin : Springer, 1991

[18] MÜLLER, R.: *Bauelemente der Halbleiter-Elektronik.* 4. Aufl. Berlin : Springer, 1991

[19] MÜLLER, R.: *Grundlagen der Halbleiter-Elektronik.* 6. Aufl. Berlin : Springer, 1991

[20] SCHIEK, B. ; SIWERIS, H.-J.: *Rauschen in Hochfrequenzschaltungen.* Heidelberg : Hüthig, 1990

[21] SCHÜSSLER, H. W.: *Netzwerke, Signale und Systeme.* Bd. 1: *Systemtheorie linearer elektrischer Netzwerke.* 2. Aufl. Berlin : Springer, 1990

[22] SIMONYI, K.: *Theoretische Elektrotechnik.* 10. Aufl. Leipzig : Barth, Edition Dt. Verlag der Wissenschaften, 1993

[23] TIETZE, U. ; SCHENK, Ch.: *Halbleiter-Schaltungstechnik.* 12. Aufl. Berlin : Springer, 2002

[24] UNBEHAUEN, R.: *Grundlagen der Elektrotechnik 1.* 4. Aufl. Berlin : Springer, 1994

[25] VOWINKEL, B.: *Passive Mikrowellenradiometrie.* Braunschweig : Vieweg, 1988. – Mit einem Kapitel über Plasmadiagnostik von H. J. Hartfuss

[26] ZINKE, O. ; BRUNSWIG, H. ; VLCEK, A. (Hrsg.): *Lehrbuch der Hochfrequenztechnik.* Bd. 1. 4. Aufl. Berlin : Springer, 1990

[27] ZINKE, O. ; BRUNSWIG, H. ; VLCEK, A. (Hrsg.) ; HARTNAGEL, H. L. (Hrsg.): *Lehrbuch der Hochfrequenztechnik.* Bd. 2. 4. Aufl. Berlin : Springer, 1993

Index